高校核心课程学习指导丛书

常用积分表

CHANGYONG JIFEN BIAO ▶

第2版

《常用积分表》编委会 / 编

中国科学技术大学出版社

内 容 简 介

本书专门讲述积分方法,涵盖各种函数积分的方法,从初等函数到特殊函数,从实变函数到复变函数.本书以方法为中心、以算例为导向,读者可在算例的引导下,逐步掌握积分的方法.本书从易到难,由浅入深,适合不同层次、不同群体的人阅读,他们可以是初学微积分的大学生,可以是已经学过微积分的研究生,也可以是有工作经验的科学家、工程师.

图书在版编目(CIP)数据

常用积分表/《常用积分表》编委会编. —2 版. —合肥:中国科学技术大学出版社,2019.5(2022.11 重印)

(高校核心课程学习指导丛书)

ISBN 978-7-312-04680-3

Ⅰ. 常… Ⅱ. 常… Ⅲ. 积分—公式(数学)—数学表 Ⅳ. O172.2

中国版本图书馆 CIP 数据核字(2019)第 065155 号

出版	中国科学技术大学出版社
	安徽省合肥市金寨路 96 号,230026
	http://press.ustc.edu.cn
	https://zgkxjsdxcbs.tmall.com
印刷	安徽省瑞隆印务有限公司
发行	中国科学技术大学出版社
经销	全国新华书店
开本	710 mm×1000 mm 1/16
印张	16.5
字数	318 千
版次	2009 年 7 月第 1 版 2019 年 5 月第 2 版
印次	2022 年 11 月第 3 次印刷
定价	36.00 元

《常用积分表》编委会

顾问：龚　昇　阮图南
主编：金玉明
编委：薛兴恒　顾新身
　　　毛瑞庭　张鹏飞

再 版 前 言

  《常用积分表》出版已十年了,承蒙读者们的眷顾,原版书已售罄,今再版,以飨读者.

  此次再版,主要改正了若干已发现的错误;加大了字号和开本,更便于查阅.

  若书中有错误之处,请读者指正.

《常用积分表》编委会

2019 年 2 月

前　言

　　这本《常用积分表》是我们在参考国内外众多数学手册和积分表的基础上,选取最基本、最常用的积分公式编纂而成的,它适合大学生使用,也可供教学和研究人员、工程技术人员参考.

　　本书包含最常用的初等函数和特殊函数的不定积分与定积分公式 2552 个,另外还有 203 个积分变换公式. 积分公式中遇到的所有函数(包括被积函数和积分后的函数)的定义和基本性质都可以在附录中查到.

　　为了节省篇幅,我们将不定积分公式中等式右边的任意常数都省略了. 例如,在积分公式

$$\int \cos x \, \mathrm{d}x = \sin x + C$$

中,我们省去 C,而写成

$$\int \cos x \, \mathrm{d}x = \sin x$$

但是,在使用这些公式做计算或练习时,一定要记住把积分常数加上去.

　　按照惯例,积分变量 x, t 和参数 a, b, c, d 取实数,l, m, n 取整数;当有其他限制时,相应公式后面的括号中会给出说明或注释.

　　本书分四个部分,分别是不定积分表、定积分表、积分变换表和附录. 不定积分表又分为初等函数的不定积分和特殊函数的不定积分两个部分,定积分表也分为初等函数的定积分和特殊函数的定积分两个部分. 在积分变换表中,我们只选入常用的拉普拉斯变换和傅里叶变换以及傅里叶正弦、余弦变换. 附录中给出了初等函数的定义及其相关公式和特殊函数的定义及其基本性质. 常用的初等函数的导数表、初等函数的级数展开表也放在附录中. 自然科学基本常数和国际单位制被编列在附录的末尾.

　　本书中积分公式的序号是按初等函数的不定积分、特殊函数的不定积分、初等函数的定积分、特殊函数的定积分四个部分分别编列的. 需要注释的符号和函数

都在一个小节中首次出现时给出;在同一小节中,该符号具有相同的意义,但不遍及其他小节.

因为这是一本常用的积分表,所以所有的公式都没有注明出处. 尽管如此,我们还是在书末列出了主要的参考书目,以便读者查找时参考.

我们感谢中国科学技术大学国家同步辐射实验室和中国科学技术大学出版社对出版这本工具书的大力支持.

对书中的缺点和错误,诚望读者指正.

《常用积分表》编委会

2009 年 4 月

目　　录

再版前言 ……………………………………………………………………（ⅰ）

前言 ………………………………………………………………………（ⅲ）

Ⅰ　不定积分表 ……………………………………………………………（1）

　Ⅰ.1　初等函数的不定积分 …………………………………………（1）

　　Ⅰ.1.1　基本积分公式 …………………………………………（1）

　　Ⅰ.1.2　包含多项式、有理分式和无理分式的不定积分 ………（3）

　　　Ⅰ.1.2.1　含有 $a + bx$ 的积分 ……………………………（3）

　　　Ⅰ.1.2.2　含有 $a + bx$ 和 $c + dx$ 的积分 ………………（5）

　　　Ⅰ.1.2.3　含有 $a + bx^n$ 的积分 …………………………（6）

　　　Ⅰ.1.2.4　含有 $1 \pm x^n$ 的积分 …………………………（8）

　　　Ⅰ.1.2.5　含有 $c^2 + x^2$ 的积分 …………………………（10）

　　　Ⅰ.1.2.6　含有 $c^2 - x^2$ 的积分 …………………………（12）

　　　Ⅰ.1.2.7　含有 $c^3 \pm x^3$ 的积分 ………………………（13）

　　　Ⅰ.1.2.8　含有 $c^4 + x^4$ 的积分 …………………………（14）

　　　Ⅰ.1.2.9　含有 $c^4 - x^4$ 的积分 …………………………（15）

　　　Ⅰ.1.2.10　含有 $a + bx + cx^2$ 的积分 …………………（16）

　　　Ⅰ.1.2.11　含有 $a + bx^k$ 和 $\sqrt{x}$ 的积分 ……………（17）

　　　Ⅰ.1.2.12　含有 $\sqrt{a + bx}$ 和 $\alpha + \beta x$ 的积分 ………（19）

　　　Ⅰ.1.2.13　含有 $\sqrt{a + bx}$ 和 $\sqrt{c + dx}$ 的积分 ………（21）

　　　Ⅰ.1.2.14　含有 $\sqrt{a + bx}$ 和 $\sqrt[p]{(a + bx)^n}$ 的积分 ……（22）

　　　Ⅰ.1.2.15　含有 $\sqrt{x^2 \pm a^2}$ 的积分 …………………（25）

　　　Ⅰ.1.2.16　含有 $\sqrt{a^2 - x^2}$ 的积分 …………………（28）

　　　Ⅰ.1.2.17　含有 $\sqrt{a + bx + cx^2}$ 的积分 ……………（31）

　　　Ⅰ.1.2.18　含有 $\sqrt{bx + cx^2}$ 和 $\sqrt{bx - cx^2}$ 的积分 …（34）

　　　Ⅰ.1.2.19　含有 $\sqrt{a + cx^2}$ 和 x^n 的积分 ……………（35）

　　　Ⅰ.1.2.20　含有 $\sqrt{2ax - x^2}$ 和 $\sqrt{2ax + x^2}$ 的积分 ……（38）

Ⅰ.1.2.21　其他形式的代数函数的积分 ……………………………………… (39)

Ⅰ.1.3　三角函数和反三角函数的不定积分 ……………………………… (42)

Ⅰ.1.3.1　含有 $\sin^n ax, \cos^n ax, \tan^n ax, \cot^n ax, \sec^n ax, \csc^n ax$
　　　　　的积分 …………………………………………………… (42)

Ⅰ.1.3.2　含有 $\sin^m ax \cos^n ax$ 的积分 …………………………… (44)

Ⅰ.1.3.3　含有 $\dfrac{\sin^m ax}{\cos^n ax}$ 和 $\dfrac{\cos^m ax}{\sin^n ax}$ 的积分 ……………… (45)

Ⅰ.1.3.4　含有 $x^m \sin^n ax$ 和 $x^m \cos^n ax$ 的积分 …………… (47)

Ⅰ.1.3.5　含有 $\dfrac{\sin^n ax}{x^m}, \dfrac{x^m}{\sin^n ax}, \dfrac{\cos^n ax}{x^m}, \dfrac{x^m}{\cos^n ax}$ 的积分 ……… (49)

Ⅰ.1.3.6　含有 $\sin ax \sin bx, \sin ax \cos bx$ 和 $\cos ax \cos bx$ 的积分 …… (52)

Ⅰ.1.3.7　含有 $\dfrac{1}{\sin^m ax \cos^n ax}$ 的积分 ……………………… (53)

Ⅰ.1.3.8　含有 $1 \pm \sin ax$ 和 $1 \pm \cos ax$ 的积分 ……………… (54)

Ⅰ.1.3.9　含有 $a \pm b \sin cx$ 和 $a \pm b \cos cx$ 的积分 ………… (56)

Ⅰ.1.3.10　含有 $1 \pm b \sin^2 ax, 1 \pm b \cos^2 ax$ 和 $c^2 \pm b^2 \sin^2 ax$,
　　　　　$c^2 \pm b^2 \cos^2 ax$ 的积分 …………………………… (57)

Ⅰ.1.3.11　含有 $p \sin ax + q \cos ax$ 的积分 ………………… (59)

Ⅰ.1.3.12　含有 $p^2 \sin^2 ax \pm q^2 \cos^2 ax$ 的积分 ……………… (60)

Ⅰ.1.3.13　含有 $\sin^m x, \cos^m x$ 与 $\sin nx, \cos nx$ 组合的积分 ……… (61)

Ⅰ.1.3.14　含有 $\sin(ax + b)$ 和 $\cos(cx + d)$ 的积分 ………… (62)

Ⅰ.1.3.15　含有 $\sqrt{1 \pm \sin ax}$ 和 $\sqrt{1 \pm \cos ax}$ 的积分 ……… (62)

Ⅰ.1.3.16　含有 $\sqrt{1 \pm b^2 \sin^2 ax}$ 和 $\sqrt{1 \pm b^2 \cos^2 ax}$ 的积分 …… (63)

Ⅰ.1.3.17　含有 $\sqrt{1 - k^2 \sin^2 x}$ 和 $\sqrt{a^2 \sin^2 x - 1}$ 的积分 …… (65)

Ⅰ.1.3.18　含有 $\tan ax$ 和 $\cot ax$ 的积分 ……………………… (67)

Ⅰ.1.3.19　三角函数与代数函数组合的积分 ………………………… (68)

Ⅰ.1.3.20　三角函数与指数函数和双曲函数组合的积分 ……………… (69)

Ⅰ.1.3.21　含有 $\sin x^2, \cos x^2$ 和更复杂自变数的三角函数
　　　　　的积分 …………………………………………………… (70)

Ⅰ.1.3.22　反三角函数的积分 …………………………………… (71)

Ⅰ.1.4　对数函数、指数函数和双曲函数的不定积分 ……………………… (74)

Ⅰ.1.4.1　对数函数的积分 ……………………………………… (74)

Ⅰ.1.4.2　指数函数的积分 ……………………………………… (77)

Ⅰ.1.4.3　双曲函数的积分 ……………………………………… (81)

Ⅰ.1.4.4　双曲函数与幂函数、指数函数和三角函数组合的积分 …… (88)

Ⅰ.1.4.5　反双曲函数的积分 …………………………………… (92)

Ⅰ.2　特殊函数的不定积分 ···（94）
　　Ⅰ.2.1　完全椭圆积分的积分 ···（94）
　　Ⅰ.2.2　勒让德椭圆积分（不完全椭圆积分）的积分 ··············（95）
　　Ⅰ.2.3　指数积分函数的积分 ···（96）
　　Ⅰ.2.4　正弦积分和余弦积分函数的积分 ·······························（97）
　　Ⅰ.2.5　概率积分和菲涅耳函数的积分 ···································（98）
　　Ⅰ.2.6　贝塞尔函数的积分 ··（98）

Ⅱ　定积分表 ···（99）
Ⅱ.1　初等函数的定积分 ···（99）
　　Ⅱ.1.1　幂函数和代数函数的定积分 ·····································（99）
　　Ⅱ.1.1.1　含有 x^n 和 $a^p \pm x^p$ 的积分 ··························（99）
　　Ⅱ.1.1.2　含有 $a^n + x^n, a + bx^n$ 和 $a + 2bx + cx^2$ 的积分 ·········（101）
　　Ⅱ.1.1.3　含有 $x^p \pm x^q$ 和 $1 \pm x^n$ 的积分 ·····················（103）
　　Ⅱ.1.1.4　含有 $\sqrt{a^n \pm x^n}$ 的积分 ·····························（104）
　　Ⅱ.1.2　三角函数和反三角函数的定积分 ·······························（105）
　　Ⅱ.1.2.1　含有 $\sin^n x, \cos^n x, \tan^n x$ 的积分，积分区间为 $\left[0, \frac{\pi}{2}\right]$ ······（105）
　　Ⅱ.1.2.2　含有 $\sin^n x, \cos^n x, \tan^n x$ 的积分，积分区间为 $[0, \pi]$ ·····（107）
　　Ⅱ.1.2.3　含有 $\sin nx$ 和 $\cos nx$ 的积分，积分区间为 $[0, \pi]$ ·······（108）
　　Ⅱ.1.2.4　含有 $\sin nx$ 和 $\cos nx$ 的积分，积分区间为 $[-\pi, \pi]$ ·····（109）
　　Ⅱ.1.2.5　含有其他倍角三角函数的积分 ·······························（109）
　　Ⅱ.1.2.6　含有三角函数的代数式的积分，积分区间为 $\left[0, \frac{\pi}{2}\right]$ ······（110）
　　Ⅱ.1.2.7　含有三角函数的代数式的积分，积分区间为 $[0, \pi]$ ·······（112）
　　Ⅱ.1.2.8　三角函数的幂函数的积分 ·····································（112）
　　Ⅱ.1.2.9　三角函数的幂函数与线性函数的三角函数组合
　　　　　　　的积分 ···（113）
　　Ⅱ.1.2.10　三角函数的幂函数与三角函数的有理函数组合
　　　　　　　的积分 ···（114）
　　Ⅱ.1.2.11　含有三角函数的线性函数的幂函数的积分 ··········（115）
　　Ⅱ.1.2.12　含有其他形式的三角函数的幂函数的积分 ··········（116）
　　Ⅱ.1.2.13　更复杂自变数的三角函数的积分 ·····················（117）
　　Ⅱ.1.2.14　三角函数与有理函数组合的积分 ·····················（119）
　　Ⅱ.1.2.15　三角函数与无理函数组合的积分 ·····················（122）
　　Ⅱ.1.2.16　三角函数与幂函数组合的积分 ··························（123）
　　Ⅱ.1.2.17　三角函数的有理函数与 x 的有理函数组合的积分 ·····（123）

Ⅱ.1.2.18 三角函数的幂函数与 x 的幂函数组合的积分 ············ (124)

Ⅱ.1.2.19 含有 $\sin^n ax$，$\cos^n ax$，$\tan^n ax$ 和 $\dfrac{1}{x^m}$ 组合的积分，积分
区间为 $[0,\infty)$ ·············· (126)

Ⅱ.1.2.20 含有 $\sqrt{1 \pm k^2\sin^2 x}$ 和 $\sqrt{1 \pm k^2\cos^2 x}$ 的积分 ············ (128)

Ⅱ.1.2.21 更复杂自变数的三角函数与幂函数组合的积分 ········ (129)

Ⅱ.1.2.22 三角函数与指数函数组合的积分 ·············· (130)

Ⅱ.1.2.23 三角函数与指数函数和幂函数组合的积分，积分
区间为 $[0,\infty)$ ·············· (131)

Ⅱ.1.2.24 三角函数与三角函数的指数函数组合的积分 ········ (132)

Ⅱ.1.2.25 三角函数与双曲函数组合的积分 ·············· (132)

Ⅱ.1.2.26 三角函数与双曲函数和幂函数组合的积分 ·········· (133)

Ⅱ.1.2.27 三角函数与双曲函数、指数函数和幂函数组合的
积分 ·············· (133)

Ⅱ.1.2.28 反三角函数与幂函数和代数函数组合的积分 ·········· (134)

Ⅱ.1.2.29 反三角函数与三角函数、指数函数和对数函数组合
的积分 ·············· (136)

Ⅱ.1.3 指数函数和对数函数的定积分 ·············· (137)

Ⅱ.1.3.1 含有 e^{ax}，e^{-ax}，e^{-ax^2} 的积分 ·············· (137)

Ⅱ.1.3.2 含有更复杂自变数的指数函数的积分 ·············· (139)

Ⅱ.1.3.3 指数函数的有理式与幂函数和有理函数组合的积分 ···· (139)

Ⅱ.1.3.4 指数函数与有理函数组合的积分 ·············· (142)

Ⅱ.1.3.5 指数函数与无理函数组合的积分 ·············· (142)

Ⅱ.1.3.6 指数函数的代数函数与幂函数组合的积分 ·········· (143)

Ⅱ.1.3.7 更复杂自变数的指数函数与幂函数组合的积分 ········ (143)

Ⅱ.1.3.8 含有对数函数 $\ln x$ 和 $(\ln x)^n$ 的积分 ·············· (144)

Ⅱ.1.3.9 含有更复杂自变数的对数函数的积分 ·············· (146)

Ⅱ.1.3.10 对数函数与有理函数组合的积分 ·············· (148)

Ⅱ.1.3.11 对数函数与无理函数组合的积分 ·············· (149)

Ⅱ.1.3.12 对数函数与幂函数和有理函数组合的积分 ·········· (149)

Ⅱ.1.3.13 含有对数函数的幂函数的积分 ·············· (150)

Ⅱ.1.3.14 更复杂自变数的对数函数与代数函数组合的积分 ····· (151)

Ⅱ.1.3.15 对数函数与指数函数组合的积分 ·············· (152)

Ⅱ.1.3.16 对数函数与三角函数组合的积分 ·············· (153)

Ⅱ.1.3.17 对数函数与三角函数、指数函数、双曲函数和幂函数
组合的积分 ·············· (154)

Ⅱ.1.4　双曲函数和反双曲函数的定积分 ······················· (155)

　　　Ⅱ.1.4.1　含有 $\sinh ax$ 和 $\cosh bx$ 的积分,积分区间为$[0,\infty)$ ······ (155)

　　　Ⅱ.1.4.2　双曲函数与指数函数组合的积分 ················ (158)

　　　Ⅱ.1.4.3　反双曲函数的积分 ··························· (159)

Ⅱ.1.5　重积分 ··· (160)

　　　Ⅱ.1.5.1　积分次序和积分变量交换的积分 ················ (160)

　　　Ⅱ.1.5.2　具有常数积分限的二重积分和三重积分 ········ (161)

Ⅱ.2　特殊函数的定积分 ··· (161)

Ⅱ.2.1　椭圆函数的定积分 ·· (161)

　　　Ⅱ.2.1.1　椭圆积分的积分 ····························· (161)

　　　Ⅱ.2.1.2　椭圆积分相对于模数的积分 ·················· (162)

　　　Ⅱ.2.1.3　完全椭圆积分相对于模数的积分 ·············· (162)

Ⅱ.2.2　指数积分、正弦积分等函数的定积分 ···················· (163)

　　　Ⅱ.2.2.1　指数积分的积分 ····························· (163)

　　　Ⅱ.2.2.2　对数积分的积分 ····························· (164)

　　　Ⅱ.2.2.3　正弦积分和余弦积分函数的积分 ·············· (164)

　　　Ⅱ.2.2.4　概率积分函数的积分 ························· (166)

　　　Ⅱ.2.2.5　菲涅耳函数的积分 ··························· (166)

Ⅱ.2.3　伽马(Gamma)函数的定积分 ···························· (167)

　　　Ⅱ.2.3.1　伽马函数的积分 ····························· (167)

　　　Ⅱ.2.3.2　伽马函数与三角函数组合的积分 ·············· (168)

　　　Ⅱ.2.3.3　伽马函数的对数的积分 ······················ (168)

　　　Ⅱ.2.3.4　ψ 函数的积分 ······························· (169)

Ⅱ.2.4　贝塞尔(Bessel)函数的定积分 ························· (170)

　　　Ⅱ.2.4.1　贝塞尔函数的积分 ··························· (170)

　　　Ⅱ.2.4.2　贝塞尔函数与 x 组合的积分 ················· (171)

　　　Ⅱ.2.4.3　贝塞尔函数与代数函数组合的积分 ············ (171)

　　　Ⅱ.2.4.4　贝塞尔函数与幂函数组合的积分 ·············· (172)

　　　Ⅱ.2.4.5　贝塞尔函数与三角函数组合的积分 ············ (173)

　　　Ⅱ.2.4.6　贝塞尔函数与指数函数和幂函数组合的积分 ···· (175)

　　　Ⅱ.2.4.7　贝塞尔函数与对数函数或双曲函数组合的积分 ··· (177)

Ⅱ.2.5　勒让德(Legendre)函数和连带勒让德函数的定积分 ······ (177)

　　　Ⅱ.2.5.1　连带勒让德函数的积分 ······················ (177)

　　　Ⅱ.2.5.2　勒让德多项式与代数函数组合的积分 ·········· (177)

　　　Ⅱ.2.5.3　勒让德多项式与其他初等函数组合的积分 ······· (178)

Ⅱ.2.6　正交多项式的定积分 ······································ (179)

　　　　Ⅱ.2.6.1　埃尔米特(Hermite)多项式的积分 ················ (179)

　　　　Ⅱ.2.6.2　拉盖尔(Laguerre)多项式的积分 ················· (180)

　　Ⅱ.2.7　δ函数的定积分 ··························· (181)

Ⅲ　积分变换表 ································· (182)

　Ⅲ.1　拉普拉斯(Laplace)变换 ························· (182)

　Ⅲ.2　傅里叶(Fourier)变换 ·························· (187)

　Ⅲ.3　傅里叶(Fourier)正弦变换 ······················ (192)

　Ⅲ.4　傅里叶(Fourier)余弦变换 ······················ (194)

Ⅳ　附录 ····································· (196)

　Ⅳ.1　常用函数的定义和性质 ······················· (196)

　　Ⅳ.1.1　初等函数 ···························· (196)

　　　Ⅳ.1.1.1　幂函数和代数函数 ···················· (196)

　　　Ⅳ.1.1.2　指数函数和对数函数 ··················· (196)

　　　Ⅳ.1.1.3　三角函数和反三角函数 ·················· (197)

　　　Ⅳ.1.1.4　双曲函数和反双曲函数 ·················· (201)

　　Ⅳ.1.2　特殊函数 ···························· (205)

　　　Ⅳ.1.2.1　Γ函数(第二类欧拉积分) ················· (205)

　　　Ⅳ.1.2.2　B函数(第一类欧拉积分) ················· (207)

　　　Ⅳ.1.2.3　ψ函数 ························· (207)

　　　Ⅳ.1.2.4　误差函数 erf(x) 和补余误差函数 erfc(x) ········· (209)

　　　Ⅳ.1.2.5　菲涅耳(Fresnel)函数 S(z) 和 C(z) ············ (210)

　　　Ⅳ.1.2.6　正弦积分 Si(z),si(z) 和余弦积分 Ci(z),ci(z)······ (210)

　　　Ⅳ.1.2.7　指数积分 Ei(z) 和对数积分 li(z) ·········· (211)

　　　Ⅳ.1.2.8　勒让德(Legendre)椭圆积分 F(k,φ),E(k,φ),

　　　　　　　 Π(h,k,φ) ······················ (212)

　　　Ⅳ.1.2.9　完全椭圆积分 K(k),E(k),Π(h,k) ········· (212)

　　　Ⅳ.1.2.10　贝塞尔(Bessel)函数(柱函数)$J_\nu(z)$,$N_\nu(z)$,$H_\nu^{(1)}(z)$,

　　　　　　　　$H_\nu^{(2)}(z)$,$I_\nu(z)$,$K_\nu(z)$ ··············· (213)

　　　Ⅳ.1.2.11　勒让德(Legendre)函数(球函数)$P_n(x)$ 和 $Q_n(x)$ ····· (220)

　　　Ⅳ.1.2.12　连带勒让德函数 $P_n^m(x)$ 和 $Q_n^m(x)$ ·········· (222)

　　　Ⅳ.1.2.13　埃尔米特(Hermite)多项式 $H_n(x)$ ··········· (223)

　　　Ⅳ.1.2.14　拉盖尔(Laguerre)多项式 $L_n(x)$ 和连带拉盖尔

　　　　　　　　多项式 $L_n^m(x)$ ··················· (223)

　　　Ⅳ.1.2.15　δ函数 ························ (225)

　Ⅳ.2　常用导数表 ···························· (226)

　Ⅳ.3　常用级数展开 ··························· (229)

Ⅳ.3.1　二项式函数 ……………………………………………………… (229)

Ⅳ.3.2　指数函数 ………………………………………………………… (230)

Ⅳ.3.3　对数函数 ………………………………………………………… (231)

Ⅳ.3.4　三角函数 ………………………………………………………… (232)

Ⅳ.3.5　反三角函数 ……………………………………………………… (232)

Ⅳ.3.6　双曲函数 ………………………………………………………… (233)

Ⅳ.3.7　反双曲函数 ……………………………………………………… (234)

Ⅳ.4　自然科学基本常数 …………………………………………………… (235)

Ⅳ.4.1　数学常数 ………………………………………………………… (235)

Ⅳ.4.1.1　常数 π(圆周率) ……………………………………………… (235)

Ⅳ.4.1.2　常数 e(自然对数之底) ……………………………………… (235)

Ⅳ.4.1.3　欧拉(Euler)常数 γ ……………………………………… (236)

Ⅳ.4.1.4　黄金分割比例常数 φ ……………………………………… (236)

Ⅳ.4.1.5　卡塔兰(Catalan)常数 G …………………………………… (236)

Ⅳ.4.1.6　伯努利(Bernoulli)多项式 $B_n(x)$ 和伯努利数 B_n …… (237)

Ⅳ.4.1.7　欧拉(Euler)多项式 $E_n(x)$ 和欧拉数 E_n ……………… (237)

Ⅳ.4.2　物理学常数 ……………………………………………………… (238)

Ⅳ.4.3　化学常数(元素周期表) ………………………………………… (239)

Ⅳ.4.4　天文学常数 ……………………………………………………… (240)

Ⅳ.4.5　地学常数 ………………………………………………………… (241)

Ⅳ.5　国际单位制(SI) ……………………………………………………… (242)

Ⅳ.5.1　国际单位制(SI)中十进制倍数和词头表示法 …………………… (242)

Ⅳ.5.2　国际单位制(SI)的基本单位 …………………………………… (243)

Ⅳ.5.3　国际单位制(SI)中具有专门名称的导出单位 …………………… (243)

符号索引 ……………………………………………………………………… (244)

参考书目 ……………………………………………………………………… (246)

I 不定积分表

在所有不定积分公式中,都省略了积分常数 C. 公式中出现的变量和常量,都应在使表达式有定义的范围之内.

I.1 初等函数的不定积分

凡在右端出现 $\ln|x|$ 或 $\ln|f(x)|$ 的积分公式中,我们都认为 x 是实变量. 当 x 是复变量时,公式中的 $\ln|x|$,$\ln|f(x)|$ 要相应地改为 $\mathrm{Ln}\,x$,$\mathrm{Ln}\,f(x)$,其中,$\mathrm{Ln}\,f(x) = \ln|f(x)| + \mathrm{i}\arg f(x)$,$\arg f(x)$ 是 $f(x)$ 的辐角.

I.1.1 基本积分公式

1. $\displaystyle\int a\,\mathrm{d}x = ax$

2. $\displaystyle\int af(x)\,\mathrm{d}x = a\int f(x)\,\mathrm{d}x$

3. $\displaystyle\int \varphi[y(x)]\,\mathrm{d}x = \int \frac{\varphi(y)}{y'}\,\mathrm{d}y$ $\left(\text{这里},\, y' = \dfrac{\mathrm{d}y}{\mathrm{d}x} \neq 0\right)$

4. $\displaystyle\int (u + v)\,\mathrm{d}x = \int u\,\mathrm{d}x + \int v\,\mathrm{d}x$ (这里,u 和 v 都是 x 的函数,以下同)

5. $\displaystyle\int u\,\mathrm{d}v = uv - \int v\,\mathrm{d}u$

6. $\displaystyle\int u\,\frac{\mathrm{d}v}{\mathrm{d}x}\,\mathrm{d}x = uv - \int v\,\frac{\mathrm{d}u}{\mathrm{d}x}\,\mathrm{d}x$

7. $\displaystyle\int x^n\,\mathrm{d}x = \frac{x^{n+1}}{n+1}$ $(n \neq -1)$

8. $\displaystyle\int \sqrt{x^m}\,\mathrm{d}x = \frac{2x\sqrt{x^m}}{m+2}$ $(m \neq -2)$

9. $\int \sqrt[p]{x^m}\,\mathrm{d}x = \dfrac{px\sqrt[p]{x^m}}{m+p}$　$(m+p \neq 0)$

10. $\int \dfrac{\mathrm{d}x}{x} = \ln|x|$

11. $\int \dfrac{f'(x)}{f(x)}\mathrm{d}x = \ln|f(x)|$ $\left[\text{这里},f'(x) = \dfrac{\mathrm{d}f(x)}{\mathrm{d}x},\text{以下同}\right]$

12. $\int f'(x)[f(x)]^a\mathrm{d}x = \dfrac{1}{a+1}[f(x)]^{a+1}$　$(a \neq -1)$

13. $\int \mathrm{e}^x\mathrm{d}x = \mathrm{e}^x$

14. $\int \mathrm{e}^{ax}\mathrm{d}x = \dfrac{\mathrm{e}^{ax}}{a}$　$(a \neq 0)$

15. $\int b^x\mathrm{d}x = \dfrac{b^x}{\ln b}$　$(b > 0,\ b \neq 1)$

16. $\int b^{ax}\mathrm{d}x = \dfrac{b^{ax}}{a\ln b}$　$(b > 0,\ b \neq 1,\ a \neq 0)$

17. $\int \ln x\,\mathrm{d}x = x\ln x - x$

18. $\int \sin x\,\mathrm{d}x = -\cos x$

19. $\int \cos x\,\mathrm{d}x = \sin x$

20. $\int \tan x\,\mathrm{d}x = -\ln|\cos x|$

21. $\int \cot x\,\mathrm{d}x = \ln|\sin x|$

22. $\int \sinh x\,\mathrm{d}x = \cosh x$

23. $\int \cosh x\,\mathrm{d}x = \sinh x$

24. $\int \tanh x\,\mathrm{d}x = \ln(\cosh x)$

25. $\int \coth x\,\mathrm{d}x = \ln|\sinh x|$

26. $\int \dfrac{\mathrm{d}x}{a^2+x^2} = \dfrac{1}{a}\arctan\dfrac{x}{a}$　$(a \neq 0)$

27. $\int \dfrac{\mathrm{d}x}{a^2-x^2} = \dfrac{1}{a}\operatorname{artanh}\dfrac{x}{a} = \dfrac{1}{2a}\ln\left|\dfrac{a+x}{a-x}\right|$　$(a^2 > x^2)$

28. $\int \dfrac{\mathrm{d}x}{x^2-a^2} = -\dfrac{1}{a}\operatorname{arcoth}\dfrac{x}{a} = \dfrac{1}{2a}\ln\left|\dfrac{x-a}{x+a}\right|$　$(x^2 > a^2)$

29. $\int \dfrac{\mathrm{d}x}{\sqrt{a^2-x^2}} = \arcsin\dfrac{x}{a}$　$(a^2 > x^2)$

30. $\displaystyle\int \frac{\mathrm{d}x}{\sqrt{x^2 \pm a^2}} = \ln |\, x + \sqrt{x^2 \pm a^2}\,|$

I.1.2 包含多项式、有理分式和无理分式的不定积分

当没有特别说明时，l, m, n 为整数；$a, b, c, d, p, q, r, \alpha, \beta, \gamma$ 为实常数.

I.1.2.1 含有 $a + bx$ 的积分

31. $\displaystyle\int (a + bx)^n \mathrm{d}x = \frac{(a + bx)^{n+1}}{(n+1)b} \quad (n \neq -1, 0;\ b \neq 0)$

32. $\displaystyle\int x(a + bx)\mathrm{d}x = \frac{x^2}{2}\Big(a + \frac{2b}{3}x\Big)$

33. $\displaystyle\int x^2(a + bx)\mathrm{d}x = \frac{x^3}{3}\Big(a + \frac{3b}{4}x\Big)$

34. $\displaystyle\int x^m(a + bx)\mathrm{d}x = \frac{x^{m+1}}{m+1}\Big[a + \frac{(m+1)b}{m+2}x\Big] \quad (m \neq -1, -2)$

35. $\displaystyle\int x(a + bx)^n \mathrm{d}x = \frac{1}{b^2(n+2)}(a + bx)^{n+2} - \frac{a}{b^2(n+1)}(a + bx)^{n+1}$
$(n \neq -1, -2)$

36. $\displaystyle\int x^2(a + bx)^n \mathrm{d}x = \frac{1}{b^3}\Big[\frac{(a + bx)^{n+3}}{n+3} - 2a\frac{(a + bx)^{n+2}}{n+2} + a^2\frac{(a + bx)^{n+1}}{n+1}\Big]$
$(n \neq -1, -2, -3)$

37. $\displaystyle\int x^m(a + bx)^n \mathrm{d}x = \frac{x^{m+1}(a + bx)^n}{m+n+1} + \frac{an}{m+n+1}\int x^m(a + bx)^{n-1}\mathrm{d}x$
$$= \frac{1}{a(n+1)}\Big[-x^{m+1}(a + bx)^{n+1} + (m+n+2)\int x^m(a + bx)^{n+1}\mathrm{d}x\Big]$$
$$= \frac{1}{b(m+n+1)}\Big[x^m(a + bx)^{n+1} - ma\int x^{m-1}(a + bx)^n \mathrm{d}x\Big]$$

38. $\displaystyle\int \frac{a + bx}{x}\mathrm{d}x = a\ln |\, x\,| + bx$

39. $\displaystyle\int \frac{a + bx}{x^2}\mathrm{d}x = b\ln |\, x\,| - \frac{a}{x}$

40. $\displaystyle\int \frac{a + bx}{x^n}\mathrm{d}x = -\frac{a}{(n-1)x^{n-1}} - \frac{b}{(n-2)x^{n-2}} \quad (n > 2)$

41. $\displaystyle\int \frac{\mathrm{d}x}{a + bx} = \frac{1}{b}\ln |\, a + bx\,|$

42. $\displaystyle\int \frac{\mathrm{d}x}{(a + bx)^2} = -\frac{1}{b(a + bx)}$

43. $\displaystyle\int \frac{\mathrm{d}x}{(a+bx)^n} = -\frac{1}{(n-1)b(a+bx)^{n-1}}$　$(n \neq 0,1)$

44. $\displaystyle\int \frac{x}{a+bx}\mathrm{d}x = \frac{x}{b} - \frac{a}{b^2}\ln|a+bx|$

45. $\displaystyle\int \frac{x}{(a+bx)^2}\mathrm{d}x = \frac{1}{b^2}\Big(\ln|a+bx| + \frac{a}{a+bx}\Big)$

46. $\displaystyle\int \frac{x}{(a+bx)^n}\mathrm{d}x = \frac{1}{b^2}\Big[-\frac{1}{(n-2)(a+bx)^{n-2}} + \frac{a}{(n-1)(a+bx)^{n-1}}\Big]$
    $(n \neq 1,2)$

47. $\displaystyle\int \frac{x^2}{a+bx}\mathrm{d}x = \frac{1}{b^3}\Big[\frac{1}{2}(a+bx)^2 - 2a(a+bx) + a^2\ln|a+bx|\Big]$

48. $\displaystyle\int \frac{x^2}{(a+bx)^2}\mathrm{d}x = \frac{1}{b^3}\Big(a+bx - 2a\ln|a+bx| - \frac{a^2}{a+bx}\Big)$

49. $\displaystyle\int \frac{x^2}{(a+bx)^3}\mathrm{d}x = \frac{1}{b^3}\Big[\ln|a+bx| + \frac{2a}{a+bx} - \frac{a^2}{2(a+bx)^2}\Big]$

50. $\displaystyle\int \frac{x^2}{(a+bx)^n}\mathrm{d}x$
    $$= \frac{1}{b^3}\Big[-\frac{1}{(n-3)(a+bx)^{n-3}} + \frac{2a}{(n-2)(a+bx)^{n-2}} - \frac{a^2}{(n-1)(a+bx)^{n-1}}\Big]$$
    $(n \neq 1,2,3)$

51. $\displaystyle\int \frac{x^m}{a+bx}\mathrm{d}x = \frac{1}{b}\Big[\Big(-\frac{a}{b}\Big)^m\ln|a+bx| + x^m\sum_{k=0}^{m-1}\frac{1}{m-k}\Big(-\frac{a}{bx}\Big)^k\Big]$

52. $\displaystyle\int \frac{x^m}{(a+bx)^2}\mathrm{d}x = \sum_{k=1}^{m-1}(-1)^{k-1}\frac{ka^{k-1}x^{m-k}}{(m-k)b^{k+1}} + (-1)^{m-1}\frac{a^m}{b^{m+1}(a+bx)}$
    $$+ (-1)^{m+1}\frac{ma^{m-1}}{b^{m+1}}\ln|a+bx|$$

53. $\displaystyle\int \frac{x^m}{(a+bx)^n}\mathrm{d}x = \frac{1}{b^{m+1}}\sum_{k=0}^{m}\binom{m}{k}\frac{(-a)^k(a+bx)^{m-n-k+1}}{m-n-k+1}$
    $$\Big[\text{这里,}\, m-n-k+1=0\,\text{的项要替换成}\binom{m}{n-1}(-a)^{m-n+1}\ln|a+bx|\Big]$$

54. $\displaystyle\int \frac{\mathrm{d}x}{x(a+bx)} = -\frac{1}{a}\ln\Big|\frac{a+bx}{x}\Big|$

55. $\displaystyle\int \frac{\mathrm{d}x}{x(a+bx)^2} = \frac{1}{a(a+bx)} - \frac{1}{a^2}\ln\Big|\frac{a+bx}{x}\Big|$

56. $\displaystyle\int \frac{\mathrm{d}x}{x(a+bx)^n} = -\frac{1}{a^n}\ln\Big|\frac{a+bx}{x}\Big| + \frac{1}{a^n}\sum_{k=1}^{n-1}\binom{n-1}{k}\frac{(-bx)^k}{k(a+bx)^k}$　$(n \neq 0)$

57. $\displaystyle\int \frac{\mathrm{d}x}{x^2(a+bx)} = -\frac{1}{ax} + \frac{b}{a^2}\ln\Big|\frac{a+bx}{x}\Big|$

58. $\displaystyle\int \frac{\mathrm{d}x}{x^2(a+bx)^2} = -\frac{a+2bx}{a^2x(a+bx)} + \frac{2b}{a^3}\ln\Big|\frac{a+bx}{x}\Big|$

59. $\displaystyle\int \frac{\mathrm{d}x}{x^2(a+bx)^n}$

$$= \frac{1}{a^{n+1}}\left[nb\ln\left|\frac{a+bx}{x}\right| - \frac{a+bx}{x} + \frac{a+bx}{x}\sum_{k=2}^{n}\binom{n}{k}\frac{(-bx)^k}{(k-1)(a+bx)^k}\right]$$

$(n\neq 0,1)$

60. $\displaystyle\int \frac{\mathrm{d}x}{x^m(a+bx)} = \frac{1}{b}\left[\left(-\frac{b}{a}\right)^m\ln|a+bx| - \frac{1}{x^m}\sum_{k=1}^{m-1}\frac{1}{m+1}\left(-\frac{a}{bx}\right)^k\right]$

61. $\displaystyle\int \frac{\mathrm{d}x}{x^m(a+bx)^n} = -\frac{1}{a^{m+n-1}}\sum_{k=0}^{m+n-2}\binom{m+n-2}{k}\frac{(a+bx)^{m-k-1}(-b)^k}{(m-k-1)^{m-k-1}x^{m-k-1}}$

$$\left[\text{这里},m-k-1=0\text{ 的项要替换成}\binom{m+n-2}{n-1}(-b)^{m-1}\ln\left|\frac{a+bx}{x}\right|\right]$$

Ⅰ.1.2.2　含有 $a+bx$ 和 $c+dx$ 的积分

令 $u=a+bx$，$v=c+dx$ 和 $k=ad-bc$，$k\neq 0$. $\Big($如果 $k=0$，则 $v=$

$\dfrac{c}{a}u$，这是 Ⅰ.1.2.1 小节的情形，应该使用其中相应的公式.$\Big)$

62. $\displaystyle\int \frac{\mathrm{d}x}{uv} = \frac{1}{k}\ln\left|\frac{v}{u}\right|$

63. $\displaystyle\int \frac{x}{uv}\mathrm{d}x = \frac{1}{k}\left(\frac{a}{b}\ln|u| - \frac{c}{d}\ln|v|\right)$

64. $\displaystyle\int \frac{x^2}{uv}\mathrm{d}x = \frac{x}{bd} - \frac{a}{b^2d}\ln|u| - \frac{c}{bd^2}\ln|v| + \frac{ac}{kbd}\ln\left|\frac{v}{u}\right|$

65. $\displaystyle\int \frac{\mathrm{d}x}{u^2v} = \frac{1}{k}\left(\frac{1}{u} + \frac{d}{k}\ln\left|\frac{v}{u}\right|\right)$

66. $\displaystyle\int \frac{\mathrm{d}x}{u^2v^2} = -\frac{1}{k^2}\left(\frac{b}{u} + \frac{d}{v}\right) - \frac{2bd}{k^3}\ln\left|\frac{v}{u}\right|$

67. $\displaystyle\int \frac{x}{u^2v}\mathrm{d}x = -\frac{a}{bku} - \frac{c}{k^2}\ln\left|\frac{v}{u}\right|$

68. $\displaystyle\int \frac{x}{u^2v^2}\mathrm{d}x = \frac{1}{k^2}\left(\frac{a}{u} + \frac{c}{v}\right) + \frac{ad+bc}{k^3}\ln\left|\frac{v}{u}\right|$

69. $\displaystyle\int \frac{x^2}{u^2v}\mathrm{d}x = \frac{a^2}{b^2ku} + \frac{1}{k^2}\left[\frac{c^2}{d}\ln|v| + \frac{a(k-bc)}{b^2}\ln|u|\right]$

70. $\displaystyle\int \frac{x^2}{u^2v^2}\mathrm{d}x = -\frac{1}{k^2}\left(\frac{a^2}{bu} + \frac{c^2}{dv}\right) - \frac{2ac}{k^3}\ln\left|\frac{v}{u}\right|$

71. $\displaystyle\int \frac{\mathrm{d}x}{u^nv^m} = \frac{1}{k(m-1)}\left[-\frac{1}{u^{n-1}v^{m-1}} - b(m+n-2)\int \frac{\mathrm{d}x}{u^nv^{m-1}}\right]$

72. $\displaystyle\int u^mv^n\mathrm{d}x = \frac{u^{m+1}v^n}{(m+n+1)b} + \frac{nk}{(n+n+1)b}\int u^mv^{n-1}\mathrm{d}x$

73. $\int \dfrac{u}{v}\mathrm{d}x = \dfrac{bx}{d} + \dfrac{k}{d^2}\ln|v|$

74. $\int \dfrac{u^m}{v}\mathrm{d}x = \sum\limits_{r=0}^{m-1}\dfrac{k^r u^{m-r}}{(m-r)d^{r+1}} + \dfrac{k^m}{d^{m+1}}\ln|v|$

75. $\int \dfrac{u^m}{v^n}\mathrm{d}x = -\dfrac{1}{k(n-1)}\left[\dfrac{u^{m+1}}{v^{n-1}} + b(n-m-2)\int \dfrac{u^m}{v^{n-1}}\mathrm{d}x\right]$

$\qquad\qquad = -\dfrac{1}{d(n-m-1)}\left(\dfrac{u^m}{v^{n-1}} + mk\int \dfrac{u^{m-1}}{v^n}\mathrm{d}x\right)$

$\qquad\qquad = -\dfrac{1}{d(n-1)}\left(\dfrac{u^m}{v^{n-1}} - mb\int \dfrac{u^{m-1}}{v^{n-1}}\mathrm{d}x\right)\quad(n\neq 1)$

Ⅰ.1.2.3　含有 $a+bx^n$ 的积分

76. $\int \dfrac{\mathrm{d}x}{a+bx^2} = \begin{cases}\dfrac{1}{\sqrt{ab}}\arctan\dfrac{x\sqrt{ab}}{a} & (ab>0)\\[3mm] \dfrac{1}{2\sqrt{-ab}}\ln\left|\dfrac{a+x\sqrt{-ab}}{a-x\sqrt{-ab}}\right| & (ab<0)\\[3mm] \dfrac{1}{\sqrt{-ab}}\operatorname{artanh}\dfrac{x\sqrt{-ab}}{a} & (ab<0)\end{cases}$

77. $\int \dfrac{\mathrm{d}x}{(a+bx^2)^2} = \dfrac{x}{2a(a+bx^2)} + \dfrac{1}{2a}\int \dfrac{\mathrm{d}x}{a+bx^2}$

78. $\int \dfrac{\mathrm{d}x}{(a+bx^2)^{m+1}} = \dfrac{1}{2ma}\dfrac{x}{(a+bx^2)^m} + \dfrac{2m-1}{2ma}\int \dfrac{\mathrm{d}x}{(a+bx^2)^m}$

$\qquad\qquad = \dfrac{(2m)!}{(m!)^2}\left[\dfrac{x}{2a}\sum\limits_{r=1}^{m}\dfrac{r!(r-1)!}{(4a)^{m-r}(2r)!(a+bx^2)^r} + \dfrac{1}{(4a)^m}\int \dfrac{\mathrm{d}x}{a+bx^2}\right]$

79. $\int \dfrac{x}{a+bx^2}\mathrm{d}x = \dfrac{1}{2b}\ln|a+bx^2|$

80. $\int \dfrac{x}{(a+bx^2)^{m+1}}\mathrm{d}x = -\dfrac{1}{2mb(a+bx^2)^m}$

81. $\int \dfrac{x^2}{a+bx^2}\mathrm{d}x = \dfrac{x}{b} - \dfrac{a}{b}\int \dfrac{\mathrm{d}x}{a+bx^2}$

82. $\int \dfrac{x^2}{(a+bx^2)^{m+1}}\mathrm{d}x = -\dfrac{x}{2mb(a+bx^2)^m} + \dfrac{1}{2mb}\int \dfrac{\mathrm{d}x}{(a+bx^2)^m}$

83. $\int \dfrac{\mathrm{d}x}{x(a+bx^2)} = \dfrac{1}{2a}\ln\left|\dfrac{x^2}{a+bx^2}\right|$

84. $\int \dfrac{\mathrm{d}x}{x(a+bx^2)^{m+1}} = \dfrac{1}{2ma(a+bx^2)^m} + \dfrac{1}{a}\int \dfrac{\mathrm{d}x}{x(a+bx^2)^m}$

$\qquad\qquad = \dfrac{1}{2a^{m+1}}\left[\sum\limits_{r=1}^{m}\dfrac{a^r}{r(a+bx^2)^r} + \ln\left|\dfrac{x^2}{a+bx^2}\right|\right]$

85. $\displaystyle\int\frac{\mathrm{d}x}{x^2(a+bx^2)}=-\frac{1}{ax}-\frac{b}{a}\int\frac{\mathrm{d}x}{a+bx^2}$

86. $\displaystyle\int\frac{\mathrm{d}x}{x^2(a+bx^2)^{m+1}}=\frac{1}{a}\int\frac{\mathrm{d}x}{x^2(a+bx^2)^m}-\frac{b}{a}\int\frac{\mathrm{d}x}{(a+bx^2)^{m+1}}$

87. $\displaystyle\int\frac{\mathrm{d}x}{a+bx^3}=\frac{k}{3a}\left[\frac{1}{2}\ln\left|\frac{(k+x)^3}{a+bx^3}\right|+\sqrt{3}\arctan\frac{2x-k}{k\sqrt{3}}\right]\left(\text{这里},k=\sqrt[3]{\frac{a}{b}}\right)$

88. $\displaystyle\int\frac{x}{a+bx^3}\mathrm{d}x=\frac{1}{3bk}\left[\frac{1}{2}\ln\left|\frac{a+bx^3}{(k+x)^3}\right|+\sqrt{3}\arctan\frac{2x-k}{k\sqrt{3}}\right]\left(\text{这里},k=\sqrt[3]{\frac{a}{b}}\right)$

89. $\displaystyle\int\frac{x^2}{a+bx^3}\mathrm{d}x=\frac{1}{3b}\ln|a+bx^3|$

90. $\displaystyle\int\frac{\mathrm{d}x}{(a+bx^3)^2}=\frac{x}{3a(a+bx^3)}+\frac{2}{3a}\int\frac{\mathrm{d}x}{a+bx^3}$

91. $\displaystyle\int\frac{x}{(a+bx^3)^2}\mathrm{d}x=\frac{x^2}{3a(a+bx^3)}+\frac{1}{3a}\int\frac{x}{a+bx^3}\mathrm{d}x$

92. $\displaystyle\int\frac{x^2}{(a+bx^3)^2}\mathrm{d}x=-\frac{1}{3b(a+bx^3)}$

93. $\displaystyle\int\frac{\mathrm{d}x}{x(a+bx^3)}=\frac{1}{3a}\ln\left|\frac{x^3}{a+bx^3}\right|$

94. $\displaystyle\int\frac{\mathrm{d}x}{x^2(a+bx^3)}=-\frac{1}{ax}-\frac{b}{a}\int\frac{x}{a+bx^3}\mathrm{d}x$

95. $\displaystyle\int\frac{\mathrm{d}x}{x(a+bx^3)^2}=\frac{1}{3a(a+bx^3)}+\frac{1}{3a^2}\ln\left|\frac{x^3}{a+bx^3}\right|$

96. $\displaystyle\int\frac{\mathrm{d}x}{x^2(a+bx^3)^2}=-\left(\frac{1}{ax}+\frac{4bx^2}{3a^2}\right)\frac{1}{a+bx^3}-\frac{4b}{3a^2}\int\frac{x}{a+bx^3}\mathrm{d}x$

97. $\displaystyle\int\frac{\mathrm{d}x}{a+bx^4}$

$$=\begin{cases}\dfrac{k}{2a}\left(\dfrac{1}{2}\ln\dfrac{x^2+2kx+2k^2}{x^2-2kx+2k^2}+\arctan\dfrac{2kx}{2k^2-x^2}\right) & \left(ab>0,\ k=\sqrt[4]{\dfrac{a}{4b}}\right)\\[3mm]\dfrac{k}{2a}\left(\dfrac{1}{2}\ln\left|\dfrac{x+k}{x-k}\right|+\arctan\dfrac{x}{k}\right) & \left(ab<0,\ k=\sqrt[4]{-\dfrac{a}{b}}\right)\end{cases}$$

98. $\displaystyle\int\frac{x}{a+bx^4}\mathrm{d}x=\begin{cases}\dfrac{1}{2bk}\arctan\dfrac{x}{k} & \left(ab>0,\ k=\sqrt{\dfrac{a}{b}}\right)\\[3mm]\dfrac{1}{4bk}\ln\left|\dfrac{x^2-k}{x^2+k}\right| & \left(ab<0,\ k=\sqrt{-\dfrac{a}{b}}\right)\end{cases}$

99. $\displaystyle\int\frac{x^2}{a+bx^4}\mathrm{d}x$

$$=\begin{cases}\dfrac{1}{4bk}\left(\dfrac{1}{2}\ln\dfrac{x^2-2kx+2k^2}{x^2+2kx+2k^2}+\arctan\dfrac{2kx}{2k^2-x^2}\right) & \left(ab>0,\ k=\sqrt[4]{\dfrac{a}{4b}}\right)\\[3mm]\dfrac{1}{4bk}\left(\ln\left|\dfrac{x-k}{x+k}\right|+2\arctan\dfrac{x}{k}\right) & \left(ab<0,\ k=\sqrt[4]{-\dfrac{a}{b}}\right)\end{cases}$$

100. $\displaystyle\int \frac{x^3}{a+bx^4}\mathrm{d}x = \frac{1}{4b}\ln|a+bx^4|$

101. $\displaystyle\int \frac{\mathrm{d}x}{x(a+bx^n)} = \frac{1}{na}\ln\left|\frac{x^n}{a+bx^n}\right|$

102. $\displaystyle\int \frac{\mathrm{d}x}{(a+bx^n)^{m+1}} = \frac{1}{a}\int \frac{\mathrm{d}x}{(a+bx^n)^m} - \frac{b}{a}\int \frac{x^n}{(a+bx^n)^{m+1}}\mathrm{d}x$

103. $\displaystyle\int \frac{x^m}{(a+bx^n)^{p+1}}\mathrm{d}x = \frac{1}{b}\int \frac{x^{m-n}}{(a+bx^n)^p}\mathrm{d}x - \frac{a}{b}\int \frac{x^{m-n}}{(a+bx^n)^{p+1}}\mathrm{d}x$

104. $\displaystyle\int \frac{\mathrm{d}x}{x^m(a+bx^n)^{p+1}} = \frac{1}{a}\int \frac{\mathrm{d}x}{x^m(a+bx^n)^p} - \frac{b}{a}\int \frac{\mathrm{d}x}{x^{m-n}(a+bx^n)^{p+1}}$

105. $\displaystyle\int x^m(a+bx^n)^p\mathrm{d}x$

$$= \frac{1}{b(np+m+1)}\Big[x^{m-n+1}(a+bx^n)^{p+1} - a(m-n+1)\int x^{m-n}(a+bx^n)^p\mathrm{d}x\Big]$$

$$= \frac{1}{np+m+1}\Big[x^{m+1}(a+bx^n)^p + nap\int x^m(a+bx^n)^{p-1}\mathrm{d}x\Big]$$

$$= \frac{1}{a(m+1)}\Big[x^{m+1}(a+bx^n)^{p+1} - b(m+1+np+n)\int x^{m+n}(a+bx^n)^p\mathrm{d}x\Big]$$

$$= \frac{1}{na(p+1)}\Big[-x^{m+1}(a+bx^n)^{p+1} + (m+1+np+n)\int x^m(a+bx^n)^{p+1}\mathrm{d}x\Big]$$

Ⅰ.1.2.4　含有 $1\pm x^n$ 的积分

106. $\displaystyle\int \frac{\mathrm{d}x}{1+x} = \ln|1+x|$

107. $\displaystyle\int \frac{\mathrm{d}x}{1+x^2} = \arctan x$

108. $\displaystyle\int \frac{\mathrm{d}x}{1+x^3} = \frac{1}{3}\ln\frac{|1+x|}{\sqrt{1-x+x^2}} + \frac{1}{\sqrt{3}}\arctan\frac{x\sqrt{3}}{2-x}$

109. $\displaystyle\int \frac{\mathrm{d}x}{1+x^4} = \frac{1}{4\sqrt{2}}\ln\frac{1+x\sqrt{2}+x^2}{1-x\sqrt{2}+x^2} + \frac{1}{2\sqrt{2}}\arctan\frac{x\sqrt{2}}{1-x^2}$

110. $\displaystyle\int \frac{\mathrm{d}x}{1+x^n} = -\frac{2}{n}\sum_{k=0}^{\frac{n}{2}-1}P_k\cos\frac{(2k+1)\pi}{n} + \frac{2}{n}\sum_{k=0}^{\frac{n}{2}-1}Q_k\sin\frac{(2k+1)\pi}{n}$（$n$ 为正偶数）

$$\left\{\text{这里},P_k = \frac{1}{2}\ln\Big[x^2-2x\cos\frac{(2k+1)\pi}{n}+1\Big], Q_k = \arctan\frac{x-\cos\dfrac{(2k+1)\pi}{n}}{\sin\dfrac{(2k+1)\pi}{n}}\right\}$$

111. $\displaystyle\int \frac{\mathrm{d}x}{1+x^n} = \frac{1}{n}\ln|1+x| - \frac{2}{n}\sum_{k=0}^{\frac{n-3}{2}}P_k\cos\frac{(2k+1)\pi}{n}$

$$+ \frac{2}{n} \sum_{k=0}^{\frac{n-3}{2}} Q_k \sin \frac{(2k+1)\pi}{n} \quad (n \text{ 为正奇数})$$

$$\left\{ \text{这里}, P_k = \frac{1}{2} \ln \left[x^2 - 2x\cos \frac{(2k+1)\pi}{n} + 1 \right], Q_k = \arctan \frac{x - \cos \dfrac{(2k+1)\pi}{n}}{\sin \dfrac{(2k+1)\pi}{n}} \right\}$$

112. $\displaystyle\int \frac{\mathrm{d}x}{1-x} = -\ln|1-x|$

113. $\displaystyle\int \frac{\mathrm{d}x}{1-x^2} = \frac{1}{2} \ln \left| \frac{1+x}{1-x} \right| = \operatorname{artanh} x \quad (|x| < 1)$

114. $\displaystyle\int \frac{\mathrm{d}x}{1-x^3} = \frac{1}{3} \ln \frac{\sqrt{1+x+x^2}}{|1-x|} + \frac{1}{\sqrt{3}} \arctan \frac{x\sqrt{3}}{2+x}$

115. $\displaystyle\int \frac{\mathrm{d}x}{1-x^4} = \frac{1}{4} \ln \left| \frac{1+x}{1-x} \right| + \frac{1}{2} \arctan x$

116. $\displaystyle\int \frac{\mathrm{d}x}{1-x^n} = \frac{1}{n} \ln \left| \frac{1+x}{1-x} \right| - \frac{2}{n} \sum_{k=0}^{\frac{n}{2}-1} P_k \cos \frac{2k\pi}{n} + \frac{2}{n} \sum_{k=0}^{\frac{n}{2}-1} Q_k \sin \frac{2k\pi}{n}$ （n 为正偶数）

$$\left[\text{这里}, P_k = \frac{1}{2} \ln \left(x^2 - 2x\cos \frac{2k\pi}{n} + 1 \right), Q_k = \arctan \frac{x - \cos \dfrac{2k\pi}{n}}{\sin \dfrac{2k\pi}{n}} \right]$$

117. $\displaystyle\int \frac{\mathrm{d}x}{1-x^n} = -\frac{1}{n} \ln|1-x| + \frac{2}{n} \sum_{k=0}^{\frac{n-3}{2}} P_k \cos \frac{(2k+1)\pi}{n} + \frac{2}{n} \sum_{k=0}^{\frac{n-3}{2}} Q_k \sin \frac{(2k+1)\pi}{n}$
（n 为正奇数）

$$\left\{ \text{这里}, P_k = \frac{1}{2} \ln \left[x^2 + 2x\cos \frac{(2k+1)\pi}{n} + 1 \right], Q_k = \arctan \frac{x + \cos \dfrac{(2k+1)\pi}{n}}{\sin \dfrac{(2k+1)\pi}{n}} \right\}$$

118. $\displaystyle\int \frac{x}{1+x} \mathrm{d}x = x - \ln|1+x|$

119. $\displaystyle\int \frac{x}{1+x^2} \mathrm{d}x = \frac{1}{2} \ln(1+x^2)$

120. $\displaystyle\int \frac{x}{1+x^3} \mathrm{d}x = -\frac{1}{6} \ln \frac{(1+x)^2}{1-x+x^2} + \frac{1}{\sqrt{3}} \arctan \frac{2x-1}{\sqrt{3}}$

121. $\displaystyle\int \frac{x}{1+x^4} \mathrm{d}x = \frac{1}{2} \arctan x^2$

122. $\displaystyle\int \frac{x^{m-1}}{1+x^{2n}} \mathrm{d}x = -\frac{1}{2n} \sum_{k=1}^{n} \cos \frac{m(2k-1)\pi}{2n} \ln \left[1 - 2x\cos \frac{(2k-1)\pi}{2n} + x^2 \right]$

$$+ \frac{1}{n} \sum_{k=1}^{n} \sin \frac{m(2k-1)\pi}{2n} \arctan \frac{x - \cos \dfrac{(2k-1)\pi}{2n}}{\sin \dfrac{(2k-1)\pi}{2n}}$$

（m 和 n 皆为自然数，且 $m \leqslant 2n$）

123. $\displaystyle\int \frac{x^{m-1}}{1+x^{2n+1}}\mathrm{d}x = \frac{(-1)^{m+1}}{2n+1}\ln|1+x|$

$$- \frac{1}{2n+1}\sum_{k=1}^{n}\cos\frac{m(2k-1)\pi}{2n+1}\ln\left[1-2x\cos\frac{(2k-1)\pi}{2n+1}+x^2\right]$$

$$+ \frac{2}{2n+1}\sum_{k=1}^{n}\sin\frac{m(2k-1)\pi}{2n+1}\arctan\frac{x-\cos\dfrac{(2k-1)\pi}{2n+1}}{\sin\dfrac{(2k-1)\pi}{2n+1}}$$

（m 和 n 皆为自然数，且 $m \leqslant 2n$）

124. $\displaystyle\int \frac{x}{1-x}\mathrm{d}x = -x - \ln|1-x|$

125. $\displaystyle\int \frac{x}{1-x^2}\mathrm{d}x = -\frac{1}{2}\ln|1-x^2|$

126. $\displaystyle\int \frac{x}{1-x^3}\mathrm{d}x = -\frac{1}{6}\ln\frac{(1-x)^2}{1+x+x^2} - \frac{1}{\sqrt{3}}\arctan\frac{2x+1}{\sqrt{3}}$

127. $\displaystyle\int \frac{x}{1-x^4}\mathrm{d}x = \frac{1}{4}\ln\left|\frac{1+x^2}{1-x^2}\right|$

128. $\displaystyle\int \frac{x^{m-1}}{1-x^{2n}}\mathrm{d}x = \frac{1}{2n}\left[(-1)^{m+1}\ln|1+x| - \ln|1-x|\right]$

$$- \frac{1}{2n}\sum_{k=1}^{n-1}\cos\frac{km\pi}{n}\ln\left(1-2x\cos\frac{k\pi}{n}+x^2\right)$$

$$+ \frac{1}{n}\sum_{k=1}^{n-1}\sin\frac{km\pi}{n}\arctan\frac{x-\cos\dfrac{k\pi}{n}}{\sin\dfrac{k\pi}{n}}$$

（m 和 n 皆为自然数，且 $m < 2n$）

129. $\displaystyle\int \frac{x^{m-1}}{1-x^{2n+1}}\mathrm{d}x = -\frac{1}{2n+1}\ln|1-x|$

$$+ \frac{(-1)^{m+1}}{2n+1}\sum_{k=1}^{n}\cos\frac{m(2k-1)\pi}{2n+1}\ln\left[1+2x\cos\frac{(2k-1)\pi}{2n}+x^2\right]$$

$$+ \frac{(-1)^{m+1}\cdot 2}{2n+1}\sum_{k=1}^{n}\sin\frac{m(2k-1)\pi}{2n+1}\arctan\frac{x+\cos\dfrac{(2k-1)\pi}{2n+1}}{\sin\dfrac{(2k-1)\pi}{2n+1}}$$

（m 和 n 皆为自然数，且 $m \leqslant 2n$）

Ⅰ.1.2.5　含有 $c^2 + x^2$ 的积分

130. $\displaystyle\int \frac{\mathrm{d}x}{c^2+x^2} = \frac{1}{c}\arctan\frac{x}{c}$

131. $\displaystyle\int \frac{\mathrm{d}x}{(c^2 + x^2)^2} = \frac{1}{2c^3}\left(\frac{cx}{c^2 + x^2} + \arctan\frac{x}{c}\right)$

132. $\displaystyle\int \frac{\mathrm{d}x}{(c^2 + x^2)^n} = \frac{x}{2(n-1)c^2(c^2 + x^2)^{n-1}} + \frac{2n-3}{2(n-1)c^2}\int \frac{\mathrm{d}x}{(c^2 + x^2)^{n-1}}$

$(n \neq 1)$

133. $\displaystyle\int \frac{x}{c^2 + x^2}\mathrm{d}x = \frac{1}{2}\ln(c^2 + x^2)$

134. $\displaystyle\int \frac{x}{(c^2 + x^2)^2}\mathrm{d}x = -\frac{1}{2(c^2 + x^2)}$

135. $\displaystyle\int \frac{x}{(c^2 + x^2)^{n+1}}\mathrm{d}x = -\frac{1}{2n(c^2 + x^2)^n}$

136. $\displaystyle\int \frac{x^2}{c^2 + x^2}\mathrm{d}x = x - c\arctan\frac{x}{c}$

137. $\displaystyle\int \frac{x^2}{(c^2 + x^2)^2}\mathrm{d}x = -\frac{x}{2(c^2 + x^2)} + \frac{1}{2c}\arctan\frac{x}{c}$

138. $\displaystyle\int \frac{x^2}{(c^2 + x^2)^n}\mathrm{d}x = -\frac{x}{2(n-1)(c^2 + x^2)^{n-1}} + \frac{1}{2(n-1)}\int \frac{\mathrm{d}x}{(c^2 + x^2)^{n-1}}$

$(n \neq 1)$

139. $\displaystyle\int \frac{x^3}{c^2 + x^2}\mathrm{d}x = \frac{x^2}{2} - \frac{c^2}{2}\ln(c^2 + x^2)$

140. $\displaystyle\int \frac{x^3}{(c^2 + x^2)^2}\mathrm{d}x = \frac{c^2}{2(c^2 + x^2)} + \frac{1}{2}\ln(c^2 + x^2)$

141. $\displaystyle\int \frac{x^3}{(c^2 + x^2)^n}\mathrm{d}x = -\frac{1}{2(n-2)(c^2 + x^2)^{n-2}} + \frac{c^2}{2(n-1)(c^2 + x^2)^{n-1}}$

$(n \neq 1, 2)$

142. $\displaystyle\int \frac{x^m}{(c^2 + x^2)^n}\mathrm{d}x = -\frac{x^{m-1}}{2(n-1)(c^2 + x^2)^{n-1}} + \frac{m-1}{2(n-1)}\int \frac{x^{m-2}}{(c^2 + x^2)^{n-1}}\mathrm{d}x$

$(n \neq 1)$

143. $\displaystyle\int \frac{\mathrm{d}x}{x(c^2 + x^2)} = \frac{1}{2c^2}\ln\frac{x^2}{c^2 + x^2}$

144. $\displaystyle\int \frac{\mathrm{d}x}{x(c^2 + x^2)^2} = \frac{1}{2c^2(c^2 + x^2)} + \frac{1}{2c^4}\ln\frac{x^2}{c^2 + x^2}$

145. $\displaystyle\int \frac{\mathrm{d}x}{x(c^2 + x^2)^n} = \frac{1}{2(n-1)c^2(c^2 + x^2)^{n-1}} + \frac{1}{c^2}\int \frac{\mathrm{d}x}{x(c^2 + x^2)^{n-1}}$ $(n \neq 1)$

146. $\displaystyle\int \frac{\mathrm{d}x}{x^2(c^2 + x^2)} = -\frac{1}{c^2 x} - \frac{1}{c^3}\arctan\frac{x}{c}$

147. $\displaystyle\int \frac{\mathrm{d}x}{x^2(c^2 + x^2)^2} = -\frac{1}{c^4 x} - \frac{x}{2c^4(c^2 + x^2)} - \frac{3}{2c^5}\arctan\frac{x}{c}$

148. $\displaystyle\int \frac{\mathrm{d}x}{x^2(c^2 + x^2)^n} = -\frac{1}{c^2 x(c^2 + x^2)^{n-1}} - \frac{2n-1}{c^2}\int \frac{\mathrm{d}x}{(c^2 + x^2)^n}$

149. $\int \dfrac{\mathrm{d}x}{x^m(c^2+x^2)^n} = -\dfrac{1}{(m-1)c^2 x^{m-1}(c^2+x^2)^{n-1}} - \dfrac{m+2n-3}{(m-1)c^2}\int \dfrac{\mathrm{d}x}{x^{m-2}(c^2+x^2)^n}$

$(m \neq 1)$

150. $\int \dfrac{\mathrm{d}x}{a^2+b^2 x^2} = \dfrac{1}{ab}\arctan\dfrac{bx}{a}$

151. $\int \dfrac{e+fx}{a^2+x^2}\mathrm{d}x = f\ln\sqrt{a^2+x^2} + \dfrac{e}{a}\arctan\dfrac{x}{a}$

152. $\int \dfrac{\mathrm{d}x}{(e+fx)(a^2+x^2)} = \dfrac{1}{e^2+a^2 f^2}\left[f\ln\mid e+fx\mid - \dfrac{f}{2}\ln(a^2+x^2) + \dfrac{e}{a}\arctan\dfrac{x}{a}\right]$

$(e^2 \neq -a^2 f^2)$

Ⅰ.1.2.6　含有 c^2-x^2 的积分

153. $\int \dfrac{\mathrm{d}x}{c^2-x^2} = \dfrac{1}{2c}\ln\left|\dfrac{c+x}{c-x}\right|$　$(c^2 > x^2)$

154. $\int \dfrac{\mathrm{d}x}{(c^2-x^2)^2} = \dfrac{1}{2c^3}\left(\dfrac{cx}{c^2-x^2} + \ln\sqrt{\dfrac{c+x}{c-x}}\right)$

155. $\int \dfrac{\mathrm{d}x}{(c^2-x^2)^n} = \dfrac{1}{2c^2(n-1)}\left[\dfrac{x}{(c^2-x^2)^{n-1}} + (2n-3)\int \dfrac{\mathrm{d}x}{(c^2-x^2)^{n-1}}\right]$

$(n \neq 1)$

156. $\int \dfrac{x}{c^2-x^2}\mathrm{d}x = -\dfrac{1}{2}\ln\mid c^2-x^2\mid$

157. $\int \dfrac{x}{(c^2-x^2)^2}\mathrm{d}x = \dfrac{1}{2(c^2-x^2)}$

158. $\int \dfrac{x}{(c^2-x^2)^{n+1}}\mathrm{d}x = \dfrac{1}{2n(c^2-x^2)^n}$

159. $\int \dfrac{x^2}{c^2-x^2}\mathrm{d}x = -x + \dfrac{c}{2}\ln\left|\dfrac{c+x}{c-x}\right|$

160. $\int \dfrac{x^2}{(c^2-x^2)^2}\mathrm{d}x = \dfrac{x}{2(c^2-x^2)} - \dfrac{1}{4c}\ln\left|\dfrac{c+x}{c-x}\right|$

161. $\int \dfrac{x^2}{(c^2-x^2)^n}\mathrm{d}x = \dfrac{x}{2(n-1)(c^2-x^2)^{n-1}} - \dfrac{1}{2(n-1)}\int \dfrac{\mathrm{d}x}{(c^2-x^2)^{n-1}}$　$(n \neq 1)$

162. $\int \dfrac{x^m}{(c^2-x^2)^n}\mathrm{d}x = \dfrac{x^{m-1}}{2(n-1)(c^2-x^2)^{n-1}} - \dfrac{m-1}{2(n-1)}\int \dfrac{x^{m-2}}{(c^2-x^2)^{n-1}}\mathrm{d}x$　$(n \neq 1)$

163. $\int \dfrac{\mathrm{d}x}{x(c^2-x^2)} = \dfrac{1}{2c^2}\ln\left|\dfrac{x^2}{c^2-x^2}\right|$

164. $\int \dfrac{\mathrm{d}x}{x(c^2-x^2)^2} = \dfrac{1}{2c^2(c^2-x^2)} + \dfrac{1}{2c^4}\ln\left|\dfrac{x^2}{c^2-x^2}\right|$

165. $\int \dfrac{\mathrm{d}x}{x(c^2-x^2)^n} = \dfrac{1}{2(n-1)c^2(c^2-x^2)^{n-1}} + \dfrac{1}{c^2}\int \dfrac{\mathrm{d}x}{x(c^2-x^2)^{n-1}}$　$(n \neq 1)$

166. $\displaystyle\int \frac{\mathrm{d}x}{x^2(c^2-x^2)} = -\frac{1}{c^2 x} + \frac{1}{c^3}\mathrm{artanh}\,\frac{x}{c}$

167. $\displaystyle\int \frac{\mathrm{d}x}{x^2(c^2-x^2)^2} = -\frac{1}{c^4 x} + \frac{1}{2c^4(c^2-x^2)} + \frac{3}{2c^5}\mathrm{artanh}\,\frac{x}{c}$

168. $\displaystyle\int \frac{\mathrm{d}x}{x^m(c^2-x^2)^n} = -\frac{1}{(m-1)c^2 x^{m-1}} + \frac{m+2n-3}{(m-1)c^2}\int \frac{\mathrm{d}x}{x^{m-2}(c^2-x^2)^n} \quad (m \neq 1)$

169. $\displaystyle\int \frac{\mathrm{d}x}{a^2-b^2 x^2} = \frac{1}{2ab}\ln\left|\frac{a+bx}{a-bx}\right|$

170. $\displaystyle\int \frac{e+fx}{a^2-x^2}\mathrm{d}x = -f\ln\sqrt{a^2-x^2} + \frac{e}{a}\ln\sqrt{\frac{a+x}{a-x}}$

171. $\displaystyle\int \frac{\mathrm{d}x}{(e+fx)(a^2-x^2)}$

$\displaystyle\quad = \frac{1}{a^2 f^2 - e^2}\left(f\ln|e+fx| - \frac{f}{2}\ln|a^2-x^2| - \frac{e}{a}\mathrm{artanh}\,\frac{x}{a}\right)$

$\quad (e^2 \neq a^2 f^2)$

Ⅰ.1.2.7 含有 $c^3 \pm x^3$ 的积分

172. $\displaystyle\int \frac{\mathrm{d}x}{c^3 \pm x^3} = \pm\frac{1}{6c^2}\ln\left|\frac{(c\pm x)^3}{c^3\pm x^3}\right| + \frac{1}{c^3\sqrt{3}}\arctan\frac{2x\mp c}{c\sqrt{3}}$

173. $\displaystyle\int \frac{\mathrm{d}x}{(c^3\pm x^3)^2} = \frac{x}{3c^3(c^3\pm x^3)} + \frac{2}{3c^3}\int \frac{\mathrm{d}x}{c^3\pm x^3}$

174. $\displaystyle\int \frac{\mathrm{d}x}{(c^3\pm x^3)^{n+1}} = \frac{1}{3nc^3}\left[\frac{x}{(c^3\pm x^3)^n} + (3n-1)\int \frac{\mathrm{d}x}{(c^3\pm x^3)^n}\right]$

175. $\displaystyle\int \frac{x}{c^3\pm x^3}\mathrm{d}x = \frac{1}{6c}\ln\left|\frac{c^3\pm x^3}{(c\pm x)^3}\right| \pm \frac{1}{c\sqrt{3}}\arctan\frac{2x\mp c}{c\sqrt{3}}$

176. $\displaystyle\int \frac{x}{(c^3\pm x^3)^2}\mathrm{d}x = \frac{x^2}{3c^3(c^3\pm x^3)} + \frac{1}{3c^3}\int \frac{x}{c^3\pm x^3}\mathrm{d}x$

177. $\displaystyle\int \frac{x}{(c^3\pm x^3)^{n+1}}\mathrm{d}x = \frac{1}{3nc^3}\left[\frac{x^2}{(c^3\pm x^3)^n} + (3n-2)\int \frac{x}{(c^3\pm x^3)^n}\mathrm{d}x\right]$

178. $\displaystyle\int \frac{x^2}{c^3\pm x^3}\mathrm{d}x = \pm\frac{1}{3}\ln|c^3\pm x^3|$

179. $\displaystyle\int \frac{x^2}{(c^3\pm x^3)^2}\mathrm{d}x = \mp\frac{1}{3(c^3\pm x^3)}$

180. $\displaystyle\int \frac{x^2}{(c^3\pm x^3)^{n+1}}\mathrm{d}x = \mp\frac{1}{3n(c^3\pm x^3)^n}$

181. $\displaystyle\int \frac{x^3}{c^3\pm x^3}\mathrm{d}x = \pm x \mp c^3\int \frac{\mathrm{d}x}{c^3\pm x^3}$

182. $\displaystyle\int \frac{x^3}{(c^3\pm x^3)^2}\mathrm{d}x = \mp\frac{x}{3(c^3\pm x^3)} \pm \frac{1}{3}\int \frac{\mathrm{d}x}{c^3\pm x^3}$

183. $\int \dfrac{x^3}{(c^3 \pm x^3)^n}\mathrm{d}x = \dfrac{x^4}{3c^3(n-1)(c^3 \pm x^3)^{n-1}} + \dfrac{3n-7}{3c^3(n-1)}\int \dfrac{x^3}{(c^3 \pm x^3)^{n-1}}\mathrm{d}x$

$(n \neq 1)$

184. $\int \dfrac{x^m}{(c^3 \pm x^3)^n}\mathrm{d}x = \dfrac{x^{m+1}}{3c^3(n-1)(c^3 \pm x^3)^{n-1}} - \dfrac{m-3n+4}{3c^3(n-1)}\int \dfrac{x^m}{(c^3 \pm x^3)^{n-1}}\mathrm{d}x$

$(n \neq 1)$

185. $\int \dfrac{\mathrm{d}x}{x(c^3 \pm x^3)} = \dfrac{1}{3c^3}\ln\left|\dfrac{x^3}{c^3 \pm x^3}\right|$

186. $\int \dfrac{\mathrm{d}x}{x(c^3 \pm x^3)^2} = \dfrac{1}{3c^3(c^3 \pm x^3)} + \dfrac{1}{3c^6}\ln\left|\dfrac{x^3}{c^3 \pm x^3}\right|$

187. $\int \dfrac{\mathrm{d}x}{x(c^3 \pm x^3)^{n+1}} = \dfrac{1}{3nc^3(c^3 \pm x^3)^n} + \dfrac{1}{c^3}\int \dfrac{\mathrm{d}x}{x(c^3 \pm x^3)^n}$

188. $\int \dfrac{\mathrm{d}x}{x^2(c^3 \pm x^3)} = -\dfrac{1}{c^3 x} \mp \dfrac{1}{c^3}\int \dfrac{x}{c^3 \pm x^3}\mathrm{d}x$

189. $\int \dfrac{\mathrm{d}x}{x^2(c^3 \pm x^3)^2} = -\dfrac{1}{c^6 x} \mp \dfrac{x^2}{3c^6(c^3 \pm x^3)} \mp \dfrac{4}{3c^6}\int \dfrac{x}{c^3 \pm x^3}\mathrm{d}x$

190. $\int \dfrac{\mathrm{d}x}{x^2(c^3 \pm x^3)^{n+1}} = \dfrac{1}{c^3}\int \dfrac{\mathrm{d}x}{x^2(c^3 \pm x^3)^n} \mp \dfrac{1}{c^3}\int \dfrac{x}{(c^3 \pm x^3)^{n+1}}\mathrm{d}x$

191. $\int \dfrac{\mathrm{d}x}{x^m(c^3 \pm x^3)^n} = \dfrac{1}{3c^3(n-1)x^{m-1}(c^3 \pm x^3)^{n-1}} + \dfrac{m+3n-4}{3c^3(n-1)}\int \dfrac{\mathrm{d}x}{x^m(c^3 \pm x^3)^{n-1}}$

$(n \neq 1)$

192. $\int \dfrac{a+x}{a^3+x^3}\mathrm{d}x = \dfrac{2}{a\sqrt{3}}\arctan\dfrac{2x-a}{a\sqrt{3}}$

193. $\int \dfrac{a+x}{a^3-x^3}\mathrm{d}x = -\dfrac{1}{3a}\ln\dfrac{(a-x)^2}{a^2+ax+x^2}$

194. $\int \dfrac{a-x}{a^3+x^3}\mathrm{d}x = \dfrac{1}{3a}\ln\dfrac{(a+x)^2}{a^2-ax+x^2}$

195. $\int \dfrac{a-x}{a^3-x^3}\mathrm{d}x = \dfrac{2}{a\sqrt{3}}\arctan\dfrac{2x+a}{a\sqrt{3}}$

Ⅰ.1.2.8　含有 $c^4 + x^4$ 的积分

196. $\int \dfrac{\mathrm{d}x}{c^4+x^4} = \dfrac{1}{2c^3\sqrt{2}}\left(\dfrac{1}{2}\ln\dfrac{x^2+cx\sqrt{2}+c^2}{x^2-cx\sqrt{2}+c^2} + \arctan\dfrac{cx\sqrt{2}}{c^2-x^2}\right)$

197. $\int \dfrac{\mathrm{d}x}{(c^4+x^4)^2}$

$= \dfrac{x}{4c^4(c^4+x^4)} + \dfrac{3}{16c^7\sqrt{2}}\ln\dfrac{x^2+cx\sqrt{2}+c^2}{x^2-cx\sqrt{2}+c^2} + \dfrac{3}{8c^7\sqrt{2}}\arctan\dfrac{cx\sqrt{2}}{c^2-x^2}$

198. $\int \dfrac{\mathrm{d}x}{(c^4+x^4)^n} = \dfrac{x}{4(n-1)c^4(c^4+x^4)^{n-1}} + \dfrac{4n-5}{4(n-1)c^4}\int \dfrac{\mathrm{d}x}{(c^4+x^4)^{n-1}}$　$(n \neq 1)$

199. $\displaystyle\int \frac{x}{c^4 + x^4}\mathrm{d}x = \frac{1}{2c^2}\arctan\frac{x^2}{c^2}$

200. $\displaystyle\int \frac{x^2}{c^4 + x^4}\mathrm{d}x = \frac{1}{2c\sqrt{2}}\left(\frac{1}{2}\ln\frac{x^2 - cx\sqrt{2} + c^2}{x^2 + cx\sqrt{2} + c^2} + \arctan\frac{cx\sqrt{2}}{c^2 - x^2}\right)$

201. $\displaystyle\int \frac{x^3}{c^4 + x^4}\mathrm{d}x = \frac{1}{4}\ln(c^4 + x^4)$

202. $\displaystyle\int \frac{x^m}{c^4 + x^4}\mathrm{d}x = \frac{x^{m-3}}{m - 3} - c^4\int \frac{x^{m-4}}{c^4 + x^4}\mathrm{d}x \quad (m \neq 3)$

203. $\displaystyle\int \frac{x^2}{(c^4 + x^4)^2}\mathrm{d}x$

$$= \frac{x^3}{4c^4(c^4 + x^4)} + \frac{1}{16c^5\sqrt{2}}\ln\frac{x^2 + cx\sqrt{2} + c^2}{x^2 - cx\sqrt{2} + c^2} + \frac{3}{8c^5\sqrt{2}}\arctan\frac{cx\sqrt{2}}{c^2 - x^2}$$

204. $\displaystyle\int \frac{x^m}{(c^4 + x^4)^n}\mathrm{d}x = \frac{x^{m+1}}{4c^4(n - 1)(c^4 + x^4)^{n-1}} + \frac{4n - m - 5}{4c^4(n - 1)}\int \frac{x^m}{(c^4 + x^4)^{n-1}}\mathrm{d}x$

$(n \neq 1)$

205. $\displaystyle\int \frac{\mathrm{d}x}{x(c^4 + x^4)} = \frac{1}{2c^4}\ln\frac{x^2}{\sqrt{c^4 + x^4}}$

206. $\displaystyle\int \frac{\mathrm{d}x}{x^2(c^4 + x^4)} = -\frac{1}{c^4 x} + \frac{1}{2c^5\sqrt{2}}\left(\arctan\frac{cx\sqrt{2}}{c^2 + x^2} - \operatorname{artanh}\frac{cx\sqrt{2}}{c^2 - x^2}\right)$

207. $\displaystyle\int \frac{\mathrm{d}x}{x^2(c^4 + x^4)^2} = -\frac{1}{c^8 x} - \frac{x^3}{4c^8(c^4 + x^4)} - \frac{5}{4c^8}\int \frac{x^2}{c^4 + x^4}\mathrm{d}x$

208. $\displaystyle\int \frac{\mathrm{d}x}{x^m(c^4 + x^4)^n}$

$$= \frac{1}{4(n - 1)c^4 x^{m-1}(c^4 + x^4)^{n-1}} + \frac{m + 4n - 5}{4(n - 1)c^4}\int \frac{\mathrm{d}x}{x^m(c^4 + x^4)^{n-1}} \quad (n \neq 1)$$

$$= -\frac{1}{4(m - 1)c^4 x^{m-1}(c^4 + x^4)^{n-1}} - \frac{m + 4n - 5}{(m - 1)c^4}\int \frac{\mathrm{d}x}{x^{m-4}(c^4 + x^4)^n} \quad (m \neq 1)$$

Ⅰ.1.2.9 含有 $c^4 - x^4$ 的积分

209. $\displaystyle\int \frac{\mathrm{d}x}{c^4 - x^4} = \frac{1}{2c^3}\left(\frac{1}{2}\ln\left|\frac{c + x}{c - x}\right| + \arctan\frac{x}{c}\right)$

210. $\displaystyle\int \frac{\mathrm{d}x}{(c^4 - x^4)^2} = \frac{x}{4c^4(c^4 - x^4)} + \frac{3}{16c^7}\ln\left|\frac{c + x}{c - x}\right| + \frac{3}{8c^7}\arctan\frac{x}{c}$

211. $\displaystyle\int \frac{\mathrm{d}x}{(c^4 - x^4)^n} = \frac{x}{4(n - 1)c^4(c^4 - x^4)^{n-1}} + \frac{4n - 5}{4(n - 1)c^4}\int \frac{\mathrm{d}x}{(c^4 - x^4)^{n-1}} \quad (n \neq 1)$

212. $\displaystyle\int \frac{x}{c^4 - x^4}\mathrm{d}x = \frac{1}{4c^2}\ln\left|\frac{c^2 + x^2}{c^2 - x^2}\right|$

213. $\displaystyle\int \frac{x^2}{c^4 - x^4}\mathrm{d}x = \frac{1}{2c}\left(\frac{1}{2}\ln\left|\frac{c + x}{c - x}\right| - \arctan\frac{x}{c}\right)$

214. $\int \dfrac{x^3}{c^4 - x^4} dx = -\dfrac{1}{4} \ln |c^4 - x^4|$

215. $\int \dfrac{x^m}{c^4 - x^4} dx = -\dfrac{x^{m-3}}{m-3} + c^4 \int \dfrac{x^{m-4}}{c^4 - x^4} dx \quad (m \neq 3)$

216. $\int \dfrac{x^2}{(c^4 - x^4)^2} dx = \dfrac{x^2}{4c^4(c^4 - x^4)} - \dfrac{1}{16c^5} \ln \left| \dfrac{c-x}{c+x} \right| - \dfrac{1}{8c^5} \arctan \dfrac{x}{c}$

217. $\int \dfrac{x^m}{(c^4 - x^4)^n} dx = \dfrac{x^{m+1}}{4c^4(n-1)(c^4 - x^4)^{n-1}} + \dfrac{4n - m - 5}{4c^4(n-1)} \int \dfrac{x^m}{(c^4 - x^4)^{n-1}} dx$
$(n \neq 1)$

218. $\int \dfrac{dx}{x(c^4 - x^4)} = \dfrac{1}{2c^4} \ln \dfrac{x^2}{\sqrt{c^4 - x^4}}$

219. $\int \dfrac{dx}{x^2(c^4 - x^4)} = -\dfrac{1}{c^4 x} + \dfrac{1}{2c^5} \left(\ln \sqrt{\dfrac{c+x}{c-x}} - \arctan \dfrac{x}{c} \right)$

220. $\int \dfrac{dx}{x^2(c^4 - x^4)^2} = -\dfrac{1}{c^8 x} + \dfrac{x^3}{4c^8(c^4 - x^4)} + \dfrac{5}{4c^8} \int \dfrac{x^2}{c^4 - x^4} dx$

221. $\int \dfrac{dx}{x^m(c^4 - x^4)^n}$

$= \dfrac{1}{4(n-1)c^4 x^{m-1}(c^4 - x^4)^{n-1}} + \dfrac{m + 4n - 5}{4(n-1)c^4} \int \dfrac{dx}{x^m(c^4 - x^4)^{n-1}} \quad (n \neq 1)$

$= -\dfrac{1}{(m-1)c^4 x^{m-1}(c^4 - x^4)^{n-1}} + \dfrac{m + 4n - 5}{(m-1)c^4} \int \dfrac{dx}{x^{m-4}(c^4 - x^4)^n} \quad (m \neq 1)$

Ⅰ.1.2.10   含有 $a + bx + cx^2$ 的积分

设 $X = a + bx + cx^2$ 和 $q = 4ac - b^2$，$q \neq 0$. $\Big[$如果 $q = 0$，则 $X = c\left(x + \dfrac{b}{2c}\right)^2$，

这是 Ⅰ.1.2.1 小节的情形，应该使用其中相应的公式.$\Big]$

222. $\int X^2 dx = \dfrac{(b + 2cx)q^2}{60c^3} \left(1 + \dfrac{2cX}{q} + \dfrac{12c^2 X^2}{2q^2} \right) \quad (q \neq 0)$

223. $\int X^n dx = (-1)^n \dfrac{(n!)^2}{(2n+1)!} \dfrac{b + 2cx}{2c} \sum_{k=0}^{n} (-1)^k \binom{2k}{k} \left(\dfrac{b^2 - 4ac}{c} \right)^{n-k} X^k \quad (q \neq 0)$

224. $\int x X^n dx = \dfrac{X^{n+1}}{2(n+1)c} - \dfrac{b}{2(n+1)c} - \dfrac{b}{2c} \int X^n dx$

225. $\int \dfrac{dx}{X} = \begin{cases} \dfrac{2}{\sqrt{q}} \arctan \dfrac{2cx + b}{\sqrt{q}} & (q > 0) \\[3mm] -\dfrac{2}{\sqrt{-q}} \operatorname{artanh} \dfrac{2cx + b}{\sqrt{-q}} & (q < 0) \\[3mm] \dfrac{1}{\sqrt{-q}} \ln \left| \dfrac{2cx + b - \sqrt{-q}}{2cx + b + \sqrt{-q}} \right| & (q < 0) \end{cases}$

226. $\displaystyle\int \frac{\mathrm{d}x}{X^2} = \frac{2cx+b}{qX} + \frac{2c}{q}\int \frac{\mathrm{d}x}{X}$

227. $\displaystyle\int \frac{\mathrm{d}x}{X^{n+1}} = \frac{2cx+b}{nqX^n} + \frac{2(2n-1)c}{nq}\int \frac{\mathrm{d}x}{X^n}$

$$= \frac{(2n)!}{(n!)^2}\left(\frac{c}{q}\right)^n\left[\frac{2cx+b}{q}\sum_{r=1}^{n}\left(\frac{q}{cX}\right)^r \frac{(r-1)!\,r!}{(2r)!} + \int \frac{\mathrm{d}x}{X}\right]$$

228. $\displaystyle\int \frac{x}{X}\mathrm{d}x = \frac{1}{2c}\ln|X| - \frac{b}{2c}\int \frac{\mathrm{d}x}{X}$

229. $\displaystyle\int \frac{x}{X^2}\mathrm{d}x = -\frac{2a+bx}{qX} - \frac{b}{q}\int \frac{\mathrm{d}x}{X}$

230. $\displaystyle\int \frac{x}{X^{n+1}}\mathrm{d}x = -\frac{2a+bx}{nqX^n} - \frac{b(2n-1)}{nq}\int \frac{\mathrm{d}x}{X^n} \quad (n \neq 0)$

231. $\displaystyle\int \frac{x^2}{X}\mathrm{d}x = \frac{x}{c} - \frac{b}{2c^2}\ln|X| + \frac{b^2-2ac}{2c^2}\int \frac{\mathrm{d}x}{X}$

232. $\displaystyle\int \frac{x^2}{X^2}\mathrm{d}x = \frac{(b^2-2ac)x+ab}{cqX} + \frac{2a}{q}\int \frac{\mathrm{d}x}{X}$

233. $\displaystyle\int \frac{x^m}{X^{n+1}}\mathrm{d}x = -\frac{x^{m-1}}{(2n-m+1)cX^n} - \frac{n-m+1}{2n-m+1}\frac{b}{c}\int \frac{x^{m-1}}{X^{n+1}}\mathrm{d}x$

$$+ \frac{m-1}{2n-m+1}\frac{a}{c}\int \frac{x^{m-2}}{X^{n+1}}\mathrm{d}x$$

234. $\displaystyle\int \frac{\mathrm{d}x}{xX} = \frac{1}{2a}\ln \frac{x^2}{|X|} - \frac{b}{2a}\int \frac{\mathrm{d}x}{X}$

235. $\displaystyle\int \frac{\mathrm{d}x}{x^2 X} = \frac{b}{2a^2}\ln \frac{|X|}{x^2} - \frac{1}{ax} + \left(\frac{b^2}{2a^2} - \frac{c}{a}\right)\int \frac{\mathrm{d}x}{X}$

236. $\displaystyle\int \frac{\mathrm{d}x}{x^2 X^2} = -\frac{b}{a^3}\ln \frac{x^2}{|X|} - \frac{a+bx}{a^2 xX} + \frac{(b^2-3ac)(b+2cx)}{a^2 qX}$

$$- \frac{1}{q}\left(\frac{b^4}{a^3} - \frac{6b^2 c}{a^2} + \frac{6c^2}{a}\right)\int \frac{\mathrm{d}x}{X}$$

237. $\displaystyle\int \frac{\mathrm{d}x}{x^m X^{n+1}} = -\frac{1}{(m-1)ax^{m-1}X^n} - \frac{n+m-1}{m-1}\frac{b}{a}\int \frac{\mathrm{d}x}{x^{m-1}X^{n+1}}$

$$- \frac{2n+m-1}{m-1}\frac{c}{a}\int \frac{\mathrm{d}x}{x^{m-2}X^{n+1}} \quad (m \neq 1)$$

Ⅰ.1.2.11　含有 $a + bx^k$ 和 $\sqrt{x}$ 的积分

238. $\displaystyle\int \frac{\mathrm{d}x}{(a+bx)\sqrt{x}} = \begin{cases} \dfrac{2}{\sqrt{ab}}\arctan\sqrt{\dfrac{bx}{a}} & (ab > 0) \\[3mm] \dfrac{1}{\mathrm{i}\sqrt{ab}}\ln \dfrac{a-bx+2\mathrm{i}\sqrt{abx}}{a+bx} & (ab < 0) \end{cases}$

239. $\int \dfrac{\mathrm{d}x}{(a+bx)^2\sqrt{x}} = \dfrac{\sqrt{x}}{a(a+bx)} + \dfrac{1}{2a}\int \dfrac{\mathrm{d}x}{(a+bx)\sqrt{x}}$

240. $\int \dfrac{\sqrt{x}}{a+bx}\mathrm{d}x = \dfrac{2\sqrt{x}}{b} - \dfrac{a}{b}\int \dfrac{\mathrm{d}x}{(a+bx)\sqrt{x}}$

241. $\int \dfrac{x\sqrt{x}}{a+bx}\mathrm{d}x = 2\sqrt{x}\left(\dfrac{x}{3b} - \dfrac{a}{b^2}\right) + \dfrac{a^2}{b^2}\int \dfrac{\mathrm{d}x}{(a+bx)\sqrt{x}}$

242. $\int \dfrac{x^2\sqrt{x}}{a+bx}\mathrm{d}x = 2\sqrt{x}\left(\dfrac{x^2}{5b} - \dfrac{ax}{3b^2} + \dfrac{a^2}{b^3}\right) - \dfrac{a^3}{b^3}\int \dfrac{\mathrm{d}x}{(a+bx)\sqrt{x}}$

243. $\int \dfrac{x^m\sqrt{x}}{a+bx}\mathrm{d}x = 2\sqrt{x}\sum\limits_{k=0}^{m}\dfrac{(-1)^k a^k x^{m-k}}{(2m-2k+1)b^{k+1}} + (-1)^{m+1}\dfrac{a^{m+1}}{b^{m+1}}\int \dfrac{\mathrm{d}x}{(a+bx)\sqrt{x}}$

244. $\int \dfrac{\sqrt{x}}{(a+bx)^2}\mathrm{d}x = -\dfrac{\sqrt{x}}{b(a+bx)} + \dfrac{1}{2b}\int \dfrac{\mathrm{d}x}{(a+bx)\sqrt{x}}$

245. $\int \dfrac{x\sqrt{x}}{(a+bx)^2}\mathrm{d}x = \dfrac{2x\sqrt{x}}{b(a+bx)} - \dfrac{3a}{b}\int \dfrac{\sqrt{x}}{(a+bx)^2}\mathrm{d}x$

246. $\int \dfrac{x^2\sqrt{x}}{(a+bx)^2}\mathrm{d}x = \dfrac{2\sqrt{x}}{a+bx}\left(\dfrac{x^2}{3b} - \dfrac{5ax}{3b^2}\right) + \dfrac{5a^2}{b^2}\int \dfrac{\sqrt{x}}{(a+bx)^2}\mathrm{d}x$

247. $\int \dfrac{\sqrt{x}}{(a+bx)^3}\mathrm{d}x = \sqrt{x}\left[\dfrac{1}{4ab(a+bx)} - \dfrac{1}{2b(a+bx)^2}\right] + \dfrac{1}{8ab}\int \dfrac{\mathrm{d}x}{(a+bx)\sqrt{x}}$

248. $\int \dfrac{x\sqrt{x}}{(a+bx)^3}\mathrm{d}x = -\dfrac{2x\sqrt{x}}{b(a+bx)^2} + \dfrac{3a}{b}\int \dfrac{\sqrt{x}}{(a+bx)^3}\mathrm{d}x$

249. $\int \dfrac{x^2\sqrt{x}}{(a+bx)^3}\mathrm{d}x = \dfrac{2\sqrt{x}}{(a+bx)^2}\left(\dfrac{x^2}{b} + \dfrac{5ax}{b^2}\right) - \dfrac{15a^2}{b^2}\int \dfrac{\sqrt{x}}{(a+bx)^3}\mathrm{d}x$

250. $\int \dfrac{\sqrt{x}}{a+bx^2}\mathrm{d}x = \begin{cases} \dfrac{1}{b\alpha\sqrt{2}}\left(-\ln\left|\dfrac{x+\alpha\sqrt{2x}+\alpha^2}{\sqrt{a+bx^2}}\right| + \arctan\dfrac{\alpha\sqrt{2x}}{\alpha^2-x}\right) & \left(\dfrac{a}{b}>0\right) \\[3mm] \dfrac{1}{2b\beta}\left(\ln\left|\dfrac{\beta-\sqrt{x}}{\beta+\sqrt{x}}\right| + 2\arctan\dfrac{\sqrt{x}}{\beta}\right) & \left(\dfrac{a}{b}<0\right) \end{cases}$

$\left(\text{这里}, \alpha = \sqrt[4]{\dfrac{a}{b}}, \ \beta = \sqrt[4]{-\dfrac{a}{b}}\right)$

251. $\int \dfrac{x\sqrt{x}}{a+bx^2}\mathrm{d}x = \dfrac{2\sqrt{x}}{b} - \dfrac{a}{b}\int \dfrac{\mathrm{d}x}{(a+bx^2)\sqrt{x}}$

252. $\int \dfrac{x^2\sqrt{x}}{a+bx^2}\mathrm{d}x = \dfrac{2x\sqrt{x}}{3b} - \dfrac{a}{b}\int \dfrac{\sqrt{x}}{a+bx^2}\mathrm{d}x$

253. $\int \dfrac{\sqrt{x}}{(a+bx^2)^2}\mathrm{d}x = \dfrac{x\sqrt{x}}{2a(a+bx^2)} + \dfrac{1}{4a}\int \dfrac{\sqrt{x}}{a+bx^2}\mathrm{d}x$

254. $\int \dfrac{x\sqrt{x}}{(a+bx^2)^2}\mathrm{d}x = -\dfrac{\sqrt{x}}{2b(a+bx^2)} + \dfrac{1}{4b}\int \dfrac{\mathrm{d}x}{(a+bx^2)\sqrt{x}}$

255. $\int \dfrac{x^2\sqrt{x}}{(a+bx^2)^2}\mathrm{d}x = -\dfrac{x\sqrt{x}}{2b(a+bx^2)} + \dfrac{3}{4b}\int \dfrac{\sqrt{x}}{a+bx^2}\mathrm{d}x$

256. $\int \dfrac{\mathrm{d}x}{(a+bx^2)\sqrt{x}} = \begin{cases} \dfrac{1}{b\alpha^3\sqrt{2}}\left(\ln\dfrac{x+\alpha\sqrt{2x}+\alpha^2}{\sqrt{a+bx^2}} + \arctan\dfrac{\alpha\sqrt{2x}}{\alpha^2-x}\right) & \left(\dfrac{a}{b}>0\right) \\[3mm] \dfrac{1}{2b\beta^3}\left(\ln\left|\dfrac{\beta-\sqrt{x}}{\beta+\sqrt{x}}\right| - 2\arctan\dfrac{\sqrt{x}}{\beta}\right) & \left(\dfrac{a}{b}<0\right) \end{cases}$

$\left(这里,\alpha = \sqrt[4]{\dfrac{a}{b}},\ \beta = \sqrt[4]{-\dfrac{a}{b}}\right)$

257. $\int \dfrac{\mathrm{d}x}{(a+bx^2)^2\sqrt{x}} = \dfrac{\sqrt{x}}{2a(a+bx)} + \dfrac{3}{4a}\int \dfrac{\mathrm{d}x}{(a+bx^2)\sqrt{x}}$

Ⅰ.1.2.12 含有 $\sqrt{a+bx}$ 和 $\alpha+\beta x$ 的积分

设 $z = a+bx$,$t = \alpha+\beta x$ 和 $\Delta = a\beta - b\alpha$.

258. $\int \dfrac{t}{\sqrt{z}}\mathrm{d}x = \dfrac{2\alpha\sqrt{z}}{b} + \beta\left(\dfrac{z}{3}-a\right)\dfrac{2\sqrt{z}}{b^2}$

259. $\int \dfrac{t^2}{\sqrt{z}}\mathrm{d}x = \dfrac{2\alpha^2\sqrt{z}}{b} + 2\alpha\beta\left(\dfrac{z}{3}-a\right)\dfrac{2\sqrt{z}}{b^2} + \beta^2\left(\dfrac{z^2}{5}-\dfrac{2az}{3}+a^2\right)\dfrac{2\sqrt{z}}{b^3}$

260. $\int \dfrac{tz}{\sqrt{z}}\mathrm{d}x = \dfrac{2\alpha\sqrt{z^3}}{3b} + \beta\left(\dfrac{z}{5}-\dfrac{a}{3}\right)\dfrac{2\sqrt{z^3}}{b^2}$

261. $\int \dfrac{t^2z}{\sqrt{z}}\mathrm{d}x = \dfrac{2\alpha^2\sqrt{z^3}}{3b} + 2\alpha\beta\left(\dfrac{z}{5}-\dfrac{a}{3}\right)\dfrac{2\sqrt{z^3}}{b^2} + \beta^2\left(\dfrac{z^2}{7}-\dfrac{2az}{5}+\dfrac{a^2}{3}\right)\dfrac{2\sqrt{z^3}}{b^3}$

262. $\int \dfrac{tz^2}{\sqrt{z}}\mathrm{d}x = \dfrac{2\alpha\sqrt{z^5}}{5b} + \beta\left(\dfrac{z}{7}-\dfrac{a}{5}\right)\dfrac{2\sqrt{z^5}}{b^2}$

263. $\int \dfrac{t^2z^2}{\sqrt{z}}\mathrm{d}x = \dfrac{2\alpha^2\sqrt{z^5}}{5b} + 2\alpha\beta\left(\dfrac{z}{7}-\dfrac{a}{5}\right)\dfrac{2\sqrt{z^5}}{b^2} + \beta^2\left(\dfrac{z^2}{9}-\dfrac{2az}{7}+\dfrac{a^2}{5}\right)\dfrac{2\sqrt{z^5}}{b^3}$

264. $\int \dfrac{t^nz^m}{\sqrt{z}}\mathrm{d}x = 2\sqrt{z^{2m+1}}\sum_{k=0}^{n}\left[\binom{n}{k}\dfrac{\alpha^{n-k}\beta^k}{b^{k+1}}\sum_{p=0}^{k}(-1)^p\binom{k}{p}\dfrac{z^{k-p}a^p}{2m+2k-2p+1}\right]$

265. $\int \dfrac{t}{z\sqrt{z}}\mathrm{d}x = -\dfrac{2\alpha}{b\sqrt{z}} + \dfrac{2\beta(z+a)}{b^2\sqrt{z}}$

266. $\int \dfrac{t^2}{z\sqrt{z}}\mathrm{d}x = -\dfrac{2\alpha^2}{b\sqrt{z}} + \dfrac{4\alpha\beta(z+a)}{b^2\sqrt{z}} + \dfrac{2\beta^2(z^2-6az-3a^2)}{3b^3\sqrt{z}}$

267. $\int \dfrac{t}{z^2\sqrt{z}}\mathrm{d}x = -\dfrac{2\alpha}{3b\sqrt{z^3}} - \dfrac{2\beta(3z-a)}{3b^2\sqrt{z^3}}$

268. $\int \dfrac{t^2}{z^2\sqrt{z}}\mathrm{d}x = -\dfrac{2\alpha^2}{3b\sqrt{z^3}} - \dfrac{4\alpha\beta(3z-a)}{3b^2\sqrt{z^3}} + \dfrac{2\beta^2(3z^2+6az-a^2)}{3b^3\sqrt{z^3}}$

269. $\displaystyle \int \frac{t^n}{z^m \sqrt{z}} \mathrm{d}x = \frac{2}{\sqrt{z^{2m-1}}} \sum_{k=0}^{n} \left[\binom{n}{k} \frac{\alpha^{n-k}\beta^k}{b^{k+1}} \sum_{p=0}^{k} (-1)^p \binom{k}{p} \frac{z^{k-p}a^p}{2k-2p-2m+1} \right]$

270. $\displaystyle \int \frac{z}{t \sqrt{z}} \mathrm{d}x = \frac{2\sqrt{z}}{\beta} + \frac{\Delta}{\beta} \int \frac{\mathrm{d}x}{t \sqrt{z}}$

271. $\displaystyle \int \frac{z^2}{t \sqrt{z}} \mathrm{d}x = \frac{2z\sqrt{z}}{3\beta} + \frac{2\Delta\sqrt{z}}{\beta^2} + \frac{\Delta^2}{\beta^2} \int \frac{\mathrm{d}x}{t \sqrt{z}}$

272. $\displaystyle \int \frac{z}{t^2 \sqrt{z}} \mathrm{d}x = -\frac{z\sqrt{z}}{\Delta t} + \frac{b\sqrt{z}}{\beta\Delta} + \frac{b}{2\beta} \int \frac{\mathrm{d}x}{t \sqrt{z}}$

273. $\displaystyle \int \frac{z^2}{t^2 \sqrt{z}} \mathrm{d}x = -\frac{z^2\sqrt{z}}{\Delta t} + \frac{bz\sqrt{z}}{\beta\Delta} + \frac{3b\sqrt{z}}{\beta^2} + \frac{3b\Delta}{2\beta^2} \int \frac{\mathrm{d}x}{t \sqrt{z}}$

274. $\displaystyle \int \frac{z^m}{t^n \sqrt{z}} \mathrm{d}x = -\frac{2}{(2n-2m-1)\beta} \frac{z^{m-1}}{t^{n-1}} \sqrt{z} - \frac{(2m-1)\Delta}{(2n-2m-1)\beta} \int \frac{z^{m-1}}{t^n \sqrt{z}} \mathrm{d}x$

$\displaystyle \qquad = -\frac{1}{(n-1)\beta} \frac{z^{m-1}}{t^{n-1}} \sqrt{z} + \frac{(2m-1)b}{2(n-1)\beta} \int \frac{z^{m-1}}{t^{n-1} \sqrt{z}} \mathrm{d}x$

275. $\displaystyle \int \frac{\mathrm{d}x}{t \sqrt{z}} = \begin{cases} \dfrac{1}{\sqrt{\beta\Delta}} \ln \left| \dfrac{\beta\sqrt{z} - \sqrt{\beta\Delta}}{\beta\sqrt{z} + \sqrt{\beta\Delta}} \right| & (\beta\Delta > 0) \\[3mm] \dfrac{1}{\sqrt{-\beta\Delta}} \arctan \dfrac{\beta\sqrt{z}}{\sqrt{-\beta\Delta}} & (\beta\Delta < 0) \\[3mm] -\dfrac{2\sqrt{z}}{bt} & (\Delta = 0) \end{cases}$

276. $\displaystyle \int \frac{\mathrm{d}x}{t^2 \sqrt{z}} = -\frac{\sqrt{z}}{\Delta t} - \frac{b}{2\Delta} \int \frac{\mathrm{d}x}{t \sqrt{z}}$

277. $\displaystyle \int \frac{\mathrm{d}x}{tz \sqrt{z}} = \frac{2}{\Delta \sqrt{z}} + \frac{\beta}{\Delta} \int \frac{\mathrm{d}x}{t \sqrt{z}}$

278. $\displaystyle \int \frac{\mathrm{d}x}{tz^2 \sqrt{z}} = \frac{2}{3\Delta z \sqrt{z}} + \frac{2\beta}{\Delta^2 \sqrt{z}} + \frac{\beta^2}{\Delta^2} \int \frac{\mathrm{d}x}{t \sqrt{z}}$

279. $\displaystyle \int \frac{\mathrm{d}x}{t^2 z \sqrt{z}} = -\frac{1}{\Delta t \sqrt{z}} - \frac{3b}{\Delta^2 \sqrt{z}} - \frac{3b\beta}{2\Delta^2} \int \frac{\mathrm{d}x}{t \sqrt{z}}$

280. $\displaystyle \int \frac{\mathrm{d}x}{t^2 z^2 \sqrt{z}} = -\frac{1}{\Delta tz \sqrt{z}} - \frac{5b}{3\Delta^2 z \sqrt{z}} - \frac{5b\beta}{\Delta^3 \sqrt{z}} - \frac{5b\beta^2}{2\Delta^3} \int \frac{\mathrm{d}x}{t \sqrt{z}}$

281. $\displaystyle \int \frac{\mathrm{d}x}{z^m t^n \sqrt{z}} = \frac{2}{(2m-1)\Delta} \frac{\sqrt{z}}{z^m t^{n-1}} + \frac{(2n+2m-3)\beta}{(2m-1)\Delta} \int \frac{\mathrm{d}x}{z^{m-1} t^n \sqrt{z}}$

$\displaystyle \qquad = -\frac{1}{(n-1)\Delta} \frac{\sqrt{z}}{z^m t^{n-1}} - \frac{(2n+2m-3)b}{2(n-1)\Delta} \int \frac{\mathrm{d}x}{z^m t^{n-1} \sqrt{z}}$

Ⅰ.1.2.13 含有 $\sqrt{a+bx}$ 和 $\sqrt{c+dx}$ 的积分

设 $u=a+bx$，$v=c+dx$ 和 $k=ad-bc$，$k\neq 0$. $\Big($如果 $k=0$，那么 $v=\dfrac{c}{a}u$，应该使用另外的公式.$\Big)$

282. $\displaystyle\int\frac{\mathrm{d}x}{\sqrt{uv}}=\begin{cases}\dfrac{2}{\sqrt{bd}}\ln(\sqrt{du}+\sqrt{bv}) & (bd>0)\\[3mm]\dfrac{2}{\sqrt{-bd}}\arctan\sqrt{-\dfrac{du}{bv}} & (bd<0)\end{cases}$

283. $\displaystyle\int\sqrt{uv}\,\mathrm{d}x=\frac{k+2bv}{4bd}\sqrt{uv}-\frac{k^2}{8bd}\int\frac{\mathrm{d}x}{\sqrt{uv}}$

284. $\displaystyle\int v^m\sqrt{u}\,\mathrm{d}x=\frac{1}{(2m+3)d}\Big(2v^{m+1}\sqrt{u}+k\int\frac{v^m}{\sqrt{u}}\,\mathrm{d}x\Big)$

285. $\displaystyle\int\frac{\sqrt{u}}{v}\,\mathrm{d}x=\frac{2\sqrt{u}}{d}+\frac{k}{d}\int\frac{\mathrm{d}x}{v\sqrt{u}}$

286. $\displaystyle\int\frac{\sqrt{u}}{v^n}\,\mathrm{d}x=-\frac{1}{(n-1)d}\Big(\frac{\sqrt{u}}{v^{n-1}}-\frac{b}{2}\int\frac{\mathrm{d}x}{v^{n-1}\sqrt{u}}\Big)\quad(n\neq 1)$

287. $\displaystyle\int\frac{v}{\sqrt{u}}\,\mathrm{d}x=\frac{2\sqrt{u}}{3b}\Big(v-\frac{2k}{b}\Big)$

288. $\displaystyle\int\frac{v^m}{\sqrt{u}}\,\mathrm{d}x=\frac{2}{b(2m+1)}\Big(v^m\sqrt{u}-mk\int\frac{v^{m-1}}{\sqrt{u}}\,\mathrm{d}x\Big)$
$$=\frac{2(m!)^2\sqrt{u}}{b(2m+1)!}\sum_{r=0}^{m}\Big(-\frac{4k}{b}\Big)^{m-r}\frac{(2r)!}{(r!)^2}v^r$$

289. $\displaystyle\int\frac{x}{\sqrt{uv}}\,\mathrm{d}x=\frac{\sqrt{uv}}{bd}-\frac{ad+bc}{2bd}\int\frac{\mathrm{d}x}{\sqrt{uv}}$

290. $\displaystyle\int\frac{v}{\sqrt{uv}}\,\mathrm{d}x=\frac{\sqrt{uv}}{b}-\frac{k}{2b}\int\frac{\mathrm{d}x}{\sqrt{uv}}$

291. $\displaystyle\int\sqrt{\frac{v}{u}}\,\mathrm{d}x=\frac{v}{|v|}\int\frac{v}{\sqrt{uv}}\,\mathrm{d}x$

292. $\displaystyle\int\frac{\mathrm{d}x}{v\sqrt{uv}}=-\frac{2\sqrt{uv}}{kv}$

293. $\displaystyle\int \frac{\mathrm{d}x}{v\sqrt{u}} = \begin{cases} \dfrac{1}{\sqrt{kd}}\ln\left|\dfrac{d\sqrt{u}-\sqrt{kd}}{d\sqrt{u}+\sqrt{kd}}\right| & (kd>0) \\[3mm] \dfrac{1}{\sqrt{kd}}\ln\dfrac{(d\sqrt{u}-\sqrt{kd})^2}{|v|} & (kd>0) \\[3mm] \dfrac{2}{\sqrt{-kd}}\arctan\dfrac{d\sqrt{u}}{\sqrt{-kd}} & (kd<0) \end{cases}$

294. $\displaystyle\int \frac{\mathrm{d}x}{v^m\sqrt{u}} = -\frac{1}{(m-1)k}\left[\frac{\sqrt{u}}{v^{m-1}}+\left(m-\frac{3}{2}\right)b\int\frac{\mathrm{d}x}{v^{m-1}\sqrt{u}}\right] \quad (m\neq 1)$

Ⅰ.1.2.14　含有 $\sqrt{a+bx}$ 和 $\sqrt[p]{(a+bx)^n}$ 的积分

---

295. $\displaystyle\int \sqrt{a+bx}\,\mathrm{d}x = \frac{2}{3b}\sqrt{(a+bx)^3}$

296. $\displaystyle\int \sqrt{(a+bx)^n}\,\mathrm{d}x = \frac{2}{(n+2)b}\sqrt{(a+bx)^{n+2}}$

297. $\displaystyle\int \sqrt[p]{(a+bx)^n}\,\mathrm{d}x = \frac{p}{(n+p)b}\sqrt[p]{(a+bx)^{n+p}}$

298. $\displaystyle\int x\sqrt{a+bx}\,\mathrm{d}x = -\frac{2(2a-3bx)}{15b^2}\sqrt{(a+bx)^3}$

299. $\displaystyle\int x\sqrt{(a+bx)^n}\,\mathrm{d}x = \frac{2x}{(n+2)b}\left[1-\frac{2(a+bx)}{(n+4)bx}\right]\sqrt{(a+bx)^{n+2}}$

300. $\displaystyle\int x\sqrt[p]{(a+x)^n}\,\mathrm{d}x = \frac{px}{(n+p)b}\left[1-\frac{p(a+bx)}{(n+2p)bx}\right]\sqrt[p]{(a+bx)^{n+p}}$

301. $\displaystyle\int x^2\sqrt{a+bx}\,\mathrm{d}x = \frac{2(8a^2-12abx+15b^2x^2)}{105b^3}\sqrt{(a+bx)^3}$

302. $\displaystyle\int x^2\sqrt{(a+bx)^n}\,\mathrm{d}x$

$\displaystyle = \frac{2x^2}{(n+2)b}\left\{1-\frac{4(a+bx)}{(n+4)bx}\left[1-\frac{2(a+bx)}{(n+6)bx}\right]\right\}\sqrt{(a+bx)^{n+2}}$

303. $\displaystyle\int x^2\sqrt[p]{(a+bx)^n}\,\mathrm{d}x$

$\displaystyle = \frac{px^2}{(n+p)b}\left\{1-\frac{2p(a+bx)}{(n+2p)bx}\left[1-\frac{p(a+bx)}{(n+3p)bx}\right]\right\}\sqrt[p]{(a+bx)^{n+p}}$

304. $\displaystyle\int x^m\sqrt[p]{(a+bx)^n}\,\mathrm{d}x$

$\displaystyle = \frac{p}{b^{m+1}}(a+bx)^{1+\frac{n}{p}}\sum_{k=0}^{m}(-1)^k\binom{m}{k}\frac{a^k}{(m-k+1)p+n}(a+bx)^{m-k}$

305. $\displaystyle\int \frac{\sqrt{a+bx}}{x}\,\mathrm{d}x = 2\sqrt{a+bx}+a\int\frac{\mathrm{d}x}{x\sqrt{a+bx}}$

306. $\displaystyle\int \frac{\sqrt{a+bx}}{x^2}\mathrm{d}x = -\frac{\sqrt{a+bx}}{x} + \frac{b}{2}\int \frac{\mathrm{d}x}{x\sqrt{a+bx}}$

307. $\displaystyle\int \frac{\sqrt{a+bx}}{x^m}\mathrm{d}x = -\frac{1}{(m-1)a}\left[\frac{\sqrt{(a+bx)^3}}{x^{m-1}} + \frac{(2m-5)b}{2}\int \frac{\sqrt{a+bx}}{x^{m-1}}\mathrm{d}x\right]$

308. $\displaystyle\int \frac{\sqrt{(a+bx)^n}}{x}\mathrm{d}x = \frac{2\sqrt{(a+bx)^n}}{n} + a\int \frac{\sqrt{(a+bx)^{n-2}}}{x}\mathrm{d}x$

309. $\displaystyle\int \frac{\sqrt{(a+bx)^n}}{x^2}\mathrm{d}x = -\frac{\sqrt{(a+bx)^{n+2}}}{ax} + \frac{nb}{2a}\int \frac{\sqrt{(a+bx)^n}}{x}\mathrm{d}x$

310. $\displaystyle\int \frac{\sqrt{(a+bx)^n}}{x^m}\mathrm{d}x = -\frac{\sqrt{(a+bx)^{n+2}}}{a(m-1)x^{m-1}} - \frac{b(2m-n-4)}{2a(m-1)}\int \frac{\sqrt{(a+bx)^n}}{x^{m-1}}\mathrm{d}x$

$(m\neq 1)$

311. $\displaystyle\int \frac{\mathrm{d}x}{\sqrt{a+bx}} = \frac{2\sqrt{a+bx}}{b}$

312. $\displaystyle\int \frac{\mathrm{d}x}{\sqrt{(a+bx)^n}} = -\frac{2}{(n-2)b\sqrt{(a+bx)^{n-2}}} \quad (n\neq 2)$

313. $\displaystyle\int \frac{\mathrm{d}x}{\sqrt[p]{(a+bx)^n}} = \frac{p}{(p-n)b\sqrt[p]{(a+bx)^{n-p}}} \quad (p\neq n)$

314. $\displaystyle\int \frac{x}{\sqrt{a+bx}}\mathrm{d}x = -\frac{2(2a-bx)}{3b^2}\sqrt{a+bx}$

315. $\displaystyle\int \frac{x}{\sqrt{(a+bx)^n}}\mathrm{d}x = -\frac{2x}{(n-2)b\sqrt{(a+bx)^{n-2}}}\left[1 - \frac{2(a+bx)}{(4-n)bx}\right] \quad (n\neq 2,4)$

316. $\displaystyle\int \frac{x}{\sqrt[p]{(a+bx)^n}}\mathrm{d}x = \frac{px}{(p-n)b\sqrt[p]{(a+bx)^{n-p}}}\left[1 - \frac{p(a+bx)}{(2p-n)bx}\right]$

$(n\neq p,2p)$

317. $\displaystyle\int \frac{x^2}{\sqrt{a+bx}}\mathrm{d}x = \frac{2(8a^2-4abx+3b^2x^2)}{15b^3}\sqrt{a+bx}$

318. $\displaystyle\int \frac{x^2}{\sqrt{(a+bx)^n}}\mathrm{d}x$

$\displaystyle = -\frac{2x^2}{(n-2)b\sqrt{(a+bx)^{n-2}}}\left\{1 - \frac{4(a+bx)}{(4-n)bx}\left[1 - \frac{2(a+bx)}{(6-n)bx}\right]\right\}$

$(n\neq 2,4,6)$

319. $\displaystyle\int \frac{x^2}{\sqrt[p]{(a+bx)^n}}\mathrm{d}x$

$\displaystyle = -\frac{px^2}{(n-p)b\sqrt[p]{(a+bx)^{n-p}}}\left\{1 - \frac{2p(a+bx)}{(2p-n)bx}\left[1 - \frac{p(a+bx)}{(3p-n)bx}\right]\right\}$

$(n\neq p,2p,3p)$

320. $\displaystyle\int \frac{x^3}{\sqrt[p]{(a+bx)^n}}\mathrm{d}x = \frac{px^3}{(p-n)b\sqrt[p]{(a+bx)^{n-p}}}$

$$\cdot\left(1 - \frac{3p(a+bx)}{(2p-n)bx}\left\{1 - \frac{2p(a+bx)}{(3p-n)bx}\left[1 - \frac{p(a+bx)}{(4p-n)bx}\right]\right\}\right)$$

$(n \neq p, 2p, 3p, 4p)$

321. $\displaystyle\int \frac{x^m}{\sqrt[p]{(a+bx)^n}}\mathrm{d}x$

$$= \frac{p}{b^{m+1}\sqrt[p]{(a+bx)^{n-p}}}\sum_{k=0}^{m}(-1)^k\binom{m}{k}\frac{a^k}{(m-k+1)p-n}(a+bx)^{m-k}$$

$[n \neq p, 2p, 3p, \cdots, (m+1)p]$

322. $\displaystyle\int \frac{\mathrm{d}x}{x\sqrt{a+bx}} = \begin{cases} \dfrac{2}{\sqrt{-a}}\arctan\sqrt{\dfrac{a+bx}{-a}} & (a < 0) \\[4mm] \dfrac{1}{\sqrt{a}}\ln\left|\dfrac{\sqrt{a+bx}-\sqrt{a}}{\sqrt{a+bx}+\sqrt{a}}\right| & (a > 0) \end{cases}$

323. $\displaystyle\int \frac{\mathrm{d}x}{x^2\sqrt{a+bx}} = -\frac{\sqrt{a+bx}}{ax} - \frac{b}{2a}\int \frac{\mathrm{d}x}{x\sqrt{a+bx}}$

324. $\displaystyle\int \frac{\mathrm{d}x}{x^n\sqrt{a+bx}} = -\frac{\sqrt{a+bx}}{(n-1)ax^{n-1}} - \frac{(2n-3)b}{(2n-2)a}\int \frac{\mathrm{d}x}{x^{n-1}\sqrt{a+bx}}$

$$= \frac{(2n-2)!}{[(n-1)!]^2}\left[-\frac{\sqrt{a+bx}}{a}\sum_{r=0}^{n-1}\frac{r!(r-1)!}{x^r(2r)!}\left(-\frac{b}{4a}\right)^{n-r-1}\right.$$

$$\left. + \left(-\frac{b}{4a}\right)^{n-1}\int \frac{\mathrm{d}x}{x\sqrt{a+bx}}\right]$$

325. $\displaystyle\int \frac{\mathrm{d}x}{x\sqrt{(a+bx)^n}} = \frac{2}{(n-2)a\sqrt{(a+bx)^{n-2}}} + \frac{1}{a}\int \frac{\mathrm{d}x}{x\sqrt{(a+bx)^{n-2}}}$

$(n > 2)$

326. $\displaystyle\int \frac{\mathrm{d}x}{x^m\sqrt{(a+bx)^n}} = -\frac{1}{a(m-1)x^{m-1}\sqrt{(a+bx)^{n-2}}}$

$$- \frac{b(2m+n-4)}{2a(m-1)}\int \frac{\mathrm{d}x}{x^{m-1}\sqrt{(a+bx)^n}} \quad (m \neq 1)$$

327. $\displaystyle\int \sqrt{x(a+bx)}\mathrm{d}x = \frac{a+2bx}{4b}\sqrt{x(a+bx)} - \frac{a^2}{8b\sqrt{b}}\mathrm{arcosh}\frac{a+2bx}{a}$

328. $\displaystyle\int \sqrt{\frac{a+bx}{x}}\mathrm{d}x = \sqrt{x(a+bx)} + \frac{a}{\sqrt{b}}\ln|a+bx+\sqrt{bx}|$

329. $\displaystyle\int \sqrt{\frac{x}{a+bx}}\mathrm{d}x = \frac{\sqrt{x}}{b}(a+bx) - \frac{a}{b\sqrt{b}}\ln|a+bx+\sqrt{bx}|$

Ⅰ.1.2.15   含有 $\sqrt{x^2 \pm a^2}$ 的积分

330. $\int \sqrt{x^2 \pm a^2}\,dx = \dfrac{1}{2}\left(x\,\sqrt{x^2 \pm a^2} \pm a^2\ln\mid x + \sqrt{x^2 \pm a^2}\mid \right)$

331. $\int \sqrt{(x^2 \pm a^2)^3}\,dx$

$$= \dfrac{1}{4}\left[x\,\sqrt{(x^2 \pm a^2)^3} \pm \dfrac{3a^2 x}{2}\,\sqrt{x^2 \pm a^2} + \dfrac{3a^4}{2}\ln\mid x + \sqrt{x^2 \pm a^2}\mid \right]$$

332. $\int \sqrt{(x^2 \pm a^2)^n}\,dx = \dfrac{1}{n+1}\left[x\,\sqrt{(x^2 \pm a^2)^n} \pm na^2\int \sqrt{(x^2 \pm a^2)^{n-2}}\,dx \right]$

333. $\int x\,\sqrt{x^2 \pm a^2}\,dx = \dfrac{1}{3}\,\sqrt{(x^2 \pm a^2)^3}$

334. $\int x\,\sqrt{(x^2 \pm a^2)^3}\,dx = \dfrac{1}{5}\,\sqrt{(x^2 \pm a^2)^5}$

335. $\int x\,\sqrt{(x^2 + a^2)^n}\,dx = \dfrac{1}{n+2}\,\sqrt{(x^2 + a^2)^{n+2}}$

336. $\int x\,\sqrt{(x^2 - a^2)^n}\,dx = \dfrac{1}{n+2}\left[x^2\,\sqrt{(x^2 - a^2)^n} - na^2\int x\,\sqrt{(x^2 - a^2)^{n-2}}\,dx \right]$

337. $\int x^2\,\sqrt{x^2 \pm a^2}\,dx = \dfrac{x}{4}\,\sqrt{(x^2 \pm a^2)^3} \mp \dfrac{a^2 x}{8}\,\sqrt{x^2 \pm a^2} - \dfrac{a^4}{8}\ln\mid x + \sqrt{x^2 \pm a^2}\mid$

338. $\int x^2\,\sqrt{(x^2 \pm a^2)^3}\,dx = \dfrac{x}{6}\,\sqrt{(x^2 \pm a^2)^5} \mp \dfrac{a^2 x}{24}\,\sqrt{(x^2 \pm a^2)^3}$

$$- \dfrac{a^4 x}{16}\,\sqrt{x^2 \pm a^2} \mp \dfrac{a^6}{16}\ln\mid x + \sqrt{x^2 \pm a^2}\mid$$

339. $\int x^2\,\sqrt{(x^2 + a^2)^n}\,dx = \dfrac{x\,\sqrt{(x^2 + a^2)^{n+2}}}{n+3} - \dfrac{a^2}{n+3}\int \sqrt{(x^2 + a^2)^n}\,dx$

340. $\int x^2\,\sqrt{(x^2 - a^2)^n}\,dx = \dfrac{x^3\,\sqrt{(x^2 - a^2)^n}}{n+3} - \dfrac{na^2}{n+3}\int x^2\,\sqrt{(x^2 - a^2)^{n-2}}\,dx$

341. $\int x^3\,\sqrt{(x^2 + a^2)^n}\,dx = \left(x^2 - \dfrac{2a^2}{n+2} \right)\dfrac{\sqrt{(x^2 + a^2)^{n+2}}}{n+4}\quad (n \neq -2, -4)$

342. $\int x^3\,\sqrt{(x^2 - a^2)^n}\,dx = \dfrac{x^4\,\sqrt{(x^2 - a^2)^n}}{n+4} - \dfrac{na^2}{n+4}\int x^3\,\sqrt{(x^2 - a^2)^{n-2}}\,dx$

$(n \neq -4)$

343. $\int x^m\,\sqrt[p]{(x^2 + a^2)^n}\,dx$

$$= \dfrac{px^{m-1}\,\sqrt[p]{(x^2 + a^2)^{n+p}}}{2n + mp + p} - \dfrac{(m-1)pa^2}{2n + mp + p}\int x^{m-2}\,\sqrt[p]{(x^2 + a^2)^n}\,dx$$

344. $\int x^m\,\sqrt[p]{(x^2 - a^2)^n}\,dx$

$$= \frac{px^{m+1} \sqrt[p]{(x^2 - a^2)^n}}{2n + mp + p} - \frac{2na^2}{2n + mp + p} \int x^m \sqrt[p]{(x^2 - a^2)^{n-p}} \, dx$$

345. $\displaystyle \int \frac{dx}{\sqrt{x^2 \pm a^2}} = \ln \left| x + \sqrt{x^2 \pm a^2} \right|$

346. $\displaystyle \int \frac{dx}{\sqrt{(x^2 \pm a^2)^3}} = \pm \frac{x}{a^2 \sqrt{x^2 \pm a^2}}$

347. $\displaystyle \int \frac{dx}{\sqrt{(x^2 \pm a^2)^n}} = \pm \frac{x}{(n-2)a^2 \sqrt{(x^2 \pm a^2)^{n-2}}} \pm \frac{n-3}{(n-2)a^2} \int \frac{dx}{\sqrt{(x^2 \pm a^2)^{n-2}}}$
$(n \neq 2)$

348. $\displaystyle \int \frac{x}{\sqrt{x^2 \pm a^2}} dx = \sqrt{x^2 \pm a^2}$

349. $\displaystyle \int \frac{x}{\sqrt{(x^2 \pm a^2)^3}} dx = - \frac{1}{\sqrt{x^2 \pm a^2}}$

350. $\displaystyle \int \frac{x}{\sqrt{(x^2 \pm a^2)^n}} dx = - \frac{1}{(n-2) \sqrt{(x^2 \pm a^2)^{n-2}}} \quad (n \neq 2)$

351. $\displaystyle \int \frac{x^2}{\sqrt{x^2 \pm a^2}} dx = \frac{x}{2} \sqrt{x^2 \pm a^2} \mp \frac{a^2}{2} \ln \left| x + \sqrt{x^2 \pm a^2} \right|$

352. $\displaystyle \int \frac{x^2}{\sqrt{(x^2 \pm a^2)^3}} dx = - \frac{x}{\sqrt{x^2 \pm a^2}} + \ln \left| x + \sqrt{x^2 \pm a^2} \right|$

353. $\displaystyle \int \frac{x^2}{\sqrt{(x^2 \pm a^2)^n}} dx = \pm \frac{x^3}{(n-2)a^2 \sqrt{(x^2 \pm a^2)^{n-2}}}$
$$\pm \frac{n-5}{(n-2)a^2} \int \frac{x^2}{\sqrt{(x^2 \pm a^2)^{n-2}}} dx \quad (n \neq 2)$$

354. $\displaystyle \int \frac{x^m}{\sqrt[p]{(x^2 \pm a^2)^n}} dx = \pm \frac{px^{m+1}}{2a^2(n-p) \sqrt[p]{(x^2 \pm a^2)^{n-p}}}$
$$\pm \frac{2n - p(m+3)}{2a^2(n-p)} \int \frac{x^m}{\sqrt[p]{(x^2 \pm a^2)^{n-p}}} dx \quad (n \neq p)$$

355. $\displaystyle \int \frac{dx}{x \sqrt{x^2 + a^2}} = - \frac{1}{a} \ln \left| \frac{a + \sqrt{x^2 + a^2}}{x} \right|$

356. $\displaystyle \int \frac{dx}{x \sqrt{x^2 - a^2}} = \frac{1}{|a|} \operatorname{arcsec} \frac{x}{a}$

357. $\displaystyle \int \frac{dx}{x \sqrt{(x^2 + a^2)^3}} = \frac{1}{a^2 \sqrt{x^2 + a^2}} - \frac{1}{a^3} \ln \left| \frac{a + \sqrt{x^2 + a^2}}{x} \right|$

358. $\displaystyle \int \frac{dx}{x \sqrt{(x^2 - a^2)^3}} = - \frac{1}{a^2 \sqrt{x^2 - a^2}} - \frac{1}{|a^3|} \operatorname{arcsec} \frac{x}{a}$

359. $\displaystyle \int \frac{dx}{x \sqrt{(x^2 \pm a^2)^n}} = \pm \frac{1}{a^2(n-2) \sqrt{(x^2 \pm a^2)^{n-2}}} \pm \frac{1}{a^2} \int \frac{dx}{x \sqrt{(x^2 \pm a^2)^{n-2}}}$

$(n \neq 2)$

360. $\displaystyle\int \frac{\mathrm{d}x}{x^2 \sqrt{x^2 \pm a^2}} = \mp \frac{\sqrt{x^2 \pm a^2}}{a^2 x}$

361. $\displaystyle\int \frac{\mathrm{d}x}{x^2 \sqrt{(x^2 \pm a^2)^3}} = -\frac{1}{a^4}\left(\frac{\sqrt{x^2 \pm a^2}}{x} + \frac{x}{\sqrt{x^2 \pm a^2}} \right)$

362. $\displaystyle\int \frac{\mathrm{d}x}{x^2 \sqrt{(x^2 \pm a^2)^n}} = \pm \frac{1}{a^2(n-2)x \sqrt{(x^2 \pm a^2)^{n-2}}}$

$$\pm \frac{n-1}{a^2(n-2)}\int \frac{\mathrm{d}x}{x^2 \sqrt{(x^2 \pm a^2)^{n-2}}} \quad (n \neq 2)$$

363. $\displaystyle\int \frac{\mathrm{d}x}{x^m \sqrt{x^2 \pm a^2}} = \mp \frac{\sqrt{x^2 \pm a^2}}{(m-1)a^2 x^{m-1}} \mp \frac{m-2}{(m-1)a^2}\int \frac{\mathrm{d}x}{x^{m-2} \sqrt{x^2 \pm a^2}}$

364. $\displaystyle\int \frac{\mathrm{d}x}{x^{2m} \sqrt{x^2 \pm a^2}} = \sqrt{x^2 \pm a^2} \sum_{r=0}^{m-1} \frac{(m-1)! \, m! \, (2r)! \, 2^{2m-2r-1}}{(r!)^2 (2m)! \, (\mp a^2)^{m-r} x^{2r+1}}$

365. $\displaystyle\int \frac{\mathrm{d}x}{x^{2m+1} \sqrt{x^2 + a^2}} = \frac{(2m)!}{(m!)^2}\left[\frac{\sqrt{x^2 + a^2}}{a^2} \sum_{r=1}^{m} (-1)^{m-r+1} \frac{r! \, (r-1)!}{2(2r)! \, (4a^2)^{m-r} x^{2r}} \right.$

$$\left. + \frac{(-1)^{m+1}}{2^{2m} a^{2m+1}} \ln\left| \frac{\sqrt{x^2 + a^2} + a}{x} \right| \right]$$

366. $\displaystyle\int \frac{\mathrm{d}x}{x^{2m+1} \sqrt{x^2 - a^2}}$

$$= \frac{(2m)!}{(m!)^2}\left[\frac{\sqrt{x^2 - a^2}}{a^2} \sum_{r=1}^{m} \frac{r! \, (r-1)!}{2(2r)! \, (4a^2)^{m-r} x^{2r}} + \frac{1}{2^{2m} \, |a|^{2m+1}} \operatorname{arcsec} \frac{x}{a} \right]$$

367. $\displaystyle\int \frac{\mathrm{d}x}{x^m \sqrt[p]{(x^2 \pm a^2)^n}}$

$$= \frac{p}{2(n-p)a^2 x^{m-1} \sqrt[p]{(x^2 \pm a^2)^{n-p}}} \pm \frac{2n + p(m-3)}{2(n-p)a^2}\int \frac{\mathrm{d}x}{x^m \sqrt[p]{(x^2 \pm a^2)^{n-p}}}$$

$(n \neq p)$

368. $\displaystyle\int \frac{\sqrt{x^2 + a^2}}{x}\mathrm{d}x = \sqrt{x^2 + a^2} - a\ln\left| \frac{a + \sqrt{x^2 + a^2}}{x} \right|$

369. $\displaystyle\int \frac{\sqrt{x^2 - a^2}}{x}\mathrm{d}x = \sqrt{x^2 - a^2} - |a| \operatorname{arcsec} \frac{x}{a}$

370. $\displaystyle\int \frac{\sqrt{(x^2 + a^2)^3}}{x}\mathrm{d}x = \frac{1}{3}\sqrt{(x^2 + a^2)^3} + a^2\sqrt{x^2 + a^2} - a^3\ln\left| \frac{a + \sqrt{x^2 + a^2}}{x} \right|$

371. $\displaystyle\int \frac{\sqrt{(x^2 - a^2)^3}}{x}\mathrm{d}x = \frac{1}{3}\sqrt{(x^2 - a^2)^3} - a^2\sqrt{x^2 - a^2} + a^3\operatorname{arcsec} \frac{x}{a}$

372. $\displaystyle\int \frac{\sqrt{(x^2 \pm a^2)^n}}{x}\mathrm{d}x = \frac{1}{n}\sqrt{(x^2 \pm a^2)^n} \pm a^2\int \frac{\sqrt{(x^2 \pm a^2)^{n-2}}}{x}\mathrm{d}x$

373. $\int \dfrac{\sqrt{x^2 \pm a^2}}{x^2}\mathrm{d}x = -\dfrac{\sqrt{x^2 \pm a^2}}{x} + \ln \mid x + \sqrt{x^2 \pm a^2} \mid$

374. $\int \dfrac{\sqrt{(x^2 \pm a^2)^3}}{x^2}\mathrm{d}x$

$\qquad = -\dfrac{1}{x}\sqrt{(x^2 \pm a^2)^3} + \dfrac{3x}{2}\sqrt{x^2 \pm a^2} \pm \dfrac{3a^2}{2}\ln \mid x + \sqrt{x^2 \pm a^2} \mid$

375. $\int \dfrac{\sqrt{(x^2 \pm a^2)^n}}{x^2}\mathrm{d}x = \dfrac{\sqrt{(x^2 \pm a^2)^n}}{(n-1)x} \pm \dfrac{na^2}{n-1}\int \dfrac{\sqrt{(x^2 \pm a^2)^{n-2}}}{x^2}\mathrm{d}x \quad (n \neq 1)$

376. $\int \dfrac{\sqrt[p]{(x^2 \pm a^2)^n}}{x^m}\mathrm{d}x = \dfrac{p\sqrt[p]{(x^2 \pm a^2)^n}}{(2n - mp + p)x^{m-1}} \pm \dfrac{2na^2}{2n - mp + p}\int \dfrac{\sqrt[p]{(x^2 \pm a^2)^{n-p}}}{x^m}\mathrm{d}x$

$\qquad [2n \neq (m-1)p]$

377. $\int \dfrac{x^m}{\sqrt{x^2 \pm a^2}}\mathrm{d}x = \dfrac{1}{m}x^{m-1}\sqrt{x^2 \pm a^2} \mp \dfrac{m-1}{m}a^2\int \dfrac{x^{m-2}}{\sqrt{x^2 \pm a^2}}\mathrm{d}x$

378. $\int \dfrac{x^{2m}}{\sqrt{x^2 \pm a^2}}\mathrm{d}x = \dfrac{(2m)!}{2^{2m}(m!)^2}\left[\sqrt{x^2 \pm a^2}\sum_{r=1}^{m}\dfrac{r!(r-1)!}{(2r)!}(\mp a^2)^{m-r}(2x)^{2r-1}\right.$

$\qquad\qquad \left. + (\mp a^2)^m\ln \mid x + \sqrt{x^2 \pm a^2} \mid\right]$

379. $\int \dfrac{x^{2m+1}}{\sqrt{x^2 \pm a^2}}\mathrm{d}x = \sqrt{x^2 \pm a^2}\sum_{r=0}^{m}\dfrac{(2r)!(m!)^2}{(2m+1)!(r!)^2}(\mp 4a^2)^{m-r}x^{2r}$

380. $\int \dfrac{\mathrm{d}x}{(x+a)\sqrt{x^2 - a^2}} = \dfrac{\sqrt{x^2 - a^2}}{a(x+a)}$

381. $\int \dfrac{\mathrm{d}x}{(x-a)\sqrt{x^2 - a^2}} = -\dfrac{\sqrt{x^2 - a^2}}{a(x-a)}$

Ⅰ.1.2.16　含有 $\sqrt{a^2 - x^2}$ 的积分

382. $\int \sqrt{a^2 - x^2}\,\mathrm{d}x = \dfrac{1}{2}\left(x\sqrt{a^2 - x^2} + a^2\arcsin\dfrac{x}{\mid a \mid}\right)$

383. $\int \sqrt{(a^2 - x^2)^3}\,\mathrm{d}x$

$\qquad = \dfrac{1}{4}\left[x\sqrt{(a^2 - x^2)^3} + \dfrac{3a^2 x}{2}\sqrt{a^2 - x^2} + \dfrac{3a^4}{2}\arcsin\dfrac{x}{\mid a \mid}\right]$

384. $\int \sqrt{(a^2 - x^2)^n}\,\mathrm{d}x = \dfrac{1}{n+1}\left[x\sqrt{(a^2 - x^2)^n} + na^2\int \sqrt{(a^2 - x^2)^{n-2}}\,\mathrm{d}x\right]$

$\qquad (n \neq -1)$

385. $\int x\sqrt{a^2 - x^2}\,\mathrm{d}x = -\dfrac{1}{3}\sqrt{(a^2 - x^2)^3}$

386. $\int x\sqrt{(a^2 - x^2)^3}\,\mathrm{d}x = -\dfrac{1}{5}\sqrt{(a^2 - x^2)^5}$

387. $\int x \sqrt{(a^2 - x^2)^n} \mathrm{d}x = -\dfrac{1}{n+2} \sqrt{(a^2 - x^2)^{n+2}} \quad (n \neq -2)$

388. $\int x^2 \sqrt{a^2 - x^2} \mathrm{d}x = -\dfrac{x}{4} \sqrt{(a^2 - x^2)^3} + \dfrac{a^2}{8} \left(x \sqrt{a^2 - x^2} + a^2 \arcsin \dfrac{x}{|a|} \right)$

389. $\int x^2 \sqrt{(a^2 - x^2)^3} \mathrm{d}x = -\dfrac{x}{6} \sqrt{(a^2 - x^2)^5} + \dfrac{a^2 x}{24} \sqrt{(a^2 - x^2)^3}$

$$+ \dfrac{a^4 x}{16} \sqrt{a^2 - x^2} + \dfrac{a^6}{16} \arcsin \dfrac{x}{|a|}$$

390. $\int x^2 \sqrt{(a^2 - x^2)^n} \mathrm{d}x$

$$= \dfrac{1}{n+3} \left(x^3 \sqrt{(a^2 - x^2)^n} + na^2 \int x^2 \sqrt{(a^2 - x^2)^{n-2}} \mathrm{d}x \right) \quad (n \neq -3)$$

$$= -\dfrac{x}{n+2} \sqrt{(a^2 - x^2)^{n+2}} + \dfrac{1}{n+2} \int \sqrt{(a^2 - x^2)^{n+2}} \mathrm{d}x \quad (n \neq -2)$$

391. $\int x^m \sqrt[p]{(a^2 - x^2)^n} \mathrm{d}x$

$$= \dfrac{p x^{m+1} \sqrt[p]{(a^2 - x^2)^n}}{2n + mp + p} + \dfrac{2na^2}{2n + mp + p} \int x^m \sqrt[p]{(a^2 - x^2)^{n-p}} \mathrm{d}x$$

$$[2n \neq -(m+1)p]$$

392. $\int \dfrac{\mathrm{d}x}{\sqrt{a^2 - x^2}} = \arcsin \dfrac{x}{|a|} = -\arccos \dfrac{x}{|a|}$

393. $\int \dfrac{\mathrm{d}x}{\sqrt{(a^2 - x^2)^3}} = \dfrac{x}{a^2 \sqrt{a^2 - x^2}}$

394. $\int \dfrac{\mathrm{d}x}{\sqrt{(a^2 - x^2)^n}} = \dfrac{x}{(n-2)a^2 \sqrt{(a^2 - x^2)^{n-2}}} + \dfrac{n-3}{(n-2)a^2} \int \dfrac{\mathrm{d}x}{\sqrt{(a^2 - x^2)^{n-2}}}$

$(n \neq 2)$

395. $\int \dfrac{x}{\sqrt{a^2 - x^2}} \mathrm{d}x = -\sqrt{a^2 - x^2}$

396. $\int \dfrac{x}{\sqrt{(a^2 - x^2)^3}} \mathrm{d}x = \dfrac{1}{\sqrt{a^2 - x^2}}$

397. $\int \dfrac{x}{\sqrt{(a^2 - x^2)^n}} \mathrm{d}x = \dfrac{1}{(n-2) \sqrt{(a^2 - x^2)^{n-2}}} \quad (n > 2)$

398. $\int \dfrac{x^2}{\sqrt{a^2 - x^2}} \mathrm{d}x = -\dfrac{x}{2} \sqrt{a^2 - x^2} + \dfrac{a^2}{2} \arcsin \dfrac{x}{|a|}$

399. $\int \dfrac{x^2}{\sqrt{(a^2 - x^2)^3}} \mathrm{d}x = \dfrac{x}{\sqrt{a^2 - x^2}} - \arcsin \dfrac{x}{|a|}$

400. $\int \dfrac{x^2}{\sqrt{(a^2 - x^2)^n}} \mathrm{d}x$

$$= \dfrac{x^3}{(n-2)a^2 \sqrt{(a^2 - x^2)^{n-2}}} + \dfrac{n-5}{(n-2)a^2} \int \dfrac{x^2}{\sqrt{(a^2 - x^2)^{n-2}}} \mathrm{d}x \quad (n \neq 2)$$

$$= \frac{x}{(n-2)\sqrt{(a^2-x^2)^{n-2}}} - \frac{1}{n-2}\int \frac{\mathrm{d}x}{\sqrt{(a^2-x^2)^{n-2}}} \quad (n \neq 2)$$

401. $\displaystyle\int \frac{x^m}{\sqrt[p]{(a^2-x^2)^n}}\mathrm{d}x$

$$= \frac{px^{m+1}}{2a^2(n-p)\sqrt[p]{(a^2-x^2)^n}} + \frac{2n-(m+3)p}{2a^2(n-p)}\int \frac{x^m}{\sqrt[p]{(a^2-x^2)^{n-p}}}\mathrm{d}x$$

$(n \neq p)$

402. $\displaystyle\int \frac{\mathrm{d}x}{x\sqrt{a^2-x^2}} = -\frac{1}{a}\ln\left|\frac{a+\sqrt{a^2-x^2}}{x}\right|$

403. $\displaystyle\int \frac{\mathrm{d}x}{x\sqrt{(a^2-x^2)^3}} = \frac{1}{a^2\sqrt{a^2-x^2}} - \frac{1}{a^3}\ln\left|\frac{a+\sqrt{a^2-x^2}}{x}\right|$

404. $\displaystyle\int \frac{\mathrm{d}x}{x\sqrt{(a^2-x^2)^n}} = \frac{1}{(n-2)a^2\sqrt{(a^2-x^2)^{n-2}}} + \frac{1}{a^2}\int \frac{\mathrm{d}x}{x\sqrt{(a^2-x^2)^{n-2}}}$

$(n \neq 2)$

405. $\displaystyle\int \frac{\mathrm{d}x}{x^2\sqrt{a^2-x^2}} = -\frac{\sqrt{a^2-x^2}}{a^2 x}$

406. $\displaystyle\int \frac{\mathrm{d}x}{x^2\sqrt{(a^2-x^2)^3}} = \frac{1}{a^4}\left(\frac{x}{\sqrt{a^2-x^2}} - \frac{\sqrt{a^2-x^2}}{x}\right)$

407. $\displaystyle\int \frac{\mathrm{d}x}{x^2\sqrt{(a^2-x^2)^n}}$

$$= \frac{1}{(n-2)a^2 x\sqrt{(a^2-x^2)^{n-2}}} + \frac{n-1}{(n-2)a^2}\int \frac{\mathrm{d}x}{x^2\sqrt{(a^2-x^2)^{n-2}}} \quad (n \neq 2)$$

408. $\displaystyle\int \frac{\mathrm{d}x}{x^m\sqrt[p]{(a^2-x^2)^n}}$

$$= \frac{p}{2(n-p)a^2 x^{m-1}\sqrt[p]{(a^2-x^2)^{n-p}}} + \frac{2n+(m-3)p}{2(n-p)a^2}\int \frac{\mathrm{d}x}{x^m\sqrt[p]{(a^2-x^2)^{n-p}}}$$

$(n \neq p)$

409. $\displaystyle\int \frac{\sqrt{a^2-x^2}}{x}\mathrm{d}x = \sqrt{a^2-x^2} - a\ln\left|\frac{a+\sqrt{a^2-x^2}}{x}\right|$

410. $\displaystyle\int \frac{\sqrt{(a^2-x^2)^3}}{x}\mathrm{d}x = \frac{1}{3}\sqrt{(a^2-x^2)^3} + a^2\sqrt{a^2-x^2} - a^3\ln\left|\frac{a+\sqrt{a^2-x^2}}{x}\right|$

411. $\displaystyle\int \frac{\sqrt{(a^2-x^2)^n}}{x}\mathrm{d}x = \frac{1}{n}\sqrt{(a^2-x^2)^n} + a^2\int \frac{\sqrt{(a^2-x^2)^{n-2}}}{x}\mathrm{d}x$

412. $\displaystyle\int \frac{\sqrt{a^2-x^2}}{x^2}\mathrm{d}x = -\frac{\sqrt{a^2-x^2}}{x} - \arcsin\frac{x}{|a|}$

413. $\displaystyle\int \frac{\sqrt{(a^2-x^2)^3}}{x^2}\mathrm{d}x = -\frac{1}{x}\sqrt{(a^2-x^2)^3} - \frac{3x}{2}\sqrt{a^2-x^2} - \frac{3a^2}{2}\arcsin\frac{x}{a}$

414. $\displaystyle\int \frac{\sqrt{(a^2-x^2)^n}}{x^2}\mathrm{d}x = \frac{1}{(n-1)x}\sqrt{(a^2-x^2)^n} + \frac{na^2}{n-1}\int \frac{\sqrt{(a^2-x^2)^{n-2}}}{x^2}\mathrm{d}x$

$(n \neq 1)$

415. $\displaystyle\int \frac{\sqrt[p]{(a^2-x^2)^n}}{x^m}\mathrm{d}x = \frac{p\sqrt[p]{(a^2-x^2)^n}}{(2n-mp+p)x^{m-1}} + \frac{2na^2}{2n-mp+p}\int \frac{\sqrt[p]{(a^2-x^2)^{n-p}}}{x^m}\mathrm{d}x$

416. $\displaystyle\int \frac{x^m}{\sqrt{a^2-x^2}}\mathrm{d}x = -\frac{x^{m-1}\sqrt{a^2-x^2}}{m} + \frac{(m-1)a^2}{m}\int \frac{x^{m-2}}{\sqrt{a^2-x^2}}\mathrm{d}x$

417. $\displaystyle\int \frac{x^{2m}}{\sqrt{a^2-x^2}}\mathrm{d}x$

$\displaystyle = \frac{(2m)!}{(m!)^2}\left[-\sqrt{a^2-x^2}\sum_{r=1}^{m}\frac{r!(r-1)!}{2^{2m-2r+1}(2r)!}a^{2m-2r}x^{2r-1} + \frac{a^{2m}}{2^{2m}}\arcsin\frac{x}{|a|}\right]$

418. $\displaystyle\int \frac{x^{2m+1}}{\sqrt{a^2-x^2}}\mathrm{d}x = -\sqrt{a^2-x^2}\sum_{r=0}^{m}\frac{(2r)!(m!)^2}{(2m+1)!(r!)^2}(4a^2)^{m-r}x^{2r}$

419. $\displaystyle\int \frac{\mathrm{d}x}{x^m\sqrt{a^2-x^2}} = -\frac{\sqrt{a^2-x^2}}{(m-1)a^2x^{m-1}} + \frac{m-2}{(m-1)a^2}\int \frac{\mathrm{d}x}{x^{m-2}\sqrt{a^2-x^2}}$

420. $\displaystyle\int \frac{\mathrm{d}x}{x^{2m}\sqrt{a^2-x^2}} = -\sqrt{a^2-x^2}\sum_{r=0}^{m-1}\frac{(m-1)!m!(2r)!2^{2m-2r-1}}{(r!)^2(2m)!a^{2m-2r}x^{2r+1}}$

421. $\displaystyle\int \frac{\mathrm{d}x}{x^{2m+1}\sqrt{a^2-x^2}} = \frac{(2m)!}{(m!)^2}\left[-\frac{\sqrt{a^2-x^2}}{a^2}\sum_{r=1}^{m}\frac{r!(r-1)!}{2(2r)!(4a^2)^{m-r}x^{2r}}\right.$

$\displaystyle \left. + \frac{1}{2^{2m}a^{2m+1}}\ln\left|\frac{a-\sqrt{a^2-x^2}}{x}\right|\right]$

422. $\displaystyle\int \frac{\mathrm{d}x}{(b^2-x^2)\sqrt{a^2-x^2}}$

$\displaystyle = \begin{cases} \dfrac{1}{2b\sqrt{a^2-x^2}}\ln\dfrac{(b\sqrt{a^2-x^2}+x\sqrt{a^2-b^2})^2}{|b^2-x^2|} & (a^2>b^2) \\[3mm] \dfrac{1}{b\sqrt{b^2-a^2}}\arctan\dfrac{x\sqrt{b^2-a^2}}{b\sqrt{a^2-x^2}} & (a^2<b^2) \end{cases}$

423. $\displaystyle\int \frac{\mathrm{d}x}{(b^2+x^2)\sqrt{a^2-x^2}} = \frac{1}{b\sqrt{a^2+b^2}}\arctan\frac{x\sqrt{a^2+b^2}}{b\sqrt{a^2-x^2}}$

424. $\displaystyle\int \frac{\sqrt{a^2-x^2}}{b^2+x^2}\mathrm{d}x = \frac{\sqrt{a^2+b^2}}{|b|}\arcsin\frac{x\sqrt{a^2+b^2}}{|a|\sqrt{x^2+b^2}} - \arcsin\frac{x}{|a|}$

Ⅰ.1.2.17 含有 $\sqrt{a+bx+cx^2}$ 的积分

设 $X = a + bx + cx^2$，$q = 4ac - b^2$ 和 $k = \dfrac{4c}{q}$，$q \neq 0$. $\Big($如果 $q = 0$，那么

$\sqrt{X} = \sqrt{c}\left| x + \dfrac{b}{2c} \right|$,这是 I.1.2.1 小节的情形,应该使用其中相应的公式.)

425. $\displaystyle\int \dfrac{\mathrm{d}x}{\sqrt{X}} = \begin{cases} \dfrac{1}{\sqrt{c}}\ln\left| 2\sqrt{cX} + 2cx + b \right| & (c > 0) \\[3mm] \dfrac{1}{\sqrt{c}}\mathrm{arsinh}\,\dfrac{2cx + b}{\sqrt{q}} & (c > 0,\ q > 0) \\[3mm] -\dfrac{1}{\sqrt{-c}}\arcsin\dfrac{2cx + b}{\sqrt{-q}} & (c < 0,\ q < 0) \\[3mm] \dfrac{1}{\sqrt{c}}\ln\left| 2cx + b \right| & (c > 0,\ q = 0) \end{cases}$

426. $\displaystyle\int \dfrac{\mathrm{d}x}{X\sqrt{X}} = \dfrac{2(2cx + b)}{q\sqrt{X}}$

427. $\displaystyle\int \dfrac{\mathrm{d}x}{X^2\sqrt{X}} = \dfrac{2(2cx + b)}{3q\sqrt{X}}\left(\dfrac{1}{X} + 2k \right)$

428. $\displaystyle\int \dfrac{\mathrm{d}x}{X^n\sqrt{X}} = \dfrac{2(2cx + b)\sqrt{X}}{(2n - 1)qX^n} + \dfrac{2k(n - 1)}{2n - 1}\int \dfrac{\mathrm{d}x}{X^{n-1}\sqrt{X}}$

$\qquad = \dfrac{(2cx + b)(n!)(n - 1)!4^n k^{n-1}}{q(2n)!\sqrt{X}} \displaystyle\sum_{r=0}^{n-1} \dfrac{(2r)!}{(4kX)^r(r!)^2}$

429. $\displaystyle\int \sqrt{X}\,\mathrm{d}x = \dfrac{(2cx + b)\sqrt{X}}{4c} + \dfrac{1}{2k}\int \dfrac{\mathrm{d}x}{\sqrt{X}}$

430. $\displaystyle\int X\sqrt{X}\,\mathrm{d}x = \dfrac{(2cx + b)\sqrt{X}}{8c}\left(X + \dfrac{3}{2k} \right) + \dfrac{3}{8k^2}\int \dfrac{\mathrm{d}x}{\sqrt{X}}$

431. $\displaystyle\int X^2\sqrt{X}\,\mathrm{d}x = \dfrac{(2cx + b)\sqrt{X}}{12c}\left(X^2 + \dfrac{5X}{4k} + \dfrac{15}{8k^2} \right) + \dfrac{5}{16k^3}\int \dfrac{\mathrm{d}x}{\sqrt{X}}$

432. $\displaystyle\int X^n\sqrt{X}\,\mathrm{d}x = \dfrac{(2cx + b)X^n\sqrt{X}}{4(n + 1)c} + \dfrac{2n + 1}{2(n + 1)k}\int X^{n-1}\sqrt{X}\,\mathrm{d}x$

$\qquad = \dfrac{(2n + 2)!}{[(n + 1)!]^2(4k)^{n+1}}\left[\dfrac{k(2cx + b)\sqrt{X}}{c} \displaystyle\sum_{r=0}^{n} \dfrac{r!(r + 1)!(4kX)^r}{(2r + 2)!} + \int \dfrac{\mathrm{d}x}{\sqrt{X}} \right]$

433. $\displaystyle\int x\sqrt{X}\,\mathrm{d}x = \dfrac{X\sqrt{X}}{3c} - \dfrac{b(2cx + b)}{8c^2}\sqrt{X} - \dfrac{b}{4ck}\int \dfrac{\mathrm{d}x}{\sqrt{X}}$

434. $\displaystyle\int x^2\sqrt{X}\,\mathrm{d}x = \left(x - \dfrac{5b}{6c} \right)\dfrac{X\sqrt{X}}{4c} + \dfrac{5b^2 - 4ac}{16c^2}\int \sqrt{X}\,\mathrm{d}x$

435. $\displaystyle\int x^m\sqrt{X}\,\mathrm{d}x = \dfrac{x^{m-1}X\sqrt{X}}{(m + 2)c} - \dfrac{(2m + 1)b}{2(m + 2)c}\int x^{m-1}\sqrt{X}\,\mathrm{d}x - \dfrac{(m - 1)a}{(m + 2)c}\int x^{m-2}\sqrt{X}\,\mathrm{d}x$

436. $\displaystyle\int x^m\sqrt{X^n}\,\mathrm{d}x = \dfrac{1}{(m + n + 1)c}\left[x^{m-1}\sqrt{X^{n+2}} - \dfrac{(2m + n)b}{2}\int x^{m-1}\sqrt{X^n}\,\mathrm{d}x \right.$

$\qquad \left. - (m - 1)a\int x^{m-2}\sqrt{X^n}\,\mathrm{d}x \right] \quad (n > 0)$

437. $\int \dfrac{x}{\sqrt{X}}\mathrm{d}x = \dfrac{\sqrt{X}}{c} - \dfrac{b}{2c}\int \dfrac{\mathrm{d}x}{\sqrt{X}}$

438. $\int \dfrac{x^2}{\sqrt{X}}\mathrm{d}x = \left(\dfrac{x}{2c} - \dfrac{3b}{4c^2}\right)\sqrt{X} + \dfrac{3b^2 - 4ac}{8c^2}\int \dfrac{\mathrm{d}x}{\sqrt{X}}$

439. $\int \dfrac{x^m}{\sqrt{X}}\mathrm{d}x = \dfrac{1}{mc}x^{m-1}\sqrt{X} - \dfrac{(2m-1)b}{2mc}\int \dfrac{x^{m-1}}{\sqrt{X}}\mathrm{d}x - \dfrac{(m-1)a}{mc}\int \dfrac{x^{m-2}}{\sqrt{X}}\mathrm{d}x$

440. $\int \dfrac{x^m}{\sqrt{X^n}}\mathrm{d}x$

$\qquad = \dfrac{1}{(m-n+1)c}\left[\dfrac{x^{m-1}}{\sqrt{X^{n-2}}} - \dfrac{(2m-n)b}{2}\int \dfrac{x^{m-1}}{\sqrt{X^n}}\mathrm{d}x - (m-1)a\int \dfrac{x^{m-2}}{\sqrt{X^n}}\mathrm{d}x\right]$

$\qquad (n > 0)$

441. $\int xX\sqrt{X}\mathrm{d}x = \dfrac{X^2\sqrt{X}}{5c} - \dfrac{b}{2c}\int X\sqrt{X}\mathrm{d}x$

442. $\int xX^n\sqrt{X}\mathrm{d}x = \dfrac{X^{n+1}\sqrt{X}}{(2n+3)c} - \dfrac{b}{2c}\int X^n\sqrt{X}\mathrm{d}x$

443. $\int \dfrac{x}{X\sqrt{X}}\mathrm{d}x = -\dfrac{2(bx+2a)}{q\sqrt{X}}$

444. $\int \dfrac{x}{X^n\sqrt{X}}\mathrm{d}x = -\dfrac{\sqrt{X}}{(2n-1)cX^n} - \dfrac{b}{2c}\int \dfrac{\mathrm{d}x}{X^n\sqrt{X}}$

445. $\int \dfrac{x^2}{X\sqrt{X}}\mathrm{d}x = \dfrac{(2b^2-4ac)x+2ab}{cq\sqrt{X}} + \dfrac{1}{c}\int \dfrac{\mathrm{d}x}{\sqrt{X}}$

446. $\int \dfrac{x^2}{X^n\sqrt{X}}\mathrm{d}x = \dfrac{(2b^2-4ac)x+2ab}{(2n-1)cqX^{n-1}\sqrt{X}} + \dfrac{4ac+(2n-3)b^2}{(2n-1)cq}\int \dfrac{\mathrm{d}x}{X^{n-1}\sqrt{X}}$

447. $\int \dfrac{\mathrm{d}x}{x\sqrt{X}} = \begin{cases} \dfrac{1}{\sqrt{-a}}\arcsin\dfrac{bx+2a}{|x|\sqrt{-q}} & (a < 0) \\[3mm] -\dfrac{2\sqrt{X}}{bx} & (a = 0) \\[3mm] -\dfrac{1}{\sqrt{a}}\ln\left|\dfrac{2\sqrt{aX}+bx+2a}{x}\right| & (a > 0) \end{cases}$

448. $\int \dfrac{\mathrm{d}x}{x^2\sqrt{X}} = -\dfrac{\sqrt{X}}{ax} - \dfrac{b}{2a}\int \dfrac{\mathrm{d}x}{x\sqrt{X}}$

449. $\int \dfrac{\mathrm{d}x}{x^m\sqrt{X}} = -\dfrac{\sqrt{X}}{(m-1)ax^{m-1}} - \dfrac{(2m-3)b}{2(m-1)a}\int \dfrac{\mathrm{d}x}{x^{m-1}\sqrt{X}} - \dfrac{(m-2)c}{(m-1)a}\int \dfrac{\mathrm{d}x}{x^{m-2}\sqrt{X}}$

$\qquad (m \neq 1)$

450. $\int \dfrac{\mathrm{d}x}{x\sqrt{X^n}} = \dfrac{2}{(n-2)a\sqrt{X^{n-2}}} - \dfrac{b}{2a}\int \dfrac{\mathrm{d}x}{\sqrt{X^n}} + \dfrac{1}{a}\int \dfrac{\mathrm{d}x}{x\sqrt{X^{n-2}}} \quad (n \neq 2)$

451. $\int \dfrac{\mathrm{d}x}{x^m\sqrt{X^n}} = -\dfrac{1}{(m-1)ax^{m-1}\sqrt{X^{n-2}}} - \dfrac{(n+2m-4)b}{2(m-1)a}\int \dfrac{\mathrm{d}x}{x^{m-1}\sqrt{X^n}}$

$$-\frac{(n+m-3)c}{(m-1)a}\int\frac{\mathrm{d}x}{x^{m-2}\sqrt{X^n}} \quad (m\neq1)$$

452. $\displaystyle\int\frac{\sqrt{X}}{x}\mathrm{d}x = \sqrt{X} + \frac{b}{2}\int\frac{\mathrm{d}x}{\sqrt{X}} + a\int\frac{\mathrm{d}x}{x\sqrt{X}}$

453. $\displaystyle\int\frac{\sqrt{X}}{x^2}\mathrm{d}x = -\frac{\sqrt{X}}{x} + \frac{b}{2}\int\frac{\mathrm{d}x}{x\sqrt{X}} + c\int\frac{\mathrm{d}x}{\sqrt{X}}$

454. $\displaystyle\int\frac{\sqrt{X}}{x^m}\mathrm{d}x = -\frac{\sqrt{X}}{(m-1)x^{m-1}} + \frac{b}{2(m-1)}\int\frac{\mathrm{d}x}{x^{m-1}\sqrt{X}} + \frac{c}{m-1}\int\frac{\mathrm{d}x}{x^{m-2}\sqrt{X}}$

$\quad(m\neq1)$

455. $\displaystyle\int\frac{\sqrt{X^n}}{x^m}\mathrm{d}x$

$\quad = -\dfrac{\sqrt{X^{n+2}}}{(m-1)ax^{m-1}} + \dfrac{(n-2m+4)b}{2(m-1)a}\displaystyle\int\dfrac{\sqrt{X^n}}{x^{m-1}}\mathrm{d}x + \dfrac{(n-m+3)c}{(m-1)a}\displaystyle\int\dfrac{\sqrt{X^n}}{x^{m-2}}\mathrm{d}x$

$\quad(m\neq1)$

456. $\displaystyle\int\frac{e+fx}{\sqrt{X}}\mathrm{d}x = \frac{f}{c}\sqrt{X} + \frac{2ce-bf}{2c}\int\frac{\mathrm{d}x}{\sqrt{X}}$

457. $\displaystyle\int\frac{b+2cx}{\sqrt{X}}\mathrm{d}x = 2\sqrt{X}$

Ⅰ.1.2.18　含有 $\sqrt{bx+cx^2}$ 和 $\sqrt{bx-cx^2}$ 的积分

---

458. $\displaystyle\int\sqrt{bx+cx^2}\,\mathrm{d}x = \frac{b+2cx}{4c}\sqrt{bx+cx^2} - \frac{b^2}{8\sqrt{c^3}}\mathrm{arcosh}\frac{b+2cx}{b}$

459. $\displaystyle\int\sqrt{bx-cx^2}\,\mathrm{d}x = \frac{2cx-b}{4c}\sqrt{bx-cx^2} + \frac{b^2}{4\sqrt{c^3}}\arcsin\sqrt{\frac{cx}{b}}$

460. $\displaystyle\int x\sqrt{bx+cx^2}\,\mathrm{d}x$

$\quad = \dfrac{1}{3c}\sqrt{(bx+cx^2)^3} - \dfrac{b(b+2cx)}{8c^2}\sqrt{bx+cx^2} + \dfrac{b^2}{16c^2}\displaystyle\int\dfrac{\mathrm{d}x}{\sqrt{bx+cx^2}}$

461. $\displaystyle\int x^m\sqrt{bx\pm cx^2}\,\mathrm{d}x$

$\quad = \pm\dfrac{x^{m-1}}{(m+2)c}\sqrt{(bx\pm cx^2)^3} \mp \dfrac{(2m+1)b}{2(m+2)c}\displaystyle\int x^{m-1}\sqrt{bx\pm cx^2}\,\mathrm{d}x$

462. $\displaystyle\int\frac{\sqrt{bx+cx^2}}{x}\mathrm{d}x = \sqrt{bx+cx^2} + \frac{b}{2\sqrt{c}}\mathrm{arcosh}\frac{b+2cx}{b}$

463. $\displaystyle\int\frac{\sqrt{bx-cx^2}}{x}\mathrm{d}x = \sqrt{bx-cx^2} + \frac{b}{\sqrt{c}}\arcsin\sqrt{\frac{cx}{b}}$

464. $\displaystyle\int \frac{\sqrt{bx + cx^2}}{x^2}\mathrm{d}x = -\frac{2\sqrt{bx + cx^2}}{x} + c\int \frac{\mathrm{d}x}{\sqrt{bx + cx^2}}$

465. $\displaystyle\int \frac{\sqrt{bx \pm cx^2}}{x^m}\mathrm{d}x = \pm\frac{2\sqrt{(bx \pm cx^2)^3}}{(2m - 3)bx^{m+1}} \mp \frac{2(m - 3)c}{(2m - 3)b}\int \frac{\sqrt{bx \pm cx^2}}{x^{m-1}}\mathrm{d}x$

466. $\displaystyle\int \frac{\sqrt{(bx + cx^2)^3}}{x}\mathrm{d}x = \frac{2\sqrt{(bx + cx^2)^5}}{3bx} - \frac{8c}{3b}\int \sqrt{(bx + cx^2)^3}\mathrm{d}x$

467. $\displaystyle\int \frac{\sqrt{(bx + cx^2)^3}}{x^2}\mathrm{d}x = \frac{\sqrt{(bx + cx^2)^3}}{2x} + \frac{3b\sqrt{bx + cx^2}}{4} + \frac{3b^2}{8}\int \frac{\mathrm{d}x}{\sqrt{bx + cx^2}}$

468. $\displaystyle\int \frac{\sqrt{(bx + cx^2)^{2n+1}}}{x^m}\mathrm{d}x$

$\displaystyle = \frac{2\sqrt{(bx + cx^2)^{2n+3}}}{(2n - 2m + 3)bx^m} + \frac{2(m - 2n - 3)c}{(2n - 2m + 3)b}\int \frac{\sqrt{(bx + cx^2)^{2n+1}}}{x^{m-1}}\mathrm{d}x$

469. $\displaystyle\int \frac{\mathrm{d}x}{\sqrt{bx + cx^2}} = \frac{1}{\sqrt{c}}\mathrm{arcosh}\,\frac{b + 2cx}{b}$

470. $\displaystyle\int \frac{\mathrm{d}x}{\sqrt{bx - cx^2}} = \frac{2}{\sqrt{c}}\arcsin \sqrt{\frac{cx}{b}}$

471. $\displaystyle\int \frac{\mathrm{d}x}{x\sqrt{bx \pm cx^2}} = \pm\frac{2}{bx}\sqrt{bx \pm cx^2}$

472. $\displaystyle\int \frac{\mathrm{d}x}{x^2\sqrt{bx + cx^2}} = \frac{2}{3}\left(-\frac{1}{bx^2} + \frac{2c}{b^2x}\right)\sqrt{bx + cx^2}$

473. $\displaystyle\int \frac{\mathrm{d}x}{x\sqrt{(bx + cx^2)^3}} = \frac{2}{3}\left(-\frac{1}{bx} + \frac{4c}{b^2} + \frac{8c^2x}{b^3}\right)\frac{1}{\sqrt{bx + cx^2}}$

474. $\displaystyle\int \frac{\mathrm{d}x}{x^2\sqrt{(bx + cx^2)^3}} = \frac{2}{5}\left(-\frac{1}{bx^2} + \frac{2c}{b^2x} - \frac{8c^2}{b^3} - \frac{16c^3x}{b^4}\right)\frac{1}{\sqrt{bx + cx^2}}$

475. $\displaystyle\int \frac{x^m}{\sqrt{bx \pm cx^2}}\mathrm{d}x = \pm\frac{x^{m-1}}{mc}\sqrt{bx \pm cx^2} \mp \frac{(2m \mp 1)b}{2mc}\int \frac{x^{m-1}}{\sqrt{bx \pm cx^2}}\mathrm{d}x$

476. $\displaystyle\int \frac{\mathrm{d}x}{x^m\sqrt{bx \pm cx^2}} = -\frac{2\sqrt{bx \pm cx^2}}{(2m - 1)bx^m} \mp \frac{2(m - 1)c}{(2m - 1)b}\int \frac{\mathrm{d}x}{x^{m-1}\sqrt{bx \pm cx^2}}$

477. $\displaystyle\int \frac{\mathrm{d}x}{x^m\sqrt{(bx + cx^2)^{2n+1}}} = -\frac{2}{(2m + 2n - 1)bx^m\sqrt{(bx + cx^2)^{2n-1}}}$

$\displaystyle - \frac{(2m + 4n - 2)c}{(2m + 2n - 1)b}\int \frac{\mathrm{d}x}{x^{m-1}\sqrt{(bx + cx^2)^{2n+1}}}$

I.1.2.19　含有 $\sqrt{a + cx^2}$ 和 x^n 的积分

设 $u = \sqrt{a + cx^2}$,并令

$$I_1 = \begin{cases} \dfrac{1}{\sqrt{c}}\ln(x\sqrt{c}+u) & (c>0) \\[3mm] \dfrac{1}{\sqrt{-c}}\arcsin\left(x\sqrt{-\dfrac{c}{a}}\right) & (c<0,\ a>0) \end{cases}$$

$$I_2 = \begin{cases} \dfrac{1}{2\sqrt{a}}\ln\dfrac{u-\sqrt{a}}{u+\sqrt{a}} & (a>0,\ c>0) \\[3mm] \dfrac{1}{2\sqrt{a}}\ln\dfrac{\sqrt{a}-u}{\sqrt{a}+u} & (a>0,\ c<0) \\[3mm] \dfrac{1}{\sqrt{-a}}\arccos\left(\dfrac{1}{x}\sqrt{-\dfrac{a}{c}}\right) & (a<0,\ c>0) \end{cases}$$

478. $\displaystyle\int u\,\mathrm{d}x = \frac{1}{2}xu + \frac{1}{2}aI_1$

479. $\displaystyle\int u^3\,\mathrm{d}x = \frac{1}{4}xu^3 + \frac{3}{8}axu + \frac{3}{8}a^2 I_1$

480. $\displaystyle\int u^{2n+1}\,\mathrm{d}x = \frac{xu^{2n+1}}{2(n+1)} + \frac{(2n+1)a}{2(n+1)}\int u^{2n-1}\,\mathrm{d}x$

481. $\displaystyle\int \frac{\mathrm{d}x}{u} = I_1$

482. $\displaystyle\int \frac{\mathrm{d}x}{u^3} = \frac{1}{a}\frac{x}{u}$

483. $\displaystyle\int \frac{\mathrm{d}x}{u^{2n+1}} = \frac{1}{a^n}\sum_{k=0}^{n-1}\frac{(-1)^k}{2k+1}\binom{n-1}{k}\frac{c^k x^{2k+1}}{u^{2k+1}}$

484. $\displaystyle\int xu\,\mathrm{d}x = \frac{1}{3c}u^3$

485. $\displaystyle\int xu^3\,\mathrm{d}x = \frac{1}{5c}u^5$

486. $\displaystyle\int xu^{2n+1}\,\mathrm{d}x = \frac{1}{(2n+3)c}u^{2n+3}$

487. $\displaystyle\int x^2 u\,\mathrm{d}x = \frac{1}{4}\frac{xu^3}{c} - \frac{1}{8}\frac{axu}{c} - \frac{1}{8}\frac{a^2}{c}I_1$

488. $\displaystyle\int x^2 u^3\,\mathrm{d}x = \frac{1}{6}\frac{xu^5}{c} - \frac{1}{24}\frac{axu^3}{c} - \frac{1}{16}\frac{a^2 xu}{c} - \frac{1}{16}\frac{a^3}{c}I_1$

489. $\displaystyle\int x^m u^{2n+1}\,\mathrm{d}x = \frac{x^{m-1}u^{2n+3}}{(2n+m+2)c} - \frac{(m-1)a}{(2n+m+2)c}\int x^{m-2}u^{2n+1}\,\mathrm{d}x$

$$= \frac{x^{m+1}u^{2n+1}}{2n+m+2} + \frac{(2n+1)a}{2n+m+2}\int x^m u^{2n-1}\,\mathrm{d}x$$

490. $\displaystyle\int \frac{x}{u}\,\mathrm{d}x = \frac{u}{c}$

491. $\displaystyle\int \frac{x}{u^3}\,\mathrm{d}x = -\frac{1}{cu}$

492. $\displaystyle\int \frac{x}{u^{2n+1}}\mathrm{d}x = -\frac{1}{(2n-1)cu^{2n-1}}$

493. $\displaystyle\int \frac{x^2}{u}\mathrm{d}x = \frac{1}{2}\frac{xu}{c} - \frac{1}{2}\frac{a}{c}I_1$

494. $\displaystyle\int \frac{x^2}{u^3}\mathrm{d}x = -\frac{x}{cu} + \frac{1}{c}I_1$

495. $\displaystyle\int \frac{x^2}{u^{2n+1}}\mathrm{d}x = \frac{1}{a^{n-1}}\sum_{k=0}^{n-2}\frac{(-1)^k}{2k+3}\binom{n-2}{k}\frac{c^k x^{2k+3}}{u^{2k+3}}$

496. $\displaystyle\int \frac{x^3}{u^{2n+1}}\mathrm{d}x = -\frac{1}{(2n-3)c^2 u^{2n-3}} + \frac{a}{(2n-1)c^2 u^{2n-1}}$

497. $\displaystyle\int \frac{x^m}{u^{2n+1}}\mathrm{d}x = \frac{x^{m+1}}{(2n-1)au^{2n-1}} + \frac{2n-m-2}{(2n-1)a}\int \frac{x^m}{u^{2n-1}}\mathrm{d}x$

$\displaystyle\qquad = \frac{x^{m-1}}{(m-2n)cu^{2n-1}} - \frac{(m-1)a}{(m-2n)c}\int \frac{x^{m-2}}{u^{2n+1}}\mathrm{d}x \quad (m \neq 2n)$

498. $\displaystyle\int \frac{u}{x}\mathrm{d}x = u + aI_2$

499. $\displaystyle\int \frac{u^3}{x}\mathrm{d}x = \frac{1}{3}u^3 + au + a^2 I_2$

500. $\displaystyle\int \frac{u^{2n+1}}{x}\mathrm{d}x = \frac{u^{2n+1}}{2n+1} + a\int \frac{u^{2n-1}}{x}\mathrm{d}x$

501. $\displaystyle\int \frac{u}{x^2}\mathrm{d}x = -\frac{u}{x} + cI_1$

502. $\displaystyle\int \frac{u^3}{x^2}\mathrm{d}x = -\frac{u^3}{x} + \frac{3}{2}cxu + \frac{3}{2}aI_1$

503. $\displaystyle\int \frac{u^{2n+1}}{x^m}\mathrm{d}x = -\frac{u^{2n+3}}{(m-1)ax^{m-1}} + \frac{(2n-m+4)c}{(m-1)a}\int \frac{u^{2n+1}}{x^{m-2}}\mathrm{d}x \quad (m \neq 1)$

$\displaystyle\qquad = \frac{u^{2n+1}}{(2n-m+2)x^{m-1}} + \frac{(2n+1)a}{2n-m+2}\int \frac{u^{2n-1}}{x^m}\mathrm{d}x$

504. $\displaystyle\int \frac{\mathrm{d}x}{xu} = I_2$

505. $\displaystyle\int \frac{\mathrm{d}x}{xu^3} = \frac{1}{a}\left(I_2 + \frac{1}{u}\right)$

506. $\displaystyle\int \frac{\mathrm{d}x}{xu^{2n+1}} = \frac{1}{a^n}I_2 + \sum_{k=0}^{n-1}\frac{1}{(2k+1)a^{n-k}u^{2k+1}}$

507. $\displaystyle\int \frac{\mathrm{d}x}{x^2 u^{2n+1}} = -\frac{1}{a^{n+1}}\left[\frac{u}{x} + \sum_{k=1}^{n}\frac{(-1)^{k+1}}{2k-1}\binom{n}{k}c^k\left(\frac{x}{u}\right)^{2k-1}\right]$

508. $\displaystyle\int \frac{\mathrm{d}x}{x^m u} = -\frac{u}{(m-1)ax^{m-1}} - \frac{(m-2)c}{(m-1)a}\int \frac{\mathrm{d}x}{x^{m-2}u} \quad (m \neq 1)$

509. $\displaystyle\int \frac{\mathrm{d}x}{x^m u^{2n+1}} = \frac{1}{(2n-1)ax^{m-1}u^{2n-1}} + \frac{2n+m-2}{(2n-1)a}\int \frac{\mathrm{d}x}{x^m u^{2n-1}}$

$$= - \frac{1}{(m-1)ax^{m-1}u^{2n-1}} - \frac{(2n+m-2)c}{(m-1)a}\int \frac{\mathrm{d}x}{x^{m-2}u^{2n+1}} \quad (m \neq 1)$$

Ⅰ.1.2.20 含有 $\sqrt{2ax-x^2}$ 和 $\sqrt{2ax+x^2}$ 的积分

510. $\displaystyle\int \sqrt{2ax-x^2}\mathrm{d}x = \frac{1}{2}\left[(x-a)\sqrt{2ax-x^2} + a^2\arcsin\frac{x-a}{|a|}\right]$

511. $\displaystyle\int x^n\sqrt{2ax-x^2}\mathrm{d}x$

$$= -\frac{x^{n-1}\sqrt{(2ax-x^2)^3}}{n+2} + \frac{(2n+1)a}{n+2}\int x^{n-1}\sqrt{2ax-x^2}\mathrm{d}x$$

$$= \sqrt{2ax-x^2}\left[\frac{x^{n+1}}{n+2} - \sum_{r=0}^{n}\frac{(2n+1)!(r!)^2a^{n-r+1}}{2^{n-r}(2r+1)!(n+2)!n!}x^r\right]$$

$$+ \frac{(2n+1)!a^{n+2}}{2^n n!(n+2)!}\arcsin\frac{x-a}{|a|}$$

512. $\displaystyle\int \frac{\sqrt{2ax-x^2}}{x^n}\mathrm{d}x = \frac{\sqrt{(2ax-x^2)^3}}{(3-2n)ax^n} + \frac{n-3}{(2n-3)a}\int \frac{\sqrt{2ax-x^2}}{x^{n-1}}\mathrm{d}x$

513. $\displaystyle\int \frac{\mathrm{d}x}{\sqrt{2ax-x^2}} = \arccos\frac{a-x}{|a|} = \arcsin\frac{x-a}{|a|}$

514. $\displaystyle\int \frac{\mathrm{d}x}{\sqrt{(2ax-x^2)^3}} = \frac{x-a}{a^2\sqrt{2ax-x^2}}$

515. $\displaystyle\int \frac{x}{\sqrt{(2ax-x^2)^3}}\mathrm{d}x = \frac{x}{a\sqrt{2ax-x^2}}$

516. $\displaystyle\int \frac{x^n}{\sqrt{2ax-x^2}}\mathrm{d}x$

$$= -\frac{x^{n-1}\sqrt{2ax-x^2}}{n} + \frac{a(2n-1)}{n}\int \frac{x^{n-1}}{\sqrt{2ax-x^2}}\mathrm{d}x$$

$$= -\sqrt{2ax-x^2}\sum_{r=1}^{n}\frac{(2n)!r!(r-1)!a^{n-r}}{2^{n-r}(2r)!(n!)^2}x^{r-1} + \frac{(2n)!a^n}{2^n(n!)^2}\arcsin\frac{x-a}{|a|}$$

517. $\displaystyle\int \frac{\mathrm{d}x}{x^n\sqrt{2ax-x^2}} = \frac{\sqrt{2ax-x^2}}{a(1-2n)x^n} + \frac{n-1}{(2n-1)a}\int \frac{\mathrm{d}x}{x^{n-1}\sqrt{2ax-x^2}}$

$$= -\sqrt{2ax-x^2}\sum_{r=0}^{n-1}\frac{2^{n-r}(n-1)!n!(2r)!}{(2n)!(r!)^2a^{n-r}x^{r+1}}$$

518. $\displaystyle\int \frac{\mathrm{d}x}{\sqrt{2ax+x^2}} = \ln|x+a+\sqrt{2ax+x^2}|$

Ⅰ.1.2.21 其他形式的代数函数的积分

519. $\displaystyle\int \frac{\mathrm{d}x}{x\sqrt{ax^n+c}} = \begin{cases} \dfrac{1}{n\sqrt{c}}\ln\left|\dfrac{\sqrt{ax^n+c}-\sqrt{c}}{\sqrt{ax^n+c}+\sqrt{c}}\right| & (c>0) \\[4mm] \dfrac{2}{n\sqrt{c}}\ln\left|\dfrac{\sqrt{ax^n+c}-\sqrt{c}}{\sqrt{x^n}}\right| & (c>0) \\[4mm] \dfrac{2}{n\sqrt{-c}}\operatorname{arcsec}\sqrt{-\dfrac{ax^n}{c}} & (c<0) \end{cases}$

520. $\displaystyle\int \sqrt{ax^2-bx}\,\mathrm{d}x$

$$= \frac{2ax-b}{4a}\sqrt{ax^2-bx} - \frac{b^2}{8\sqrt{a^3}}\ln|2ax-b+2\sqrt{a}\sqrt{ax^2-bx}|$$

521. $\displaystyle\int \frac{\mathrm{d}x}{\sqrt{ax^2-bx}} = \frac{2}{\sqrt{a}}\ln(\sqrt{ax}+\sqrt{ax-b})$

522. $\displaystyle\int \frac{\sqrt{ax^2-bx}}{x}\,\mathrm{d}x = \sqrt{ax^2-bx} - \frac{b}{\sqrt{a}}\ln(\sqrt{ax}+\sqrt{ax-b})$

523. $\displaystyle\int \frac{\mathrm{d}x}{x\sqrt{ax^2-bx}} = \frac{2}{bx}\sqrt{ax^2-bx}$

524. $\displaystyle\int x^m\sqrt{ax^2-bx}\,\mathrm{d}x$

$$= -\frac{x^{m-1}}{(m+2)a}\sqrt{(ax^2-bx)^3} + \frac{(2m+1)b}{2(m+1)a}\int x^{m-1}\sqrt{ax^2-bx}\,\mathrm{d}x$$

525. $\displaystyle\int \frac{\sqrt{ax^2-bx}}{x^m}\,\mathrm{d}x = \frac{2\sqrt{(ax^2-bx)^3}}{(2m-3)bx^{m-1}} + \frac{2(m-3)a}{(2m-3)b}\int \frac{\sqrt{ax^2-bx}}{x^{m-1}}\,\mathrm{d}x$

526. $\displaystyle\int \frac{x^m}{\sqrt{ax^2-bx}}\,\mathrm{d}x = \frac{x^{m-1}}{ma}\sqrt{ax^2-bx} + \frac{(2m-1)b}{2ma}\int \frac{x^{m-1}}{\sqrt{ax^2-bx}}\,\mathrm{d}x$

527. $\displaystyle\int \frac{\mathrm{d}x}{x^m\sqrt{ax^2-bx}} = \frac{2\sqrt{ax^2-bx}}{(2m-1)bx^m} + \frac{2(m-1)a}{(2m-1)b}\int \frac{\mathrm{d}x}{x^{m-1}\sqrt{ax^2-bx}}$

528. $\displaystyle\int \frac{\mathrm{d}x}{x\sqrt{x^n+a^2}} = -\frac{2}{na}\ln\frac{a+\sqrt{x^n+a^2}}{\sqrt{x^n}}$

529. $\displaystyle\int \frac{\mathrm{d}x}{x\sqrt{x^n-a^2}} = -\frac{2}{na}\arcsin\frac{a}{\sqrt{x^n}}$

530. $\displaystyle\int \sqrt{\frac{1+x}{1-x}}\,\mathrm{d}x = \arcsin x - \sqrt{1-x^2}$

531. $\displaystyle\int \sqrt{\frac{x}{a^3-x^3}}\,\mathrm{d}x = \frac{2}{3}\arcsin\left(\frac{x}{a}\right)^{\frac{3}{2}}$

532. $\int \dfrac{1 + x^2}{(1 - x^2)\sqrt{1 + x^4}}dx = \dfrac{1}{\sqrt{2}}\ln\left|\dfrac{x\sqrt{2} + \sqrt{1 + x^4}}{1 - x^2}\right|$

533. $\int \dfrac{1 - x^2}{(1 + x^2)\sqrt{1 + x^4}}dx = \dfrac{1}{\sqrt{2}}\arctan\dfrac{x\sqrt{2}}{\sqrt{1 + x^4}}$

534. $\int \sqrt{\dfrac{a + bx}{a - bx}}dx = -\dfrac{1}{b}\sqrt{(a + bx)(a - bx)} + \dfrac{a}{b}\arcsin\dfrac{bx}{a}$

535. $\int \sqrt{\dfrac{a - bx}{a + bx}}dx = \dfrac{1}{b}\sqrt{(a + bx)(a - bx)} + \dfrac{a}{b}\arcsin\dfrac{bx}{a}$

536. $\int \sqrt[p]{(a + bx^q)^n}\,dx = \dfrac{p}{nq + p}\left[x\sqrt[p]{(a + bx^q)^n} + \dfrac{nqa}{p}\int \sqrt[p]{(a + bx^q)^{n-p}}\,dx\right]$

537. $\int \dfrac{dx}{\sqrt[p]{(a + bx^q)^n}}$

$= \dfrac{p}{qa(n - p)}\left[\dfrac{x}{\sqrt[p]{(a + bx^q)^{n-p}}} + \dfrac{nq - (q + 1)p}{p}\int \dfrac{dx}{\sqrt[p]{(a + bx^q)^{n-p}}}\right]$

538. $\int x^m \sqrt[p]{(a + bx^q)^n}\,dx$

$= \dfrac{p}{(m + 1)p + nq}\left[x^{m+1}\sqrt[p]{(a + bx^q)^n} + \dfrac{nqa}{p}\int x^m \sqrt[p]{(a + bx^q)^{n-p}}\,dx\right]$

539. $\int \sqrt[p]{(ax^q + bx^{q+r})^n}\,dx = \dfrac{nx}{(q + r)n + p}\sqrt[p]{(ax^q + bx^{q+r})^n}$

$+ \dfrac{n^2 ra}{(q + r)np + p^2}\int x^q \sqrt[p]{(ax^q + bx^{q+r})^{n-p}}\,dx$

540. $\int \dfrac{dx}{\sqrt[p]{(ax^q + bx^{q+r})^n}} = -\dfrac{px}{ra(n + p)}\sqrt[p]{(ax^q + bx^{q+r})^{n+p}}$

$+ \dfrac{(1 + r)p + (q + r)n}{ra(n + p)}\int \dfrac{x^q}{\sqrt[p]{(ax^q + bx^{q+r})^{n-p}}}dx$

541. $\int x^m \sqrt[p]{(ax^q + bx^{q+r})^n}\,dx = \dfrac{px^{m+1}}{(m + 1)p + (q + r)n}\sqrt[p]{(ax^q + bx^{q+r})^n}$

$+ \dfrac{nar}{(m + 1)p + (q + r)n}\int x^{m+q}\sqrt[p]{(ax^q + bx^{q+r})^{n-p}}\,dx$

542. $\int \dfrac{x^{p-1}}{x^{2m+1} + a^{2m+1}}dx$

$= \dfrac{2(-1)^{p-1}}{(2m + 1)a^{2m-p+1}}\sum\limits_{k=1}^{m}\sin\dfrac{2kp\pi}{2m + 1}\arctan\dfrac{x + a\cos\dfrac{2k\pi}{2m + 1}}{a\sin\dfrac{2k\pi}{2m + 1}}$

$- \dfrac{(-1)^{p-1}}{(2m + 1)a^{2m-p+1}}\sum\limits_{k=1}^{m}\cos\dfrac{2kp\pi}{2m + 1}\ln\left(x^2 + a^2 + 2ax\cos\dfrac{2k\pi}{2m + 1}\right)$

$+ \dfrac{(-1)^{p-1}}{(2m + 1)a^{2m-p+1}}\ln|x + a| \quad (2m + 1 \geqslant p > 0)$

543. $\displaystyle\int \frac{x^{p-1}}{x^{2m+1} - a^{2m+1}} dx$

$$= -\frac{2}{(2m+1)a^{2m-p+1}} \sum_{k=1}^{m} \sin\frac{2kp\pi}{2m+1}\arctan\frac{x - a\cos\dfrac{2k\pi}{2m+1}}{a\sin\dfrac{2k\pi}{2m+1}}$$

$$+ \frac{1}{(2m+1)a^{2m-p+1}} \sum_{k=1}^{m} \cos\frac{2kp\pi}{2m+1}\ln\left(x^2 + a^2 - 2ax\cos\frac{2k\pi}{2m+1}\right)$$

$$+ \frac{1}{(2m+1)a^{2m-p+1}}\ln\mid x - a\mid \quad (2m+1 \geqslant p > 0)$$

544. $\displaystyle\int \frac{x^{p-1}}{x^{2m} + a^{2m}} dx$

$$= \frac{1}{ma^{2m-p}} \sum_{k=1}^{m} \sin\frac{(2k-1)p\pi}{2m}\arctan\frac{x + a\cos\dfrac{(2k-1)\pi}{2m}}{a\sin\dfrac{(2k-1)\pi}{2m}}$$

$$- \frac{1}{2ma^{2m-p}} \sum_{k=1}^{m} \cos\frac{(2k-1)p\pi}{2m}\ln\left(x^2 + a^2 + 2ax\cos\frac{(2k-1)\pi}{2m}\right)$$

$$(2m \geqslant p > 0)$$

545. $\displaystyle\int \frac{x^{p-1}}{x^{2m} - a^{2m}} dx = -\frac{1}{na^{2m-p}} \sum_{k=1}^{m-1} \sin\frac{kp\pi}{m}\arctan\frac{x - a\cos\dfrac{k\pi}{m}}{a\sin\dfrac{k\pi}{m}}$$

$$+ \frac{1}{2ma^{2m-p}} \sum_{k=1}^{m-1} \cos\frac{kp\pi}{m}\ln\left(x^2 + a^2 - 2ax\cos\frac{k\pi}{m}\right)$$

$$+ \frac{1}{2ma^{2m-p}}\left[\ln\mid x - a\mid + (-1)^p\ln\mid x + a\mid\right]$$

$$(2m \geqslant p > 0)$$

546. $\displaystyle\int \frac{x^m}{(x - a_1)(x - a_2)\cdots(x - a_k)} dx$

$$= \frac{a_1{}^m\ln\mid x - a_1\mid}{(a_1 - a_2)(a_1 - a_3)\cdots(a_1 - a_k)} + \frac{a_2{}^m\ln\mid x - a_2\mid}{(a_2 - a_1)(a_2 - a_3)\cdots(a_2 - a_k)}$$

$$+ \cdots + \frac{a_k{}^m\ln\mid x - a_k\mid}{(a_k - a_1)(a_k - a_2)\cdots(a_k - a_{k-1})} \quad (a_i \neq a_j \neq 0)$$

I.1.3 三角函数和反三角函数的不定积分

I.1.3.1 含有 $\sin^n ax, \cos^n ax, \tan^n ax, \cot^n ax, \sec^n ax, \csc^n ax$ 的积分

547. $\displaystyle\int \sin ax \, dx = -\frac{1}{a}\cos ax$

548. $\displaystyle\int \sin^2 ax \, dx = \frac{x}{2} - \frac{1}{2a}\cos ax \sin ax = \frac{x}{2} - \frac{1}{4a}\sin 2ax$

549. $\displaystyle\int \sin^3 ax \, dx = -\frac{\cos ax}{a} + \frac{\cos^3 ax}{3a}$

550. $\displaystyle\int \sin^4 ax \, dx = -\frac{\sin 2ax}{4a} + \frac{\sin 4ax}{32a} + \frac{3x}{8}$

551. $\displaystyle\int \sin^n ax \, dx = -\frac{\sin^{n-1} ax \cos ax}{na} + \frac{n-1}{n}\int \sin^{n-2} ax \, dx$

552. $\displaystyle\int \sin^{2m} ax \, dx = -\frac{\cos ax}{a}\sum_{r=0}^{m-1}\frac{(2m)!(r!)^2}{2^{2m-2r}(2r+1)!(m!)^2}\sin^{2r+1} ax + \frac{(2m)!}{2^{2m}(m!)^2}x$

553. $\displaystyle\int \sin^{2m+1} ax \, dx = -\frac{\cos ax}{a}\sum_{r=0}^{m-1}\frac{2^{2m-2r}(m!)^2(2r)!}{(2m+1)!(r!)^2}\sin^{2r} ax$

554. $\displaystyle\int \cos ax \, dx = \frac{1}{a}\sin ax$

555. $\displaystyle\int \cos^2 ax \, dx = \frac{\sin 2ax}{4a} + \frac{x}{2}$

556. $\displaystyle\int \cos^3 ax \, dx = \frac{\sin ax}{a} - \frac{\sin^3 ax}{3a}$

557. $\displaystyle\int \cos^4 ax \, dx = \frac{\sin 2ax}{4a} + \frac{\sin 4ax}{32a} + \frac{3x}{8}$

558. $\displaystyle\int \cos^n ax \, dx = \frac{1}{na}\cos^{n-1} ax \sin ax + \frac{n-1}{n}\int \cos^{n-2} ax \, dx$

559. $\displaystyle\int \cos^{2m} ax \, dx = \frac{\sin ax}{a}\sum_{r=0}^{m-1}\frac{(2m)!(r!)^2}{2^{2m-2r}(2r+1)!(m!)^2}\cos^{2r+1} ax + \frac{(2m)!}{2^{2m}(m!)^2}x$

560. $\displaystyle\int \cos^{2m+1} ax \, dx = \frac{\sin ax}{a}\sum_{r=0}^{m}\frac{2^{2m-2r}(m!)^2(2r)!}{(2m+1)!(r!)^2}\cos^{2r} ax$

561. $\displaystyle\int \tan ax \, dx = -\frac{1}{a}\ln|\cos ax| = \frac{1}{a}\ln|\sec ax|$

562. $\displaystyle\int \tan^2 ax \, dx = \frac{1}{a}\tan ax - x$

563. $\displaystyle\int \tan^3 ax\,\mathrm{d}x = \frac{1}{2a}\tan^2 ax + \frac{1}{a}\ln|\cos ax|$

564. $\displaystyle\int \tan^4 ax\,\mathrm{d}x = \frac{1}{3a}\tan^3 ax - \frac{1}{a}\tan ax + x$

565. $\displaystyle\int \tan^n ax\,\mathrm{d}x = \frac{1}{a(n-1)}\tan^{n-1} ax - \int \tan^{n-2} ax\,\mathrm{d}x \quad (n \ne 1)$

566. $\displaystyle\int \cot ax\,\mathrm{d}x = \frac{1}{a}\ln|\sin ax| = -\frac{1}{a}\ln|\csc ax|$

567. $\displaystyle\int \cot^2 ax\,\mathrm{d}x = -\frac{1}{a}\cot ax - x$

568. $\displaystyle\int \cot^3 ax\,\mathrm{d}x = -\frac{1}{2a}\cot^2 ax - \frac{1}{a}\ln|\sin ax|$

569. $\displaystyle\int \cot^4 ax\,\mathrm{d}x = -\frac{1}{3a}\cot^3 ax + \frac{1}{a}\cot ax + x$

570. $\displaystyle\int \cot^n ax\,\mathrm{d}x = -\frac{1}{a(n-1)}\cot^{n-1} ax - \int \cot^{n-2} ax\,\mathrm{d}x \quad (n \ne 1)$

571. $\displaystyle\int \frac{\mathrm{d}x}{\sin ax} = \int \csc ax\,\mathrm{d}x = \frac{1}{a}\ln\left|\tan\frac{ax}{2}\right|$

572. $\displaystyle\int \frac{\mathrm{d}x}{\sin^2 ax} = \int \csc^2 ax\,\mathrm{d}x = -\frac{1}{a}\cot ax$

573. $\displaystyle\int \frac{\mathrm{d}x}{\sin^3 ax} = \int \csc^3 ax\,\mathrm{d}x = -\frac{\cos ax}{2a\sin^2 ax} - \frac{1}{2a}\ln\left|\tan\frac{ax}{2}\right|$

574. $\displaystyle\int \frac{\mathrm{d}x}{\sin^4 ax} = \int \csc^4 ax\,\mathrm{d}x = -\frac{\cot ax}{a} - \frac{\cot^3 ax}{3a}$

575. $\displaystyle\int \frac{\mathrm{d}x}{\sin^m ax} = \int \csc^m ax\,\mathrm{d}x = -\frac{1}{a(m-1)}\frac{\cos ax}{\sin^{m-1} ax} + \frac{m-2}{m-1}\int \frac{\mathrm{d}x}{\sin^{m-2} ax}$

576. $\displaystyle\int \frac{\mathrm{d}x}{\sin^{2m} ax} = \int \csc^{2m} ax\,\mathrm{d}x = -\frac{1}{a}\cos ax \sum_{r=0}^{m-1} \frac{2^{2m-2r-1}(m-1)!\,m!\,(2r)!}{(2m)!\,(r!)^2\sin^{2r+1} ax}$

577. $\displaystyle\int \frac{\mathrm{d}x}{\sin^{2m+1} ax} = \int \csc^{2m+1} ax\,\mathrm{d}x$

$\displaystyle\qquad = -\frac{1}{a}\cos ax \sum_{r=0}^{m-1} \frac{(2m)!\,(r!)^2}{2^{2m-2r}(2r+1)!\,(m!)^2\sin^{2r+2} ax} + \frac{1}{a}\frac{(2m)!}{2^{2m}(m!)^2}\ln\left|\tan\frac{ax}{2}\right|$

578. $\displaystyle\int \frac{\mathrm{d}x}{\cos ax} = \int \sec ax\,\mathrm{d}x = \frac{1}{a}\ln\left|\tan\left(\frac{\pi}{4} + \frac{ax}{2}\right)\right|$

579. $\displaystyle\int \frac{\mathrm{d}x}{\cos^2 ax} = \int \sec^2 ax\,\mathrm{d}x = \frac{1}{a}\tan ax$

580. $\displaystyle\int \frac{\mathrm{d}x}{\cos^3 ax} = \int \sec^3 ax\,\mathrm{d}x = \frac{\sin ax}{2a\cos^2 ax} + \frac{1}{2a}\ln\left|\tan\left(\frac{\pi}{4} + \frac{ax}{2}\right)\right|$

581. $\displaystyle\int \frac{\mathrm{d}x}{\cos^4 ax} = \int \sec^4 ax\,\mathrm{d}x = \frac{\tan ax}{a} + \frac{\tan^3 ax}{3a}$

582. $\displaystyle\int \frac{\mathrm{d}x}{\cos^m ax} = \int \sec^m ax\,\mathrm{d}x = \frac{1}{a(m-1)}\frac{\sin ax}{\cos^{m-1} ax} + \frac{m-2}{m-1}\int \frac{\mathrm{d}x}{\cos^{m-2} ax}$

583. $\displaystyle\int\frac{\mathrm{d}x}{\cos^{2m}ax} = \int\sec^{2m}ax\,\mathrm{d}x = \frac{1}{a}\sin ax\sum_{r=0}^{m-1}\frac{2^{2m-2r-1}(m-1)!\,m!\,(2r)!}{(2m)!\,(r!)^2\cos^{2r+1}ax}$

584. $\displaystyle\int\frac{\mathrm{d}x}{\cos^{2m+1}ax} = \int\sec^{2m+1}ax\,\mathrm{d}x$

$$= \frac{1}{a}\sin ax\sum_{r=0}^{m-1}\frac{(2m)!\,(r!)^2}{2^{2m-2r}(m!)^2(2r+1)!\cos^{2r+2}ax}$$

$$+ \frac{1}{a}\frac{(2m)!}{2^{2m}(m!)^2}\ln|\sec ax + \tan ax|$$

Ⅰ.1.3.2　含有 $\sin^m ax\cos^n ax$ 的积分

---

585. $\displaystyle\int\sin ax\cos ax\,\mathrm{d}x = \frac{1}{2a}\sin^2 ax$

586. $\displaystyle\int\sin^2 ax\cos ax\,\mathrm{d}x = \frac{\sin^3 ax}{3a}$

587. $\displaystyle\int\sin^m ax\cos ax\,\mathrm{d}x = \frac{\sin^{m+1} ax}{(m+1)a}\quad(m\neq-1)$

588. $\displaystyle\int\sin ax\cos^2 ax\,\mathrm{d}x = -\frac{\cos^3 ax}{3a}$

589. $\displaystyle\int\sin ax\cos^n ax\,\mathrm{d}x = -\frac{\cos^{n+1} ax}{(n+1)a}\quad(n\neq-1)$

590. $\displaystyle\int\sin^2 ax\cos^2 ax\,\mathrm{d}x = -\frac{\sin 4ax}{32a} + \frac{x}{8}$

591. $\displaystyle\int\sin^m ax\cos^2 ax\,\mathrm{d}x = -\frac{\sin^{m+1} ax\cos ax}{(m+2)a} + \int\frac{\sin^m ax}{m+2}\mathrm{d}x\quad(m\neq-2)$

592. $\displaystyle\int\sin^2 ax\cos^n ax\,\mathrm{d}x = -\frac{\sin ax\cos^{n+1} ax}{(n+2)a} + \int\frac{\cos^n ax}{n+2}\mathrm{d}x\quad(n\neq-2)$

593. $\displaystyle\int\sin^3 ax\cos^3 ax\,\mathrm{d}x = -\frac{3\cos 2ax}{64a} + \frac{\cos ax}{192a}$

594. $\displaystyle\int\sin^m ax\cos^3 ax\,\mathrm{d}x = -\frac{\sin^{m+1} ax}{(m+1)a} - \frac{\sin^{m+3} ax}{(m+3)a}\quad(m\neq-1,-3)$

595. $\displaystyle\int\sin^3 ax\cos^n ax\,\mathrm{d}x = -\frac{\cos^{n+1} ax}{(n+1)a} + \frac{\cos^{n+3} ax}{(n+3)a}\quad(n\neq-1,-3)$

596. $\displaystyle\int\sin^m ax\cos^n ax\,\mathrm{d}x = \frac{\sin^{m+1} ax\cos^{n-1} ax}{(m+n)a} + \frac{n-1}{m+n}\int\sin^m ax\cos^{n-2} ax\,\mathrm{d}x$

$$= -\frac{\sin^{m-1} ax\cos^{n+1} ax}{(m+n)a} + \frac{m-1}{m+n}\int\sin^{m-2} ax\cos^n ax\,\mathrm{d}x$$

$(m>0,\ n>0)$

I.1.3.3 含有 $\dfrac{\sin^m ax}{\cos^n ax}$ 和 $\dfrac{\cos^m ax}{\sin^n ax}$ 的积分

597. $\displaystyle\int \frac{\sin ax}{\cos ax}\mathrm{d}x = \int \tan ax\,\mathrm{d}x = -\frac{\ln|\cos ax|}{a}$

598. $\displaystyle\int \frac{\sin ax}{\cos^2 ax}\mathrm{d}x = \frac{1}{a\cos ax} = \frac{\sec ax}{a}$

599. $\displaystyle\int \frac{\sin ax}{\cos^n ax}\mathrm{d}x = \frac{1}{(n-1)a\cos^{n-1}ax} \quad (n \neq 1)$

600. $\displaystyle\int \frac{\sin^2 ax}{\cos ax}\mathrm{d}x = -\frac{\sin ax}{a} + \frac{1}{a}\ln\left|\tan\left(\frac{\pi}{4}+\frac{ax}{2}\right)\right|$

601. $\displaystyle\int \frac{\sin^2 ax}{\cos^2 ax}\mathrm{d}x = \int \tan^2 ax\,\mathrm{d}x = \frac{\tan ax}{a} - x$

602. $\displaystyle\int \frac{\sin^2 ax}{\cos^n ax}\mathrm{d}x = \frac{\sin ax}{(n-1)a\cos^{n-1}ax} - \frac{1}{n-1}\int \frac{\mathrm{d}x}{\cos^{n-2}ax} \quad (n \neq 1)$

603. $\displaystyle\int \frac{\sin^3 ax}{\cos ax}\mathrm{d}x = -\frac{\sin^2 ax}{2a} - \frac{1}{a}\ln|\cos ax|$

604. $\displaystyle\int \frac{\sin^3 ax}{\cos^2 ax}\mathrm{d}x = \frac{\cos ax}{a} + \frac{1}{a\,\ln|\cos ax|}$

605. $\displaystyle\int \frac{\sin^3 ax}{\cos^3 ax}\mathrm{d}x = \int \tan^3 ax\,\mathrm{d}x = \frac{1}{2a}\tan^2 ax + \frac{1}{a}\ln|\cos ax|$

606. $\displaystyle\int \frac{\sin^3 ax}{\cos^n ax}\mathrm{d}x = \frac{1}{(n-1)a\cos^{n-1}ax} - \frac{1}{(n-3)a\cos^{n-3}ax} \quad (n \neq 1,3)$

607. $\displaystyle\int \frac{\sin^m ax}{\cos ax}\mathrm{d}x = -\frac{\sin^{m-1}ax}{(m-1)a} + \int \frac{\sin^{m-2}ax}{\cos ax}\mathrm{d}x \quad (m \neq 1)$

608. $\displaystyle\int \frac{\sin^{2m+1}ax}{\cos ax}\mathrm{d}x = -\frac{1}{a}\sum_{k=1}^{m}\frac{\sin^{2k}ax}{2k} - \frac{1}{a}\ln|\cos ax|$

609. $\displaystyle\int \frac{\sin^{2m}ax}{\cos ax}\mathrm{d}x = -\frac{1}{a}\sum_{k=1}^{m}\frac{\sin^{2k-1}ax}{2k-1} + \frac{1}{a}\ln\left|\tan\left(\frac{\pi}{4}+\frac{ax}{2}\right)\right|$

610. $\displaystyle\int \frac{\sin^m ax}{\cos^n ax}\mathrm{d}x = \frac{\sin^{m+1}ax}{a(n-1)\cos^{n-1}ax} - \frac{m-n+2}{n-1}\int \frac{\sin^m ax}{\cos^{n-2}ax}\mathrm{d}x \quad (n \neq 1)$

$\displaystyle\qquad = -\frac{\sin^{m-1}ax}{a(m-n)\cos^{n-1}ax} + \frac{m-1}{m-n}\int \frac{\sin^{m-2}ax}{\cos^n ax}\mathrm{d}x \quad (m \neq n)$

611. $\displaystyle\int \frac{\sin^m ax}{\cos^{m+2}ax}\mathrm{d}x = \frac{\tan^{m+1}ax}{(m+1)a} \quad (m \neq -1)$

612. $\displaystyle\int \frac{\sin^p ax}{\cos^{2n+1}ax}\mathrm{d}x$

$\displaystyle\qquad = \frac{1}{a}\frac{\sin^{p+1}ax}{2n}\left[\sec^{2n}ax\right.$

$$+ \sum_{k=1}^{n-1} \frac{(2n-p-1)(2n-p-3)\cdots(2n-p-2k+1)}{2^k(n-1)(n-2)\cdots(n-k)} \sec^{2n-2k} ax \Bigg]$$

$$+ \frac{(2n-p-1)(2n-p-3)\cdots(3-p)(1-p)}{2^n n!} \int \frac{\sin^p ax}{\cos ax} \mathrm{d}x$$

（这里，p 为任意实数，以下同）

613. $\displaystyle\int \frac{\sin^p ax}{\cos^{2n} ax} \mathrm{d}x$

$$= \frac{1}{a} \frac{\sin^{p+1} ax}{2n-1} \Bigg[\sec^{2n-1} ax$$

$$+ \sum_{k=1}^{n-1} \frac{(2n-p-2)(2n-p-4)\cdots(2n-p-2k)}{(2n-3)(2n-5)\cdots(2n-2k-1)} \sec^{2n-2k-1} ax \Bigg]$$

$$+ \frac{(2n-p-2)(2n-p-4)\cdots(2-p)(-p)}{(2n-1)!!} \int \sin^p ax \, \mathrm{d}x$$

614. $\displaystyle\int \frac{\cos ax}{\sin ax} \mathrm{d}x = \int \cot ax \, \mathrm{d}x = \frac{\ln|\sin ax|}{a}$

615. $\displaystyle\int \frac{\cos ax}{\sin^2 ax} \mathrm{d}x = -\frac{\csc ax}{a} = -\frac{1}{a\sin ax}$

616. $\displaystyle\int \frac{\cos ax}{\sin^n ax} \mathrm{d}x = -\frac{1}{(n-1)a\sin^{n-1} ax} \quad (n \ne 1)$

617. $\displaystyle\int \frac{\cos^2 ax}{\sin ax} \mathrm{d}x = \frac{\cos ax}{a} + \frac{1}{a}\ln\left|\tan\frac{ax}{2}\right|$

618. $\displaystyle\int \frac{\cos^2 ax}{\sin^2 ax} \mathrm{d}x = \int \cot^2 ax \, \mathrm{d}x = -\frac{1}{a}\cot ax - x$

619. $\displaystyle\int \frac{\cos^2 ax}{\sin^n ax} \mathrm{d}x = -\frac{\cos ax}{(n-1)a\sin^{n-1} ax} - \frac{1}{n-1}\int \frac{\mathrm{d}x}{\sin^{n-2} ax} \quad (n \ne 1)$

620. $\displaystyle\int \frac{\cos^3 ax}{\sin ax} \mathrm{d}x = \frac{\cos^2 ax}{2a} + \frac{1}{a}\ln|\sin ax|$

621. $\displaystyle\int \frac{\cos^3 ax}{\sin^2 ax} \mathrm{d}x = -\frac{\sin ax}{a} - \frac{1}{a\sin ax}$

622. $\displaystyle\int \frac{\cos^3 ax}{\sin^3 ax} \mathrm{d}x = \int \cot^3 ax \, \mathrm{d}x = -\frac{1}{2a}\cot^2 ax - \frac{1}{a}\ln|\sin ax|$

623. $\displaystyle\int \frac{\cos^3 ax}{\sin^n ax} \mathrm{d}x = -\frac{1}{(n-1)a\sin^{n-1} ax} + \frac{1}{(n-3)a\sin^{n-3} ax} \quad (n \ne 1,3)$

624. $\displaystyle\int \frac{\cos^m ax}{\sin ax} \mathrm{d}x = \frac{\cos^{m-1} ax}{(m-1)a} + \int \frac{\cos^{m-2} ax}{\sin ax} \mathrm{d}x \quad (m \ne 1)$

625. $\displaystyle\int \frac{\cos^{2m+1} ax}{\sin ax} \mathrm{d}x = \frac{1}{a}\sum_{k=1}^{m} \frac{\cos^{2k} ax}{2k} + \frac{1}{a}\ln|\sin ax|$

626. $\displaystyle\int \frac{\cos^{2m} ax}{\sin ax} \mathrm{d}x = \frac{1}{a}\sum_{k=1}^{m} \frac{\cos^{2k-1} ax}{2k-1} + \frac{1}{a}\ln\left|\tan\frac{ax}{2}\right|$

627. $\displaystyle\int \frac{\cos^m ax}{\sin^n ax} \mathrm{d}x = -\frac{\cos^{m+1} ax}{a(n-1)\sin^{n-1} ax} - \frac{m-n+2}{n-1}\int \frac{\cos^m ax}{\sin^{n-2} ax} \mathrm{d}x \quad (n \ne 1)$

$$= \frac{\cos^{m-1}ax}{a(m-n)\sin^{n-1}ax} + \frac{m-1}{m-n}\int \frac{\cos^{m-2}ax}{\sin^n ax}\mathrm{d}x \quad (m \neq n)$$

628. $\displaystyle\int \frac{\cos^n ax}{\sin^{n+2}ax}\mathrm{d}x = -\frac{\cot^{n+1}ax}{(n+1)a} \quad (n \neq -1)$

629. $\displaystyle\int \frac{\cos^p ax}{\sin^{2n+1}ax}\mathrm{d}x$

$$= -\frac{1}{a}\frac{\cos^{p+1}ax}{2n}\Bigg[\csc^{2n}ax$$

$$+ \sum_{k=1}^{n-1}\frac{(2n-p-1)(2n-p-3)\cdots(2n-p-2k+1)}{2^k(n-1)(n-2)\cdots(n-k)}\csc^{2n-2k}ax\Bigg]$$

$$+ \frac{(2n-p-1)(2n-p-3)\cdots(3-p)(1-p)}{2^n n!}\int \frac{\cos^p ax}{\sin ax}\mathrm{d}x$$

630. $\displaystyle\int \frac{\cos^p ax}{\sin^{2n}ax}\mathrm{d}x$

$$= -\frac{1}{a}\frac{\cos^{p+1}ax}{2n-1}\Bigg[\csc^{2n-1}ax$$

$$+ \sum_{k=1}^{n-1}\frac{(2n-p-2)(2n-p-4)\cdots(2n-p-2k)}{(2n-3)(2n-5)\cdots(2n-2k-1)}\csc^{2n-2k-1}ax\Bigg]$$

$$+ \frac{(2n-p-2)(2n-p-4)\cdots(2-p)(-p)}{(2n-1)!!}\int \cos^p ax\,\mathrm{d}x$$

Ⅰ.1.3.4　含有 $x^m\sin^n ax$ 和 $x^m\cos^n ax$ 的积分

631. $\displaystyle\int x\sin ax\,\mathrm{d}x = \frac{1}{a^2}\sin ax - \frac{x}{a}\cos ax$

632. $\displaystyle\int x\sin^2 ax\,\mathrm{d}x = \frac{x^2}{4} - \frac{x}{4a}\sin 2ax - \frac{1}{8a^2}\cos 2ax$

633. $\displaystyle\int x\sin^3 ax\,\mathrm{d}x = \frac{x}{12a}\cos 3ax - \frac{1}{36a^2}\sin 3ax - \frac{3x}{4a}\cos ax + \frac{3}{4a^2}\sin ax$

634. $\displaystyle\int x\sin^n ax\,\mathrm{d}x = x\int \sin^n ax\,\mathrm{d}x - \int\left(\int \sin^n ax\,\mathrm{d}x\right)\mathrm{d}x$

635. $\displaystyle\int x^2\sin ax\,\mathrm{d}x = \frac{2x}{a^2}\sin ax + \frac{2-a^2x^2}{a^3}\cos ax$

636. $\displaystyle\int x^2\sin^2 ax\,\mathrm{d}x = \frac{x^3}{6} - \left(\frac{x^2}{4a} - \frac{1}{8a^3}\right)\sin 2ax - \frac{x}{4a^2}\cos 2ax$

637. $\displaystyle\int x^2\sin^3 ax\,\mathrm{d}x = \frac{1}{4}\int x^2(3\sin ax - \sin 3ax)\mathrm{d}x$

638. $\displaystyle\int x^2\sin^n ax\,\mathrm{d}x$

$$= x^2\int \sin^n ax\,\mathrm{d}x - 2x\int\left(\int \sin^n ax\,\mathrm{d}x\right)\mathrm{d}x + 2\int\left[\int\left(\int \sin^n ax\,\mathrm{d}x\right)\mathrm{d}x\right]\mathrm{d}x$$

639. $\int x^3 \sin ax \, dx = \dfrac{3a^2 x^2 - 6}{a^4} \sin ax + \dfrac{6x - a^2 x^3}{a^3} \cos ax$

640. $\int x^3 \sin^2 ax \, dx = \dfrac{x^4}{8} - \dfrac{2a^2 x^3 - 3x}{8a^3} \sin 2ax + \dfrac{6a^2 x^2 - 3}{16a^4} \cos 2ax$

641. $\int x^3 \sin^3 ax \, dx = \dfrac{1}{4} \int x^3 (3\sin ax - \sin 3ax) \, dx$

642. $\int x^m \sin ax \, dx = -\dfrac{1}{a} x^m \cos ax + \dfrac{m}{a} \int x^{m-1} \cos ax \, dx$

$$= \cos ax \sum_{r=0}^{\left[\frac{m}{2}\right]} (-1)^{r+1} \frac{m!}{(m-2r)!} \frac{x^{m-2r}}{a^{2r+1}}$$

$$+ \sin ax \sum_{r=0}^{\left[\frac{m-1}{2}\right]} (-1)^r \frac{m!}{(m-2r-1)!} \frac{x^{m-2r-1}}{a^{2r+2}}$$

643. $\int x^m \sin^n ax \, dx = x^m \int \sin^n ax \, dx - m x^{m-1} \int \left(\int \sin^n ax \, dx \right) dx$

$$+ m(m-1) x^{m-2} \int \left[\int \left(\int \sin^n ax \, dx \right) dx \right] dx - \cdots$$

（这里，级数末项为 x^{m-m} 乘以 $\sin^n ax$ 的一个多次积分）

644. $\int x^m \sin^2 x \, dx = \dfrac{x^{m+1}}{2(m+1)} + \dfrac{m!}{4} \left[\sum_{k=0}^{\left[\frac{m}{2}\right]} \dfrac{(-1)^{k+1} x^{m-2k}}{2^{2k} (m-2k)!} \sin 2x \right.$

$$\left. + \sum_{k=0}^{\left[\frac{m-1}{2}\right]} \frac{(-1)^{k+1} x^{m-2k-1}}{2^{2k+1} (m-2k-1)!} \cos 2x \right]$$

645. $\int x^m \sin^n x \, dx = \dfrac{x^{m-1} \sin^{n-1} x}{n^2} (m \sin x - nx \cos x)$

$$+ \frac{n-1}{n} \int x^m \sin^{n-2} x \, dx - \frac{m(m-1)}{n^2} \int x^{m-2} \sin^n x \, dx$$

646. $\int x \cos ax \, dx = \dfrac{1}{a^2} \cos ax + \dfrac{x}{a} \sin ax$

647. $\int x \cos^2 ax \, dx = \dfrac{x^2}{4} + \dfrac{x}{4a} \sin 2ax + \dfrac{1}{8a^2} \cos 2ax$

648. $\int x \cos^3 ax \, dx = \dfrac{x}{12a} \sin 3ax + \dfrac{1}{36a^2} \cos 3ax + \dfrac{3x}{4a} \sin ax + \dfrac{3}{4a^2} \cos ax$

649. $\int x \cos^n ax \, dx = x \int \cos^n ax \, dx - \int \left(\int \cos^n ax \, dx \right) dx$

650. $\int x^2 \cos ax \, dx = \dfrac{2x}{a^2} \cos ax + \dfrac{a^2 x^2 - 2}{a^3} \sin ax$

651. $\int x^2 \cos^2 ax \, dx = \dfrac{x^3}{6} + \left(\dfrac{x^2}{4a} - \dfrac{1}{8a^3} \right) \sin 2ax + \dfrac{x}{4a^2} \cos 2ax$

652. $\int x^2 \cos^3 ax \, dx = \dfrac{1}{4} \int x^2 (3\cos ax + \cos 3ax) \, dx$

653. $\displaystyle\int x^2\cos^n ax\,\mathrm{d}x = x^2\int\cos^n ax\,\mathrm{d}x - 2x\int\left(\int\cos^n ax\,\mathrm{d}x\right)\mathrm{d}x + \int\left[\int\left(\int\cos^n ax\,\mathrm{d}x\right)\mathrm{d}x\right]\mathrm{d}x$

654. $\displaystyle\int x^3\cos ax\,\mathrm{d}x = \frac{3a^2x^2 - 6}{a^4}\cos ax + \frac{a^2x^3 - 6x}{a^3}\sin ax$

655. $\displaystyle\int x^3\cos^2 ax\,\mathrm{d}x = \frac{x^4}{8} + \frac{2a^2x^3 - 3x}{8a^3}\sin 2ax + \frac{6a^2x^2 - 3}{16a^4}\cos 2ax$

656. $\displaystyle\int x^3\cos^3 ax\,\mathrm{d}x = \frac{1}{4}\int x^3(3\cos ax + \cos 3ax)\,\mathrm{d}x$

657. $\displaystyle\int x^m\cos ax\,\mathrm{d}x = \frac{x^m}{a}\sin ax - \frac{m}{a}\int x^{m-1}\sin ax\,\mathrm{d}x$

$$= \sin ax\sum_{r=0}^{\left[\frac{m}{2}\right]}(-1)^r\frac{m!}{(m-2r)!}\frac{x^{m-2r}}{a^{2r+1}}$$

$$+ \cos ax\sum_{r=0}^{\left[\frac{m-1}{2}\right]}(-1)^r\frac{m!}{(m-2r-1)!}\frac{x^{m-2r-1}}{a^{2r+2}}$$

658. $\displaystyle\int x^m\cos^n ax\,\mathrm{d}x = x^m\int\cos^n ax\,\mathrm{d}x - mx^{m-1}\int\left(\int\cos^n ax\,\mathrm{d}x\right)\mathrm{d}x$

$$+ m(m-1)x^{m-2}\int\left[\int\left(\int\cos^n ax\,\mathrm{d}x\right)\mathrm{d}x\right]\mathrm{d}x - \cdots$$

（这里,级数末项为 x^{m-m} 乘以 $\cos^n ax$ 的一个多次积分）

659. $\displaystyle\int x^m\cos^2 x\,\mathrm{d}x = \frac{x^{m+1}}{2(m+1)} - \frac{m!}{4}\left[\sum_{k=0}^{\left[\frac{m}{2}\right]}\frac{(-1)^{k+1}x^{m-2k}}{2^{2k}(m-2k)!}\sin 2x\right.$

$$\left.+ \sum_{k=0}^{\left[\frac{m-1}{2}\right]}\frac{(-1)^{k+1}x^{m-2k-1}}{2^{2k+1}(m-2k-1)!}\cos 2x\right]$$

660. $\displaystyle\int x^m\cos^n x\,\mathrm{d}x = \frac{x^{m-1}\cos^{n-1}x}{n^2}(m\cos x - nx\sin x) + \frac{n-1}{n}\int x^m\cos^{n-2}x\,\mathrm{d}x$

$$- \frac{m(m-1)}{n^2}\int x^{m-2}\cos^n x\,\mathrm{d}x$$

Ⅰ.1.3.5　含有 $\dfrac{\sin^n ax}{x^m}, \dfrac{x^m}{\sin^n ax}, \dfrac{\cos^n ax}{x^m}, \dfrac{x^m}{\cos^n ax}$ 的积分

661. $\displaystyle\int\frac{\sin ax}{x}\mathrm{d}x = \sum_{n=0}^{\infty}(-1)^n\frac{(ax)^{2n+1}}{(2n+1)(2n+1)!} = \mathrm{Si}(ax)$

　　［这里,$\mathrm{Si}(ax)$ 为正弦积分（见附录）,以下同］

662. $\displaystyle\int\frac{\sin ax}{x^2}\mathrm{d}x = a\mathrm{Ci}(ax) - \frac{\sin ax}{x}$

　　［这里,$\mathrm{Ci}(ax)$ 为余弦积分（见附录）,以下同］

663. $\displaystyle\int\frac{\sin ax}{x^m}\mathrm{d}x = \frac{\sin ax}{(1-m)x^{m-1}} + \frac{a}{m-1}\int\frac{\cos ax}{x^{m-1}}\mathrm{d}x \quad (m\neq 1)$

664. $\int \dfrac{\sin ax}{x^{2m}} \mathrm{d}x = \dfrac{(-1)^{m+1}}{x(2m-1)!} \Big[\sum\limits_{k=0}^{m-2} \dfrac{(-1)^k(2k+1)!\,a^{2m-2k-3}}{x^{2k+1}} \cos ax$

$\qquad\qquad + \sum\limits_{k=0}^{m-1} \dfrac{(-1)^{k+1}(2k)!\,a^{2m-2k-2}}{x^{2k}} \sin ax \Big] + \dfrac{(-1)^{m+1}a^{2m-1}}{(2m-1)!} \mathrm{ci}(ax)$

〔这里,$\mathrm{ci}(x)$ 为余弦积分(见附录),以下同〕

665. $\int \dfrac{\sin ax}{x^{2m+1}} \mathrm{d}x = \dfrac{(-1)^{m+1}}{x(2m)!} \Big[\sum\limits_{k=0}^{m-1} \dfrac{(-1)^k(2k)!\,a^{2m-2k-1}}{x^{2k}} \cos ax$

$\qquad\qquad + \sum\limits_{k=0}^{m-1} \dfrac{(-1)^{k+1}(2k+1)!\,a^{2m-2k-2}}{x^{2k+1}} \sin ax \Big] + \dfrac{(-1)^{m}a^{2m}}{(2m)!} \mathrm{si}(ax)$

〔这里,$\mathrm{si}(x)$ 为正弦积分(见附录),以下同〕

666. $\int \dfrac{\sin^2 ax}{x} \mathrm{d}x = \dfrac{1}{2}\ln|x| - \dfrac{1}{2}\mathrm{Ci}(2ax)$

667. $\int \dfrac{\sin^{2n} ax}{x} \mathrm{d}x = \dbinom{2n}{n} \dfrac{\ln x}{2^{2n}} + \dfrac{(-1)^n}{2^{2n-1}} \sum\limits_{k=0}^{n-1} (-1)^k \dbinom{2n}{k} \mathrm{ci}[(2n-2k)ax]$

668. $\int \dfrac{\sin^{2n+1} ax}{x} \mathrm{d}x = \dfrac{(-1)^n}{2^{2n}} \sum\limits_{k=0}^{n} (-1)^k \dbinom{2n+1}{k} \mathrm{si}[(2n-2k+1)ax]$

669. $\int \dfrac{\sin^{2n-1} ax}{x^m} \mathrm{d}x$

$\qquad = \Big(-\dfrac{1}{4}\Big)^{n-1} \int \dfrac{1}{x^m} \Big\{ \sum\limits_{k=0}^{n-1} (-1)^k \dbinom{2n-1}{k} \sin[(2n-2k-1)ax] \Big\} \mathrm{d}x$

670. $\int \dfrac{\sin^{2n} ax}{x^m} \mathrm{d}x = 2\Big(-\dfrac{1}{4}\Big)^{n} \int \dfrac{1}{x^m} \Big\{ \sum\limits_{k=0}^{n-1} (-1)^k \dbinom{2n}{k} \cos[(2n-2k)ax] \Big\} \mathrm{d}x$

$\qquad\qquad - \dbinom{2n}{n} \dfrac{1}{(m-1)4^n x^{m-1}}$

671. $\int \dfrac{x}{\sin ax} \mathrm{d}x = \dfrac{x}{a} \sum\limits_{k=0}^{\infty} (-1)^{k-1} \dfrac{4^k-2}{(2k+1)!} B_{2k}(ax)^{2k} \quad (|ax|<\pi)$

〔这里,B_{2k} 为伯努利数(见附录),以下同〕

672. $\int \dfrac{x}{\sin^2 ax} \mathrm{d}x = \int x\csc^2 ax\, \mathrm{d}x = -\dfrac{x\cot ax}{a} + \dfrac{1}{a^2}\ln|\sin ax|$

673. $\int \dfrac{x}{\sin^n ax} \mathrm{d}x = \int x\csc^n ax\, \mathrm{d}x$

$\qquad = -\dfrac{x\cos ax}{a(n-1)\sin^{n-1} ax} - \dfrac{1}{a^2(n-1)(n-2)\sin^{n-2} ax} + \dfrac{n-2}{n-1}\int \dfrac{x}{\sin^{n-2} ax} \mathrm{d}x$

674. $\int \dfrac{x^2}{\sin ax} \mathrm{d}x = \dfrac{x^2}{2a} \sum\limits_{k=0}^{\infty} (-1)^{k-1} \dfrac{4^k-2}{(2k+1)!} B_{2k}(ax)^{2k} \quad (|ax|<\pi)$

675. $\int \dfrac{x^2}{\sin^2 ax} \mathrm{d}x = \dfrac{2x}{a^2} \Big[1 - \dfrac{ax}{2}\cot ax - \sum\limits_{k=1}^{\infty} \dfrac{(-1)^{k-1}}{(2k+1)!} B_{2k}(2ax)^{2k} \Big] \quad (|ax|<\pi)$

676. $\displaystyle\int \frac{x^m}{\sin ax}\mathrm{d}x = \frac{(ax)^m}{a^{m+1}}\sum_{k=0}^{\infty}(-1)^{k-1}\frac{4^k-2}{(2k)!}B_{2k}\frac{(ax)^{2k}}{m+2k}\quad(\mid ax\mid<\pi)$

677. $\displaystyle\int \frac{x^m}{\sin^n ax}\mathrm{d}x = -\frac{x^m}{(n-1)a}\frac{\cos ax}{\sin^{n-1}ax}-\frac{m}{(n-1)(n-2)a^2}\frac{x^{m-1}}{\sin^{n-2}ax}$

$$+\frac{m(m-1)}{(n-1)(n-2)a^2}\int \frac{x^{m-2}}{\sin^{n-2}ax}\mathrm{d}x+\frac{n-2}{n-1}\int \frac{x^m}{\sin^{n-2}ax}\mathrm{d}x$$

$(n\neq 1,2)$

678. $\displaystyle\int \frac{\cos ax}{x}\mathrm{d}x = \sum_{n=0}^{\infty}(-1)^n\frac{(ax)^{2n}}{2n(2n)!} = \mathrm{Ci}(ax)$

679. $\displaystyle\int \frac{\cos ax}{x^2}\mathrm{d}x = -\frac{\cos ax}{x}-a\,\mathrm{Si}(ax)$

680. $\displaystyle\int \frac{\cos ax}{x^m}\mathrm{d}x = -\frac{\cos ax}{(m-1)x^{m-1}}-\frac{a}{m-1}\int \frac{\sin ax}{x^{m-1}}\mathrm{d}x\quad(m\neq 1)$

681. $\displaystyle\int \frac{\cos ax}{x^{2m}}\mathrm{d}x = \frac{(-1)^{m+1}}{x(2m-1)!}\Big[\sum_{k=0}^{m-1}\frac{(-1)^{k+1}(2k)!\,a^{2m-2k-2}}{x^{2k}}\cos ax$

$$-\sum_{k=0}^{m-2}\frac{(-1)^{k+1}(2k+1)!\,a^{2m-2k-3}}{x^{2k+1}}\sin ax\Big]+\frac{(-1)^m a^{2m-1}}{(2m-1)!}\mathrm{si}(ax)$$

682. $\displaystyle\int \frac{\cos ax}{x^{2m+1}}\mathrm{d}x = \frac{(-1)^{m+1}}{x(2m)!}\Big[\sum_{k=0}^{m-1}\frac{(-1)^{k+1}(2k+1)!\,a^{2m-2k-2}}{x^{2k+1}}\cos ax$

$$-\sum_{k=0}^{m-1}\frac{(-1)^{k+1}(2k)!\,a^{2m-2k}}{x^{2k}}\sin ax\Big]+\frac{(-1)^m a^{2m}}{(2m)!}\mathrm{ci}(ax)$$

683. $\displaystyle\int \frac{\cos^2 ax}{x}\mathrm{d}x = \frac{1}{2}\ln\mid x\mid+\frac{1}{2}\mathrm{Ci}(2ax)$

684. $\displaystyle\int \frac{\cos^{2n}ax}{x}\mathrm{d}x = \binom{2n}{n}\frac{\ln x}{2^{2n}}+\frac{1}{2^{2n-1}}\sum_{k=0}^{n-1}\binom{2n}{k}\mathrm{ci}[(2n-2k)ax]$

685. $\displaystyle\int \frac{\cos^{2n+1}ax}{x}\mathrm{d}x = \frac{1}{2^{2n}}\sum_{k=0}^{n}\binom{2n+1}{k}\mathrm{ci}[(2n-2k+1)ax]$

686. $\displaystyle\int \frac{\cos^{2n-1}ax}{x^m}\mathrm{d}x = \Big(\frac{1}{4}\Big)^{n-1}\int \frac{1}{x^m}\Big\{\sum_{k=0}^{n-1}\binom{2n-1}{k}\cos[(2n-2k-1)ax]\Big\}\mathrm{d}x$

687. $\displaystyle\int \frac{\cos^{2n}ax}{x^m}\mathrm{d}x$

$$= 2\Big(\frac{1}{4}\Big)^n\int \frac{1}{x^m}\Big\{\sum_{k=0}^{n-1}\binom{2n}{k}\cos[(2n-2k)ax]\Big\}\mathrm{d}x-\binom{2n}{n}\frac{1}{(m-1)4^n x^{m-1}}$$

688. $\displaystyle\int \frac{x}{\cos ax}\mathrm{d}x = \frac{x^2}{2}\sum_{k=0}^{\infty}\frac{\mid E_{2k}\mid(ax)^{2k}}{(2k)!(k+1)}\quad\Big(\mid ax\mid<\frac{\pi}{2}\Big)$

[这里,E_{2k} 为欧拉数(见附录),以下同]

689. $\displaystyle\int \frac{x}{\cos^2 ax}\mathrm{d}x = \int x\sec^2 ax\,\mathrm{d}x = \frac{x}{a}\tan ax+\frac{1}{a^2}\ln\mid\cos ax\mid$

690. $\displaystyle\int \frac{x}{\cos^n ax}dx = \int x\sec^n ax\, dx$

$$= \frac{x\sin ax}{a(n-1)\cos^{n-1}ax} - \frac{1}{a^2(n-1)(n-2)\cos^{n-2}ax} + \frac{n-2}{n-1}\int \frac{x}{\cos^{n-2}ax}dx$$

691. $\displaystyle\int \frac{x^2}{\cos ax}dx = x^3\sum_{k=0}^{\infty}\frac{|E_{2k}|\,(ax)^{2k}}{(2k)!(2k+3)} \quad \left(|ax|<\frac{\pi}{2}\right)$

692. $\displaystyle\int \frac{x^2}{\cos^2 ax}dx = \frac{2x}{a^2}\left[\frac{ax}{2}\tan ax - \sum_{k=1}^{\infty}(-1)^{k-1}\frac{4^k-1}{(2k+1)!}B_{2k}(2ax)^{2k}\right]$

$\left(|ax|<\dfrac{\pi}{2}\right)$

693. $\displaystyle\int \frac{x^m}{\cos ax}dx = x^{m+1}\sum_{k=0}^{\infty}\frac{|E_{2k}|}{(2k)!}\frac{(ax)^{2k}}{(m+2k+1)} \quad \left(|ax|<\frac{\pi}{2}\right)$

694. $\displaystyle\int \frac{x^m}{\cos^n ax}dx = \frac{x^m\sin ax}{(n-1)a\cos^{n-1}ax} - \frac{mx^{m-1}}{(n-1)(n-2)a^2\cos^{n-2}ax}$

$$+ \frac{m(m-1)}{(n-1)(n-2)a^2}\int \frac{x^{m-2}}{\cos^{n-2}ax}dx + \frac{n-2}{n-1}\int \frac{x^m}{\cos^{n-2}ax}dx$$

$(n\neq 1,2)$

Ⅰ.1.3.6　含有 $\sin ax\sin bx$，$\sin ax\cos bx$ 和 $\cos ax\cos bx$ 的积分

695. $\displaystyle\int \sin ax\sin bx\, dx = -\frac{\sin(a+b)x}{2(a+b)} + \frac{\sin(a-b)x}{2(a-b)} \quad (a^2\neq b^2)$

696. $\displaystyle\int \sin ax\cos bx\, dx = -\frac{\cos(a+b)x}{2(a+b)} - \frac{\cos(a-b)x}{2(a-b)} \quad (a^2\neq b^2)$

697. $\displaystyle\int \cos ax\cos bx\, dx = \frac{\sin(a+b)x}{2(a+b)} + \frac{\sin(a-b)x}{2(a-b)} \quad (a^2\neq b^2)$

698. $\displaystyle\int \sin ax\sin^2 bx\, dx = \frac{\cos(a+2b)x}{4(a+2b)} - \frac{\cos(2b-a)x}{4(2b-a)} - \frac{\cos ax}{2a} \quad (a^2\neq 4b^2)$

699. $\displaystyle\int \sin ax\cos^2 bx\, dx = -\frac{\cos(a+2b)x}{4(a+2b)} + \frac{\cos(2b-a)x}{4(2b-a)} - \frac{\cos ax}{2a} \quad (a^2\neq 4b^2)$

700. $\displaystyle\int \cos ax\sin^2 bx\, dx = -\frac{\sin(a+2b)x}{4(a+2b)} - \frac{\sin(2b-a)x}{4(2b-a)} + \frac{\sin ax}{2a} \quad (a^2\neq 4b^2)$

701. $\displaystyle\int \cos ax\cos^2 bx\, dx = \frac{\sin(a+2b)x}{4(a+2b)} + \frac{\sin(2b-a)x}{4(2b-a)} + \frac{\sin ax}{2a} \quad (a^2\neq 4b^2)$

702. $\displaystyle\int \sin ax\sin bx\sin cx\, dx$

$$= \frac{\cos(a+b+c)x}{4(a+b+c)} - \frac{\cos(b+c-a)x}{4(b+c-a)} - \frac{\cos(c+a-b)x}{4(c+a-b)} - \frac{\cos(a+b-c)x}{4(a+b-c)}$$

$(a+b+c\neq 0,\ b+c-a\neq 0,\ c+a-b\neq 0,\ a+b-c\neq 0)$

703. $\displaystyle\int \sin ax\cos bx\cos cx\, dx = -\frac{\cos(a+b+c)x}{4(a+b+c)} + \frac{\cos(b+c-a)x}{4(b+c-a)}$

$$- \frac{\cos(c + a - b)x}{4(c + a - b)} - \frac{\cos(a + b - c)x}{4(a + b - c)}$$

$$(a + b + c \neq 0, \ b + c - a \neq 0, \ c + a - b \neq 0, \ a + b - c \neq 0)$$

704. $\int \cos ax \sin bx \sin cx \, dx = - \frac{\sin(a + b + c)x}{4(a + b + c)} - \frac{\sin(b + c - a)x}{4(b + c - a)}$

$$+ \frac{\sin(c + a - b)x}{4(c + a - b)} + \frac{\sin(a + b - c)x}{4(a + b - c)}$$

$$(a + b + c \neq 0, \ b + c - a \neq 0, \ c + a - b \neq 0, \ a + b - c \neq 0)$$

705. $\int \cos ax \cos bx \cos cx \, dx = \frac{\sin(a + b + c)x}{4(a + b + c)} + \frac{\sin(b + c - a)x}{4(b + c - a)}$

$$+ \frac{\sin(c + a - b)x}{4(c + a - b)} + \frac{\sin(a + b - c)x}{4(a + b - c)}$$

$$(a + b + c \neq 0, \ b + c - a \neq 0, \ c + a - b \neq 0, \ a + b - c \neq 0)$$

706. $\int x \sin ax \sin bx \, dx$

$$= - x \left[\frac{\sin(a + b)x}{2(a + b)} - \frac{\sin(a - b)x}{2(a - b)} \right] - \left[\frac{\cos(a + b)x}{2(a + b)^2} - \frac{\cos(a - b)x}{2(a - b)^2} \right]$$

$$(a^2 \neq b^2)$$

707. $\int x \sin ax \cos bx \, dx$

$$= - x \left[\frac{\cos(a + b)x}{2(a + b)} + \frac{\cos(a - b)x}{2(a - b)} \right] + \left[\frac{\sin(a + b)x}{2(a + b)^2} + \frac{\sin(a - b)x}{2(a - b)^2} \right]$$

$$(a^2 \neq b^2)$$

708. $\int x \cos ax \cos bx \, dx$

$$= x \left[\frac{\sin(a + b)x}{2(a + b)} + \frac{\sin(a - b)x}{2(a - b)} \right] + \left[\frac{\cos(a + b)x}{2(a + b)^2} + \frac{\cos(a - b)x}{2(a - b)^2} \right]$$

$$(a^2 \neq b^2)$$

Ⅰ.1.3.7　含有 $\dfrac{1}{\sin^m ax \cos^n ax}$ 的积分

709. $\int \dfrac{dx}{\sin ax \cos ax} = \dfrac{1}{a} \ln |\tan ax|$

710. $\int \dfrac{dx}{\sin^2 ax \cos ax} = - \dfrac{1}{a} \csc ax + \dfrac{1}{a} \ln \left| \tan \left(\dfrac{\pi}{4} + \dfrac{ax}{2} \right) \right|$

711. $\int \dfrac{dx}{\sin^m ax \cos ax} = - \dfrac{1}{a(m - 1)\sin^{m-1} ax} + \int \dfrac{dx}{\sin^{m-2} ax \cos ax}$　$(m \neq 1)$

712. $\int \dfrac{dx}{\sin^{2m+1} ax \cos ax} = - \dfrac{1}{a} \sum_{k=1}^{m} \dfrac{1}{(2m - 2k + 2)\sin^{2m-2k+2} ax} + \dfrac{1}{a} \ln |\tan ax|$

713. $\displaystyle\int \frac{\mathrm{d}x}{\sin^{2m}ax\cos ax}$

$$= -\frac{1}{a}\sum_{k=1}^{m}\frac{1}{(2m-2k+1)\sin^{2m-2k+1}ax} + \frac{1}{a}\ln\left|\tan\left(\frac{\pi}{4}-\frac{ax}{2}\right)\right|$$

714. $\displaystyle\int \frac{\mathrm{d}x}{\sin ax\cos^2 ax} = \frac{1}{a}\left(\sec ax + \ln\left|\tan\frac{ax}{2}\right|\right)$

715. $\displaystyle\int \frac{\mathrm{d}x}{\sin ax\cos^n ax} = \frac{1}{a(n-1)\cos^{n-1}ax} + \int\frac{\mathrm{d}x}{\sin ax\cos^{n-2}ax}$

716. $\displaystyle\int \frac{\mathrm{d}x}{\sin ax\cos^{2n+1} ax} = \frac{1}{a}\sum_{k=1}^{n}\frac{1}{(2n-2k+2)\cos^{2n-2k+2}ax} + \frac{1}{a}\ln|\tan ax|$

717. $\displaystyle\int \frac{\mathrm{d}x}{\sin ax\cos^{2n} ax} = \frac{1}{a}\sum_{k=1}^{n}\frac{1}{(2n-2k+1)\cos^{2n-2k+1}ax} + \frac{1}{a}\ln\left|\tan\frac{ax}{2}\right|$

718. $\displaystyle\int \frac{\mathrm{d}x}{\sin^2 ax\cos^2 ax} = -\frac{2}{a}\cot 2ax$

719. $\displaystyle\int \frac{\mathrm{d}x}{\sin^m ax\cos^n ax}$

$$= -\frac{1}{a(m-1)\sin^{m-1}ax\cos^{n-1}ax} + \frac{m+n-2}{m-1}\int\frac{\mathrm{d}x}{\sin^{m-2}ax\cos^n ax}$$

$$= \frac{1}{a(n-1)\sin^{m-1}ax\cos^{n-1}ax} + \frac{m+n-2}{n-1}\int\frac{\mathrm{d}x}{\sin^m ax\cos^{n-2}ax}$$

$$(m\neq 1,\ n\neq 1)$$

Ⅰ.1.3.8　含有 $1\pm\sin ax$ 和 $1\pm\cos ax$ 的积分

720. $\displaystyle\int \frac{\mathrm{d}x}{1\pm\sin ax} = \mp\frac{1}{a}\tan\left(\frac{\pi}{4}\mp\frac{ax}{2}\right)$

721. $\displaystyle\int \frac{\mathrm{d}x}{1+\cos ax} = \frac{1}{a}\tan\frac{ax}{2}$

722. $\displaystyle\int \frac{\mathrm{d}x}{1-\cos ax} = -\frac{1}{a}\cot\frac{ax}{2}$

723. $\displaystyle\int \frac{x}{1+\sin ax}\mathrm{d}x = -\frac{x}{a}\tan\left(\frac{\pi}{4}-\frac{ax}{2}\right) + \frac{2}{a^2}\ln\left|\cos\left(\frac{\pi}{4}-\frac{ax}{2}\right)\right|$

724. $\displaystyle\int \frac{x}{1-\sin ax}\mathrm{d}x = \frac{x}{a}\cot\left(\frac{\pi}{4}-\frac{ax}{2}\right) + \frac{2}{a^2}\ln\left|\sin\left(\frac{\pi}{4}-\frac{ax}{2}\right)\right|$

725. $\displaystyle\int \frac{x}{1+\cos ax}\mathrm{d}x = \frac{x}{a}\tan\frac{ax}{2} + \frac{2}{a^2}\ln\left|\cos\frac{ax}{2}\right|$

726. $\displaystyle\int \frac{x}{1-\cos ax}\mathrm{d}x = -\frac{x}{a}\cot\frac{ax}{2} + \frac{2}{a^2}\ln\left|\sin\frac{ax}{2}\right|$

727. $\displaystyle\int \frac{\sin ax}{1\pm\sin ax}\mathrm{d}x = \pm x + \frac{1}{a}\tan\left(\frac{\pi}{4}\mp\frac{ax}{2}\right)$

728. $\displaystyle\int \frac{\sin ax}{1 \pm \cos ax}\,dx = \mp \frac{1}{a}\ln(1 \pm \cos ax)$

729. $\displaystyle\int \frac{\cos ax}{1 \pm \sin ax}\,dx = \pm \frac{1}{a}\ln(1 \pm \sin ax)$

730. $\displaystyle\int \frac{\cos ax}{1 + \cos ax}\,dx = -\frac{1}{a}\tan\frac{ax}{2} + x$

731. $\displaystyle\int \frac{\cos ax}{1 - \cos ax}\,dx = -\frac{1}{a}\cot\frac{ax}{2} - x$

732. $\displaystyle\int \frac{x + \sin ax}{1 + \cos ax}\,dx = \frac{x}{a}\tan\frac{ax}{2} + 2\left(\frac{1}{a^2} - \frac{1}{a}\right)\ln\left|\cos\frac{ax}{2}\right|$

733. $\displaystyle\int \frac{x - \sin ax}{1 - \cos ax}\,dx = -\frac{x}{a}\cot\frac{ax}{2} + 2\left(\frac{1}{a^2} - \frac{1}{a}\right)\ln\left|\sin\frac{ax}{2}\right|$

734. $\displaystyle\int \frac{dx}{\sin ax(1 \pm \sin ax)} = \frac{1}{a}\tan\left(\frac{\pi}{4} \mp \frac{ax}{2}\right) + \frac{1}{a}\ln\left|\tan\frac{ax}{2}\right|$

735. $\displaystyle\int \frac{dx}{\sin ax(1 \pm \cos ax)} = \pm\frac{1}{2a(1 \pm \cos ax)} + \frac{1}{2a}\ln\left|\tan\frac{ax}{2}\right|$

736. $\displaystyle\int \frac{dx}{\cos ax(1 \pm \sin ax)} = \mp\frac{1}{2a(1 \pm \sin ax)} + \frac{1}{2a}\ln\left|\tan\left(\frac{\pi}{4} + \frac{ax}{2}\right)\right|$

737. $\displaystyle\int \frac{dx}{\cos ax(1 + \cos ax)} = \frac{1}{a}\ln\left|\tan\left(\frac{\pi}{4} + \frac{ax}{2}\right)\right| - \frac{1}{a}\tan\frac{ax}{2}$

738. $\displaystyle\int \frac{dx}{\cos ax(1 - \cos ax)} = \frac{1}{a}\ln\left|\tan\left(\frac{\pi}{4} + \frac{ax}{2}\right)\right| - \frac{1}{a}\cot\frac{ax}{2}$

739. $\displaystyle\int \frac{\sin ax}{\cos ax(1 \pm \sin ax)}\,dx = \frac{1}{2a(1 \pm \sin ax)} \pm \frac{1}{2a}\ln\left|\tan\left(\frac{\pi}{4} + \frac{ax}{2}\right)\right|$

740. $\displaystyle\int \frac{\cos ax}{\sin ax(1 \pm \cos ax)}\,dx = \frac{1}{2a(1 \pm \cos ax)} \pm \frac{1}{2a}\ln\left|\tan\frac{ax}{2}\right|$

741. $\displaystyle\int \frac{\sin ax}{\cos ax(1 \pm \cos ax)}\,dx = \frac{1}{a}\ln|\sec ax \pm 1|$

742. $\displaystyle\int \frac{\cos ax}{\sin ax(1 \pm \sin ax)}\,dx = -\frac{1}{a}\ln|\csc ax \pm 1|$

743. $\displaystyle\int \frac{dx}{(1 + \sin ax)^2} = -\frac{1}{2a}\tan\left(\frac{\pi}{4} - \frac{ax}{2}\right) - \frac{1}{6a}\tan^3\left(\frac{\pi}{4} - \frac{ax}{2}\right)$

744. $\displaystyle\int \frac{dx}{(1 - \sin ax)^2} = \frac{1}{2a}\cot\left(\frac{\pi}{4} - \frac{ax}{2}\right) + \frac{1}{6a}\cot^3\left(\frac{\pi}{4} - \frac{ax}{2}\right)$

745. $\displaystyle\int \frac{dx}{(1 + \cos ax)^2} = \frac{1}{2a}\tan\frac{ax}{2} + \frac{1}{6a}\tan^3\frac{ax}{2}$

746. $\displaystyle\int \frac{dx}{(1 - \cos ax)^2} = -\frac{1}{2a}\cot\frac{ax}{2} - \frac{1}{6a}\cot^3\frac{ax}{2}$

747. $\displaystyle\int \frac{\sin ax}{(1 + \sin ax)^2}\,dx = -\frac{1}{2a}\tan\left(\frac{\pi}{4} - \frac{ax}{2}\right) + \frac{1}{6a}\tan^3\left(\frac{\pi}{4} - \frac{ax}{2}\right)$

748. $\displaystyle\int \frac{\sin ax}{(1 - \sin ax)^2}\,dx = -\frac{1}{2a}\cot\left(\frac{\pi}{4} - \frac{ax}{2}\right) + \frac{1}{6a}\cot^3\left(\frac{\pi}{4} - \frac{ax}{2}\right)$

749. $\displaystyle\int \frac{\cos ax}{(1+\cos ax)^2}\mathrm{d}x = \frac{1}{2a}\tan\frac{ax}{2} - \frac{1}{6a}\tan^3\frac{ax}{2}$

750. $\displaystyle\int \frac{\cos ax}{(1-\cos ax)^2}\mathrm{d}x = \frac{1}{2a}\cot\frac{ax}{2} - \frac{1}{6a}\cot^3\frac{ax}{2}$

751. $\displaystyle\int \frac{\mathrm{d}x}{1+\cos ax \pm \sin ax} = \pm\frac{1}{a}\ln\left|1 \pm \tan\frac{ax}{2}\right|$

Ⅰ.1.3.9　含有 $a \pm b\sin cx$ 和 $a \pm b\cos cx$ 的积分

752. $\displaystyle\int \frac{\mathrm{d}x}{a+b\sin cx} = \begin{cases} \dfrac{2}{c\sqrt{a^2-b^2}}\arctan\dfrac{a\tan\frac{cx}{2}+b}{\sqrt{a^2-b^2}} & (a^2 > b^2) \\[3em] \dfrac{1}{c\sqrt{b^2-a^2}}\ln\left|\dfrac{a\tan\frac{cx}{2}+b-\sqrt{b^2-a^2}}{a\tan\frac{cx}{2}+b+\sqrt{b^2-a^2}}\right| & (a^2 < b^2) \end{cases}$

753. $\displaystyle\int \frac{\mathrm{d}x}{a+b\cos cx} = \begin{cases} \dfrac{2}{c\sqrt{a^2-b^2}}\arctan\left(\sqrt{\dfrac{a-b}{a+b}}\tan\dfrac{cx}{2}\right) & (a^2 > b^2) \\[3em] \dfrac{1}{c\sqrt{b^2-a^2}}\ln\left|\dfrac{\sqrt{b^2-a^2}\tan\frac{cx}{2}+a+b}{\sqrt{b^2-a^2}\tan\frac{cx}{2}-a-b}\right| & (a^2 < b^2) \end{cases}$

754. $\displaystyle\int \frac{\mathrm{d}x}{(a+b\sin cx)^2} = \frac{b\cos cx}{c(a^2-b^2)(a+b\sin cx)} + \frac{a}{a^2-b^2}\int\frac{\mathrm{d}x}{a+b\sin cx}$

755. $\displaystyle\int \frac{\mathrm{d}x}{(a+b\cos cx)^2} = \frac{b\sin cx}{c(b^2-a^2)(a+b\cos cx)} - \frac{a}{b^2-a^2}\int\frac{\mathrm{d}x}{a+b\cos cx}$

756. $\displaystyle\int \frac{\mathrm{d}x}{(a+b\sin cx)^n} = \frac{b\cos cx}{c(n-1)(a^2-b^2)(a+b\sin cx)^{n-1}}$

$\displaystyle\qquad\qquad + \frac{(2n-3)a}{(n-1)(a^2-b^2)}\int\frac{\mathrm{d}x}{(a+b\sin cx)^{n-1}}$

$\displaystyle\qquad\qquad - \frac{n-2}{(n-1)(a^2-b^2)}\int\frac{\mathrm{d}x}{(a+b\sin cx)^{n-2}} \quad (a^2 \neq b^2,\ n \neq 1)$

757. $\displaystyle\int \frac{\mathrm{d}x}{(a+b\cos cx)^n} = -\frac{b\sin cx}{c(n-1)(a^2-b^2)(a+b\cos cx)^{n-1}}$

$\displaystyle\qquad\qquad + \frac{(2n-3)a}{(n-1)(a^2-b^2)}\int\frac{\mathrm{d}x}{(a+b\cos cx)^{n-1}}$

$\displaystyle\qquad\qquad - \frac{n-2}{(n-1)(a^2-b^2)}\int\frac{\mathrm{d}x}{(a+b\cos cx)^{n-2}} \quad (a^2 \neq b^2,\ n \neq 1)$

758. $\displaystyle\int \frac{\sin cx}{a+b\sin cx}\mathrm{d}x = \frac{x}{b} - \frac{a}{b}\int\frac{\mathrm{d}x}{a+b\sin cx}$

759. $\displaystyle\int \frac{\cos cx}{a+b\cos cx}\mathrm{d}x = \frac{x}{b} - \frac{a}{b}\int\frac{\mathrm{d}x}{a+b\cos cx}$

760. $\displaystyle\int \frac{\sin cx}{a \pm b\cos cx}\mathrm{d}x = \mp\frac{1}{bc}\ln|a \pm b\cos cx|$

761. $\displaystyle\int \frac{\cos cx}{a \pm b\sin cx}\mathrm{d}x = \pm\frac{1}{bc}\ln|a \pm b\sin cx|$

762. $\displaystyle\int \frac{\sin cx}{(a + b\sin cx)^2}\mathrm{d}x = -\frac{a\cos cx}{c(a^2 - b^2)(a + b\sin cx)} + \frac{b}{a^2 - b^2}\int\frac{\mathrm{d}x}{a + b\sin cx}$

$\quad (a^2 \neq b^2)$

763. $\displaystyle\int \frac{\cos cx}{(a + b\cos cx)^2}\mathrm{d}x = \frac{a\sin cx}{c(a^2 - b^2)(a + b\cos cx)} - \frac{b}{a^2 - b^2}\int\frac{\mathrm{d}x}{a + b\cos cx}$

$\quad (a^2 \neq b^2)$

764. $\displaystyle\int \frac{\sin cx}{(a \pm b\cos cx)^2}\mathrm{d}x = \pm\frac{1}{bc(a \pm b\cos cx)}$

765. $\displaystyle\int \frac{\cos cx}{(a \pm b\sin cx)^2}\mathrm{d}x = \mp\frac{1}{bc(a \pm b\sin cx)}$

766. $\displaystyle\int \frac{\sin cx}{(a \pm b\cos cx)^n}\mathrm{d}x = \pm\frac{1}{bc(n - 1)(a \pm b\cos cx)^{n-1}} \quad (n \neq 0,1)$

767. $\displaystyle\int \frac{\cos cx}{(a \pm b\sin cx)^n}\mathrm{d}x = \mp\frac{1}{bc(n - 1)(a \pm b\sin cx)^{n-1}} \quad (n \neq 0,1)$

768. $\displaystyle\int \frac{\mathrm{d}x}{\sin cx(a + b\sin cx)} = \frac{1}{ac}\ln\left|\tan\frac{cx}{2}\right| - \frac{b}{a}\int\frac{\mathrm{d}x}{a + b\sin cx}$

769. $\displaystyle\int \frac{\mathrm{d}x}{\cos cx(a + b\cos cx)} = \frac{1}{ac}\ln\left|\tan\left(\frac{\pi}{4} + \frac{cx}{2}\right)\right| - \frac{b}{a}\int\frac{\mathrm{d}x}{a + b\cos cx}$

770. $\displaystyle\int \frac{\mathrm{d}x}{a^2 + b^2 - 2ab\cos cx} = \frac{2}{c(a^2 - b^2)}\arctan\left(\frac{a + b}{a - b}\tan\frac{cx}{2}\right)$

Ⅰ.1.3.10　含有 $1 \pm b\sin^2 ax$，$1 \pm b\cos^2 ax$ 和 $c^2 \pm b^2\sin^2 ax$，$c^2 \pm b^2\cos^2 ax$ 的积分

---

771. $\displaystyle\int \frac{\mathrm{d}x}{1 + b\sin^2 ax} = \frac{1}{a\sqrt{1 + b}}\arctan(\sqrt{1 + b}\tan ax)$

772. $\displaystyle\int \frac{\mathrm{d}x}{1 - b\sin^2 ax} = \begin{cases} \dfrac{1}{a\sqrt{1 - b}}\arctan(\sqrt{1 - b}\tan ax) & (0 < b < 1) \\[3mm] \dfrac{1}{2a\sqrt{b - 1}}\ln\left|\dfrac{\sqrt{b - 1}\tan ax + 1}{\sqrt{b - 1}\tan ax - 1}\right| & (b > 1) \end{cases}$

773. $\displaystyle\int \frac{\mathrm{d}x}{1 + b\cos^2 ax} = \frac{1}{a\sqrt{1 + b}}\arctan\frac{\tan ax}{\sqrt{1 + b}} \quad (b > 0)$

774. $\displaystyle\int \frac{\mathrm{d}x}{1 - b\cos^2 ax} = \begin{cases} \dfrac{1}{a\sqrt{1 - b}}\arctan\dfrac{\tan ax}{\sqrt{1 - b}} & (0 < b < 1) \\[3mm] \dfrac{1}{2a\sqrt{b - 1}}\ln\left|\dfrac{\tan ax - \sqrt{b - 1}}{\tan ax + \sqrt{b - 1}}\right| & (b > 1) \end{cases}$

775. $\displaystyle\int \frac{dx}{(1 + b\sin^2 ax)^2}$

$$= \frac{b\sin 2ax}{4a(1 + b)(1 + b\sin^2 ax)} + \frac{2 + b}{2a\sqrt{(1 + b)^3}}\arctan(\sqrt{1 + b}\tan ax)$$

$(b > 0)$

776. $\displaystyle\int \frac{dx}{(1 - b\sin^2 ax)^2} = -\frac{b\sin 2ax}{4a(1 - b)(1 - b\sin^2 ax)} + \frac{2 - b}{2a(1 - b)}$

$$\cdot \begin{cases} \dfrac{1}{\sqrt{1 - b}}\arctan(\sqrt{1 - b}\tan ax) & (0 < b < 1) \\[3mm] \dfrac{1}{2\sqrt{b - 1}}\ln\left|\dfrac{\sqrt{b - 1}\tan ax + 1}{\sqrt{b - 1}\tan ax - 1}\right| & (b > 1) \end{cases}$$

777. $\displaystyle\int \frac{dx}{(1 + b\cos^2 ax)^2}$

$$= -\frac{b\sin 2ax}{4a(1 + b)(1 + b\cos^2 ax)} + \frac{2 + b}{2a\sqrt{(1 + b)^3}}\arctan\frac{\tan ax}{\sqrt{1 + b}} \quad (b > 0)$$

778. $\displaystyle\int \frac{dx}{(1 - b\cos^2 ax)^2} = \frac{b\sin 2ax}{4a(1 - b)(1 - b\cos^2 ax)} + \frac{2 - b}{2a(1 - b)}$

$$\cdot \begin{cases} \dfrac{1}{\sqrt{1 - b}}\arctan\dfrac{\tan ax}{\sqrt{1 - b}} & (0 < b < 1) \\[3mm] \dfrac{1}{2\sqrt{b - 1}}\ln\left|\dfrac{\tan ax - \sqrt{b - 1}}{\tan ax + \sqrt{b - 1}}\right| & (b > 1) \end{cases}$$

779. $\displaystyle\int \frac{\sin^2 ax}{1 + b\sin^2 ax}dx = \frac{x}{b} - \frac{1}{ab\sqrt{1 + b}}\arctan(\sqrt{1 + b}\tan ax) \quad (b > 0)$

780. $\displaystyle\int \frac{\sin^2 ax}{1 - b\sin^2 ax}dx = \begin{cases} \dfrac{1}{ab\sqrt{1 - b}}\arctan(\sqrt{1 - b}\tan ax) - \dfrac{x}{b} & (0 < b < 1) \\[3mm] \dfrac{1}{2ab\sqrt{b - 1}}\ln\left|\dfrac{\sqrt{b - 1}\tan ax + 1}{\sqrt{b - 1}\tan ax - 1}\right| - \dfrac{x}{b} & (b > 1) \end{cases}$

781. $\displaystyle\int \frac{\cos^2 ax}{1 + b\sin^2 ax}dx = -\frac{x}{b} + \frac{\sqrt{1 + b}}{ab}\arctan(\sqrt{1 + b}\tan ax) \quad (b > 0)$

782. $\displaystyle\int \frac{\cos^2 ax}{1 - b\sin^2 ax}dx = \begin{cases} -\dfrac{\sqrt{1 - b}}{ab}\arctan(\sqrt{1 - b}\tan ax) + \dfrac{x}{b} & (0 < b < 1) \\[3mm] \dfrac{\sqrt{b - 1}}{2ab}\ln\left|\dfrac{\sqrt{b - 1}\tan ax + 1}{\sqrt{b - 1}\tan ax - 1}\right| + \dfrac{x}{b} & (b > 1) \end{cases}$

783. $\displaystyle\int \frac{\sin^2 ax}{1 + b\cos^2 ax}dx = -\frac{x}{b} + \frac{\sqrt{1 + b}}{ab}\arctan\frac{\tan ax}{\sqrt{1 + b}} \quad (b > 0)$

784. $\displaystyle\int \frac{\sin^2 ax}{1 - b\cos^2 ax}\mathrm{d}x = \begin{cases} -\dfrac{\sqrt{1-b}}{ab}\arctan\dfrac{\tan ax}{\sqrt{1-b}} + \dfrac{x}{b} & (0 < b < 1) \\[4mm] \dfrac{\sqrt{b-1}}{2ab}\ln\left|\dfrac{\tan ax - \sqrt{b-1}}{\tan ax + \sqrt{b-1}}\right| + \dfrac{x}{b} & (b > 1) \end{cases}$

785. $\displaystyle\int \frac{\cos^2 ax}{1 + b\cos^2 ax}\mathrm{d}x = \frac{x}{b} - \frac{1}{ab\sqrt{1+b}}\arctan\frac{\tan ax}{\sqrt{1+b}} \quad (b > 0)$

786. $\displaystyle\int \frac{\cos^2 ax}{1 - b\cos^2 ax}\mathrm{d}x = \begin{cases} \dfrac{1}{ab\sqrt{1-b}}\arctan\dfrac{\tan ax}{\sqrt{1-b}} - \dfrac{x}{b} & (0 < b < 1) \\[4mm] \dfrac{1}{2ab\sqrt{b-1}}\ln\left|\dfrac{\tan ax - \sqrt{b-1}}{\tan ax + \sqrt{b-1}}\right| - \dfrac{x}{b} & (b > 1) \end{cases}$

787. $\displaystyle\int \frac{\sin ax\cos ax}{1 \pm b\sin^2 ax}\mathrm{d}x = \pm\frac{1}{ab}\ln\sqrt{1 \pm b\sin^2 ax} \quad (b > 0)$

788. $\displaystyle\int \frac{\sin ax\cos ax}{1 \pm b\cos^2 ax}\mathrm{d}x = \mp\frac{1}{ab}\ln\sqrt{1 \pm b\cos^2 ax} \quad (b > 0)$

789. $\displaystyle\int \frac{\mathrm{d}x}{c^2 + b^2\sin^2 ax} = \frac{1}{ac\sqrt{c^2 + b^2}}\arctan\frac{\sqrt{c^2 + b^2}\tan ax}{c}$

790. $\displaystyle\int \frac{\mathrm{d}x}{c^2 - b^2\sin^2 ax} = \begin{cases} \dfrac{1}{ac\sqrt{c^2 - b^2}}\arctan\dfrac{\sqrt{c^2 - b^2}\tan ax}{c} & (c^2 > b^2) \\[4mm] \dfrac{1}{2ac\sqrt{b^2 - c^2}}\ln\left|\dfrac{\sqrt{b^2 - c^2}\tan ax + c}{\sqrt{b^2 - c^2}\tan ax - c}\right| & (c^2 < b^2) \end{cases}$

791. $\displaystyle\int \frac{\mathrm{d}x}{c^2 + b^2\cos^2 ax} = \frac{1}{ac\sqrt{c^2 + b^2}}\arctan\frac{c\tan ax}{\sqrt{c^2 + b^2}}$

792. $\displaystyle\int \frac{\mathrm{d}x}{c^2 - b^2\cos^2 ax} = \begin{cases} \dfrac{1}{ac\sqrt{c^2 - b^2}}\arctan\dfrac{c\tan ax}{\sqrt{c^2 - b^2}} & (c^2 > b^2) \\[4mm] \dfrac{1}{2ac\sqrt{b^2 - c^2}}\ln\left|\dfrac{c\tan ax - \sqrt{b^2 - c^2}}{c\tan ax + \sqrt{b^2 - c^2}}\right| & (c^2 < b^2) \end{cases}$

793. $\displaystyle\int \frac{\sin^2 ax}{c^2 + b^2\cos^2 ax}\mathrm{d}x = \frac{1}{ab^2}\sqrt{\frac{c^2 + b^2}{c^2}}\arctan\left(\sqrt{\frac{c^2}{c^2 + b^2}}\tan ax\right) - \frac{x}{b^2}$

794. $\displaystyle\int \frac{\cos^2 ax}{c^2 + b^2\sin^2 ax}\mathrm{d}x = \frac{1}{ab^2}\sqrt{\frac{c^2 + b^2}{c^2}}\arctan\left(\sqrt{\frac{c^2 + b^2}{c^2}}\tan ax\right) - \frac{x}{b^2}$

Ⅰ.1.3.11 含有 $p\sin ax + q\cos ax$ 的积分

795. $\displaystyle\int \frac{\mathrm{d}x}{p\sin ax + q\cos ax} = \frac{1}{a\sqrt{p^2 + q^2}}\ln\left|\tan\left(\frac{ax}{2} + \frac{1}{2}\arctan\frac{q}{p}\right)\right|$

796. $\displaystyle\int \frac{\mathrm{d}x}{(p\sin ax + q\cos ax)^2} = -\frac{1}{a(p^2 + q^2)}\tan\left(ax + \arctan\frac{q}{p}\right)$

797. $\displaystyle\int \frac{\mathrm{d}x}{(p\sin ax + q\cos ax)^n} = -\frac{\cos\left(ax + \arctan\dfrac{q}{p}\right)}{a(n-1)\sqrt{(p^2+q^2)^n}\sin^{n-1}\left(ax + \arctan\dfrac{q}{p}\right)}$

$$+ \frac{n-2}{(n-1)\sqrt{(p^2+q^2)^n}}\int \frac{\mathrm{d}\left(ax + \arctan\dfrac{q}{p}\right)}{\sin^{n-2}\left(ax + \arctan\dfrac{q}{p}\right)}$$

798. $\displaystyle\int \frac{\sin ax}{p\sin ax + q\cos ax}\mathrm{d}x = \frac{1}{a(p^2+q^2)}(pax - q\ln|p\sin ax + q\cos ax|)$

799. $\displaystyle\int \frac{\sin ax}{\sin ax \pm \cos ax}\mathrm{d}x = \frac{1}{2a}(ax \mp \ln|\sin ax \pm \cos ax|)$

800. $\displaystyle\int \frac{\cos ax}{p\sin ax + q\cos ax}\mathrm{d}x = \frac{1}{a(p^2+q^2)}(pax + q\ln|p\sin ax + q\cos ax|)$

801. $\displaystyle\int \frac{\cos ax}{\sin ax \pm \cos ax}\mathrm{d}x = \frac{1}{2a}(\ln|\sin ax \pm \cos ax| \pm ax)$

802. $\displaystyle\int \frac{p + q\sin ax}{\sin ax(1 \pm \cos ax)}\mathrm{d}x = \frac{p}{2a}\left(\ln\left|\tan\frac{ax}{2}\right| \pm \frac{1}{1 \pm \cos ax}\right) + q\int \frac{\mathrm{d}x}{1 \pm \cos ax}$

803. $\displaystyle\int \frac{p + q\sin ax}{\cos ax(1 \pm \cos ax)}\mathrm{d}x$

$$= \frac{p}{a}\ln\left|\tan\left(\frac{\pi}{4} + \frac{ax}{2}\right)\right| + \frac{q}{a}\ln\left|\frac{1 \pm \cos ax}{\cos ax}\right| - p\int \frac{\mathrm{d}x}{1 \pm \cos ax}$$

804. $\displaystyle\int \frac{p + q\cos ax}{\sin ax(1 \pm \sin ax)}\mathrm{d}x = \frac{p}{a}\ln\left|\tan\frac{ax}{2}\right| - \frac{q}{a}\ln\left|\frac{1 \pm \sin ax}{\sin ax}\right| - p\int \frac{\mathrm{d}x}{1 \pm \sin ax}$

805. $\displaystyle\int \frac{p + q\cos ax}{\cos ax(1 \pm \sin ax)}\mathrm{d}x = \frac{p}{2a}\left[\ln\left|\tan\left(\frac{\pi}{4} + \frac{ax}{2}\right)\right| \mp \frac{1}{1 \pm \sin ax}\right] + q\int \frac{\mathrm{d}x}{1 \pm \sin ax}$

Ⅰ.1.3.12　含有 $p^2\sin^2 ax \pm q^2\cos^2 ax$ 的积分

806. $\displaystyle\int (p^2\sin^2 ax \pm q^2\cos^2 ax)\mathrm{d}x = \frac{(p^2 \pm q^2)x}{2} - \frac{(p^2 \mp q^2)\sin 2ax}{4a}$

807. $\displaystyle\int \frac{\mathrm{d}x}{p^2\sin^2 ax + q^2\cos^2 ax} = \frac{1}{apq}\arctan\left(\frac{p}{q}\tan ax\right)$

808. $\displaystyle\int \frac{\mathrm{d}x}{p^2\sin^2 ax - q^2\cos^2 ax} = \frac{1}{2apq}\ln\left|\frac{p\tan ax - q}{p\tan ax + q}\right|$

809. $\displaystyle\int \frac{\mathrm{d}x}{(p^2\sin^2 ax \pm q^2\cos^2 ax)^2} = \frac{1}{2ap^3q^3}[(p^2 \pm q^2)u \pm (p^2 \mp q^2)\sin u\cos u]$

$$\left[这里, u = \arctan\left(\frac{p}{q}\tan ax\right)\right]$$

810. $\displaystyle\int \frac{\mathrm{d}x}{(p^2\sin^2 ax \pm q^2\cos^2 ax)^n} = \frac{1}{a(pq)^{2n-1}}\int (p^2\sin^2 u \pm q^2\cos^2 u)^{n-1}\mathrm{d}u$

$$\left[\text{这里},u=\arctan\left(\frac{p}{q}\tan ax\right)\right]$$

811. $\displaystyle\int \sin ax\cos ax(p^2\sin^2 ax\pm q^2\cos^2 ax)\mathrm{d}x=\frac{1}{4a}(p^2\sin^4 ax\mp q^2\cos^4 ax)$

812. $\displaystyle\int\frac{\sin ax\cos ax}{p^2\sin^2 ax\pm q^2\cos^2 ax}\mathrm{d}x=\frac{1}{2a(p^2\mp q^2)}\ln\mid p^2\sin^2 ax\pm q^2\cos^2 ax\mid$
$(p^2-q^2\neq 0)$

813. $\displaystyle\int\frac{\sin ax\cos ax}{\sqrt{p^2\sin^2 ax\pm q^2\cos^2 ax}}\mathrm{d}x=\frac{1}{a(p^2\mp q^2)}\sqrt{p^2\sin^2 ax\pm q^2\cos^2 ax}$

Ⅰ.1.3.13　含有 $\sin^m x,\cos^m x$ 与 $\sin nx,\cos nx$ 组合的积分

814. $\displaystyle\int\sin(n+1)x\,\sin^{n-1}x\,\mathrm{d}x=\frac{1}{n}\sin^n x\,\sin nx$

815. $\displaystyle\int\sin(n+1)x\,\cos^{n-1}x\,\mathrm{d}x=-\frac{1}{n}\cos^n x\,\cos nx$

816. $\displaystyle\int\cos(n+1)x\,\sin^{n-1}x\,\mathrm{d}x=\frac{1}{n}\sin^n x\,\cos nx$

817. $\displaystyle\int\cos(n+1)x\,\cos^{n-1}x\,\mathrm{d}x=\frac{1}{n}\cos^n x\,\sin nx$

818. $\displaystyle\int\frac{\sin(2n+1)x}{\sin x}\mathrm{d}x=2\sum_{k=1}^{n}\frac{\sin 2kx}{2k}+x$

819. $\displaystyle\int\frac{\sin 2nx}{\sin x}\mathrm{d}x=2\sum_{k=1}^{n}\frac{\sin(2k-1)x}{2k-1}$

820. $\displaystyle\int\frac{\cos(2n+1)x}{\sin x}\mathrm{d}x=2\sum_{k=1}^{n}\frac{\cos 2kx}{2k}+\ln\mid\sin x\mid$

821. $\displaystyle\int\frac{\cos 2nx}{\sin x}\mathrm{d}x=2\sum_{k=1}^{n}\frac{\cos(2k-1)x}{2k-1}+\ln\left|\tan\frac{x}{2}\right|$

822. $\displaystyle\int\frac{\sin(2n+1)x}{\cos x}\mathrm{d}x=2\sum_{k=1}^{n}(-1)^{n-k+1}\frac{\cos 2kx}{2k}+(-1)^{n+1}\ln\mid\cos x\mid$

823. $\displaystyle\int\frac{\sin 2nx}{\cos x}\mathrm{d}x=2\sum_{k=1}^{n}(-1)^{n-k+1}\frac{\cos(2k-1)x}{2k-1}$

824. $\displaystyle\int\frac{\cos(2n+1)x}{\cos x}\mathrm{d}x=2\sum_{k=1}^{n}(-1)^{n-k}\frac{\sin 2kx}{2k}+(-1)^n x$

825. $\displaystyle\int\frac{\cos 2nx}{\cos x}\mathrm{d}x=2\sum_{k=1}^{n}(-1)^{n-k}\frac{\sin(2k-1)x}{2k-1}+(-1)^n\ln\left|\tan\left(\frac{\pi}{4}+\frac{x}{2}\right)\right|$

Ⅰ.1.3.14　含有 $\sin(ax+b)$ 和 $\cos(cx+d)$ 的积分

826. $\displaystyle\int\sin(ax+b)\mathrm{d}x = -\frac{1}{a}\cos(ax+b)$

827. $\displaystyle\int\cos(ax+b)\mathrm{d}x = \frac{1}{a}\sin(ax+b)$

828. $\displaystyle\int\sin(ax+b)\sin(cx+d)\mathrm{d}x$

$$= -\frac{\sin[(a+c)x+(b+d)]}{2(a+c)} + \frac{\sin[(a-c)x+(b-d)]}{2(a-c)} \quad (a^2 \neq c^2)$$

829. $\displaystyle\int\sin(ax+b)\cos(cx+d)\mathrm{d}x$

$$= -\frac{\cos[(a+c)x+(b+d)]}{2(a+c)} - \frac{\cos[(a-c)x+(b-d)]}{2(a-c)} \quad (a^2 \neq c^2)$$

830. $\displaystyle\int\cos(ax+b)\sin(cx+d)\mathrm{d}x$

$$= -\frac{\cos[(a+c)x+(b+d)]}{2(a+c)} + \frac{\cos[(a-c)x+(b-d)]}{2(a-c)} \quad (a^2 \neq c^2)$$

831. $\displaystyle\int\cos(ax+b)\cos(cx+d)\mathrm{d}x$

$$= \frac{\sin[(a+c)x+(b+d)]}{2(a+c)} + \frac{\sin[(a-c)x+(b-d)]}{2(a-c)} \quad (a^2 \neq c^2)$$

832. $\displaystyle\int\sin^2(ax+b)\mathrm{d}x = \frac{1}{2}x - \frac{1}{4a}\sin2(ax+b)$

833. $\displaystyle\int\cos^2(ax+b)\mathrm{d}x = \frac{1}{2}x + \frac{1}{4a}\sin2(ax+b)$

834. $\displaystyle\int\mathrm{e}^{px}\sin(ax+b)\mathrm{d}x = \frac{\mathrm{e}^{px}}{p^2+a^2}[p\sin(ax+b)-a\cos(ax+b)]$

835. $\displaystyle\int\mathrm{e}^{px}\cos(ax+b)\mathrm{d}x = \frac{\mathrm{e}^{px}}{p^2+a^2}[a\sin(ax+b)+p\cos(ax+b)]$

836. $\displaystyle\int[\mathrm{e}^{px}\sin(ax+b)]^2\mathrm{d}x = \frac{\mathrm{e}^{2px}}{4}\left[\frac{1}{p} - \frac{a\sin2(ax+b)+p\cos2(ax+b)}{p^2+a^2}\right]$

837. $\displaystyle\int[\mathrm{e}^{px}\cos(ax+b)]^2\mathrm{d}x = \frac{\mathrm{e}^{2px}}{4}\left[\frac{1}{p} + \frac{a\sin2(ax+b)+p\cos2(ax+b)}{p^2+a^2}\right]$

Ⅰ.1.3.15　含有 $\sqrt{1\pm\sin ax}$ 和 $\sqrt{1\pm\cos ax}$ 的积分

838. $\displaystyle\int\sqrt{1+\sin ax}\,\mathrm{d}x = -\frac{2\sqrt{2}}{a}\cos\left(\frac{ax}{2}+\frac{\pi}{4}\right)$

839. $\displaystyle\int \sqrt{1+\cos ax}\,\mathrm{d}x = \frac{2\sin ax}{a\sqrt{1+\cos ax}} = \frac{2\sqrt{2}}{a}\sin\frac{ax}{2}$

840. $\displaystyle\int \sqrt{1-\sin ax}\,\mathrm{d}x = \frac{2\sqrt{2}}{a}\sin\left(\frac{ax}{2}+\frac{\pi}{4}\right)$

841. $\displaystyle\int \sqrt{1-\cos ax}\,\mathrm{d}x = -\frac{2\sin ax}{a\sqrt{1-\cos ax}} = -\frac{2\sqrt{2}}{a}\cos\frac{ax}{2}$

842. $\displaystyle\int \frac{\mathrm{d}x}{\sqrt{1+\sin ax}} = \frac{\sqrt{2}}{a}\ln\left|\tan\left(\frac{ax}{4}+\frac{\pi}{8}\right)\right|$

843. $\displaystyle\int \frac{\mathrm{d}x}{\sqrt{1+\cos ax}} = \frac{\sqrt{2}}{a}\ln\left|\tan\left(\frac{ax}{4}+\frac{\pi}{4}\right)\right|$

844. $\displaystyle\int \frac{\mathrm{d}x}{\sqrt{1-\sin ax}} = \frac{\sqrt{2}}{a}\ln\left|\tan\left(\frac{ax}{4}-\frac{\pi}{8}\right)\right|$

845. $\displaystyle\int \frac{\mathrm{d}x}{\sqrt{1-\cos ax}} = \frac{\sqrt{2}}{a}\ln\left|\tan\frac{ax}{4}\right|$

846. $\displaystyle\int \frac{\sin ax}{\sqrt{1\pm\cos ax}}\,\mathrm{d}x = \mp\frac{1}{2a}\sqrt{1\pm\cos ax}$

847. $\displaystyle\int \frac{\cos ax}{\sqrt{1\pm\sin ax}}\,\mathrm{d}x = \pm\frac{1}{2a}\sqrt{1\pm\sin ax}$

Ⅰ.1.3.16　含有 $\sqrt{1\pm b^2\sin^2 ax}$ 和 $\sqrt{1\pm b^2\cos^2 ax}$ 的积分

848. $\displaystyle\int \sqrt{1+b^2\sin^2 ax}\,\mathrm{d}x = -\frac{\sqrt{1+b^2}}{a}\cdot\mathrm{E}\left(\frac{p}{q},\frac{\pi}{2}-ax\right)$

　　〔这里,$\mathrm{E}(k,\varphi)$ 为第二类椭圆积分(见附录),以下同〕

849. $\displaystyle\int \sqrt{1-b^2\sin^2 ax}\,\mathrm{d}x = \frac{1}{a}\cdot\mathrm{E}(b,ax)\quad(b^2<1)$

850. $\displaystyle\int \sqrt{1+b^2\cos^2 ax}\,\mathrm{d}x = \frac{\sqrt{1+b^2}}{a}\cdot\mathrm{E}\left(\sqrt{\frac{b^2}{1+b^2}},ax\right)$

851. $\displaystyle\int \sqrt{1-b^2\cos^2 ax}\,\mathrm{d}x = -\frac{\sqrt{1-b^2}}{a}\cdot\mathrm{E}\left(\sqrt{\frac{b^2}{1-b^2}},\frac{\pi}{2}-ax\right)\quad(b^2<1)$

852. $\displaystyle\int \frac{\mathrm{d}x}{\sqrt{1+b^2\sin^2 ax}} = -\frac{b}{a}\cdot\mathrm{F}\left(\frac{p}{q},\frac{\pi}{2}-ax\right)$

　　〔这里,$\mathrm{F}(k,\varphi)$ 为第一类椭圆积分(见附录),以下同〕

853. $\displaystyle\int \frac{\mathrm{d}x}{\sqrt{1-b^2\sin^2 ax}} = \frac{1}{a}\cdot\mathrm{F}(b,ax)\quad(b^2<1)$

854. $\displaystyle\int \frac{\mathrm{d}x}{\sqrt{1+b^2\cos^2 ax}} = \frac{1}{a\sqrt{1+b^2}}\cdot\mathrm{F}\left(\sqrt{\frac{b^2}{1+b^2}},ax\right)$

855. $\int \dfrac{\mathrm{d}x}{\sqrt{1 - b^2 \cos^2 ax}} = -\dfrac{1}{a\sqrt{1 - b^2}} \cdot \mathrm{F}\left(\sqrt{\dfrac{b^2}{1 - b^2}}, \dfrac{\pi}{2} - ax\right) \quad (b^2 < 1)$

856. $\int \sin ax \sqrt{1 + b^2 \sin^2 ax}\,\mathrm{d}x = -\dfrac{\cos ax}{2a}\sqrt{1 + b^2 \sin^2 ax} - \dfrac{1 + b^2}{2ab}\arcsin\dfrac{b\cos ax}{\sqrt{1 + b^2}}$

857. $\int \cos ax \sqrt{1 + b^2 \sin^2 ax}\,\mathrm{d}x$

$\qquad = \dfrac{\sin ax}{2a}\sqrt{1 + b^2 \sin^2 ax} + \dfrac{1}{2ab}\ln(b\sin ax + \sqrt{1 + b^2 \sin^2 ax})$

858. $\int \sin ax \sqrt{1 - b^2 \sin^2 ax}\,\mathrm{d}x$

$\qquad = -\dfrac{\cos ax}{2a}\sqrt{1 - b^2 \sin^2 ax} - \dfrac{1 - b^2}{2ab}\ln(b\cos ax + \sqrt{1 - b^2 \sin^2 ax}) \quad (b^2 < 1)$

859. $\int \cos ax \sqrt{1 - b^2 \sin^2 ax}\,\mathrm{d}x = \dfrac{\sin ax}{2a}\sqrt{1 - b^2 \sin^2 ax} + \dfrac{1}{2ab}\arcsin(b\sin ax)$

$\qquad (b^2 < 1)$

860. $\int \sin ax \sqrt{1 + b^2 \cos^2 ax}\,\mathrm{d}x = -\dfrac{\sqrt{1 + b^2}\cos ax}{2a}\sqrt{1 - \dfrac{b^2 \sin^2 ax}{1 + b^2}}$

$\qquad\qquad - \dfrac{1}{ab}\ln\left(\sqrt{\dfrac{b^2 \cos^2 ax}{1 + b^2}} + \sqrt{1 - \dfrac{b^2 \sin^2 ax}{1 + b^2}}\right)$

861. $\int \cos ax \sqrt{1 + b^2 \cos^2 ax}\,\mathrm{d}x$

$\qquad = \dfrac{\sqrt{1 + b^2}\sin ax}{2a}\sqrt{1 - \dfrac{b^2 \sin^2 ax}{1 + b^2}} + \dfrac{1 + b^2}{2ab}\arcsin\sqrt{\dfrac{b^2 \sin^2 ax}{1 + b^2}}$

862. $\int \sin ax \sqrt{1 - b^2 \cos^2 ax}\,\mathrm{d}x$

$\qquad = -\dfrac{\sqrt{1 - b^2}\cos ax}{2a}\sqrt{1 + \dfrac{b^2 \sin^2 ax}{1 - b^2}} - \dfrac{\arcsin(b\cos ax)}{2ab} \quad (b^2 < 1)$

863. $\int \cos ax \sqrt{1 - b^2 \cos^2 ax}\,\mathrm{d}x = \dfrac{\sqrt{1 - b^2}\sin ax}{2a}\sqrt{1 + \dfrac{b^2 \sin^2 ax}{1 - b^2}}$

$\qquad\qquad - \dfrac{1 - b^2}{2ab}\ln\left(\sqrt{\dfrac{b^2 \sin^2 ax}{1 - b^2}} + \sqrt{1 + \dfrac{b^2 \sin^2 ax}{1 - b^2}}\right)$

$\qquad (b^2 < 1)$

864. $\int \dfrac{\sin ax}{\sqrt{1 + b^2 \sin^2 ax}}\,\mathrm{d}x = -\dfrac{1}{ab}\arcsin\dfrac{b\cos ax}{\sqrt{1 + b^2}}$

865. $\int \dfrac{\cos ax}{\sqrt{1 + b^2 \sin^2 ax}}\,\mathrm{d}x = \dfrac{1}{ab}\ln(b\sin ax + \sqrt{1 + b^2 \sin^2 ax})$

866. $\int \dfrac{\sin ax}{\sqrt{1 - b^2 \sin^2 ax}}\,\mathrm{d}x = -\dfrac{1}{ab}\ln(b\cos ax + \sqrt{1 - b^2 \sin^2 ax}) \quad (b^2 < 1)$

867. $\displaystyle\int\frac{\cos ax}{\sqrt{1-b^2\sin^2 ax}}\mathrm{d}x = \frac{1}{ab}\arcsin(b\sin ax)$　$(b^2 < 1)$

868. $\displaystyle\int\frac{\sin ax}{\sqrt{1+b^2\cos^2 ax}}\mathrm{d}x = -\frac{1}{ab}\ln\left(\sqrt{\frac{b^2\cos^2 ax}{1+b^2}} + \sqrt{1-\frac{b^2\sin^2 ax}{1+b^2}}\right)$

869. $\displaystyle\int\frac{\cos ax}{\sqrt{1+b^2\cos^2 ax}}\mathrm{d}x = \frac{1}{ab}\arcsin\sqrt{\frac{b^2\sin^2 ax}{1+b^2}}$

870. $\displaystyle\int\frac{\sin ax}{\sqrt{1-b^2\cos^2 ax}}\mathrm{d}x = -\frac{1}{ab}\arcsin(b\cos ax)$　$(b^2 < 1)$

871. $\displaystyle\int\frac{\cos ax}{\sqrt{1-b^2\cos^2 ax}}\mathrm{d}x = -\frac{1}{ab}\ln\left(\sqrt{\frac{b^2\sin^2 ax}{1-b^2}} + \sqrt{1+\frac{b^2\sin^2 ax}{1-b^2}}\right)$　$(b^2 < 1)$

Ⅰ.1.3.17　含有 $\sqrt{1-k^2\sin^2 x}$ 和 $\sqrt{a^2\sin^2 x-1}$ 的积分

在下列公式中, $0 < k^2 < 1$.

872. $\displaystyle\int\sqrt{1-k^2\sin^2 x}\,\mathrm{d}x = \mathrm{E}(k,x)$

［这里, $\mathrm{E}(k,x)$ 为第二类椭圆积分（见附录）,以下同］

873. $\displaystyle\int\sin x\sqrt{1-k^2\sin^2 x}\,\mathrm{d}x$

$\displaystyle = -\frac{1}{2}\cos x\sqrt{1-k^2\sin^2 x} - \frac{1-k^2}{2k}\ln(k\cos x + \sqrt{1-k^2\sin^2 x})$

874. $\displaystyle\int\cos x\sqrt{1-k^2\sin^2 x}\,\mathrm{d}x = \frac{1}{2}\sin x\sqrt{1-k^2\sin^2 x} + \frac{1}{2k}\arcsin(k\sin x)$

875. $\displaystyle\int\frac{\sqrt{1-k^2\sin^2 x}}{\sin x}\mathrm{d}x$

$\displaystyle = -\frac{1}{2}\ln\frac{\sqrt{1-k^2\sin^2 x}+\cos x}{\sqrt{1-k^2\sin^2 x}-\cos x} + k\ln(k\cos x + \sqrt{1-k^2\sin^2 x})$

876. $\displaystyle\int\frac{\sqrt{1-k^2\sin^2 x}}{\cos x}\mathrm{d}x$

$\displaystyle = \frac{\sqrt{1-k^2}}{2}\ln\frac{\sqrt{1-k^2\sin^2 x}+\sqrt{1-k^2}\sin x}{\sqrt{1-k^2\sin^2 x}-\sqrt{1-k^2}\sin x} + k\arcsin(k\sin x)$

877. $\displaystyle\int\frac{\sin x\sqrt{1-k^2\sin^2 x}}{\cos x}\mathrm{d}x$

$\displaystyle = \frac{\sqrt{1-k^2}}{2}\ln\frac{\sqrt{1-k^2\sin^2 x}+\sqrt{1-k^2}}{\sqrt{1-k^2\sin^2 x}-\sqrt{1-k^2}} - \sqrt{1-k^2\sin^2 x}$

878. $\displaystyle\int\frac{\cos x\sqrt{1-k^2\sin^2 x}}{\sin x}\mathrm{d}x = \frac{1}{2}\ln\frac{1-\sqrt{1-k^2\sin^2 x}}{1+\sqrt{1-k^2\sin^2 x}} + \sqrt{1-k^2\sin^2 x}$

879. $\displaystyle\int \frac{\sqrt{1-k^2\sin^2 x}}{\sin^2 x}\mathrm{d}x = (1-k^2)\mathrm{F}(k,x) - \mathrm{E}(k,x) - \sqrt{1-k^2\sin^2 x}\,\cot x$

〔这里，$\mathrm{F}(k,x)$ 为第一类椭圆积分（见附录），以下同〕

880. $\displaystyle\int \frac{\sqrt{1-k^2\sin^2 x}}{\cos^2 x}\mathrm{d}x = \mathrm{F}(k,x) - \mathrm{E}(k,x) + \sqrt{1-k^2\sin^2 x}\,\tan x$

881. $\displaystyle\int \frac{\sqrt{1-k^2\sin^2 x}}{\sin x\cos x}\mathrm{d}x$

$$= \frac{1}{2}\ln\frac{1-\sqrt{1-k^2\sin^2 x}}{1+\sqrt{1-k^2\sin^2 x}} + \frac{\sqrt{1-k^2}}{2}\ln\frac{\sqrt{1-k^2\sin^2 x}+\sqrt{1-k^2}}{\sqrt{1-k^2\sin^2 x}-\sqrt{1-k^2}}$$

882. $\displaystyle\int \frac{\mathrm{d}x}{\sqrt{1-k^2\sin^2 x}} = \mathrm{F}(k,x)$

883. $\displaystyle\int \frac{\mathrm{d}x}{\sin x\,\sqrt{1-k^2\sin^2 x}} = -\frac{1}{2}\ln\frac{\sqrt{1-k^2\sin^2 x}+\cos x}{\sqrt{1-k^2\sin^2 x}-\cos x}$

884. $\displaystyle\int \frac{\mathrm{d}x}{\cos x\,\sqrt{1-k^2\sin^2 x}} = -\frac{1}{2\sqrt{1-k^2}}\ln\frac{\sqrt{1-k^2\sin^2 x}-\sqrt{1-k^2}\sin x}{\sqrt{1-k^2\sin^2 x}+\sqrt{1-k^2}\sin x}$

885. $\displaystyle\int \frac{\sin x}{\sqrt{1-k^2\sin^2 x}}\mathrm{d}x = \frac{1}{2k}\ln\frac{\sqrt{1-k^2\sin^2 x}-k\cos x}{\sqrt{1-k^2\sin^2 x}+k\cos x}$

886. $\displaystyle\int \frac{\cos x}{\sqrt{1-k^2\sin^2 x}}\mathrm{d}x = \frac{1}{k}\arcsin(k\sin x)$

887. $\displaystyle\int \frac{\sin x}{\cos x\,\sqrt{1-k^2\sin^2 x}}\mathrm{d}x = \frac{1}{2\sqrt{1-k^2}}\ln\frac{\sqrt{1-k^2\sin^2 x}+\sqrt{1-k^2}}{\sqrt{1-k^2\sin^2 x}-\sqrt{1-k^2}}$

888. $\displaystyle\int \frac{\cos x}{\sin x\,\sqrt{1-k^2\sin^2 x}}\mathrm{d}x = \frac{1}{2}\ln\frac{1-\sqrt{1-k^2\sin^2 x}}{1+\sqrt{1-k^2\sin^2 x}}$

889. $\displaystyle\int \frac{\sin^2 x}{\sqrt{1-k^2\sin^2 x}}\mathrm{d}x = \frac{1}{k^2}\mathrm{F}(k,x) - \frac{1}{k^2}\mathrm{E}(k,x)$

890. $\displaystyle\int \frac{\cos^2 x}{\sqrt{1-k^2\sin^2 x}}\mathrm{d}x = -\frac{1-k^2}{k^2}\mathrm{F}(k,x) + \frac{1}{k^2}\mathrm{E}(k,x)$

891. $\displaystyle\int \frac{\sin x\cos x}{\sqrt{1-k^2\sin^2 x}}\mathrm{d}x = -\frac{\sqrt{1-k^2\sin^2 x}}{k^2}$

892. $\displaystyle\int \frac{\mathrm{d}x}{\sin x\cos x\,\sqrt{1-k^2\sin^2 x}}$

$$= \frac{1}{2}\ln\frac{1-\sqrt{1-k^2\sin^2 x}}{1+\sqrt{1-k^2\sin^2 x}} + \frac{1}{2\sqrt{1-k^2}}\ln\frac{\sqrt{1-k^2\sin^2 x}+\sqrt{1-k^2}}{\sqrt{1-k^2\sin^2 x}-\sqrt{1-k^2}}$$

893. $\displaystyle\int \frac{\sin x}{\sqrt{a^2\sin^2 x - 1}}\mathrm{d}x = -\frac{1}{a}\arcsin\frac{a\cos x}{\sqrt{a^2-1}}\quad (a^2>1)$

894. $\displaystyle\int \frac{\cos x}{\sqrt{a^2\sin^2 x - 1}}\mathrm{d}x = \frac{1}{a}\ln|a\sin x + \sqrt{a^2\sin^2 x - 1}|\quad (a^2>1)$

895. $\displaystyle\int \frac{\mathrm{d}x}{\sin x \sqrt{a^2\sin^2 x - 1}} = -\arctan\frac{\cos x}{\sqrt{a^2\sin^2 x - 1}}$ $(a^2 > 1)$

896. $\displaystyle\int \frac{\mathrm{d}x}{\cos x \sqrt{a^2\sin^2 x - 1}} = \frac{1}{2\sqrt{a^2 - 1}}\ln\frac{\sqrt{a^2 - 1}\sin x + \sqrt{a^2\sin^2 x - 1}}{\sqrt{a^2 - 1}\sin x - \sqrt{a^2\sin^2 x - 1}}$
$(a^2 > 1)$

897. $\displaystyle\int \frac{\tan x}{\sqrt{a^2\sin^2 x - 1}}\mathrm{d}x = \frac{1}{2\sqrt{a^2 - 1}}\ln\frac{\sqrt{a^2 - 1} + \sqrt{a^2\sin^2 x - 1}}{\sqrt{a^2 - 1} - \sqrt{a^2\sin^2 x - 1}}$ $(a^2 > 1)$

898. $\displaystyle\int \frac{\cot x}{\sqrt{a^2\sin^2 x - 1}}\mathrm{d}x = -\arcsin\frac{1}{a\sin x}$ $(a^2 > 1)$

Ⅰ.1.3.18　含有 $\tan ax$ 和 $\cot ax$ 的积分

899. $\displaystyle\int \frac{\mathrm{d}x}{\tan ax} = \int\cot ax\,\mathrm{d}x = \frac{1}{a}\ln|\sin ax|$

900. $\displaystyle\int \frac{\mathrm{d}x}{\cot ax} = \int\tan ax\,\mathrm{d}x = -\frac{1}{a}\ln|\cos ax|$

901. $\displaystyle\int x\tan ax\,\mathrm{d}x = \frac{x}{a}\sum_{k=1}^{\infty}(-1)^{k-1}\frac{4^k - 1}{(2k+1)!}B_{2k}(2ax)^{2k}$ $\left(|ax| < \frac{\pi}{2}\right)$
〔这里,B_{2k} 为伯努利数(见附录),以下同〕

902. $\displaystyle\int x\cot ax\,\mathrm{d}x = \frac{x}{a}\left[1 - \sum_{k=1}^{\infty}\frac{(-1)^{k-1}}{(2k+1)!}B_{2k}(2ax)^{2k}\right]$ $(|ax| < \pi)$

903. $\displaystyle\int \frac{\tan ax}{x}\mathrm{d}x = \frac{1}{ax}\sum_{k=1}^{\infty}(-1)^{k-1}\frac{4^k - 1}{(2k)!(2k-1)}B_{2k}(2ax)^{2k}$ $\left(|ax| < \frac{\pi}{2}\right)$

904. $\displaystyle\int \frac{\cot ax}{x}\mathrm{d}x = -\frac{1}{ax}\left[1 + \sum_{k=1}^{\infty}\frac{(-1)^{k-1}}{(2k+1)!}B_{2k}(2ax)^{2k}\right]$ $(|ax| < \pi)$

905. $\displaystyle\int \frac{\mathrm{d}x}{p + q\tan ax} = \frac{1}{a(p^2 + q^2)}(pax + q\ln|q\sin ax + p\cos ax|)$

906. $\displaystyle\int \frac{\mathrm{d}x}{p + q\cot ax} = \frac{1}{a(p^2 + q^2)}(pax - q\ln|p\sin ax + q\cos ax|)$

907. $\displaystyle\int \frac{\tan ax}{p + q\tan ax}\mathrm{d}x = \frac{1}{a(p^2 + q^2)}(qax - p\ln|q\sin ax + p\cos ax|)$

908. $\displaystyle\int \frac{\cot ax}{p + q\cot ax}\mathrm{d}x = \frac{1}{a(p^2 + q^2)}(qax + p\ln|p\sin ax + q\cos ax|)$

909. $\displaystyle\int \frac{\tan b - \tan ax}{\tan b + \tan ax}\mathrm{d}x = \frac{1}{a}\sin 2b\ln|\sin(ax + b)| - x\cos 2b$

910. $\displaystyle\int \frac{\tan ax}{1 + m^2\tan^2 ax}\mathrm{d}x = \frac{\ln(\cos^2 ax + m^2\sin^2 ax)}{2a(m^2 - 1)}$

911. $\displaystyle\int x\tan^2 ax\,\mathrm{d}x = \frac{x}{a}\tan ax + \frac{1}{a^2}\ln|\cos ax| - \frac{x^2}{2}$

912. $\int x\cot^2 ax\,\mathrm{d}x = -\dfrac{x}{a}\cot ax + \dfrac{1}{a^2}\ln|\sin ax| - \dfrac{x^2}{2}$

913. $\int \dfrac{\mathrm{d}x}{p + q\tan^2 ax} = \dfrac{x}{p-q} - \dfrac{1}{(p-q)a}\sqrt{\dfrac{q}{p}}\arctan\left(\sqrt{\dfrac{q}{p}}\tan ax\right)\quad (p \neq q)$

914. $\int \dfrac{\mathrm{d}x}{p + q\cot^2 ax} = \dfrac{x}{p-q} - \dfrac{1}{(p-q)a}\sqrt{\dfrac{q}{p}}\operatorname{arccot}\left(\sqrt{\dfrac{q}{p}}\cot ax\right)\quad (p \neq q)$

915. $\int \dfrac{\mathrm{d}x}{\sqrt{p + q\tan^2 ax}} = \dfrac{1}{a\sqrt{p-q}}\arcsin\left(\sqrt{\dfrac{p-q}{p}}\sin ax\right)\quad (p > q)$

916. $\int \dfrac{\mathrm{d}x}{\sqrt{p + q\cot^2 ax}} = \dfrac{1}{a\sqrt{p-q}}\arccos\left(\sqrt{\dfrac{p-q}{p}}\cos ax\right)\quad (p > q)$

917. $\int \dfrac{\sin ax}{\sqrt{p + q\tan^2 ax}}\,\mathrm{d}x = \dfrac{1}{a(q-p)}\sqrt{p\cos^2 ax + q\sin^2 ax}\quad (p \neq q)$

918. $\int \dfrac{\cos ax}{\sqrt{p + q\cot^2 ax}}\,\mathrm{d}x = \dfrac{1}{a\sqrt{p-q}}\sqrt{p\sin^2 ax + q\cos^2 ax}\quad (p > q)$

919. $\int \dfrac{\tan ax}{\sqrt{p + q\tan^2 ax}}\,\mathrm{d}x$

$\qquad = -\dfrac{1}{a\sqrt{p-q}}\ln|\sqrt{p-q}\cos ax + \sqrt{p\cos^2 ax + q\sin^2 ax}|\quad (p > q)$

920. $\int \dfrac{\cot ax}{\sqrt{p + q\cot^2 ax}}\,\mathrm{d}x = \dfrac{1}{a\sqrt{p-q}}\ln(\sqrt{p-q}\sin ax + \sqrt{p\sin^2 ax + q\cos^2 ax})$

$\qquad (p > q)$

Ⅰ.1.3.19　三角函数与代数函数组合的积分

921. $\int \dfrac{\sin kx}{a + bx}\,\mathrm{d}x = \dfrac{1}{b}\left\{\cos\dfrac{ka}{b}\operatorname{si}\left[\dfrac{k(a+bx)}{b}\right] - \sin\dfrac{ka}{b}\operatorname{ci}\left[\dfrac{k(a+bx)}{b}\right]\right\}$

　　　〔这里,$\operatorname{si}(x)$和$\operatorname{ci}(x)$分别为正弦积分和余弦积分(见附录),以下同〕

922. $\int \dfrac{\cos kx}{a + bx}\,\mathrm{d}x = \dfrac{1}{b}\left\{\cos\dfrac{ka}{b}\operatorname{ci}\left[\dfrac{k(a+bx)}{b}\right] + \sin\dfrac{ka}{b}\operatorname{si}\left[\dfrac{k(a+bx)}{b}\right]\right\}$

923. $\int \dfrac{\sin kx}{(a + bx)^2}\,\mathrm{d}x = -\dfrac{\sin kx}{b(a+bx)} + \dfrac{k}{b}\int \dfrac{\cos kx}{a + bx}\,\mathrm{d}x$

924. $\int \dfrac{\cos kx}{(a + bx)^2}\,\mathrm{d}x = -\dfrac{\cos kx}{b(a+bx)} - \dfrac{k}{b}\int \dfrac{\sin kx}{a + bx}\,\mathrm{d}x$

925. $\int \dfrac{\sin x}{\sqrt{x}}\,\mathrm{d}x = \sqrt{2\pi}\,\mathrm{S}(\sqrt{x})$

　　　〔这里,$\mathrm{S}(x)$为菲涅耳积分(见附录)〕

926. $\int \dfrac{\cos x}{\sqrt{x}}\,\mathrm{d}x = \sqrt{2\pi}\,\mathrm{C}(\sqrt{x})$

［这里，C(x)为菲涅耳积分（见附录）］

Ⅰ.1.3.20　三角函数与指数函数和双曲函数组合的积分

927. $\displaystyle\int e^{ax}\sin^{2n}bx\,dx$

$$= \binom{2n}{n}\frac{e^{ax}}{2^{2n}a} + \frac{e^{ax}}{2^{2n-1}}\sum_{k=1}^{m}\binom{2n}{n-k}\frac{(-1)^k}{a^2+4b^2k^2}(a\cos 2bkx + 2bk\sin 2bkx)$$

928. $\displaystyle\int e^{ax}\sin^{2n+1}bx\,dx = \frac{e^{ax}}{2^{2n}}\sum_{k=0}^{n}\left\{\binom{2n+1}{n-k}\frac{(-1)^k}{a^2+(2k+1)^2b^2}\right.$

$$\left.\cdot\left[a\sin(2k+1)bx - (2k+1)b\cos(2k+1)bx\right]\right\}$$

929. $\displaystyle\int e^{ax}\cos^{2n}bx\,dx$

$$= \binom{2n}{n}\frac{e^{ax}}{2^{2n}a} + \frac{e^{ax}}{2^{2n-1}}\sum_{k=1}^{n}\binom{2n}{n-k}\frac{1}{a^2+4b^2k^2}(a\cos 2bkx + 2bk\sin 2bkx)$$

930. $\displaystyle\int e^{ax}\cos^{2n+1}bx\,dx = \frac{e^{ax}}{2^{2n}}\sum_{k=0}^{n}\left\{\binom{2n+1}{n-k}\frac{1}{a^2+(2k+1)^2b^2}\right.$

$$\left.\cdot\left[a\cos(2k+1)bx + (2k+1)b\sin(2k+1)bx\right]\right\}$$

931. $\displaystyle\int e^{ax}\sin bx\cos cx\,dx = \frac{e^{ax}}{2}\left[\frac{a\sin(b+c)x - (b+c)\cos(b+c)x}{a^2+(b+c)^2}\right.$

$$\left. + \frac{a\sin(b-c)x - (b-c)\cos(b-c)x}{a^2+(b-c)^2}\right]$$

932. $\displaystyle\int xe^{ax}\sin bx\,dx = \frac{e^{ax}}{a^2+b^2}\left[\left(ax - \frac{a^2-b^2}{a^2+b^2}\right)\sin bx - \left(bx - \frac{2ab}{a^2+b^2}\right)\cos bx\right]$

933. $\displaystyle\int xe^{ax}\cos bx\,dx = \frac{e^{ax}}{a^2+b^2}\left[\left(ax - \frac{a^2-b^2}{a^2+b^2}\right)\cos bx + \left(bx - \frac{2ab}{a^2+b^2}\right)\sin bx\right]$

934. $\displaystyle\int x^m e^{ax}\sin bx\,dx = e^{ax}\sum_{k=1}^{m+1}\frac{(-1)^{k+1}m!x^{m-k+1}}{(m-k+1)!(a^2+b^2)^{\frac{k}{2}}}\sin(bx+kt)$

$$\left(这里，\sin t = -\frac{b}{\sqrt{a^2+b^2}}\right)$$

935. $\displaystyle\int x^m e^{ax}\cos bx\,dx = e^{ax}\sum_{k=1}^{m+1}\frac{(-1)^{k+1}m!x^{m-k+1}}{(m-k+1)!(a^2+b^2)^{\frac{k}{2}}}\cos(bx+kt)$

$$\left(这里，\cos t = \frac{a}{\sqrt{a^2+b^2}}\right)$$

936. $\displaystyle\int \sinh(ax+b)\sin(cx+d)\,dx$

$$= \frac{a}{a^2 + c^2}\cosh(ax + b)\sin(cx + d) - \frac{c}{a^2 + c^2}\sinh(ax + b)\cos(cx + d)$$

937. $\int \sinh(ax + b)\cos(cx + d)\mathrm{d}x$

$$= \frac{a}{a^2 + c^2}\cosh(ax + b)\cos(cx + d) + \frac{c}{a^2 + c^2}\sinh(ax + b)\sin(cx + d)$$

938. $\int \cosh(ax + b)\sin(cx + d)\mathrm{d}x$

$$= \frac{a}{a^2 + c^2}\sinh(ax + b)\sin(cx + d) - \frac{c}{a^2 + c^2}\cosh(ax + b)\cos(cx + d)$$

939. $\int \cosh(ax + b)\cos(cx + d)\mathrm{d}x$

$$= \frac{a}{a^2 + c^2}\sinh(ax + b)\cos(cx + d) + \frac{c}{a^2 + c^2}\cosh(ax + b)\sin(cx + d)$$

Ⅰ.1.3.21　含有 $\sin x^2 , \cos x^2$ 和更复杂自变数的三角函数的积分

940. $\int \sin x^2 \mathrm{d}x = \sqrt{\dfrac{\pi}{2}}\mathrm{S}(x)$

〔这里,$\mathrm{S}(x)$ 为菲涅耳积分(见附录),以下同〕

941. $\int \cos x^2 \mathrm{d}x = \sqrt{\dfrac{\pi}{2}}\mathrm{C}(x)$

〔这里,$\mathrm{C}(x)$ 为菲涅耳积分(见附录),以下同〕

942. $\int x\sin x^2 \mathrm{d}x = -\dfrac{\cos x^2}{2}$

943. $\int x\cos x^2 \mathrm{d}x = \dfrac{\sin x^2}{2}$

944. $\int x^2 \sin x^2 \mathrm{d}x = -\dfrac{x}{2}\cos x^2 + \dfrac{1}{2}\sqrt{\dfrac{\pi}{2}}\mathrm{C}(x)$

945. $\int x^2 \cos x^2 \mathrm{d}x = \dfrac{x}{2}\sin x^2 - \dfrac{1}{2}\sqrt{\dfrac{\pi}{2}}\mathrm{S}(x)$

946. $\int x^3 \sin x^2 \mathrm{d}x = \dfrac{1}{2}\sin x^2 - \dfrac{x^2}{2}\cos x^2$

947. $\int x^3 \cos x^2 \mathrm{d}x = \dfrac{1}{2}\cos x^2 + \dfrac{x^2}{2}\sin x^2$

948. $\int \sin(ax^2 + 2bx + c)\mathrm{d}x$

$$= \sqrt{\frac{\pi}{2a}}\left[\cos \frac{ac - b^2}{a}\mathrm{S}\left(\frac{ax + b}{\sqrt{a}}\right) + \sin \frac{ac - b^2}{a}\mathrm{C}\left(\frac{ax + b}{\sqrt{a}}\right)\right]$$

949. $\int \cos(ax^2 + 2bx + c)\mathrm{d}x$

$$= \sqrt{\frac{\pi}{2a}}\left[\cos\frac{ac - b^2}{a}C\left(\frac{ax + b}{\sqrt{a}}\right) - \sin\frac{ac - b^2}{a}S\left(\frac{ax + b}{\sqrt{a}}\right)\right]$$

950. $\displaystyle\int\sin(\ln x)\mathrm{d}x = \frac{x}{2}\left[\sin(\ln x) - \cos(\ln x)\right]$

951. $\displaystyle\int\cos(\ln x)\mathrm{d}x = \frac{x}{2}\left[\sin(\ln x) + \cos(\ln x)\right]$

952. $\displaystyle\int x^p\sin(b\ln x)\mathrm{d}x = \frac{x^{p+1}}{(p + 1)^2 + b^2}\left[(p + 1)\sin(b\ln x) - b\cos(b\ln x)\right]$

953. $\displaystyle\int x^p\cos(b\ln x)\mathrm{d}x = \frac{x^{p+1}}{(p + 1)^2 + b^2}\left[(p + 1)\cos(b\ln x) + b\sin(b\ln x)\right]$

Ⅰ.1.3.22　反三角函数的积分

954. $\displaystyle\int\arcsin ax\,\mathrm{d}x = x\arcsin ax + \frac{\sqrt{1 - a^2x^2}}{a}$

955. $\displaystyle\int\arccos ax\,\mathrm{d}x = x\arccos ax - \frac{\sqrt{1 - a^2x^2}}{a}$

956. $\displaystyle\int\arctan ax\,\mathrm{d}x = x\arctan ax - \frac{1}{2a}\ln(1 + a^2x^2)$

957. $\displaystyle\int\text{arccot}\,ax\,\mathrm{d}x = x\,\text{arccot}\,ax + \frac{1}{2a}\ln(1 + a^2x^2)$

958. $\displaystyle\int\text{arcsec}\,ax\,\mathrm{d}x = x\,\text{arcsec}\,ax - \frac{1}{a}\ln\left|ax + \sqrt{a^2x^2 - 1}\right|$

959. $\displaystyle\int\text{arccsc}\,ax\,\mathrm{d}x = x\,\text{arccsc}\,ax + \frac{1}{a}\ln\left|ax + \sqrt{a^2x^2 - 1}\right|$

960. $\displaystyle\int x\arcsin ax\,\mathrm{d}x = \frac{1}{4a^2}\left[(2a^2x^2 - 1)\arcsin ax + ax\sqrt{1 - a^2x^2}\right]$

961. $\displaystyle\int x\arccos ax\,\mathrm{d}x = \frac{1}{4a^2}\left[(2a^2x^2 - 1)\arccos ax - ax\sqrt{1 - a^2x^2}\right]$

962. $\displaystyle\int x\arctan ax\,\mathrm{d}x = \frac{1 + a^2x^2}{2a^2}\arctan ax - \frac{x}{2a}$

963. $\displaystyle\int x\,\text{arccot}\,ax\,\mathrm{d}x = \frac{1 + a^2x^2}{2a^2}\text{arccot}\,ax + \frac{x}{2a}$

964. $\displaystyle\int x\,\text{arcsec}\,ax\,\mathrm{d}x = \frac{x^2}{2}\text{arcsec}\,ax - \frac{1}{2a^2}\sqrt{a^2x^2 - 1}$

965. $\displaystyle\int x\,\text{arccsc}\,ax\,\mathrm{d}x = \frac{x^2}{2}\text{arccsc}\,ax + \frac{1}{2a^2}\sqrt{a^2x^2 - 1}$

966. $\displaystyle\int x^n\arcsin ax\,\mathrm{d}x = \frac{x^{n+1}}{n + 1}\arcsin ax - \frac{a}{n + 1}\int\frac{x^{n+1}}{\sqrt{1 - a^2x^2}}\mathrm{d}x \quad (n \neq -1)$

967. $\int x^n \arccos ax \, dx = \dfrac{x^{n+1}}{n+1}\arccos ax + \dfrac{a}{n+1}\int \dfrac{x^{n+1}}{\sqrt{1-a^2x^2}}dx \quad (n \neq -1)$

968. $\int x^n \arctan ax \, dx = \dfrac{x^{n+1}}{n+1}\arctan ax - \dfrac{a}{n+1}\int \dfrac{x^{n+1}}{1+a^2x^2}dx \quad (n \neq -1)$

969. $\int x^n \text{arccot} ax \, dx = \dfrac{x^{n+1}}{n+1}\text{arccot} ax + \dfrac{a}{n+1}\int \dfrac{x^{n+1}}{1+a^2x^2}dx \quad (n \neq -1)$

970. $\int x^n \text{arcsec} ax \, dx = \dfrac{x^{n+1}}{n+1}\text{arcsec} ax - \dfrac{1}{n+1}\int \dfrac{x^n}{\sqrt{a^2x^2-1}}dx \quad (n \neq -1)$

971. $\int x^n \text{arccsc} ax \, dx = \dfrac{x^{n+1}}{n+1}\text{arccsc} ax + \dfrac{1}{n+1}\int \dfrac{x^n}{\sqrt{a^2x^2-1}}dx \quad (n \neq -1)$

972. $\int (\arcsin ax)^2 dx = x(\arcsin ax)^2 - 2x + \dfrac{2\sqrt{1-a^2x^2}}{a}\arcsin ax$

973. $\int (\arccos ax)^2 dx = x(\arccos ax)^2 - 2x - \dfrac{2\sqrt{1-a^2x^2}}{a}\arccos ax$

974. $\int (\arcsin ax)^n dx = x(\arcsin ax)^n + \dfrac{n\sqrt{1-a^2x^2}}{a}(\arcsin ax)^{n-1}$

$$- n(n-1)\int (\arcsin ax)^{n-2} dx$$

$$= \sum_{r=0}^{\left[\frac{n}{2}\right]} (-1)^r \dfrac{n!}{(n-2r)!} x(\arcsin ax)^{n-2r}$$

$$+ \sum_{r=0}^{\left[\frac{n-1}{2}\right]} (-1)^r \dfrac{n!\sqrt{1-a^2x^2}}{(n-2r-1)!a}(\arcsin ax)^{n-2r-1}$$

975. $\int (\arccos ax)^n dx = x(\arccos ax)^n - \dfrac{n\sqrt{1-a^2x^2}}{a}(\arccos ax)^{n-1}$

$$- n(n-1)\int (\arccos ax)^{n-2} dx$$

$$= \sum_{r=0}^{\left[\frac{n}{2}\right]} (-1)^r \dfrac{n!}{(n-2r)!} x(\arccos ax)^{n-2r}$$

$$- \sum_{r=0}^{\left[\frac{n-1}{2}\right]} (-1)^r \dfrac{n!\sqrt{1-a^2x^2}}{(n-2r-1)!a}(\arccos ax)^{n-2r-1}$$

976. $\int \dfrac{\arcsin ax}{x} dx$

$$= ax + \dfrac{1}{2\cdot3\cdot3}(ax)^3 + \dfrac{1\cdot3}{2\cdot4\cdot5\cdot5}(ax)^5 + \dfrac{1\cdot3\cdot5}{2\cdot4\cdot6\cdot7\cdot7}(ax)^7 + \cdots$$

$$= \sum_{k=0}^{\infty} \dfrac{(2k-1)!!}{(2k)!!(2k+1)^2}(ax)^{2k+1} \quad (|ax|<1)$$

977. $\int \dfrac{\arccos ax}{x} dx = \dfrac{\pi}{2}\ln|x| - ax - \dfrac{1}{2\cdot3\cdot3}(ax)^3 - \dfrac{1\cdot3}{2\cdot4\cdot5\cdot5}(ax)^5$

$$-\frac{1\cdot3\cdot5}{2\cdot4\cdot6\cdot7\cdot7}(ax)^7-\cdots$$

$$=\frac{\pi}{2}\ln|x|-\sum_{k=0}^{\infty}\frac{(2k-1)!!}{(2k)!!(2k+1)^2}(ax)^{2k+1}\quad(|ax|<1)$$

978. $\displaystyle\int\frac{\arctan ax}{x}\mathrm{d}x=\sum_{k=0}^{\infty}(-1)^k\frac{1}{(2k+1)^2}(ax)^{2k+1}\quad(|ax|<1)$

979. $\displaystyle\int\frac{\operatorname{arccot}ax}{x}\mathrm{d}x=\frac{\pi}{2}\ln|x|-\sum_{k=0}^{\infty}(-1)^k\frac{1}{(2k+1)^2}(ax)^{2k+1}\quad(|ax|<1)$

980. $\displaystyle\int\frac{\arcsin ax}{x^2}\mathrm{d}x=-\frac{1}{x}\arcsin ax+a\ln\left|\frac{1-\sqrt{1-a^2x^2}}{x}\right|$

981. $\displaystyle\int\frac{\arccos ax}{x^2}\mathrm{d}x=-\frac{1}{x}\arccos ax+a\ln\left|\frac{1+\sqrt{1-a^2x^2}}{x}\right|$

982. $\displaystyle\int\frac{\arctan ax}{x^2}\mathrm{d}x=-\frac{1}{x}\arctan ax-\frac{a}{2}\ln\frac{1+a^2x^2}{x^2}$

983. $\displaystyle\int\frac{\operatorname{arccot}ax}{x^2}\mathrm{d}x=-\frac{1}{x}\operatorname{arccot}ax-\frac{a}{2}\ln\frac{x^2}{1+a^2x^2}$

984. $\displaystyle\int\frac{\operatorname{arcsec}ax}{x^2}\mathrm{d}x=-\frac{1}{x}\operatorname{arcsec}ax+\frac{\sqrt{a^2x^2-1}}{x}$

985. $\displaystyle\int\frac{\operatorname{arccsc}ax}{x^2}\mathrm{d}x=-\frac{1}{x}\operatorname{arccsc}ax-\frac{\sqrt{a^2x^2-1}}{x}$

986. $\displaystyle\int\frac{\arcsin ax}{\sqrt{1-a^2x^2}}\mathrm{d}x=\frac{1}{2a}(\arcsin ax)^2$

987. $\displaystyle\int\frac{\arccos ax}{\sqrt{1-a^2x^2}}\mathrm{d}x=-\frac{1}{2a}(\arccos ax)^2$

988. $\displaystyle\int\frac{x^n\arcsin ax}{\sqrt{1-a^2x^2}}\mathrm{d}x=-\frac{x^{n-1}}{na^2}\sqrt{1-a^2x^2}\arcsin ax+\frac{x^n}{n^2a}+\frac{n-1}{na^2}\int\frac{x^{n-2}\arcsin ax}{\sqrt{1-a^2x^2}}\mathrm{d}x$

989. $\displaystyle\int\frac{x^n\arccos ax}{\sqrt{1-a^2x^2}}\mathrm{d}x=-\frac{x^{n-1}}{na^2}\sqrt{1-a^2x^2}\arccos ax-\frac{x^n}{n^2a}+\frac{n-1}{na^2}\int\frac{x^{n-2}\arccos ax}{\sqrt{1-a^2x^2}}\mathrm{d}x$

990. $\displaystyle\int\frac{\arctan ax}{1+a^2x^2}\mathrm{d}x=\frac{1}{2a}(\arctan ax)^2$

991. $\displaystyle\int\frac{\operatorname{arccot}ax}{1+a^2x^2}\mathrm{d}x=-\frac{1}{2a}(\operatorname{arccot}ax)^2$

Ⅰ.1.4 对数函数、指数函数和双曲函数的不定积分

Ⅰ.1.4.1 对数函数的积分

992. $\displaystyle\int \ln x \, \mathrm{d}x = x \ln x - x$

993. $\displaystyle\int (\ln x)^2 \mathrm{d}x = x(\ln x)^2 - 2x \ln x + 2x$

994. $\displaystyle\int (\ln x)^n \mathrm{d}x = x(\ln x)^n - n\int (\ln x)^{n-1}\mathrm{d}x \quad (n \neq -1)$

$$= (-1)^n n! \, x \sum_{r=0}^{n} \frac{(-\ln x)^r}{r!} \quad (n \neq -1)$$

995. $\displaystyle\int x \ln x \, \mathrm{d}x = \frac{x^2}{2}\ln x - \frac{x^2}{4}$

996. $\displaystyle\int x^2 \ln x \, \mathrm{d}x = \frac{x^3}{3}\ln x - \frac{x^3}{9}$

997. $\displaystyle\int x^m \ln x \, \mathrm{d}x = \frac{x^{m+1}}{m+1}\ln x - \frac{x^{m+1}}{(m+1)^2} \quad (m \neq -1)$

998. $\displaystyle\int x^m (\ln x)^2 \mathrm{d}x = x^{m+1}\left[\frac{(\ln x)^2}{m+1} - \frac{2\ln x}{(m+1)^2} + \frac{2}{(m+1)^3}\right] \quad (m \neq -1)$

999. $\displaystyle\int x^m (\ln x)^3 \mathrm{d}x = x^{m+1}\left[\frac{(\ln x)^3}{m+1} - \frac{3(\ln x)^2}{(m+1)^2} + \frac{6\ln x}{(m+1)^3} - \frac{6}{(m+1)^4}\right]$
$(m \neq -1)$

1000. $\displaystyle\int x^m (\ln x)^n \mathrm{d}x = \frac{x^{m+1}(\ln x)^n}{m+1} - \frac{n}{m+1}\int x^m (\ln x)^{n-1}\mathrm{d}x \quad (m \neq -1)$

$$= (-1)^n \frac{n!}{m+1} x^{m+1} \sum_{r=0}^{n} \frac{(-\ln x)^r}{r!(m+1)^{n-r}} \quad (m \neq -1)$$

1001. $\displaystyle\int \frac{\ln x}{x}\mathrm{d}x = \frac{1}{2}(\ln x)^2$

1002. $\displaystyle\int \frac{\ln x}{x^m}\mathrm{d}x = -\frac{1+(m-1)\ln x}{(m-1)^2 x^{m-1}} \quad (m \neq 1)$

1003. $\displaystyle\int \frac{(\ln x)^n}{x}\mathrm{d}x = \frac{1}{n+1}(\ln x)^{n+1} \quad (n \neq -1)$

1004. $\displaystyle\int \frac{(\ln x)^n}{x^m}\mathrm{d}x = -\frac{(\ln x)^n}{(m-1)x^{m-1}} + \frac{n}{m-1}\int \frac{(\ln x)^{n-1}}{x^m}\mathrm{d}x \quad (m \neq 1)$

1005. $\displaystyle\int \frac{\mathrm{d}x}{\ln x} = \ln(\ln x) + \ln x + \frac{(\ln x)^2}{2 \cdot 2!} + \frac{(\ln x)^3}{3 \cdot 3!} + \cdots$

1006. $\displaystyle\int \frac{x^m}{\ln x}\mathrm{d}x$

$$= \ln(\ln x) + (m + 1)\ln x + \frac{(m + 1)^2(\ln x)^2}{2 \cdot 2!} + \frac{(m + 1)^3(\ln x)^3}{3 \cdot 3!} + \cdots$$

1007. $\displaystyle\int \frac{x^m}{(\ln x)^n}\mathrm{d}x = -\frac{x^{m+1}}{(n - 1)(\ln x)^{n-1}} + \frac{m + 1}{n - 1}\int \frac{x^m}{(\ln x)^{n-1}}\mathrm{d}x \quad (n \neq 1)$

1008. $\displaystyle\int \frac{\mathrm{d}x}{x\ln x} = \ln(\ln x)$

1009. $\displaystyle\int \frac{\mathrm{d}x}{x(\ln x)^n} = -\frac{1}{(n - 1)(\ln x)^{n-1}} \quad (n \neq 1)$

1010. $\displaystyle\int \frac{\mathrm{d}x}{x^m(\ln x)^n} = -\frac{1}{(n - 1)x^{m-1}(\ln x)^{n-1}} - \frac{(m - 1)}{(n - 1)}\int \frac{\mathrm{d}x}{x^m(\ln x)^{n-1}} \quad (n \neq 1)$

1011. $\displaystyle\int \frac{\ln x}{ax + b}\mathrm{d}x = \frac{1}{a}\ln x \ln(ax + b) - \frac{1}{a}\int \frac{\ln(ax + b)}{x}\mathrm{d}x$

1012. $\displaystyle\int \frac{\ln x}{(ax + b)^2}\mathrm{d}x = -\frac{\ln x}{a(ax + b)} + \frac{1}{ab}\ln\left|\frac{x}{ax + b}\right|$

1013. $\displaystyle\int \frac{\ln x}{(ax + b)^3}\mathrm{d}x = -\frac{\ln x}{2a(ax + b)^2} + \frac{1}{2ab(ax + b)} + \frac{1}{2ab^2}\ln\left|\frac{x}{ax + b}\right|$

1014. $\displaystyle\int \frac{\ln x}{(ax + b)^m}\mathrm{d}x = \frac{1}{b(m - 1)}\left[-\frac{\ln x}{(ax + b)^{m-1}} + \int \frac{\mathrm{d}x}{x(ax + b)^{m-1}}\right]$

1015. $\displaystyle\int \frac{\ln x}{\sqrt{ax + b}}\mathrm{d}x$

$$= \begin{cases} \dfrac{2}{a}\left[(\ln x - 2)\sqrt{ax + b} + \sqrt{b}\ln\left|\dfrac{\sqrt{ax + b} + \sqrt{b}}{\sqrt{ax + b} - \sqrt{b}}\right|\right] & (b > 0) \\[4mm] \dfrac{2}{a}\left[(\ln x - 2)\sqrt{ax + b} + 2\sqrt{-b}\arctan\sqrt{\dfrac{ax + b}{-b}}\right] & (b < 0) \end{cases}$$

1016. $\displaystyle\int \ln(ax + b)\mathrm{d}x = \frac{ax + b}{a}\ln(ax + b) - x$

1017. $\displaystyle\int x\ln(ax + b)\mathrm{d}x = \frac{1}{2}\left(x^2 - \frac{b^2}{a^2}\right)\ln(ax + b) - \frac{1}{2}\left(\frac{x^2}{2} - \frac{bx}{a}\right)$

1018. $\displaystyle\int x^2\ln(ax + b)\mathrm{d}x = \frac{1}{3}\left(x^3 + \frac{b^3}{a^3}\right)\ln(ax + b) - \frac{1}{3}\left(\frac{x^3}{3} - \frac{bx^2}{2a} + \frac{b^2 x}{a^2}\right)$

1019. $\displaystyle\int x^3\ln(ax + b)\mathrm{d}x$

$$= \frac{1}{4}\left(x^4 - \frac{b^4}{a^4}\right)\ln(ax + b) - \frac{1}{4}\left(\frac{x^4}{4} - \frac{bx^3}{3a} + \frac{b^2 x^2}{2a^2} - \frac{b^3 x}{a^3}\right)$

1020. $\displaystyle\int x^m\ln(ax + b)\mathrm{d}x = \frac{1}{m + 1}\left[x^{m+1} - \left(-\frac{b}{a}\right)^{m+1}\right]\ln(ax + b)$

$$- \frac{1}{m + 1}\left(-\frac{b}{a}\right)^{m+1}\sum_{r=1}^{m+1}\frac{1}{r}\left(-\frac{ax}{b}\right)^r$$

1021. $\displaystyle\int \frac{\ln(ax + b)}{x}dx = \ln b \ln x + \sum_{k=1}^{\infty} \frac{(-1)^{k+1}}{k^2}\left(\frac{ax}{b}\right)^k$　　$(-b < ax \leqslant b)$

1022. $\displaystyle\int \frac{\ln(ax + b)}{x^2}dx = \frac{a}{b}\ln x - \frac{ax + b}{bx}\ln(ax + b)$

1023. $\displaystyle\int \frac{\ln(ax + b)}{x^m}dx = -\frac{1}{m-1}\frac{\ln(ax + b)}{x^{m-1}} + \frac{1}{m-1}\left(-\frac{b}{a}\right)^{m-1}\ln\frac{ax + b}{x}$

$$+ \frac{1}{m-1}\left(-\frac{a}{b}\right)^{m-1}\sum_{r=1}^{m-2}\frac{1}{r}\left(-\frac{b}{ax}\right)^r \quad (m > 2)$$

1024. $\displaystyle\int \ln\frac{x + a}{x - a}dx = (x + a)\ln(x + a) - (x - a)\ln(x - a)$

1025. $\displaystyle\int x^m \ln\frac{x + a}{x - a}dx = \frac{x^{m+1} - (-a)^{m+1}}{m + 1}\ln(x + a) - \frac{x^{m+1} - a^{m+1}}{m + 1}\ln(x - a)$

$$+ \frac{2a^{m+1}}{m + 1}\sum_{r=1}^{\left[\frac{m+1}{2}\right]}\frac{1}{m - 2r + 2}\left(\frac{x}{a}\right)^{m-2r+2} \quad (m \neq -1)$$

1026. $\displaystyle\int \frac{1}{x^2}\ln\frac{x + a}{x - a}dx = \frac{1}{x}\ln\frac{x - a}{x + a} - \frac{1}{a}\ln\frac{x^2 - a^2}{x^2}$

1027. $\displaystyle\int \ln(x^2 + a^2)dx = x\ln(x^2 + a^2) - 2x + 2a\arctan\frac{x}{a}$

1028. $\displaystyle\int x\ln(x^2 + a^2)dx = \frac{1}{2}(x^2 + a^2)\ln(x^2 + a^2) - \frac{1}{2}x^2$

1029. $\displaystyle\int x^2\ln(x^2 + a^2)dx = \frac{1}{3}\left[x^3\ln(x^2 + a^2) - \frac{2}{3}x^3 + 2a^2x - 2a^3\arctan\frac{x}{a}\right]$

1030. $\displaystyle\int x^{2n}\ln(x^2 + a^2)dx = \frac{1}{2n+1}\left[x^{2n+1}\ln(x^2 + a^2) + (-1)^n 2a^{2n+1}\arctan\frac{x}{a}\right.$

$$\left. - 2\sum_{k=0}^{n}\frac{(-1)^{n-k}}{2k+1}a^{2n-2k}x^{2k+1}\right]$$

1031. $\displaystyle\int x^{2n+1}\ln(x^2 + a^2)dx$

$$= \frac{1}{2n+1}\left\{\left[x^{2n+2} + (-1)^n a^{2n+2}\right]\ln(x^2 + a^2) + \sum_{k=1}^{n+1}\frac{(-1)^{n-k}}{k}a^{2n-2k+2}x^{2k}\right\}$$

1032. $\displaystyle\int \ln|x^2 - a^2|dx = x\ln|x^2 - a^2| - 2x + a\ln\left|\frac{x + a}{x - a}\right|$

1033. $\displaystyle\int x\ln|x^2 - a^2|dx = \frac{1}{2}\left[(x^2 - a^2)\ln|x^2 - a^2| - x^2\right]$

1034. $\displaystyle\int x^2\ln|x^2 - a^2|dx = \frac{1}{3}\left(x^3\ln|x^2 - a^2| - \frac{2}{3}x^3 - 2a^2x + a^3\ln\left|\frac{x + a}{x - a}\right|\right)$

1035. $\displaystyle\int x^{2n}\ln|x^2 - a^2|dx$

$$= \frac{1}{2n+1}\left(x^{2n+1}\ln|x^2 - a^2| + a^{2n+1}\ln\left|\frac{x + a}{x - a}\right| - 2\sum_{k=0}^{n}\frac{1}{2k+1}a^{2n-2k}x^{2k+1}\right)$$

1036. $\displaystyle\int x^{2n+1}\ln\mid x^2-a^2\mid \mathrm{d}x$

$$= \frac{1}{2n+2}\Big[(x^{2n+2}-a^{2n+2})\ln\mid x^2-a^2\mid-\sum_{k=1}^{n+1}\frac{1}{k}a^{2n-2k+2}x^{2k}\Big]$$

1037. $\displaystyle\int\ln(x+\sqrt{x^2\pm a^2})\mathrm{d}x = x\ln(x+\sqrt{x^2\pm a^2})-\sqrt{x^2\pm a^2}$

1038. $\displaystyle\int x\ln(x+\sqrt{x^2\pm a^2})\mathrm{d}x = \Big(\frac{x^2}{2}\pm\frac{a^2}{4}\Big)\ln(x+\sqrt{x^2\pm a^2})-\frac{x\sqrt{x^2\pm a^2}}{4}$

1039. $\displaystyle\int x^m\ln(x+\sqrt{x^2\pm a^2})\mathrm{d}x = \frac{x^{m+1}}{m+1}\ln(x+\sqrt{x^2\pm a^2})-\frac{1}{m+1}\int\frac{x^{m+1}}{\sqrt{x^2\pm a^2}}\mathrm{d}x$

1040. $\displaystyle\int\frac{\ln(x+\sqrt{x^2+a^2})}{x^2}\mathrm{d}x = -\frac{\ln(x+\sqrt{x^2+a^2})}{x}-\frac{1}{a}\ln\frac{a+\sqrt{x^2+a^2}}{x}$

1041. $\displaystyle\int\frac{\ln(x+\sqrt{x^2-a^2})}{x^2}\mathrm{d}x = -\frac{\ln(x+\sqrt{x^2-a^2})}{x}-\frac{1}{\mid a\mid}\mathrm{arcsec}\,\frac{x}{a}$

1042. $\displaystyle\int\ln X\mathrm{d}x$

$$= \begin{cases} \Big(x+\dfrac{b}{2c}\Big)\ln X-2x+\dfrac{\sqrt{4ac-b^2}}{c}\arctan\dfrac{2cx+b}{\sqrt{4ac-b^2}} & (b^2-4ac<0) \\[3mm] \Big(x+\dfrac{b}{2c}\Big)\ln X-2x+\dfrac{\sqrt{b^2-4ac}}{c}\mathrm{artanh}\dfrac{2cx+b}{\sqrt{b^2-4ac}} & (b^2-4ac>0) \end{cases}$$

（这里，$X = a+bx+cx^2$）

1043. $\displaystyle\int x^n\ln X\mathrm{d}x = \frac{x^{n+1}}{n+1}\ln X-\frac{2c}{n+1}\int\frac{x^{n+2}}{X}\mathrm{d}x-\frac{b}{n+1}\int\frac{x^{n+1}}{X}\mathrm{d}x$ $(n\neq-1)$

（这里，$X = a+bx+cx^2$）

1044. $\displaystyle\int\ln(\sin x)\mathrm{d}x = x\Big[\ln x-1-\sum_{k=1}^{\infty}\frac{(-1)^{k-1}B_{2k}(2x)^{2k}}{2k(2k)!(2k+1)}\Big]$ $(\mid x\mid<\pi)$

［这里，B_{2k}为伯努利数（见附录），以下同］

1045. $\displaystyle\int\ln(\cos x)\mathrm{d}x = x\sum_{k=1}^{\infty}(-1)^k\frac{(4^k-1)B_{2k}(2x)^{2k}}{2k(2k)!(2k+1)}$ $\Big(\mid x\mid<\frac{\pi}{2}\Big)$

Ⅰ.1.4.2　指数函数的积分

1046. $\displaystyle\int\mathrm{e}^x\mathrm{d}x = \mathrm{e}^x$

1047. $\displaystyle\int\mathrm{e}^{-x}\mathrm{d}x = -\mathrm{e}^{-x}$

1048. $\displaystyle\int\mathrm{e}^{ax}\mathrm{d}x = \frac{1}{a}\mathrm{e}^{ax}$

1049. $\displaystyle\int x\,\mathrm{e}^{ax}\,\mathrm{d}x = \frac{1}{a^2}\mathrm{e}^{ax}(ax-1)$

1050. $\displaystyle\int x^2\mathrm{e}^{ax}\,\mathrm{d}x = \frac{x^2\mathrm{e}^{ax}}{a}\Big[1-\frac{2}{ax}\Big(1-\frac{1}{ax}\Big)\Big]$

1051. $\displaystyle\int x^m\mathrm{e}^{ax}\,\mathrm{d}x = \frac{x^m\mathrm{e}^{ax}}{a}-\frac{m}{a}\int x^{m-1}\mathrm{e}^{ax}\,\mathrm{d}x = \mathrm{e}^{ax}\sum_{r=0}^{m}(-1)^r\frac{m!\,x^{m-r}}{(m-r)!\,a^{r+1}}$

1052. $\displaystyle\int\frac{\mathrm{e}^{ax}}{\sqrt{x}}\,\mathrm{d}x = 2\sqrt{x}\Big(1+\frac{ax}{1\cdot3}\Big\{1+\frac{3ax}{2\cdot5}\Big[1+\frac{5ax}{3\cdot7}(1+\cdots)\Big]\Big\}\Big)$

1053. $\displaystyle\int\frac{\mathrm{e}^{ax}}{x}\,\mathrm{d}x = \ln x+\frac{ax}{1!}+\frac{a^2x^2}{2\cdot2!}+\frac{a^3x^3}{3\cdot3!}+\cdots = \mathrm{Ei}(ax)$

[这里，$\mathrm{Ei}(ax)$ 为指数积分（见附录）]

1054. $\displaystyle\int\frac{\mathrm{e}^{ax}}{x^2}\,\mathrm{d}x = -\frac{\mathrm{e}^{ax}}{x}+\int\frac{\mathrm{e}^{ax}}{x}\,\mathrm{d}x$

1055. $\displaystyle\int\frac{\mathrm{e}^{ax}}{x^m}\,\mathrm{d}x = \frac{1}{1-m}\frac{\mathrm{e}^{ax}}{x^{m-1}}+\frac{a}{m-1}\int\frac{\mathrm{e}^{ax}}{x^{m-1}}\,\mathrm{d}x\quad(m\neq1)$

1056. $\displaystyle\int\mathrm{e}^{ax}\ln x\,\mathrm{d}x = \frac{\mathrm{e}^{ax}\ln x}{a}-\frac{1}{a}\int\frac{\mathrm{e}^{ax}}{x}\,\mathrm{d}x$

1057. $\displaystyle\int a^{px}\,\mathrm{d}x = \frac{a^{px}}{p\ln a}$

（这里，积分式中的 a^{px} 可用 $a^{px}=\mathrm{e}^{px\ln a}$ 代替，以下同）

1058. $\displaystyle\int x\,a^{px}\,\mathrm{d}x = \frac{(px\ln a-1)a^{px}}{(p\ln a)^2}$

1059. $\displaystyle\int x^2 a^{px}\,\mathrm{d}x = \frac{x^3 a^{px}}{px\ln a}\Big[1-\frac{2}{px\ln a}\Big(1-\frac{1}{px\ln a}\Big)\Big]$

1060. $\displaystyle\int x^m a^{px}\,\mathrm{d}x = \frac{x^{m+1}a^{px}}{px\ln a}\Big(1-\frac{m}{px\ln a}\Big\{1-\frac{m-1}{px\ln a}\Big[1-\frac{m-2}{px\ln a}(1-\cdots)\Big]\Big\}\Big)$

1061. $\displaystyle\int\frac{a^{px}}{\sqrt{x}}\,\mathrm{d}x = 2\sqrt{x}\Big(1+\frac{px\ln a}{1\cdot3}\Big\{1+\frac{3px\ln a}{2\cdot5}\Big[1+\frac{5px\ln a}{3\cdot7}(1+\cdots)\Big]\Big\}\Big)$

1062. $\displaystyle\int\frac{a^{px}}{x}\,\mathrm{d}x = \ln x+\frac{px\ln a}{1\cdot1}\Big(1+\frac{px\ln a}{2\cdot2}\Big\{1+\frac{2px\ln a}{3\cdot3}\Big[1+\frac{3px\ln a}{4\cdot4}(1+\cdots)\Big]\Big\}\Big)$

1063. $\displaystyle\int\frac{a^{px}}{x^2}\,\mathrm{d}x = -\frac{a^{px}}{x}+p\ln a\int\frac{a^{px}}{x}\,\mathrm{d}x$

1064. $\displaystyle\int\frac{a^{px}}{x^m}\,\mathrm{d}x = -\frac{a^{px}}{(m-1)x^{m-1}}\Big\{1+\frac{px\ln a}{m-2}\Big[1+\frac{px\ln a}{m-3}(1+\cdots+px\ln a)\Big]\Big\}$
$\displaystyle\qquad\qquad +\frac{(p\ln a)^{m-1}}{(m-1)!}\int\frac{a^{px}}{x}\,\mathrm{d}x$

1065. $\displaystyle\int(a^x-a^{-x})\,\mathrm{d}x = \frac{a^x+a^{-x}}{\ln a}$

1066. $\displaystyle\int\frac{\mathrm{d}x}{a+b\mathrm{e}^{px}} = \frac{x}{a}-\frac{1}{ap}\ln(a+b\mathrm{e}^{px})$

1067. $\displaystyle\int \frac{\mathrm{d}x}{\sqrt{a + b\mathrm{e}^{px}}} = \begin{cases} \dfrac{1}{p\sqrt{a}}\ln\dfrac{\sqrt{a + b\mathrm{e}^{px}} - \sqrt{a}}{\sqrt{a + b\mathrm{e}^{px}} + \sqrt{a}} & (a > 0,\ b > 0) \\[4mm] \dfrac{1}{p\sqrt{-a}}\arctan\dfrac{\sqrt{a + b\mathrm{e}^{px}}}{\sqrt{-a}} & (a < 0,\ b > 0) \end{cases}$

1068. $\displaystyle\int \frac{\mathrm{d}x}{a\mathrm{e}^{mx} + b\mathrm{e}^{-mx}} = \frac{1}{m\sqrt{ab}}\arctan\left(\mathrm{e}^{mx}\sqrt{\frac{a}{b}}\right) \quad (a > 0,\ b > 0)$

1069. $\displaystyle\int \frac{\mathrm{d}x}{a\mathrm{e}^{mx} - b\mathrm{e}^{-mx}} = \frac{1}{2m\sqrt{ab}}\ln\left|\frac{\sqrt{a}\mathrm{e}^{mx} - \sqrt{b}}{\sqrt{a}\mathrm{e}^{mx} + \sqrt{b}}\right| \quad (a > 0,\ b > 0)$

$$= \frac{1}{m\sqrt{ab}}\operatorname{artanh}\left(\sqrt{\frac{a}{b}}\mathrm{e}^{mx}\right) \quad (a > 0,\ b > 0)$$

1070. $\displaystyle\int x\mathrm{e}^{-x^2}\,\mathrm{d}x = -\frac{1}{2}\mathrm{e}^{-x^2}$

1071. $\displaystyle\int \frac{\mathrm{e}^{ax}}{b + c\mathrm{e}^{ax}}\,\mathrm{d}x = \frac{1}{ac}\ln(b + c\mathrm{e}^{ax})$

1072. $\displaystyle\int \frac{x\mathrm{e}^{ax}}{(1 + ax)^2}\,\mathrm{d}x = \frac{\mathrm{e}^{ax}}{a^2(1 + ax)}$

1073. $\displaystyle\int \mathrm{e}^{ax}\sin bx\,\mathrm{d}x = \frac{\mathrm{e}^{ax}(a\,\sin bx - b\,\cos bx)}{a^2 + b^2}$

1074. $\displaystyle\int \mathrm{e}^{ax}\cos bx\,\mathrm{d}x = \frac{\mathrm{e}^{ax}}{a^2 + b^2}(a\,\cos bx + b\,\sin bx)$

1075. $\displaystyle\int \mathrm{e}^{ex}\sin bx\sin cx\,\mathrm{d}x = \frac{\mathrm{e}^{ax}\left[(b - c)\sin(b - c)x + a\,\cos(b - c)x\right]}{2\left[a^2 + (b + c)^2\right]}$
$$- \frac{\mathrm{e}^{ax}\left[(b + c)\sin(b + c)x + a\,\cos(b + c)x\right]}{2\left[a^2 + (b + c)^2\right]}$$

1076. $\displaystyle\int \mathrm{e}^{ax}\sin bx\cos cx\,\mathrm{d}x = \frac{\mathrm{e}^{ax}\left[a\,\sin(b - c)x - (b - c)\cos(b - c)x\right]}{2\left[a^2 + (b - c)^2\right]}$
$$+ \frac{\mathrm{e}^{ax}\left[a\,\sin(b + c)x - (b + c)\cos(b + c)x\right]}{2\left[a^2 + (b + c)^2\right]}$$

1077. $\displaystyle\int \mathrm{e}^{ax}\cos bx\cos cx\,\mathrm{d}x = \frac{\mathrm{e}^{ax}\left[(b - c)\sin(b - c)x + a\,\cos(b - c)x\right]}{2\left[a^2 + (b - c)^2\right]}$
$$+ \frac{\mathrm{e}^{ax}\left[(b + c)\sin(b + c)x + a\,\cos(b + c)x\right]}{2\left[a^2 + (b + c)^2\right]}$$

1078. $\displaystyle\int \mathrm{e}^{ax}\sin bx\sin(bx + c)\,\mathrm{d}x = \frac{\mathrm{e}^{ax}\cos c}{2a} - \frac{\mathrm{e}^{ax}\left[a\,\cos(2bx + c) + 2b\,\sin(2bx + c)\right]}{2(a^2 + 4b^2)}$

1079. $\displaystyle\int \mathrm{e}^{ax}\sin bx\cos(bx + c)\,\mathrm{d}x = -\frac{\mathrm{e}^{ax}\sin c}{2a} + \frac{\mathrm{e}^{ax}\left[a\,\sin(2bx + c) - 2b\,\cos(2bx + c)\right]}{2(a^2 + 4b^2)}$

1080. $\displaystyle\int \mathrm{e}^{ax}\cos bx\sin(bx + c)\,\mathrm{d}x = \frac{\mathrm{e}^{ax}\sin c}{2a} + \frac{\mathrm{e}^{ax}\left[a\,\sin(2bx + c) - 2b\,\cos(2bx + c)\right]}{2(a^2 + 4b^2)}$

1081. $\displaystyle\int \mathrm{e}^{ax}\cos bx\cos(bx + c)\,\mathrm{d}x = \frac{\mathrm{e}^{ax}\cos c}{2a} + \frac{\mathrm{e}^{ax}\left[a\,\cos(2bx + c) + 2b\,\sin(2bx + c)\right]}{2(a^2 + 4b^2)}$

1082. $\int e^{ax}\sin^n bx dx$

$$= \frac{1}{a^2+n^2b^2}\left[(a\sin bx - nb\cos bx)e^{ax}\sin^{n-1}bx + n(n-1)b^2\int e^{ax}\sin^{n-2}bx dx\right]$$

1083. $\int e^{ax}\cos^n bx dx$

$$= \frac{1}{a^2+n^2b^2}\left[(a\cos bx + nb\sin bx)e^{ax}\cos^{n-1}bx + n(n-1)b^2\int e^{ax}\cos^{n-2}bx dx\right]$$

1084. $\int xe^{ax}\sin bx dx$

$$= \frac{xe^{ax}}{a^2+b^2}(a\sin bx - b\cos bx) - \frac{e^{ax}}{(a^2+b^2)^2}\left[(a^2-b^2)\sin bx - 2ab\cos bx\right]$$

1085. $\int xe^{ax}\cos bx dx$

$$= \frac{xe^{ax}}{a^2+b^2}(a\cos bx + b\sin bx) - \frac{e^{ax}}{(a^2+b^2)^2}\left[(a^2-b^2)\cos bx + 2ab\sin bx\right]$$

1086. $\int x^m e^{ax}\sin bx dx$

$$= x^m e^{ax}\frac{a\sin bx - b\cos bx}{a^2+b^2} - \frac{m}{a^2+b^2}\int x^{m-1}e^{ax}(a\sin bx - b\cos bx)dx$$

1087. $\int x^m e^{ax}\cos bx dx$

$$= x^m e^{ax}\frac{a\cos bx + b\sin bx}{a^2+b^2} - \frac{m}{a^2+b^2}\int x^{m-1}e^{ax}(a\cos bx + b\sin bx)dx$$

1088. $\int \dfrac{e^{ax}}{\sin^n x}dx = -\dfrac{e^{ax}[a\sin x+(n-2)\cos x]}{(n-1)(n-2)\sin^{n-1}x} + \dfrac{a^2+(n-2)^2}{(n-1)(n-2)}\int \dfrac{e^{ax}}{\sin^{n-2}x}dx$

$(n \neq 1,2)$

1089. $\int \dfrac{e^{ax}}{\cos^n x}dx = -\dfrac{e^{ax}[a\cos x-(n-2)\sin x]}{(n-1)(n-2)\cos^{n-1}x} + \dfrac{a^2+(n-2)^2}{(n-1)(n-2)}\int \dfrac{e^{ax}}{\cos^{n-2}x}dx$

$(n \neq 1,2)$

1090. $\int e^{ax}\tan x dx = \dfrac{e^{ax}}{a}\tan x - \dfrac{1}{a}\int \dfrac{e^{ax}}{\cos^2 x}dx$

1091. $\int e^{ax}\tan^2 x dx = \dfrac{e^{ax}}{a}(a\tan x - 1) - a\int e^{ax}\tan x dx$

1092. $\int e^{ax}\tan^n x dx = \dfrac{e^{ax}}{n-1}\tan^{n-1}x - \dfrac{a}{n-1}\int e^{ax}\tan^{n-1}x dx - \int e^{ax}\tan^{n-2}x dx$

$(n \neq 1)$

1093. $\int e^{ax}\cot x dx = \dfrac{e^{ax}}{a}\cot x + \dfrac{1}{a}\int \dfrac{e^{ax}}{\sin^2 x}dx$

1094. $\int e^{ax}\cot^2 x dx = -\dfrac{e^{ax}}{a}(a\cot x + 1) + a\int e^{ax}\cot x dx$

1095. $\displaystyle\int e^{ax}\cot^n x\,dx = -\frac{e^{ax}}{n-1}\cot^{n-1}x + \frac{a}{n-1}\int e^{ax}\cot^{n-1}x\,dx - \int e^{ax}\cot^{n-2}x\,dx$

   $(n \neq 1)$

Ⅰ.1.4.3 双曲函数的积分

1096. $\displaystyle\int \sinh ax\,dx = \frac{\cosh ax}{a}$

1097. $\displaystyle\int \sinh^2 ax\,dx = \frac{\sinh 2ax}{4a} - \frac{x}{2}$

1098. $\displaystyle\int \sinh^n ax\,dx = \frac{\sinh^{n-1}ax\cosh ax}{na} - \frac{n-1}{n}\int \sinh^{n-2}ax\,dx$

1099. $\displaystyle\int \cosh ax\,dx = \frac{\sinh ax}{a}$

1100. $\displaystyle\int \cosh^2 ax\,dx = \frac{\sinh 2ax}{4a} + \frac{x}{2}$

1101. $\displaystyle\int \cosh^n ax\,dx = \frac{\cosh^{n-1}ax\,\sinh ax}{na} + \frac{n-1}{n}\int \cosh^{n-2}ax\,dx$

1102. $\displaystyle\int \tanh ax\,dx = \frac{\ln(\cosh ax)}{a}$

1103. $\displaystyle\int \tanh^2 ax\,dx = x - \frac{\tanh ax}{a}$

1104. $\displaystyle\int \tanh^n ax\,dx = -\frac{\tanh^{n-1}ax}{(n-1)a} + \int (\tanh^{n-2}ax)\,dx \quad (n \neq 1)$

1105. $\displaystyle\int \coth ax\,dx = \frac{1}{a}\ln|\sinh ax|$

1106. $\displaystyle\int \coth^2 ax\,dx = x - \frac{\coth ax}{a}$

1107. $\displaystyle\int \coth^n ax\,dx = -\frac{\coth^{n-1}ax}{(n-1)a} + \int \coth^{n-2}ax\,dx \quad (n \neq 1)$

1108. $\displaystyle\int \sinh^{2n}x\,dx = (-1)^n \binom{2n}{n}\frac{x}{2^{2n}} + \frac{1}{2^{2n-1}}\sum_{k=0}^{n-1}(-1)^k\binom{2n}{k}\frac{\sinh(2n-2k)x}{2n-2k}$

1109. $\displaystyle\int \sinh^{2n+1}x\,dx = \frac{1}{2^{2n}}\sum_{k=0}^{n}(-1)^k\binom{2n+1}{k}\frac{\cosh(2n-2k+1)x}{2n-2k+1}$

1110. $\displaystyle\int \cosh^{2n}x\,dx = \binom{2n}{n}\frac{x}{2^{2n}} + \frac{1}{2^{2n-1}}\sum_{k=0}^{n-1}\binom{2n}{k}\frac{\sinh(2n-2k)x}{2n-2k}$

1111. $\displaystyle\int \cosh^{2n+1}x\,dx = \frac{1}{2^{2n}}\sum_{k=0}^{n}\binom{2n+1}{k}\frac{\sinh(2n-2k+1)x}{2n-2k+1}$

1112. $\displaystyle\int \tanh^{2n}x\,dx = -\sum_{k=1}^{n}\frac{\tanh^{2n-2k+1}x}{2n-2k+1} + x$

1113. $\displaystyle\int \tanh^{2n+1} x \mathrm{d}x = -\sum_{k=1}^{n} \frac{\tanh^{2n-2k+2} x}{2n-2k+2} + \ln(\cosh x)$

1114. $\displaystyle\int \coth^{2n} x \mathrm{d}x = -\sum_{k=1}^{n} \frac{\coth^{2n-2k+1} x}{2n-2k+1} + x$

1115. $\displaystyle\int \coth^{2n+1} x \mathrm{d}x = -\sum_{k=1}^{n} \frac{\coth^{2n-2k+2} x}{2n-2k+2} + \ln|\sinh x|$

1116. $\displaystyle\int \mathrm{sech} x \mathrm{d}x = \arctan(\sinh x)$

1117. $\displaystyle\int \mathrm{sech}^2 x \mathrm{d}x = \tanh x$

1118. $\displaystyle\int \mathrm{csch} x \mathrm{d}x = \ln\left|\tanh\frac{x}{2}\right|$

1119. $\displaystyle\int \mathrm{csch}^2 x \mathrm{d}x = -\coth x$

1120. $\displaystyle\int \frac{\mathrm{d}x}{\sinh ax} = \frac{1}{a}\ln\left(\tanh\frac{ax}{2}\right)$

1121. $\displaystyle\int \frac{\mathrm{d}x}{\sinh^2 ax} = -\frac{1}{a}\coth ax$

1122. $\displaystyle\int \frac{\mathrm{d}x}{\sinh^n ax} = -\frac{\cosh ax}{(n-1)a \sinh^{n-1} ax} - \frac{n-2}{n-1}\int \frac{\mathrm{d}x}{\sinh^{n-2} ax} \quad (n \neq 1)$

1123. $\displaystyle\int \frac{\mathrm{d}x}{\cosh ax} = \frac{\arctan(\sinh ax)}{a}$

1124. $\displaystyle\int \frac{\mathrm{d}x}{\cosh^2 ax} = \frac{\tanh ax}{a}$

1125. $\displaystyle\int \frac{\mathrm{d}x}{\cosh^n ax} = \frac{\sinh ax}{(n-1)a \cosh^{n-1} ax} + \frac{n-2}{n-1}\int \frac{\mathrm{d}x}{\cosh^{n-2} ax} \quad (n \neq 1)$

1126. $\displaystyle\int \frac{\mathrm{d}x}{\sinh^{2n} x} = \frac{\cosh x}{2n-1}\Bigg[-\mathrm{csch}^{2n-1} x$
$$+ \sum_{k=1}^{n-1}(-1)^{k-1}\frac{2^k(n-1)(n-2)\cdots(n-k)}{(2n-3)(2n-5)\cdots(2n-2k-1)}\mathrm{csch}^{2n-2k-1} x\Bigg]$$

1127. $\displaystyle\int \frac{\mathrm{d}x}{\sinh^{2n+1} x} = \frac{\cosh x}{2n}\Bigg[-\mathrm{csch}^{2n} x$
$$+ \sum_{k=1}^{n-1}(-1)^{k-1}\frac{(2n-1)(2n-3)\cdots(2n-2k+1)}{2^k(n-1)(n-2)\cdots(n-k)}\mathrm{csch}^{2n-2k} x\Bigg]$$
$$+ (-1)^n \frac{(2n-1)!!}{(2n)!!}\ln\left|\tanh\frac{x}{2}\right|$$

1128. $\displaystyle\int \frac{\mathrm{d}x}{\cosh^{2n} x} = \frac{\sinh x}{2n-1}\Bigg[\mathrm{sech}^{2n-1} x$
$$+ \sum_{k=1}^{n-1}\frac{2^k(n-1)(n-2)\cdots(n-k)}{(2n-3)(2n-5)\cdots(2n-2k-1)}\mathrm{sech}^{2n-2k-1} x\Bigg]$$

1129. $\displaystyle\int \frac{dx}{\cosh^{2n+1}x} = \frac{\sinh x}{2n}\Bigg[\sech^{2n}x$

$$+ \sum_{k=1}^{n-1}\frac{(2n-1)(2n-3)\cdots(2n-2k+1)}{2^k(n-1)(n-2)\cdots(n-k)}\sech^{2n-2k}x\Bigg]$$

$$+ \frac{(2n-1)!!}{(2n)!!}\arctan(\sinh x)$$

1130. $\displaystyle\int \frac{x}{\sinh^n ax}dx = -\frac{x\cosh ax}{(n-1)a\sinh^{n-1}ax} - \frac{1}{(n-1)(n-2)a^2\sinh^{n-2}ax}$

$$- \frac{n-2}{n-1}\int\frac{x}{\sinh^{n-2}ax}dx \quad (n \neq 1,2)$$

1131. $\displaystyle\int \frac{x}{\cosh^n ax}dx = \frac{x\sinh ax}{(n-1)a\cosh^{n-1}ax} + \frac{1}{(n-1)(n-2)a^2\cosh^{n-2}ax}$

$$+ \frac{n-2}{n-1}\int\frac{x}{\cosh^{n-2}ax}dx \quad (n \neq 1,2)$$

1132. $\displaystyle\int \sinh ax\,\cosh ax\,dx = \frac{\sinh^2 ax}{2a}$

1133. $\displaystyle\int \sinh^2 ax\,\cosh^2 ax\,dx = \frac{\sinh 4ax}{32a} - \frac{x}{8}$

1134. $\displaystyle\int \sinh^n ax\,\cosh ax\,dx = \frac{\sinh^{n+1}ax}{(n+1)a} \quad (n \neq -1)$

1135. $\displaystyle\int \sinh ax\,\cosh^n ax\,dx = \frac{\cosh^{n+1}ax}{(n+1)a} \quad (n \neq -1)$

1136. $\displaystyle\int \sinh^p ax\,\cosh^q ax\,dx = \frac{\sinh^{p+1}ax\,\cosh^{q-1}ax}{(p+q)a} + \frac{q-1}{p+q}\int\sinh^p ax\,\cosh^{q-2}ax\,dx$

$$= \frac{\sinh^{p-1}ax\,\cosh^{q+1}ax}{(p+q)a} - \frac{p-1}{p+q}\int\sinh^{p-2}ax\,\cosh^q ax\,dx$$

1137. $\displaystyle\int \frac{\sinh^2 ax}{\cosh ax}dx = \frac{1}{a}\big[\sinh ax - \arctan(\sinh ax)\big]$

1138. $\displaystyle\int \frac{\cosh^2 ax}{\sinh ax}dx = \frac{1}{a}\Big(\cosh ax + \ln\Big|\tanh\frac{ax}{2}\Big|\Big)$

1139. $\displaystyle\int \frac{\sinh ax}{\cosh^n ax}dx = -\frac{1}{(n-1)a\cosh ax} \quad (n \neq 1)$

1140. $\displaystyle\int \frac{\cosh ax}{\sinh^n ax}dx = -\frac{1}{(n-1)a\sinh ax} \quad (n \neq 1)$

1141. $\displaystyle\int \frac{\sinh ax}{\cosh ax \pm 1}dx = \frac{1}{a}\ln(\cosh ax \pm 1)$

1142. $\displaystyle\int \frac{\cosh ax}{1 \pm \sinh ax}dx = \pm\frac{1}{a}\ln|1 \pm \sinh ax|$

1143. $\displaystyle\int \frac{dx}{\sinh ax\,\cosh ax} = \frac{1}{a}\ln|\tanh ax|$

1144. $\displaystyle\int \frac{dx}{\sinh^2 ax\,\cosh ax} = -\frac{1}{a}\big[\tan(\sinh ax) + \csch ax\big]$

1145. $\displaystyle\int \frac{\mathrm{d}x}{\sinh ax \cosh^2 ax} = \frac{1}{a}\left(\ln\left|\tanh\frac{ax}{2}\right| + \mathrm{sech}\,ax\right)$

1146. $\displaystyle\int \frac{\mathrm{d}x}{\sinh^2 ax \cosh^2 ax} = -\frac{2}{a}\coth 2ax$

1147. $\displaystyle\int \frac{\mathrm{d}x}{\sinh^p ax \cosh^q ax}$

$$= -\frac{1}{a(p-1)\sinh^{p-1} ax \cosh^{q-1} ax} - \frac{p+q-2}{p-1}\int \frac{\mathrm{d}x}{\sinh^{p-2} ax \cosh^q ax}$$

$$= \frac{1}{a(q-1)\sinh^{p-1} ax \cosh^{q-1} ax} + \frac{p+q-2}{q-1}\int \frac{\mathrm{d}x}{\sinh^p ax \cosh^{q-2} ax}$$

1148. $\displaystyle\int \sinh mx \sinh nx\,\mathrm{d}x = \frac{\sinh(m+n)x}{2(m+n)} - \frac{\sinh(m-n)x}{2(m-n)} \quad (m^2 \neq n^2)$

1149. $\displaystyle\int \sinh mx \cosh nx\,\mathrm{d}x = \frac{\cosh(m+n)x}{2(m+n)} + \frac{\cosh(m-n)x}{2(m-n)} \quad (m^2 \neq n^2)$

1150. $\displaystyle\int \cosh mx \cosh nx\,\mathrm{d}x = \frac{\sinh(m+n)x}{2(m+n)} + \frac{\sinh(m-n)x}{2(m-n)} \quad (m^2 \neq n^2)$

1151. $\displaystyle\int \sinh^2 x \cosh^2 x\,\mathrm{d}x = -\frac{x}{8} + \frac{1}{32}\sinh 4x$

1152. $\displaystyle\int \sinh^m x \cosh^n x\,\mathrm{d}x$

$$= \frac{\sinh^{m+1} x \cosh^{n-1} x}{m+n} + \frac{n-1}{m+n}\int \sinh^m x \cosh^{n-2} x\,\mathrm{d}x \quad (m+n \neq 0)$$

$$= \frac{\sinh^{m-1} x \cosh^{n+1} x}{m+n} - \frac{m-1}{m+n}\int \sinh^{m-2} x \cosh^n x\,\mathrm{d}x \quad (m+n \neq 0)$$

1153. $\displaystyle\int \mathrm{sech}\,x \tanh x\,\mathrm{d}x = -\mathrm{sech}\,x$

1154. $\displaystyle\int \mathrm{csch}\,x \coth x\,\mathrm{d}x = -\mathrm{csch}\,x$

1155. $\displaystyle\int \frac{\sinh x}{\cosh x}\,\mathrm{d}x = \int \tanh x\,\mathrm{d}x = \ln(\cosh x)$

1156. $\displaystyle\int \frac{\sinh^2 x}{\cosh^2 x}\,\mathrm{d}x = \int \tanh^2 x\,\mathrm{d}x = x - \tanh x$

1157. $\displaystyle\int \frac{\sinh^{2n+1}}{\cosh^m x}\,\mathrm{d}x$

$$= \sum_{\substack{k=0 \\ k \neq \frac{m-1}{2}}}^{n} (-1)^{n+k}\binom{n}{k}\frac{\cosh^{2k-m+1} x}{2k-m+1} + s(-1)^{n+\frac{m-1}{2}}\binom{n}{\frac{m-1}{2}}\ln(\cosh x)$$

（这里,m 为奇数并且 $m < 2n+1$ 时,$s = 1$;其他情况,$s = 0$）

1158. $\displaystyle\int \frac{\cosh x}{\sinh x}\,\mathrm{d}x = \int \coth x\,\mathrm{d}x = \ln|\sinh x|$

1159. $\displaystyle\int \frac{\cosh^2 x}{\sinh^2 x}\,\mathrm{d}x = \int \coth^2 x\,\mathrm{d}x = x - \coth x$

1160. $\displaystyle\int \frac{\cosh^{2n+1} x}{\sinh^m x}\mathrm{d}x = \sum_{\substack{k=0 \\ k\neq\frac{m-1}{2}}}^{n} \binom{n}{k} \frac{\sinh^{2k-m+1} x}{2k-m+1} + s\left\lfloor \frac{n}{\frac{m-1}{2}} \right\rfloor \ln|\sinh x|$

（这里，m 为奇数并且 $m < 2n+1$ 时，$s=1$；其他情况，$s=0$）

1161. $\displaystyle\int \frac{\sinh 2x}{\sinh^2 x}\mathrm{d}x = 2\ln|\sinh x|$

1162. $\displaystyle\int \frac{\sinh 2x}{\sinh^n x}\mathrm{d}x = -\frac{2}{(n-2)\sinh^{n-2} x} \quad (n\neq 2)$

1163. $\displaystyle\int \frac{\sinh 2x}{\cosh^2 x}\mathrm{d}x = 2\ln(\cosh x)$

1164. $\displaystyle\int \frac{\sinh 2x}{\cosh^n x}\mathrm{d}x = -\frac{2}{(n-2)\cosh^{n-2} x} \quad (n\neq 2)$

1165. $\displaystyle\int \frac{\mathrm{d}x}{\sinh x \cosh x} = \ln|\tanh x|$

1166. $\displaystyle\int \frac{\mathrm{d}x}{\sinh^2 x \cosh x} = -\frac{1}{\sinh x} - \arctan(\sinh x)$

1167. $\displaystyle\int \frac{\mathrm{d}x}{\sinh x \cosh^2 x} = \frac{1}{\cosh x} + \ln\left|\tanh \frac{x}{2}\right|$

1168. $\displaystyle\int \frac{\mathrm{d}x}{\sinh^2 x \cosh^2 x} = -2\coth 2x$

1169. $\displaystyle\int \frac{\mathrm{d}x}{\sinh^{2m} x \cosh^{2n} x} = \sum_{k=0}^{m+n-1} \frac{(-1)^{k+1}}{2n-2k-1}\binom{m+n-1}{k}\tanh^{2k-2m+1} x$

1170. $\displaystyle\int \frac{\mathrm{d}x}{\sinh^{2m+1} x \cosh^{2n+1} x}$

$\displaystyle = \sum_{\substack{k=0 \\ k\neq m}}^{m+n} \frac{(-1)^{k+1}}{2n-2k}\binom{m+n}{k}\tanh^{2k-2m} x + (-1)^m \binom{m+n}{m}\ln|\tanh x|$

1171. $\displaystyle\int \sinh(ax+b)\sinh(cx+d)\mathrm{d}x$

$\displaystyle = \frac{1}{2(a+c)}\sinh[(a+c)x+b+d] - \frac{1}{2(a-c)}\sinh[(a-c)x+b-d]$

$(a^2 \neq c^2)$

1172. $\displaystyle\int \sinh(ax+b)\cosh(cx+d)\mathrm{d}x$

$\displaystyle = \frac{1}{2(a+c)}\cosh[(a+c)x+b+d] + \frac{1}{2(a-c)}\cosh[(a-c)x+b-d]$

$(a^2 \neq c^2)$

1173. $\displaystyle\int \cosh(ax+b)\cosh(cx+d)\mathrm{d}x$

$\displaystyle = \frac{1}{2(a+c)}\sinh[(a+c)x+b+d] + \frac{1}{2(a-c)}\sinh[(a-c)x+b-d]$

$(a^2 \neq c^2)$

1174. $\displaystyle\int \sinh(ax+b)\sinh(ax+d)\mathrm{d}x = -\frac{x}{2}\cosh(b-d) + \frac{1}{4a}\sinh(2ax+b+d)$

1175. $\displaystyle\int \sinh(ax+b)\cosh(ax+d)\mathrm{d}x = \frac{x}{2}\sinh(b-d) + \frac{1}{4a}\cosh(2ax+b+d)$

1176. $\displaystyle\int \cosh(ax+b)\cosh(ax+d)\mathrm{d}x = \frac{x}{2}\cosh(b-d) + \frac{1}{4a}\sinh(2ax+b+d)$

1177. $\displaystyle\int \frac{\mathrm{d}x}{a+b\sinh x} = \frac{1}{\sqrt{a^2+b^2}}\ln\left|\frac{a\tanh\frac{x}{2} - b + \sqrt{a^2+b^2}}{a\tanh\frac{x}{2} - b - \sqrt{a^2+b^2}}\right|$

$$= \frac{2}{\sqrt{a^2+b^2}}\operatorname{artanh}\frac{a\tanh\frac{x}{2} - b}{\sqrt{a^2+b^2}}$$

1178. $\displaystyle\int \frac{\mathrm{d}x}{a+b\cosh x} = \frac{1}{\sqrt{a^2-b^2}}\ln\left|\frac{a+b+\sqrt{a^2-b^2}\tanh\frac{x}{2}}{a+b-\sqrt{a^2-b^2}\tanh\frac{x}{2}}\right| \quad (a^2 > b^2)$

$$= -\frac{2}{\sqrt{b^2-a^2}}\arcsin\frac{b+a\cosh x}{a+b\cosh x} \quad (a^2 < b^2)$$

1179. $\displaystyle\int \frac{\mathrm{d}x}{a\cosh x + b\sinh x} = \begin{cases} \dfrac{1}{\sqrt{a^2-b^2}}\arctan\left|\sinh\left(x+\operatorname{artanh}\dfrac{b}{a}\right)\right| & (a > |b|) \\[4mm] \dfrac{1}{\sqrt{b^2-a^2}}\ln\left|\tanh\dfrac{x+\operatorname{artanh}\dfrac{a}{b}}{2}\right| & (b > |a|) \end{cases}$

1180. $\displaystyle\int \frac{\sinh x}{a\cosh x + b\sinh x}\mathrm{d}x = \begin{cases} \dfrac{a\ln\left[\cosh\left(x+\operatorname{artanh}\dfrac{b}{a}\right)\right] - bx}{a^2-b^2} & (a > |b|) \\[4mm] -\dfrac{a\ln\left|\sinh\left(x+\operatorname{artanh}\dfrac{a}{b}\right)\right| - bx}{b^2-a^2} & (b > |a|) \end{cases}$

1181. $\displaystyle\int \frac{\cosh x}{a\cosh x + b\sinh x}\mathrm{d}x = \begin{cases} -\dfrac{b\ln\left[\cosh\left(x+\operatorname{artanh}\dfrac{b}{a}\right)\right] - ax}{a^2-b^2} & (a > |b|) \\[4mm] \dfrac{b\ln\left|\sinh\left(x+\operatorname{artanh}\dfrac{a}{b}\right)\right| - ax}{b^2-a^2} & (b > |a|) \end{cases}$

1182. $\displaystyle\int \frac{\mathrm{d}x}{\cosh x + \sinh x} = -\mathrm{e}^{-x} = \sinh x - \cosh x$

1183. $\displaystyle\int \frac{\mathrm{d}x}{\cosh x - \sinh x} = \mathrm{e}^{x} = \sinh x + \cosh x$

1184. $\displaystyle\int \frac{\sinh x}{\cosh x + \sinh x}\mathrm{d}x = \frac{x}{2} + \frac{1}{4}\mathrm{e}^{-2x}$

1185. $\int \dfrac{\sinh x}{\cosh x - \sinh x} dx = -\dfrac{x}{2} + \dfrac{1}{4} e^{2x}$

1186. $\int \dfrac{\cosh x}{\cosh x + \sinh x} dx = \dfrac{x}{2} - \dfrac{1}{4} e^{-2x}$

1187. $\int \dfrac{\cosh x}{\cosh x - \sinh x} dx = \dfrac{x}{2} + \dfrac{1}{4} e^{2x}$

1188. $\int \dfrac{dx}{1 + \sinh^2 x} = \tanh x$

1189. $\int \dfrac{dx}{1 - \sinh^2 x} = \begin{cases} \dfrac{1}{\sqrt{2}} \operatorname{artanh}(\sqrt{2}\tanh x) & (\sinh^2 x < 1) \\[2mm] \dfrac{1}{\sqrt{2}} \operatorname{arcoth}(\sqrt{2}\tanh x) & (\sinh^2 x > 1) \end{cases}$

1190. $\int \dfrac{dx}{1 + \cosh^2 x} = \dfrac{1}{\sqrt{2}} \operatorname{arcoth}(\sqrt{2}\coth x)$

1191. $\int \dfrac{dx}{1 - \cosh^2 x} = \coth x$

1192. $\int \sqrt{\tanh x} \, dx = \operatorname{artanh} \sqrt{\tanh x} - \arctan \sqrt{\tanh x}$

1193. $\int \sqrt{\coth x} \, dx = \operatorname{arcoth} \sqrt{\coth x} - \arctan \sqrt{\coth x}$

1194. $\int \dfrac{\sinh x}{\sqrt{a^2 + \sinh^2 x}} dx$

$= \begin{cases} \operatorname{arsinh} \dfrac{\cosh x}{\sqrt{a^2 - 1}} = \ln(\cosh x + \sqrt{a^2 + \sinh^2 x}) & (a^2 > 1) \\[3mm] \operatorname{arcosh} \dfrac{\cosh x}{\sqrt{1 - a^2}} = \ln(\cosh x + \sqrt{a^2 + \sinh^2 x}) & (a^2 < 1) \\[3mm] \ln(\cosh x) & (a^2 = 1) \end{cases}$

1195. $\int \dfrac{\sinh x}{\sqrt{a^2 - \sinh^2 x}} dx = \arcsin \dfrac{\cosh x}{\sqrt{a^2 + 1}} \quad (\sinh^2 x < a^2)$

1196. $\int \dfrac{\cosh x}{\sqrt{a^2 + \sinh^2 x}} dx = \operatorname{arsinh} \dfrac{\sinh x}{a} = \ln(\sinh x + \sqrt{a^2 + \sinh^2 x})$

1197. $\int \dfrac{\cosh x}{\sqrt{a^2 - \sinh^2 x}} dx = \arcsin \dfrac{\sinh x}{a} \quad (\sinh^2 x < a^2)$

1198. $\int \dfrac{\sinh x}{\sqrt{a^2 + \cosh^2 x}} dx = \operatorname{arsinh} \dfrac{\cosh x}{a} = \ln(\cosh x + \sqrt{a^2 + \cosh^2 x})$

1199. $\int \dfrac{\sinh x}{\sqrt{a^2 - \cosh^2 x}} dx = \arcsin \dfrac{\cosh x}{a} \quad (\cosh^2 x < a^2)$

1200. $\int \dfrac{\cosh x}{\sqrt{a^2 + \cosh^2 x}} dx = \operatorname{arsinh} \dfrac{\sinh x}{\sqrt{a^2 + 1}} = \ln(\sinh x + \sqrt{a^2 + \cosh^2 x})$

1201. $\int \dfrac{\cosh x}{\sqrt{a^2 - \cosh^2 x}} dx = \arcsin \dfrac{\sinh}{\sqrt{a^2 - 1}}$ $(\cosh^2 x < a^2)$

1202. $\int \dfrac{\sinh x}{\sqrt{\sinh^2 x - a^2}} dx = \operatorname{arcosh} \dfrac{\cosh x}{\sqrt{a^2 + 1}}$

$\qquad = \ln(\cosh x + \sqrt{\sinh^2 x - a^2})$ $(\sinh^2 x > a^2)$

1203. $\int \dfrac{\sinh x}{\sqrt{\cosh^2 x - a^2}} dx = \operatorname{arcosh} \dfrac{\cosh x}{a}$

$\qquad = \ln(\cosh x + \sqrt{\cosh^2 x - a^2})$ $(\cosh^2 x > a^2)$

1204. $\int \dfrac{\cosh x}{\sqrt{\sinh^2 x - a^2}} dx = \operatorname{arcosh} \dfrac{\sinh x}{a}$

$\qquad = \ln | \sinh x + \sqrt{\sinh^2 x - a^2} |$ $(\sinh^2 x > a^2)$

1205. $\int \dfrac{\cosh x}{\sqrt{\cosh^2 x - a^2}} dx = \begin{cases} \operatorname{arcosh} \dfrac{\sinh x}{\sqrt{a^2 - 1}} & (a^2 > 1) \\ \ln | \sinh x | & (a^2 = 1) \end{cases}$

1206. $\int \dfrac{dx}{\sqrt{\sinh 2ax}} = \dfrac{1}{2a} \mathrm{F}(r, \alpha)$ $(ax > 0)$

$\Big[$这里,$\mathrm{F}(r, \alpha)$为第一类椭圆积分(见附录),以下同. 式中,$r = \dfrac{1}{\sqrt{2}}$, $\alpha = $

$\arccos \dfrac{1 - \sinh 2ax}{1 + \sinh 2ax} \Big]$

1207. $\int \dfrac{dx}{\sqrt{\cosh 2ax}} = \dfrac{1}{a\sqrt{2}} \mathrm{F}(r, \alpha)$ $(x \neq 0)$

$\Big($这里,$r = \dfrac{1}{\sqrt{2}}$, $\alpha = \arcsin \sqrt{\dfrac{\cosh 2ax - 1}{\cosh 2ax}} \Big)$

Ⅰ.1.4.4 双曲函数与幂函数、指数函数和三角函数组合的积分

1208. $\int x \sinh ax \, dx = \dfrac{x \cosh ax}{a} - \dfrac{\sinh ax}{a^2}$

1209. $\int x^2 \sinh ax \, dx = \Big(\dfrac{x^2}{a} + \dfrac{2}{a^3} \Big) \cosh ax - \dfrac{2x}{a^2} \sinh ax$

1210. $\int x^m \sinh ax \, dx = \dfrac{x^m \cosh ax}{a} - \dfrac{m}{a} \int x^{m-1} \cosh ax \, dx$

1211. $\int x^m \sinh^n ax \, dx = x^m \int \sinh^n ax \, dx - mx^{m-1} \iint \sinh^n ax \, dx \, dx$

$\qquad + m(m-1) x^{m-2} \iiint \sinh^n ax \, dx \, dx \, dx - \cdots$

$$+ (-1)^m m! \int\limits_{m+1\uparrow} \cdots \int \sinh^n ax\, \mathrm{d}x \cdots \mathrm{d}x$$

1212. $\displaystyle\int x\cosh ax\, \mathrm{d}x = \frac{x\sinh ax}{a} - \frac{\cosh ax}{a^2}$

1213. $\displaystyle\int x^2\cosh ax\, \mathrm{d}x = \left(\frac{x^2}{a} + \frac{2}{a^3}\right)\sinh ax - \frac{2x}{a^2}\cosh ax$

1214. $\displaystyle\int x^m\cosh ax\, \mathrm{d}x = \frac{x^m\sinh ax}{a} - \frac{m}{a}\int x^{m-1}\sinh ax\, \mathrm{d}x$

1215. $\displaystyle\int x^m\cosh^n ax\, \mathrm{d}x = x^m\int\cosh^n ax\, \mathrm{d}x - mx^{m-1}\iint\cosh^n ax\, \mathrm{d}x\, \mathrm{d}x$

$$+ m(m-1)x^{m-2}\iiint\cosh^n ax\, \mathrm{d}x\, \mathrm{d}x\, \mathrm{d}x - \cdots$$

$$+ (-1)^m m! \int\limits_{m+1\uparrow} \cdots \int \cosh^n ax\, \mathrm{d}x \cdots \mathrm{d}x$$

1216. $\displaystyle\int \frac{\sinh ax}{x}\mathrm{d}x = ax + \frac{(ax)^3}{3\cdot 3!} + \frac{(ax)^5}{5\cdot 5!} + \cdots$

1217. $\displaystyle\int \frac{\sinh ax}{x^2}\mathrm{d}x = -\frac{\sinh ax}{x} + a\left[\ln|x| + \frac{(ax)^2}{2\cdot 2!} + \frac{(ax)^4}{4\cdot 4!} + \cdots\right]$

1218. $\displaystyle\int \frac{\sinh ax}{x^m}\mathrm{d}x = -\frac{\sinh ax}{(m-1)x^{m-1}} + \frac{a}{m-1}\int\frac{\cosh ax}{x^{m-1}}\mathrm{d}x \quad (m\neq 1)$

1219. $\displaystyle\int \frac{\cosh ax}{x}\mathrm{d}x = \ln|x| + \frac{(ax)^2}{2\cdot 2!} + \frac{(ax)^4}{4\cdot 4!} + \cdots$

1220. $\displaystyle\int \frac{\cosh ax}{x^2}\mathrm{d}x = -\frac{\cosh ax}{x} + a\left[ax + \frac{(ax)^3}{3\cdot 3!} + \frac{(ax)^5}{5\cdot 5!} + \cdots\right]$

1221. $\displaystyle\int \frac{\cosh ax}{x^m}\mathrm{d}x = -\frac{\cosh ax}{(m-1)x^{m-1}} + \frac{a}{m-1}\int\frac{\sinh ax}{x^{m-1}}\mathrm{d}x \quad (m\neq 1)$

1222. $\displaystyle\int x^{2m}\sinh x\, \mathrm{d}x = (2m)!\left[\sum_{k=0}^{m}\frac{x^{2k}}{(2k)!}\cosh x - \sum_{k=0}^{m}\frac{x^{2k-1}}{(2k-1)!}\sinh x\right]$

1223. $\displaystyle\int x^{2m+1}\sinh x\, \mathrm{d}x = (2m+1)!\sum_{k=0}^{m}\left[\frac{x^{2k+1}}{(2k+1)!}\cosh x - \frac{x^{2k}}{(2k)!}\sinh x\right]$

1224. $\displaystyle\int x^{2m}\cosh x\, \mathrm{d}x = (2m)!\left[\sum_{k=0}^{m}\frac{x^{2k}}{(2k)!}\sinh x - \sum_{k=0}^{m}\frac{x^{2k-1}}{(2k-1)!}\cosh x\right]$

1225. $\displaystyle\int x^{2m+1}\cosh x\, \mathrm{d}x = (2m+1)!\sum_{k=0}^{m}\left[\frac{x^{2k+1}}{(2k+1)!}\sinh x - \frac{x^{2k}}{(2k)!}\cosh x\right]$

1226. $\displaystyle\int \frac{\sinh x}{x^{2m}}\mathrm{d}x = -\frac{1}{(2m-1)!\,x}\left[\sum_{k=0}^{m-2}\frac{(2k+1)!}{x^{2k+1}}\cosh x + \sum_{k=0}^{m-1}\frac{(2k)!}{x^{2k}}\sinh x\right]$

$$+ \frac{1}{(2m-1)!}\mathrm{chi}(x)$$

［这里，$\mathrm{chi}(x)$为双曲余弦积分（见附录），以下同］

1227. $\int \dfrac{\sinh x}{x^{2m+1}}\mathrm{d}x$

$$= -\dfrac{1}{(2m)!\,x}\left[\sum_{k=0}^{m-1}\dfrac{(2k)!}{x^{2k}}\cosh x + \sum_{k=0}^{m-1}\dfrac{(2k+1)!}{x^{2k+1}}\sinh x\right] + \dfrac{1}{(2m)!}\mathrm{shi}(x)$$

[这里，$\mathrm{shi}(x)$ 为双曲正弦积分（见附录），以下同]

1228. $\int \dfrac{\cosh x}{x^{2m}}\mathrm{d}x = -\dfrac{1}{(2m-1)!\,x}\left[\sum_{k=0}^{m-2}\dfrac{(2k+1)!}{x^{2k+1}}\sinh x + \sum_{k=0}^{m-1}\dfrac{(2k)!}{x^{2k}}\cosh x\right]$

$$+ \dfrac{1}{(2m-1)!}\mathrm{shi}(x)$$

1229. $\int \dfrac{\cosh x}{x^{2m+1}}\mathrm{d}x$

$$= -\dfrac{1}{(2m)!\,x}\left[\sum_{k=0}^{m-1}\dfrac{(2k)!}{x^{2k}}\sinh x + \sum_{k=0}^{m-1}\dfrac{(2k+1)!}{x^{2k+1}}\cosh x\right] + \dfrac{1}{(2m)!}\mathrm{chi}(x)$$

1230. $\int \dfrac{x^m}{\sinh x}\mathrm{d}x = \sum_{k=0}^{\infty}\dfrac{(2-2^{2k})B_{2k}}{(m+2k)(2k)!}x^{m+2k}\quad (\mid x\mid < \pi,\ m > 0)$

[这里，B_{2k} 为伯努利数（见附录），以下同]

1231. $\int \dfrac{x^m}{\cosh x}\mathrm{d}x = \sum_{k=0}^{\infty}\dfrac{E_{2k}}{(m+2k+1)(2k)!}x^{m+2k+1}\quad \left(\mid x\mid < \dfrac{\pi}{2},\ m \geqslant 0\right)$

[这里，E_{2k} 为欧拉数（见附录）]

1232. $\int x^p\tanh x\,\mathrm{d}x = \sum_{k=1}^{\infty}\dfrac{2^{2k}(2^{2k}-1)B_{2k}}{(p+2k)(2k)!}x^{p+2k}\quad \left(p \geqslant -1,\ \mid x\mid < \dfrac{\pi}{2}\right)$

1233. $\int x^p\coth x\,\mathrm{d}x = \sum_{k=0}^{\infty}\dfrac{2^{2k}B_{2k}}{(p+2k)(2k)!}x^{p+2k}\quad (p \geqslant 1,\ \mid x\mid < \pi)$

1234. $\int (a+bx)\sinh kx\,\mathrm{d}x = \dfrac{1}{k}(a+bx)\cosh kx - \dfrac{b}{k^2}\sinh kx$

1235. $\int (a+bx)\cosh kx\,\mathrm{d}x = \dfrac{1}{k}(a+bx)\sinh kx - \dfrac{b}{k^2}\cosh kx$

1236. $\int (a+bx)^2\sinh kx\,\mathrm{d}x = \dfrac{1}{k}\left[(a+bx)^2 + \dfrac{2b^2}{k^2}\right]\cosh kx - \dfrac{2b(a+bx)}{k^2}\sinh kx$

1237. $\int (a+bx)^2\cosh kx\,\mathrm{d}x = \dfrac{1}{k}\left[(a+bx)^2 + \dfrac{2b^2}{k^2}\right]\sinh kx - \dfrac{2b(a+bx)}{k^2}\cosh kx$

1238. $\int \mathrm{e}^{ax}\sinh(ax+c)\,\mathrm{d}x = -\dfrac{1}{2}x\mathrm{e}^{-c} + \dfrac{1}{4a}\mathrm{e}^{2ax+c}$

1239. $\int \mathrm{e}^{ax}\cosh(ax+c)\,\mathrm{d}x = \dfrac{1}{2}x\mathrm{e}^{-c} + \dfrac{1}{4a}\mathrm{e}^{2ax+c}$

1240. $\int x\mathrm{e}^{ax}\sinh ax\,\mathrm{d}x = \dfrac{\mathrm{e}^{2ax}}{4a}\left(x - \dfrac{1}{2a}\right) - \dfrac{x^2}{4}$

1241. $\int x\mathrm{e}^{ax}\cosh ax\,\mathrm{d}x = \dfrac{\mathrm{e}^{2ax}}{4a}\left(x - \dfrac{1}{2a}\right) + \dfrac{x^2}{4}$

1242. $\int x^2 \mathrm{e}^{ax} \sinh ax \, \mathrm{d}x = \dfrac{\mathrm{e}^{2ax}}{4a} \left(x^2 - \dfrac{x}{a} + \dfrac{1}{2a^2} \right) - \dfrac{x^3}{6}$

1243. $\int x^2 \mathrm{e}^{ax} \cosh ax \, \mathrm{d}x = \dfrac{\mathrm{e}^{2ax}}{4a} \left(x^2 - \dfrac{x}{a} + \dfrac{1}{2a^2} \right) + \dfrac{x^3}{6}$

1244. $\int \mathrm{e}^{ax} \sinh bx \, \mathrm{d}x = \dfrac{\mathrm{e}^{ax}}{a^2 - b^2} (a \sinh bx - b \cosh bx) \quad (a^2 \neq b^2)$

1245. $\int \mathrm{e}^{ax} \cosh bx \, \mathrm{d}x = \dfrac{\mathrm{e}^{ax}}{a^2 - b^2} (a \cosh bx - b \sinh bx) \quad (a^2 \neq b^2)$

1246. $\int x \mathrm{e}^{ax} \sinh bx \, \mathrm{d}x$

$$= \dfrac{\mathrm{e}^{ax}}{a^2 - b^2} \left[\left(ax - \dfrac{a^2 + b^2}{a^2 - b^2} \right) \sinh bx - \left(bx - \dfrac{2ab}{a^2 - b^2} \right) \cosh bx \right] \quad (a^2 \neq b^2)$$

1247. $\int x \mathrm{e}^{ax} \cosh bx \, \mathrm{d}x$

$$= \dfrac{\mathrm{e}^{ax}}{a^2 - b^2} \left[\left(ax - \dfrac{a^2 + b^2}{a^2 - b^2} \right) \cosh bx - \left(bx - \dfrac{2ab}{a^2 - b^2} \right) \sinh bx \right] \quad (a^2 \neq b^2)$$

1248. $\int x^2 \mathrm{e}^{ax} \sinh bx \, \mathrm{d}x = \dfrac{\mathrm{e}^{ax}}{a^2 - b^2} \left\{ \left[ax^2 - \dfrac{2(a^2 + b^2)}{a^2 - b^2} x + \dfrac{2a(a^2 + 3b^2)}{(a^2 - b^2)^2} \right] \sinh bx \right.$

$$\left. - \left[bx^2 - \dfrac{4ab}{a^2 - b^2} x + \dfrac{2b(3a^2 + b^2)}{(a^2 - b^2)^2} \right] \cosh x \right\} \quad (a^2 \neq b^2)$$

1249. $\int x^2 \mathrm{e}^{ax} \cosh bx \, \mathrm{d}x = \dfrac{\mathrm{e}^{ax}}{a^2 - b^2} \left\{ \left[ax^2 - \dfrac{2(a^2 + b^2)}{a^2 - b^2} x + \dfrac{2a(a^2 + 3b^2)}{(a^2 - b^2)^2} \right] \cosh bx \right.$

$$\left. - \left[bx^2 - \dfrac{4ab}{a^2 - b^2} x + \dfrac{2b(3a^2 + b^2)}{(a^2 - b^2)^2} \right] \sinh x \right\} \quad (a^2 \neq b^2)$$

1250. $\int \dfrac{\mathrm{e}^{ax} \sinh bx}{x} \mathrm{d}x = \dfrac{1}{2} \{ \mathrm{Ei}[(a + b)x] - \mathrm{Ei}[(a - b)x] \} \quad (a^2 \neq b^2)$

〔这里，$\mathrm{Ei}(ax)$ 为指数积分（见附录），以下同〕

1251. $\int \dfrac{\mathrm{e}^{ax} \cosh bx}{x} \mathrm{d}x = \dfrac{1}{2} \{ \mathrm{Ei}[(a + b)x] + \mathrm{Ei}[(a - b)x] \} \quad (a^2 \neq b^2)$

1252. $\int \dfrac{\mathrm{e}^{ax} \sinh bx}{x^2} \mathrm{d}x$

$$= \dfrac{1}{2} \{ (a + b) \mathrm{Ei}[(a + b)x] - (a - b) \mathrm{Ei}[(a - b)x] \} - \dfrac{\mathrm{e}^{ax} \sinh bx}{2x}$$

$(a^2 \neq b^2)$

1253. $\int \dfrac{\mathrm{e}^{ax} \cosh bx}{x^2} \mathrm{d}x$

$$= \dfrac{1}{2} \{ (a + b) \mathrm{Ei}[(a + b)x] + (a - b) \mathrm{Ei}[(a - b)x] \} - \dfrac{\mathrm{e}^{ax} \cosh bx}{2x}$$

$(a^2 \neq b^2)$

1254. $\int \sinh ax \sin bx \, \mathrm{d}x = \dfrac{1}{a^2 + b^2} (a \cosh ax \sin bx - b \sinh ax \cos bx)$

1255. $\int \sinh ax \cos bx \, dx = \dfrac{1}{a^2 + b^2}(a \cosh ax \cos bx + b \sinh ax \sin bx)$

1256. $\int \cosh ax \sin bx \, dx = \dfrac{1}{a^2 + b^2}(a \sinh ax \sin bx - b \cosh ax \cos bx)$

1257. $\int \cosh ax \cos bx \, dx = \dfrac{1}{a^2 + b^2}(a \sinh ax \cos bx + b \cosh ax \sin bx)$

Ⅰ.1.4.5 反双曲函数的积分

1258. $\int \operatorname{arsinh} \dfrac{x}{a} \, dx = x \operatorname{arsinh} \dfrac{x}{a} - \sqrt{x^2 + a^2} \quad (a > 0)$

1259. $\int x \operatorname{arsinh} \dfrac{x}{a} \, dx = \left(\dfrac{x^2}{2} + \dfrac{a^2}{4}\right) \operatorname{arsinh} \dfrac{x}{a} - \dfrac{x}{4} \sqrt{x^2 + a^2} \quad (a > 0)$

1260. $\int x^2 \operatorname{arsinh} \dfrac{x}{a} \, dx = \dfrac{x^3}{3} \operatorname{arsinh} \dfrac{x}{a} - \dfrac{2a^2 - x^2}{9} \sqrt{x^2 + a^2}$

1261. $\int x^m \operatorname{arsinh} \dfrac{x}{a} \, dx = \dfrac{x^{m+1}}{m+1} \operatorname{arsinh} \dfrac{x}{a} - \dfrac{1}{m+1} \int \dfrac{x^{m+1}}{\sqrt{x^2 + a^2}} \, dx \quad (m \neq -1)$

1262. $\int \dfrac{\operatorname{arsinh} \dfrac{x}{a}}{x} \, dx = \dfrac{x}{a} - \dfrac{1}{2 \cdot 3 \cdot 3}\left(\dfrac{x}{a}\right)^3 + \dfrac{1 \cdot 3}{2 \cdot 4 \cdot 5 \cdot 5}\left(\dfrac{x}{a}\right)^5$
$$- \dfrac{1 \cdot 3 \cdot 5}{2 \cdot 4 \cdot 6 \cdot 7 \cdot 7}\left(\dfrac{x}{a}\right)^7 + \cdots \quad (x^2 < a^2)$$

1263. $\int \dfrac{\operatorname{arsinh} \dfrac{x}{a}}{x^2} \, dx = -\dfrac{1}{x} \operatorname{arsinh} \dfrac{x}{a} - \dfrac{1}{a} \ln \left| \dfrac{a + \sqrt{x^2 + a^2}}{x} \right|$

1264. $\int \dfrac{\operatorname{arsinh} \dfrac{x}{a}}{x^m} \, dx = -\dfrac{1}{(m-1)x^{m-1}} \operatorname{arsinh} \dfrac{x}{a} + \dfrac{1}{m-1} \int \dfrac{dx}{x^{m-1} \sqrt{a^2 + x^2}} \quad (m \neq 1)$

1265. $\int \operatorname{arcosh} \dfrac{x}{a} \, dx = x \operatorname{arcosh} \dfrac{x}{a} \mp \sqrt{x^2 - a^2}$
$\left(当 \operatorname{arcosh} \dfrac{x}{a} > 0 \text{ 时,取} - 号;当 \operatorname{arcosh} \dfrac{x}{a} < 0 \text{ 时,取} + 号\right)$

1266. $\int x \operatorname{arcosh} \dfrac{x}{a} \, dx = \left(\dfrac{x^2}{2} - \dfrac{a^2}{4}\right) \operatorname{arcosh} \dfrac{x}{a} \mp \dfrac{x}{4} \sqrt{x^2 - a^2}$
$\left(当 \operatorname{arcosh} \dfrac{x}{a} > 0 \text{ 时,取} - 号;当 \operatorname{arcosh} \dfrac{x}{a} < 0 \text{ 时,取} + 号\right)$

1267. $\int x^2 \operatorname{arcosh} \dfrac{x}{a} \, dx = \dfrac{x^3}{3} \operatorname{arcosh} \dfrac{x}{a} \mp \dfrac{2a^2 + x^2}{9} \sqrt{x^2 - a^2}$
$\left(当 \operatorname{arcosh} \dfrac{x}{a} > 0 \text{ 时,取} - 号;当 \operatorname{arcosh} \dfrac{x}{a} < 0 \text{ 时,取} + 号\right)$

1268. $\displaystyle\int x^m \operatorname{arcosh}\frac{x}{a}\,\mathrm{d}x = \frac{x^{m+1}}{m+1}\operatorname{arcosh}\frac{x}{a} \mp \frac{1}{m+1}\int \frac{x^{m+1}}{\sqrt{x^2-a^2}}\,\mathrm{d}x \quad (m \neq -1)$

$\left(\text{当 }\operatorname{arcosh}\dfrac{x}{a}>0\text{ 时,取}-\text{号;当 }\operatorname{arcosh}\dfrac{x}{a}<0\text{ 时,取}+\text{号}\right)$

1269. $\displaystyle\int \frac{\operatorname{arcosh}\dfrac{x}{a}}{x}\,\mathrm{d}x = \mp\left[\frac{1}{2}\left(\ln\left|\frac{2x}{a}\right|\right)^2 + \frac{1}{2\cdot 2\cdot 2}\left(\frac{x}{a}\right)^2\right.$

$\left. + \frac{1\cdot 3}{2\cdot 4\cdot 4\cdot 4}\left(\frac{x}{a}\right)^4 + \frac{1\cdot 3\cdot 5}{2\cdot 4\cdot 6\cdot 6\cdot 6}\left(\frac{x}{a}\right)^6 + \cdots\right]$

$\left(\text{当 }\operatorname{arcosh}\dfrac{x}{a}<0\text{ 时,取}-\text{号;当 }\operatorname{arcosh}\dfrac{x}{a}>0\text{ 时,取}+\text{号}\right)$

1270. $\displaystyle\int \frac{\operatorname{arcosh}\dfrac{x}{a}}{x^2}\,\mathrm{d}x = -\frac{1}{x}\operatorname{arcosh}\frac{x}{a} \mp \frac{1}{a}\ln\left|\frac{a+\sqrt{x^2+a^2}}{x}\right|.$

$\left(\text{当 }\operatorname{arcosh}\dfrac{x}{a}<0\text{ 时,取}-\text{号;当 }\operatorname{arcosh}\dfrac{x}{a}>0\text{ 时,取}+\text{号}\right)$

1271. $\displaystyle\int \frac{\operatorname{arcosh}\dfrac{x}{a}}{x^m}\,\mathrm{d}x = -\frac{1}{(m-1)x^{m-1}}\operatorname{arcosh}\frac{x}{a} + \frac{1}{m-1}\int \frac{\mathrm{d}x}{x^{m-1}\sqrt{x^2-a^2}}$

$(m \neq 1)$

1272. $\displaystyle\int \operatorname{artanh}\frac{x}{a}\,\mathrm{d}x = x\operatorname{artanh}\frac{x}{a} + \frac{a}{2}\ln(a^2-x^2) \quad \left(\left|\frac{x}{a}\right|<1\right)$

1273. $\displaystyle\int x\operatorname{artanh}\frac{x}{a}\,\mathrm{d}x = \frac{x^2-a^2}{2}\operatorname{artanh}\frac{x}{a} + \frac{ax}{2} \quad \left(\left|\frac{x}{a}\right|<1\right)$

1274. $\displaystyle\int x^m\operatorname{artanh}\frac{x}{a}\,\mathrm{d}x = \frac{x^{m+1}}{m+1}\operatorname{artanh}\frac{x}{a} - \frac{a}{m+1}\int \frac{x^{m+1}}{a^2-x^2}\,\mathrm{d}x \quad (m \neq -1)$

1275. $\displaystyle\int \frac{\operatorname{artanh}\dfrac{x}{a}}{x}\,\mathrm{d}x = \frac{1}{1^2}\frac{x}{a} + \frac{1}{3^2}\left(\frac{x}{a}\right)^3 + \frac{1}{5^2}\left(\frac{x}{a}\right)^5 + \frac{1}{7^2}\left(\frac{x}{a}\right)^7 + \cdots$

1276. $\displaystyle\int \frac{\operatorname{artanh}\dfrac{x}{a}}{x^2}\,\mathrm{d}x = -\frac{1}{a}\left(\frac{a}{x}\operatorname{artanh}\frac{x}{a} + \ln\left|\frac{\sqrt{a^2-x^2}}{x}\right|\right)$

1277. $\displaystyle\int \frac{\operatorname{artanh}\dfrac{x}{a}}{x^3}\,\mathrm{d}x = -\frac{1}{2x^2}\left(\frac{x}{a} - \frac{x^2-a^2}{a^2}\operatorname{artanh}\frac{x}{a}\right)$

1278. $\displaystyle\int \frac{\operatorname{artanh}\dfrac{x}{a}}{x^m}\,\mathrm{d}x = -\frac{1}{(m-1)x^{m-1}}\operatorname{artanh}\frac{x}{a} + \frac{a}{m-1}\int \frac{\mathrm{d}x}{(a^2-x^2)x^{m-1}}$

1279. $\displaystyle\int \operatorname{arcoth}\frac{x}{a}\,\mathrm{d}x = x\operatorname{arcoth}\frac{x}{a} + \frac{a}{2}\ln(x^2-a^2) \quad \left(\left|\frac{x}{a}\right|>1\right)$

1280. $\displaystyle\int x\operatorname{arcoth}\frac{x}{a}\,\mathrm{d}x = \frac{x^2-a^2}{2}\operatorname{arcoth}\frac{x}{a} + \frac{ax}{2} \quad \left(\left|\frac{x}{a}\right|>1\right)$

1281. $\int x^m \operatorname{arcoth} \dfrac{x}{a} dx = \dfrac{x^{m+1}}{m+1} \operatorname{arcoth} \dfrac{x}{a} + \dfrac{a}{m+1} \int \dfrac{x^{m+1}}{x^2 - a^2} dx \quad (m \neq -1)$

1282. $\int \dfrac{\operatorname{arcoth} \dfrac{x}{a}}{x} dx = -\dfrac{1}{1^2} \left(\dfrac{x}{a}\right)^1 - \dfrac{1}{3^2} \left(\dfrac{x}{a}\right)^3 - \dfrac{1}{5^2} \left(\dfrac{x}{a}\right)^5 - \dfrac{1}{7^2} \left(\dfrac{x}{a}\right)^7 - \cdots$

1283. $\int \dfrac{\operatorname{arcoth} \dfrac{x}{a}}{x^2} dx = -\dfrac{1}{a} \left(\dfrac{a}{x} \operatorname{arcoth} \dfrac{x}{a} + \ln \dfrac{\sqrt{a^2 - x^2}}{x}\right)$

1284. $\int \dfrac{\operatorname{arcoth} \dfrac{x}{a}}{x^3} dx = -\dfrac{1}{2x^2} \left(\dfrac{x}{a} - \dfrac{x^2 - a^2}{a^2} \operatorname{arcoth} \dfrac{x}{a}\right)$

1285. $\int \dfrac{\operatorname{arcoth} \dfrac{x}{a}}{x^m} dx = -\dfrac{1}{(m-1)x^{m-1}} \operatorname{arcoth} \dfrac{x}{a} + \dfrac{a}{m-1} \int \dfrac{dx}{(a^2 - x^2)x^{m-1}}$

1286. $\int \operatorname{arsech} x \, dx = x \operatorname{arsech} x + \arcsin x$

1287. $\int x \operatorname{arsech} x \, dx = \dfrac{x^2}{2} \operatorname{arsech} x - \dfrac{1}{2} \sqrt{1 - x^2}$

1288. $\int x^n \operatorname{arsech} x \, dx = \dfrac{x^{n+1}}{n+1} \operatorname{arsech} x + \dfrac{1}{n+1} \int \dfrac{x^n}{\sqrt{1 - x^2}} dx \quad (n \neq -1)$

1289. $\int \operatorname{arcsch} x \, dx = x \operatorname{arcsch} x + \dfrac{x}{|x|} \operatorname{arsinh} x$

1290. $\int x \operatorname{arcsch} x \, dx = \dfrac{x^2}{2} \operatorname{arcsch} x + \dfrac{1}{2} \dfrac{x}{|x|} \sqrt{1 + x^2}$

1291. $\int x^n \operatorname{arcsch} x \, dx = \dfrac{x^{n+1}}{n+1} \operatorname{arcsch} x + \dfrac{1}{n+1} \dfrac{x}{|x|} \int \dfrac{x^n}{\sqrt{1 + x^2}} dx \quad (n \neq -1)$

Ⅰ.2　特殊函数的不定积分

Ⅰ.2.1　完全椭圆积分的积分

设 $k' = \sqrt{1 - k^2}$, 并且 $k^2 < 1$.

1. $\int \mathrm{K}(k) dk = \dfrac{k\pi}{2} \left\{ 1 + \displaystyle\sum_{j=1}^{\infty} \dfrac{[(2j)!]^2 k^{2j}}{(2j+1) 2^{4j} (j!)^4} \right\}$

$\left[\text{这里}, \mathrm{K}(k) = \mathrm{F}\left(k, \dfrac{\pi}{2}\right) \text{为第一类完全椭圆积分(见附录)，以下同}\right]$

2. $\displaystyle\int E(k)\mathrm{d}k = \frac{k\pi}{2}\left\{1 - \sum_{j=1}^{\infty} \frac{[(2j)!]^2 k^{2j}}{(4j^2 - 1)2^{4j}(j!)^4}\right\}$

$\left[\text{这里,}E(k) = E\left(k, \dfrac{\pi}{2}\right)\text{为第二类完全椭圆积分(见附录),以下同}\right]$

3. $\displaystyle\int K(k)k\,\mathrm{d}k = E(k) - (1 - k^2)K(k)$

4. $\displaystyle\int E(k)k\,\mathrm{d}k = \frac{1}{3}\left[(1 + k^2)E(k) - (1 - k^2)K(k)\right]$

5. $\displaystyle\int \frac{K(k)}{k^2}\mathrm{d}k = -\frac{E(k)}{k}$

6. $\displaystyle\int \frac{E(k)}{k^2}\mathrm{d}k = \frac{1}{k}\left[(1 - k^2)K(k) - 2E(k)\right]$

7. $\displaystyle\int \frac{E(k)}{1 - k^2}\mathrm{d}k = kK(k)$

8. $\displaystyle\int \frac{kE(k)}{1 - k^2}\mathrm{d}k = K(k) - E(k)$

9. $\displaystyle\int \frac{K(k) - E(k)}{k}\mathrm{d}k = -E(k)$

10. $\displaystyle\int \frac{E(k) - (1 - k^2)K(k)}{k}\mathrm{d}k = 2E(k) - (1 - k^2)K(k)$

11. $\displaystyle\int \frac{(1 + k^2)K(k) - E(k)}{k}\mathrm{d}k = -(1 - k^2)K(k)$

Ⅰ.2.2 勒让德椭圆积分(不完全椭圆积分) 的积分

12. $\displaystyle\int_0^x \frac{F(k, x)}{\sqrt{1 - k^2\sin^2 x}}\mathrm{d}x = \frac{1}{2}[F(k, x)]^2 \quad \left(0 < x \leqslant \frac{\pi}{2}\right)$

$[\text{这里,}F(k, x)\text{为第一类勒让德椭圆积分(见附录),以下同}]$

13. $\displaystyle\int_0^x E(k, x)\sqrt{1 - k^2\sin^2 x}\,\mathrm{d}x = \frac{1}{2}[E(k, x)]^2$

$[\text{这里,}E(k, x)\text{为第二类勒让德椭圆积分(见附录),以下同}]$

14. $\displaystyle\int_0^x F(k, x)\sin x\,\mathrm{d}x = -\cos x F(k, x) + \frac{1}{k}\arcsin(k\sin x)$

15. $\displaystyle\int_0^x F(k, x)\cos x\,\mathrm{d}x$

$\displaystyle = \sin x F(k, x) + \frac{1}{k}\mathrm{arcosh}\sqrt{\frac{1 - k^2\sin^2 x}{1 - k^2}} - \frac{1}{k}\mathrm{arcosh}\frac{1}{\sqrt{1 - k^2}}$

16. $\displaystyle\int_0^x \mathrm{E}(k,x)\sin x\,\mathrm{d}x$

$$= -\cos x\,\mathrm{E}(k,x) + \frac{1}{2k}\Big[k\sin x\,\sqrt{1-k^2\sin^2 x} + \arcsin(k\sin x)\Big]$$

17. $\displaystyle\int_0^x \mathrm{E}(k,x)\cos x\,\mathrm{d}x = \sin x\,\mathrm{E}(k,x) + \frac{1}{2k}\Big[k\cos x\,\sqrt{1-k^2\sin^2 x}$

$$-(1-k^2)\,\mathrm{arcosh}\,\sqrt{\frac{1-k^2\sin^2 x}{1-k^2}} - k$$

$$+(1-k^2)\,\mathrm{arcosh}\,\frac{1}{\sqrt{1-k^2}}\Big]$$

18. $\displaystyle\int \mathrm{F}(k,x)k\,\mathrm{d}k = \mathrm{E}(k,x) - (1-k^2)\mathrm{F}(k,x) + (\sqrt{1-k^2\sin^2 x} - 1)\cot x$

19. $\displaystyle\int \mathrm{E}(k,x)k\,\mathrm{d}k$

$$= \frac{1}{3}\Big[(1+k^2)\mathrm{E}(k,x) - (1-k^2)\mathrm{F}(k,x) + (\sqrt{1-k^2\sin^2 x} - 1)\cot x\Big]$$

Ⅰ.2.3　指数积分函数的积分

20. $\displaystyle\int_x^\infty \mathrm{Ei}(-\alpha x)\mathrm{Ei}(-\beta x)\,\mathrm{d}x = \Big(\frac{1}{\alpha} + \frac{1}{\beta}\Big)\mathrm{Ei}[-(\alpha+\beta)x] - x\mathrm{Ei}(-\alpha x)\mathrm{Ei}(-\beta x)$

$$- \frac{\mathrm{e}^{-\alpha x}}{\alpha}\mathrm{Ei}(-\beta x) - \frac{\mathrm{e}^{-\beta x}}{\beta}\mathrm{Ei}(-\alpha x)\quad [\mathrm{Re}(\alpha+\beta)>0]$$

［这里，$\mathrm{Ei}(z)$为指数积分（见附录），以下同］

21. $\displaystyle\int_x^\infty \frac{\mathrm{Ei}[-a(x+b)]}{x^2}\mathrm{d}x = \Big(\frac{1}{x} + \frac{1}{b}\Big)\mathrm{Ei}[-a(x+b)] - \frac{\mathrm{e}^{-ab}}{b}\mathrm{Ei}(-ax)$

$(a>0,\ b>0)$

22. $\displaystyle\int_x^\infty \frac{\mathrm{Ei}[-a(x+b)]}{x^{n+1}}\mathrm{d}x$

$$= \Big[\frac{1}{x^n} - \frac{(-1)^n}{b^n}\Big]\frac{\mathrm{Ei}[-a(x+b)]}{n} + \frac{\mathrm{e}^{-ab}}{n}\sum_{k=0}^{n-1}\frac{(-1)^{n-k-1}}{b^{n-k}}\int_x^\infty \frac{\mathrm{e}^{-ax}}{x^{k+1}}\mathrm{d}x$$

$(a>0,\ b>0)$

23. $\displaystyle\int_0^x \mathrm{e}^x\mathrm{Ei}(-x)\,\mathrm{d}x = \mathrm{e}^x\mathrm{Ei}(-x) - \ln x - \gamma$

［这里，γ 是欧拉常数（见附录）］

24. $\displaystyle\int_0^x \mathrm{e}^{-\beta x}\mathrm{Ei}(-\alpha x)\,\mathrm{d}x = -\frac{1}{\beta}\Big\{\mathrm{e}^{-\beta x}\mathrm{Ei}(-\alpha x) + \ln\Big(1+\frac{\beta}{\alpha}\Big) - \mathrm{Ei}[-(\alpha+\beta)x]\Big\}$

Ⅰ.2.4 正弦积分和余弦积分函数的积分

25. $\int \sin\alpha x\, \mathrm{si}(\beta x)\mathrm{d}x = -\dfrac{\cos\alpha x\, \mathrm{si}(\beta x)}{\alpha} + \dfrac{\mathrm{si}(\alpha x + \beta x) - \mathrm{si}(\alpha x - \beta x)}{2\alpha}$

[这里,si(z)为正弦积分(见附录),以下同]

26. $\int \cos\alpha x\, \mathrm{si}(\beta x)\mathrm{d}x = \dfrac{\sin\alpha x\, \mathrm{si}(\beta x)}{\alpha} + \dfrac{\mathrm{ci}(\alpha x + \beta x) - \mathrm{ci}(\alpha x - \beta x)}{2\alpha}$

[这里,ci(z)为余弦积分(见附录),以下同]

27. $\int \sin\alpha x\, \mathrm{ci}(\beta x)\mathrm{d}x = -\dfrac{\cos\alpha x\, \mathrm{ci}(\beta x)}{\alpha} + \dfrac{\mathrm{ci}(\alpha x + \beta x) + \mathrm{ci}(\alpha x - \beta x)}{2\alpha}$

28. $\int \cos\alpha x\, \mathrm{ci}(\beta x)\mathrm{d}x = \dfrac{\sin\alpha x\, \mathrm{ci}(\beta x)}{\alpha} - \dfrac{\mathrm{si}(\alpha x + \beta x) + \mathrm{si}(\alpha x - \beta x)}{2\alpha}$

29. $\int \mathrm{si}(\alpha x)\mathrm{si}(\beta x)\mathrm{d}x = x\,\mathrm{si}(\alpha x)\mathrm{si}(\beta x) - \dfrac{1}{2\beta}[\mathrm{si}(\alpha x + \beta x) + \mathrm{si}(\alpha x - \beta x)]$

$$- \dfrac{1}{2\alpha}[\mathrm{si}(\alpha x + \beta x) + \mathrm{si}(\beta x - \alpha x)]$$

$$+ \dfrac{1}{\alpha}\cos\alpha x\, \mathrm{si}(\beta x) + \dfrac{1}{\beta}\cos\beta x\, \mathrm{si}(\alpha x)$$

30. $\int \mathrm{si}(\alpha x)\mathrm{ci}(\beta x)\mathrm{d}x = x\,\mathrm{si}(\alpha x)\mathrm{ci}(\beta x) + \dfrac{1}{\alpha}\cos\alpha x\, \mathrm{ci}(\beta x) - \dfrac{1}{\beta}\sin\beta x\, \mathrm{si}(\alpha x)$

$$- \left(\dfrac{1}{2\alpha} + \dfrac{1}{2\beta}\right)\mathrm{ci}(\alpha x + \beta x) - \left(\dfrac{1}{2\alpha} - \dfrac{1}{2\beta}\right)\mathrm{ci}(\alpha x - \beta x)$$

31. $\int \mathrm{ci}(\alpha x)\mathrm{ci}(\beta x)\mathrm{d}x = x\,\mathrm{ci}(\alpha x)\mathrm{ci}(\beta x) + \dfrac{1}{2\alpha}[\mathrm{si}(\alpha x + \beta x) + \mathrm{si}(\alpha x - \beta x)]$

$$+ \dfrac{1}{2\beta}[\mathrm{si}(\alpha x + \beta x) + \mathrm{si}(\beta x - \alpha x)]$$

$$- \dfrac{1}{\alpha}\sin\alpha x\, \mathrm{ci}(\beta x) - \dfrac{1}{\beta}\sin\beta x\, \mathrm{ci}(\alpha x)$$

32. $\int_x^\infty \dfrac{\mathrm{si}[a(x + b)]}{x^2}\mathrm{d}x = \left(\dfrac{1}{x} + \dfrac{1}{b}\right)\mathrm{si}[a(x + b)] - \dfrac{\cos ab\,\mathrm{si}(ax) + \sin ab\,\mathrm{ci}(ax)}{b}$

$(a > 0,\ b > 0)$

33. $\int_x^\infty \dfrac{\mathrm{ci}[a(x + b)]}{x^2}\mathrm{d}x = \left(\dfrac{1}{x} + \dfrac{1}{b}\right)\mathrm{ci}[a(x + b)] + \dfrac{\sin ab\,\mathrm{si}(ax) - \cos ab\,\mathrm{ci}(ax)}{b}$

$(a > 0,\ b > 0)$

Ⅰ.2.5 概率积分和菲涅耳函数的积分

34. $\int \Phi(ax)\mathrm{d}x = x\,\Phi(ax) + \dfrac{\mathrm{e}^{-a^2 x^2}}{a\sqrt{\pi}}$

[这里,$\Phi(x)$ 为概率积分(见附录)]

35. $\int \mathrm{S}(ax)\mathrm{d}x = x\,\mathrm{S}(ax) + \dfrac{\cos a^2 x^2}{a\sqrt{2\pi}}$

[这里,$\mathrm{S}(x)$ 为菲涅耳函数(见附录)]

36. $\int \mathrm{C}(ax)\mathrm{d}x = x\,\mathrm{C}(ax) - \dfrac{\sin a^2 x^2}{a\sqrt{2\pi}}$

[这里,$\mathrm{C}(x)$ 为菲涅耳函数(见附录)]

Ⅰ.2.6 贝塞尔函数的积分

37. $\int \mathrm{J}_p(x)\mathrm{d}x = 2\sum\limits_{k=0}^{\infty}\mathrm{J}_{p+2k+1}(x)$

38. $\int x^{p+1}\mathrm{Z}_p(x)\mathrm{d}x = x^{p+1}\mathrm{Z}_{p+1}(x)$

39. $\int x^{-p+1}\mathrm{Z}_p(x)\mathrm{d}x = -x^{-p+1}\mathrm{Z}_{p-1}(x)$

40. $\int x[\mathrm{Z}_p(ax)]^2\mathrm{d}x = \dfrac{x^2}{2}\{[\mathrm{Z}_p(ax)]^2 - \mathrm{Z}_{p-1}(ax)\mathrm{Z}_{p+1}(ax)\}$

41. $\int x\mathrm{Z}_p(ax)\mathrm{W}_p(bx)\mathrm{d}x = \dfrac{bx\mathrm{Z}_p(ax)\mathrm{W}_{p-1}(bx) - ax\mathrm{Z}_{p-1}(ax)\mathrm{W}_p(bx)}{a^2 - b^2}$

42. $\int \dfrac{\mathrm{Z}_p(ax)\mathrm{W}_q(ax)}{x}\mathrm{d}x$

$\qquad = \dfrac{ax[\mathrm{Z}_{p-1}(ax)\mathrm{W}_q(ax) - \mathrm{Z}_p(ax)\mathrm{W}_{q-1}(ax)]}{p^2 - q^2} - \dfrac{\mathrm{Z}_p(ax)\mathrm{W}_q(ax)}{p+q}$

43. $\int \mathrm{Z}_1(x)\mathrm{d}x = -\mathrm{Z}_0(x)$

44. $\int x\mathrm{Z}_0(x)\mathrm{d}x = x\mathrm{Z}_1(x)$

[上述诸式中,$\mathrm{Z}_p(x)$,$\mathrm{W}_p(x)$ 均为任意贝塞尔函数]

Ⅱ   定积分表

在定积分中,若被积函数在积分区间内有奇点,则其积分值被视为积分主值.

Ⅱ.1   初等函数的定积分

Ⅱ.1.1   幂函数和代数函数的定积分

与不定积分一样,公式中出现的变量与常量,都应在使公式两边都有意义的范围之内. 当没有特别说明时,l,m,n 为非零的正整数;$a,b,c,d,p,q,\alpha,\beta,\gamma$ 是非零的实数.

Ⅱ.1.1.1   含有 x^n 和 $a^p \pm x^p$ 的积分

1. $\displaystyle\int_1^\infty \frac{\mathrm{d}x}{x^m} = \frac{1}{m-1}$ $(m > 1)$

2. $\displaystyle\int_0^a x^m (a-x)^n \mathrm{d}x = \frac{m!\,n!\,a^{m+n+1}}{(m+n+1)!} = \frac{\Gamma(m+1)\Gamma(n+1)}{\Gamma(m+n+2)} a^{m+n+1}$

   [这里,$\Gamma(z)$ 为伽马函数(见附录),以下同]

3. $\displaystyle\int_0^1 x^{m-1}(1-x)^{n-1} \mathrm{d}x = \int_0^1 \frac{x^{m-1}}{(1+x)^{m+n}} \mathrm{d}x = \frac{\Gamma(m)\Gamma(n)}{\Gamma(m+n)}$ $(m > 0,\ n > 0)$

4. $\displaystyle\int_0^a x^{q-1}(a-x)^{p-1} \mathrm{d}x = a^{p+q-1} \mathrm{B}(p,q)$ $(\mathrm{Re}\ p > 0,\ \mathrm{Re}\ q > 0)$

   [这里,$\mathrm{B}(p,q)$ 为贝塔函数(见附录),以下同]

5. $\displaystyle\int_0^1 x^{q-1}(1-x)^{p-1} \mathrm{d}x = \int_0^1 x^{p-1}(1-x)^{q-1} \mathrm{d}x = \mathrm{B}(p,q)$ $(\mathrm{Re}\ p > 0,\ \mathrm{Re}\ q > 0)$

6. $\displaystyle\int_0^a x^\alpha (a^n - x^n)^\beta \mathrm{d}x = \frac{\Gamma\!\left(\dfrac{\alpha+1}{n}\right)\Gamma(\beta+1)}{n\,\Gamma\!\left(\dfrac{\alpha+1}{n}+\beta+1\right)} a^{\alpha+n\beta+1}$

7. $\displaystyle\int_a^b (x-a)^\alpha (b-x)^\beta \mathrm{d}x = \frac{\Gamma(\alpha+1)\Gamma(\beta+1)}{\Gamma(\alpha+\beta+2)} (b-a)^{\alpha+\beta+1}$

8. $\displaystyle\int_0^\infty x^{p-\frac{1}{2}} (x+a)^{-p}(x+b)^{-p}\mathrm{d}x = \sqrt{\pi}(\sqrt{a}+\sqrt{b})^{1-2p}\frac{\Gamma\!\left(p-\dfrac{1}{2}\right)}{\Gamma(p)}$ （Re $p>0$）

9. $\displaystyle\int_a^b (x-a)^{p-1}(b-x)^{q-1}(x-c)^{-p-q}\mathrm{d}x = (b-c)^{-p}(a-c)^{-q}(b-a)^{p+q-1}\mathrm{B}(p,q)$

　　（Re $p>0$, Re $q>0$, $c<a<b$）

10. $\displaystyle\int_0^a \frac{x^m}{a+x}\mathrm{d}x = (-a)^m\left[\ln 2 + \sum_{k=1}^m (-1)^k\frac{1}{k}\right]$

11. $\displaystyle\int_0^\infty \frac{x^{p-1}}{a+x}\mathrm{d}x = \begin{cases}\pi a^{p-1}\csc p\pi & (a>0, 0<\mathrm{Re}\ p<1)\\ -\pi(-a)^{p-1}\cot p\pi & (a<0, 0<\mathrm{Re}\ p<1)\end{cases}$

12. $\displaystyle\int_0^\infty \frac{x^p}{a+x}\mathrm{d}x = \frac{\pi a^p}{\sin(p+1)\pi}$ （$0<p<1$）

13. $\displaystyle\int_0^\infty \frac{x^{-p}}{a+x}\mathrm{d}x = \frac{\pi a^{-p}}{\sin p\pi}$ （$0<p<1$）

14. $\displaystyle\int_0^a \frac{x^p}{(a-x)^p}\mathrm{d}x = \frac{ap\pi}{\sin p\pi}$ （$|p|<1$）

15. $\displaystyle\int_0^\infty \frac{x^p}{(1+x)^3}\mathrm{d}x = \frac{\pi}{2}p(1-p)\csc p\pi$ （$-1<p<2$）

16. $\displaystyle\int_0^1 \frac{x^p}{(1-x)^p}\mathrm{d}x = p\pi\csc p\pi$ （$|p|<1$）

17. $\displaystyle\int_0^1 \frac{x^p}{(1-x)^{p+1}}\mathrm{d}x = \int_0^1 \frac{(1-x)^p}{x^{p+1}}\mathrm{d}x = -\pi\csc p\pi$ （$-1<p<0$）

18. $\displaystyle\int_0^\infty \frac{x^{p-1}}{1+x}\mathrm{d}x = \frac{\pi}{\sin p\pi}$ （$0<p<1$）

19. $\displaystyle\int_0^\infty \frac{\mathrm{d}x}{(1+x)x^p} = \pi\csc p\pi$ （$0<p<1$）

20. $\displaystyle\int_0^\infty \frac{\mathrm{d}x}{(1-x)x^p} = -\pi\cot p\pi$ （$0<p<1$）

21. $\displaystyle\int_0^\infty \frac{x^{p-1}}{1+x^q}\mathrm{d}x = \frac{\pi}{q}\csc\frac{p\pi}{q} = \frac{1}{q}\mathrm{B}\!\left(\frac{p}{q},\frac{q-p}{q}\right)$ （Re $q>$ Re $p>0$）

22. $\displaystyle\int_0^\infty \frac{x^{p-1}}{(1+x^q)^2}\mathrm{d}x = \frac{(p-q)\pi}{q^2}\csc\frac{(p-q)\pi}{q}$ （$p<2q$）

23. $\displaystyle\int_0^\infty \frac{x^{p-1}}{1-x^q}\mathrm{d}x = \frac{\pi}{q}\cot\frac{p\pi}{q}$ （$p<q$）

24. $\displaystyle\int_0^1 \frac{x^p}{(1-x)^{p+1}}\mathrm{d}x = \int_0^1 \frac{(1-x)^p}{x^{p+1}}\mathrm{d}x = -\pi\csc p\pi$ （$-1<p<0$）

25. $\int_0^1 \dfrac{x^{p-1}}{(1-x)^p(1+qx)}\mathrm{d}x = \dfrac{\pi}{(1+q)^p}\csc p\pi \quad (0 < p < 1,\ q > -1)$

26. $\int_0^\infty \dfrac{x^{p-1}}{(a+x)(b+x)}\mathrm{d}x = \dfrac{\pi}{b-a}(a^{p-1} - b^{p-1})\csc p\pi$

$(0 < \mathrm{Re}\ p < 2,\ |\arg a| < \pi,\ |\arg b| < \pi)$

27. $\int_0^\infty \dfrac{x^{p-1}}{(a+x)(b-x)}\mathrm{d}x = \dfrac{\pi}{b+a}(a^{p-1}\csc p\pi + b^{p-1}\cot p\pi)$

$(0 < \mathrm{Re}\ p < 2,\ b > 0,\ |\arg a| < \pi)$

28. $\int_0^\infty \dfrac{x^{p-1}}{(a-x)(b-x)}\mathrm{d}x = \pi\cot p\pi \cdot \dfrac{a^{p-1} - b^{p-1}}{b-a} \quad (0 < \mathrm{Re}\ p < 2,\ a > b > 0)$

29. $\int_1^\infty \dfrac{(x-1)^{p-1}}{x^2}\mathrm{d}x = (1-p)\pi\csc p\pi \quad (-1 < p < 1)$

30. $\int_1^\infty \dfrac{(x-1)^{1-p}}{x^3}\mathrm{d}x = \dfrac{1}{2}p(1-p)\pi\csc p\pi \quad (0 < p < 1)$

31. $\int_a^\infty \dfrac{(x-a)^{p-1}}{x-b}\mathrm{d}x = (a-b)^{p-1}\pi\csc p\pi \quad (a > b,\ 0 < p < 1)$

32. $\int_{-\infty}^a \dfrac{(a-x)^{p-1}}{x-b}\mathrm{d}x = -(b-a)^{p-1}\pi\csc p\pi \quad (a < b,\ 0 < p < 1)$

33. $\int_0^\infty \dfrac{(1+x)^{p-1}}{(a+x)^{p+1}}\mathrm{d}x = \dfrac{1-a^{-p}}{p(a-1)} \quad (a > 0)$

34. $\int_0^1 \dfrac{x^{p-1}+x^{q-1}}{(1+x)^{p+q}}\mathrm{d}x = \int_1^\infty \dfrac{x^{p-1}+x^{q-1}}{(1+x)^{p+q}}\mathrm{d}x = \mathrm{B}(p,q) \quad (\mathrm{Re}\ p > 0,\ \mathrm{Re}\ q > 0)$

35. $\int_0^a \dfrac{\left(\dfrac{x}{a}\right)^{\alpha-1} + \left(\dfrac{x}{a}\right)^{\beta-1}}{(a+x)^{\alpha+\beta}}\mathrm{d}x = \dfrac{\mathrm{B}(\alpha,\beta)}{a^{\alpha+\beta-1}}$

Ⅱ.1.1.2 含有 $a^n + x^n$，$a + bx^n$ 和 $a + 2bx + cx^2$ 的积分

36. $\int_0^a \dfrac{\mathrm{d}x}{a+x} = \ln 2$

37. $\int_0^\infty \dfrac{\mathrm{d}x}{a^2+x^2} = \dfrac{\pi}{2a}$

38. $\int_0^\infty \dfrac{\mathrm{d}x}{a^3+x^3} = \dfrac{2\pi}{3a^2\sqrt{3}}$

39. $\int_0^\infty \dfrac{\mathrm{d}x}{a^n+x^n} = \dfrac{a\pi}{na^n\sin\dfrac{\pi}{n}}$

40. $\int_0^\infty \dfrac{x}{a^2+x^2}\mathrm{d}x = \infty$

41. $\int_0^a \dfrac{x}{a^2+x^2}\mathrm{d}x = \dfrac{1}{2}\ln 2$

42. $\displaystyle\int_0^\infty \frac{x}{a^3 + x^3}\mathrm{d}x = \frac{2\pi}{3a\sqrt{3}}$

43. $\displaystyle\int_0^\infty \frac{x}{a^n + x^n}\mathrm{d}x = \frac{\pi}{na^{n-2}\sin\dfrac{2\pi}{n}}$

44. $\displaystyle\int_0^\infty \frac{x^2}{a^n + x^n}\mathrm{d}x = \frac{\pi}{na^{n-3}\sin\dfrac{3\pi}{n}}$

45. $\displaystyle\int_0^\infty \frac{x^m}{a^n + x^n}\mathrm{d}x = \frac{a^{m+1}\pi}{na^n\sin\dfrac{(m+1)\pi}{n}}$

46. $\displaystyle\int_0^a \frac{x^m}{a^n + x^n}\mathrm{d}x = a^{m-n+1}\left[\sum_{k=0}^\infty (-1)^k \frac{1}{m+kn+1}\right]$

47. $\displaystyle\int_0^\infty \frac{\mathrm{d}x}{(a^2 + x^2)^n} = \frac{(2n-3)!!}{(2n-2)!!}\frac{\pi}{2a^{2n-1}}$

48. $\displaystyle\int_0^\infty \frac{\mathrm{d}x}{(a^2 + x^2)(b^2 + x^2)} = \frac{\pi}{2ab(a+b)}$

49. $\displaystyle\int_0^\infty \frac{\mathrm{d}x}{(a^2 + x^2)(a^n + x^n)} = \frac{\pi}{4a^{n+1}}$

50. $\displaystyle\int_0^\infty \frac{\mathrm{d}x}{(a + bx)^2} = \frac{1}{ab}$

51. $\displaystyle\int_0^\infty \frac{\mathrm{d}x}{(a + bx)^3} = \frac{1}{2ab^2}$

52. $\displaystyle\int_0^\infty \frac{\mathrm{d}x}{(a + bx)^n} = \frac{\mathrm{B}(1, n-1)}{a^{n-1}b}$

　　　[这里,$\mathrm{B}(p,q)$为贝塔函数(见附录),以下同]

53. $\displaystyle\int_0^\infty \frac{x^m}{(a + bx)^n}\mathrm{d}x = \frac{\mathrm{B}(m+1, n-m-1)}{a^{n-m-1}b^{m+1}}$

54. $\displaystyle\int_0^\infty \frac{x^m}{(a + bx)^{n+\frac{1}{2}}}\mathrm{d}x = 2^{m+1}m!\frac{(2n-2m-3)!!}{(2n-1)!!}\frac{a^{m-n+\frac{1}{2}}}{b^{m+1}}$

　　　$\left(a > 0,\ b > 0,\ m < n - \dfrac{1}{2}\right)$

55. $\displaystyle\int_0^\infty \frac{x^{2m}}{(a + bx^2)^n}\mathrm{d}x = \frac{(2m-1)!!(2n-2m-3)!!}{(2n-2)!!}\frac{\pi}{2a^{n-m-1}b^m\sqrt{ab}}$ $\quad (n > m+1)$

56. $\displaystyle\int_0^\infty \frac{x^{2m+1}}{(a + bx^2)^n}\mathrm{d}x = \frac{m!!(n-m-2)!}{(n-1)!}\frac{1}{2a^{n-m-1}b^{m+1}}$ $\quad (n > m+1 \geqslant 1)$

57. $\displaystyle\int_0^a \frac{\mathrm{d}x}{a^2 + ax + x^2} = \frac{\pi}{3a\sqrt{3}}$

58. $\displaystyle\int_0^a \frac{\mathrm{d}x}{a^2 - ax + x^2} = \frac{2\pi}{3a\sqrt{3}}$

59. $\displaystyle\int_0^\infty \frac{\mathrm{d}x}{a + 2bx + cx^2} = \frac{1}{\sqrt{ac - b^2}}\text{arccot}\,\frac{b}{\sqrt{ac - b^2}}$ 　$(ac - b^2 > 0)$

60. $\displaystyle\int_{-\infty}^\infty \frac{\mathrm{d}x}{(a + 2bx + cx^2)^n} = \frac{(2n - 3)!!\,c^{n-1}\pi}{(2n - 2)!!(ac - b^2)^{n-\frac{1}{2}}}$ 　$(c > 0,\ ac > b^2)$

61. $\displaystyle\int_{-\infty}^\infty \frac{x}{(a + 2bx + cx^2)^n}\mathrm{d}x = -\frac{(2n - 3)!!\,bc^{n-2}\pi}{(2n - 2)!!(ac - b^2)^{n-\frac{1}{2}}}$

　　$(c > 0,\ ac > b^2,\ n \geqslant 2)$

Ⅱ.1.1.3　含有 $x^p \pm x^q$ 和 $1 \pm x^n$ 的积分

62. $\displaystyle\int_0^1 \frac{x^{p-1} - x^{-p}}{1 + x}\mathrm{d}x = \pi\csc p\pi$ 　$(p^2 < 1)$

63. $\displaystyle\int_0^1 \frac{x^{p-1} - x^{-p}}{1 - x}\mathrm{d}x = \pi\cot p\pi$ 　$(p^2 < 1)$

64. $\displaystyle\int_0^1 \frac{x^p - x^{-p}}{x + 1}\mathrm{d}x = \frac{1}{p} - \frac{\pi}{\sin p\pi}$ 　$(p^2 < 1)$

65. $\displaystyle\int_0^1 \frac{x^p - x^{-p}}{x - 1}\mathrm{d}x = \frac{1}{p} - \frac{\pi}{\tan p\pi}$ 　$(p^2 < 1)$

66. $\displaystyle\int_0^1 \frac{x^p - x^{-p}}{1 + x^2}x\,\mathrm{d}x = \frac{1}{2} - \frac{\pi}{2}\csc\frac{p\pi}{2}$ 　$(p^2 < 1)$

67. $\displaystyle\int_0^1 \frac{x^p - x^{-p}}{1 - x^2}x\,\mathrm{d}x = \frac{\pi}{2}\cot\frac{p\pi}{2} - \frac{1}{p}$ 　$(p^2 < 1)$

68. $\displaystyle\int_0^1 \frac{x^{p-1} + x^{q-p-1}}{1 + x^q}\mathrm{d}x = \frac{\pi}{q}\csc\frac{p\pi}{q}$ 　$(q > p > 0)$

69. $\displaystyle\int_0^1 \frac{x^{p-1} - x^{q-p-1}}{1 - x^p}\mathrm{d}x = \frac{\pi}{q}\cot\frac{p\pi}{q}$ 　$(q > p > 0)$

70. $\displaystyle\int_0^1 \left(\frac{1}{1 - x} - \frac{px^{p-1}}{1 - x^p}\right)\mathrm{d}x = \ln p$

71. $\displaystyle\int_0^1 \left(\frac{x^{p-1}}{1 - x} - \frac{qx^{pq-1}}{1 - x^q}\right)\mathrm{d}x = \ln q$ 　$(q > 0)$

72. $\displaystyle\int_0^\infty \frac{x^{p-1} - x^{q-1}}{1 - x}\mathrm{d}x = \pi(\cot p\pi - \cot q\pi)$ 　$(p > 0,\ q > 0)$

73. $\displaystyle\int_0^\infty \frac{x^{p-1} - x^p}{1 - x^n}\mathrm{d}x = \frac{\pi}{n}\sin\frac{\pi}{n}\csc\frac{p\pi}{n}\csc\frac{(p + 1)\pi}{n}$ 　$(0 < \text{Re}\,p < n - 1)$

74. $\displaystyle\int_0^\infty \left(\frac{x^p - x^{-p}}{1 - x}\right)^2\mathrm{d}x = 2(1 - 2p\pi\cot 2p\pi)$ 　$(0 < p^2 < \frac{1}{4})$

75. $\displaystyle\int_0^\infty \frac{x^q - 1}{x(x^p - x^{-p})}\mathrm{d}x = \frac{\pi}{2p}\tan\frac{q\pi}{2p}$ 　$(p > q)$

Ⅱ.1.1.4 含有 $\sqrt{a^n \pm x^n}$ 的积分

76. $\displaystyle\int_0^a \sqrt{a^2 + x^2}\,\mathrm{d}x = \frac{a^2}{2}\big[\sqrt{2} + \ln(\sqrt{2} + 1)\big]$

77. $\displaystyle\int_0^a \sqrt{a^2 - x^2}\,\mathrm{d}x = \frac{\pi a^2}{4}$

78. $\displaystyle\int_0^a x \sqrt{a^2 + x^2}\,\mathrm{d}x = \frac{a^3}{3}(2\sqrt{2} - 1)$

79. $\displaystyle\int_0^a x \sqrt{a^2 - x^2}\,\mathrm{d}x = \frac{a^3}{3}$

80. $\displaystyle\int_0^a x^{2m+1} \sqrt{a^2 - x^2}\,\mathrm{d}x = \frac{(2m)!!}{(2m + 3)!!}a^{2m+3}$

81. $\displaystyle\int_0^a x^{2m} \sqrt{a^2 - x^2}\,\mathrm{d}x = \frac{(2m - 1)!!}{(2m + 2)!!}\frac{\pi a^{2m+2}}{2}$

82. $\displaystyle\int_0^a \sqrt{(a^2 - x^2)^n}\,\mathrm{d}x = \frac{1}{2}\int_{-a}^a \sqrt{(a^2 - x^2)^n}\,\mathrm{d}x = \frac{n!!}{(n + 1)!!}\frac{\pi}{2}a^{n+1}$

$(a > 0,\ n\ \text{为奇数})$

83. $\displaystyle\int_0^a x^m \sqrt{(a^2 - x^2)^n}\,\mathrm{d}x = \frac{1}{2}a^{m+n+1}\frac{\Gamma\big(\dfrac{m + 1}{2}\big)\Gamma\big(\dfrac{n + 2}{2}\big)}{\Gamma\big(\dfrac{m + n + 3}{2}\big)}$

$(a > 0,\ m > -1,\ n > -2)$

［这里，$\Gamma(z)$ 为伽马函数（见附录），以下同］

84. $\displaystyle\int_0^a \frac{x}{\sqrt{a - x}}\,\mathrm{d}x = \frac{4a\sqrt{a}}{3}$

85. $\displaystyle\int_0^a \frac{x^2}{\sqrt{a - x}}\,\mathrm{d}x = \frac{16a^2\sqrt{a}}{15}$

86. $\displaystyle\int_0^a \frac{x^m}{\sqrt{a - x}}\,\mathrm{d}x = \frac{(2m)!!}{(2m + 1)!!}\frac{2a^{m+1}}{\sqrt{a}}$

87. $\displaystyle\int_0^a \frac{\mathrm{d}x}{\sqrt{a^2 + x^2}} = \ln(\sqrt{2} + 1)$

88. $\displaystyle\int_0^a \frac{\mathrm{d}x}{\sqrt{a^2 - x^2}} = \frac{\pi}{2}$

89. $\displaystyle\int_0^a \frac{x}{\sqrt{a^2 + x^2}}\,\mathrm{d}x = (\sqrt{2} - 1)a$

90. $\displaystyle\int_0^a \frac{x}{\sqrt{a^2 - x^2}}\,\mathrm{d}x = a$

91. $\displaystyle\int_0^a \frac{x^{2m+1}}{\sqrt{a^2 - x^2}}\,\mathrm{d}x = \frac{(2m)!!}{(2m + 1)!!}a^{2m+1}$

92. $\displaystyle\int_0^a \frac{x^{2m}}{\sqrt{a^2-x^2}}dx = \frac{(2m-1)!!}{(2m)!!}\frac{\pi}{2}a^{2m}$

93. $\displaystyle\int_0^a \frac{dx}{\sqrt{a^3-x^3}} = \frac{1.403160\cdots}{\sqrt{a}}$

94. $\displaystyle\int_0^a \frac{dx}{\sqrt{a^4-x^4}} = \frac{5.244115\cdots}{a}$

95. $\displaystyle\int_0^a \frac{dx}{\sqrt{a^n-x^n}} = \frac{a}{n}\sqrt{\frac{\pi}{a^n}}\,\frac{\Gamma\left(\frac{1}{n}\right)}{\Gamma\left(\frac{1}{n}+\frac{1}{2}\right)}$

96. $\displaystyle\int_0^a \frac{dx}{\sqrt[p]{a^n-x^n}} = \frac{a}{n\sqrt[p]{a^n}}\mathrm{B}\left(\frac{p-1}{p},\frac{1}{n}\right)$

〔这里，$\mathrm{B}(p,q)$ 为贝塔函数（见附录），以下同〕

97. $\displaystyle\int_0^a \frac{x^m}{\sqrt{a^n-x^n}}dx = \frac{a^{m+1}}{n}\sqrt{\frac{\pi}{a^n}}\,\frac{\Gamma\left(\frac{m+1}{n}\right)}{\Gamma\left(\frac{m+1}{n}+\frac{1}{2}\right)}$

98. $\displaystyle\int_0^a \frac{x^m}{\sqrt[p]{a^n-x^n}}dx = \frac{a^{m+1}}{n\sqrt[p]{a^n}}\mathrm{B}\left(\frac{p-1}{p},\frac{m+1}{n}\right)$

99. $\displaystyle\int_0^\infty (\sqrt{a^2+x^2}-x)^n dx = \frac{na^{n+1}}{n^2-1}\quad(n\geqslant 2)$

100. $\displaystyle\int_0^\infty \frac{dx}{(x+\sqrt{a^2+x^2})^n} = \frac{n}{a^{n-1}(n^2-1)}\quad(n\geqslant 2)$

101. $\displaystyle\int_0^\infty \frac{x^m}{(\sqrt{a^2+x^2}+x)^n}dx = \frac{n\cdot m!}{(n-m-1)(n-m+1)\cdots(m+n+1)a^{n-m+1}}$

$(a>0, 0\leqslant m\leqslant n-2)$

102. $\displaystyle\int_0^\infty \frac{dx}{(1+x)\sqrt{x}} = \pi$

Ⅱ.1.2　三角函数和反三角函数的定积分

Ⅱ.1.2.1　含有 $\sin^n x$，$\cos^n x$，$\tan^n x$ 的积分，积分区间为 $\left[0,\frac{\pi}{2}\right]$

103. $\displaystyle\int_0^{\frac{\pi}{2}} \sin x\,dx = \int_0^{\frac{\pi}{2}} \cos x\,dx = 1$

104. $\displaystyle\int_0^{\frac{\pi}{2}} \sin^2 x\,dx = \int_0^{\frac{\pi}{2}} \cos^2 x\,dx = \frac{\pi}{4}$

105. $\int_0^{\frac{\pi}{2}} \sin^3 x \, dx = \int_0^{\frac{\pi}{2}} \cos^3 x \, dx = \dfrac{2}{3}$

106. $\int_0^{\frac{\pi}{2}} \sin^4 x \, dx = \int_0^{\frac{\pi}{2}} \cos^4 x \, dx = \dfrac{3\pi}{16}$

107. $\int_0^{\frac{\pi}{2}} \sin^n x \, dx = \int_0^{\frac{\pi}{2}} \cos^n x \, dx = \dfrac{\Gamma\left(\dfrac{n+1}{2}\right)\sqrt{\pi}}{2\Gamma\left(\dfrac{n+2}{2}\right)}$ （n 为非负整数）

［这里，$\Gamma(z)$ 为伽马函数（见附录），以下同］

108. $\int_0^{\frac{\pi}{2}} \sin^{2n+1} x \, dx = \int_0^{\frac{\pi}{2}} \cos^{2n+1} x \, dx = \dfrac{(2n)!!}{(2n+1)!!}$ （n 为正整数）

109. $\int_0^{\frac{\pi}{2}} \sin^{2n} x \, dx = \int_0^{\frac{\pi}{2}} \cos^{2n} x \, dx = \dfrac{(2n-1)!!}{(2n)!!}\dfrac{\pi}{2}$ （n 为正整数）

110. $\int_0^{\frac{\pi}{2}} \tan^h x \, dx = \dfrac{\pi}{2\cos\dfrac{h\pi}{2}}$ （$0 < h < 1$）

111. $\int_0^{\frac{\pi}{2}} \sin x \cos x \, dx = \dfrac{1}{2}$

112. $\int_0^{\frac{\pi}{2}} \sin^2 x \cos^2 x \, dx = \dfrac{\pi}{16}$

113. $\int_0^{\frac{\pi}{2}} \sin^3 x \cos^3 x \, dx = \dfrac{1}{12}$

114. $\int_0^{\frac{\pi}{2}} \sin^4 x \cos^4 x \, dx = \dfrac{3\pi}{256}$

115. $\int_0^{\frac{\pi}{2}} \sin^{2m+1} x \cos^{2n+1} x \, dx = \dfrac{m!\,n!}{2(m+n+1)!} = \dfrac{\Gamma(m+1)\Gamma(n+1)}{2\Gamma(m+n+2)}$

116. $\int_0^{\frac{\pi}{2}} \sin^{2m} x \cos^{2n} x \, dx = \dfrac{\pi(2m-1)!!(2n-1)!!}{2(2m+2n)!!} = \dfrac{\Gamma\left(m+\dfrac{1}{2}\right)\Gamma\left(n+\dfrac{1}{2}\right)}{2\Gamma(m+n+1)}$

117. $\int_0^{\frac{\pi}{2}} \sin^2 x \cos x \, dx = \int_0^{\frac{\pi}{2}} \sin x \cos^2 x \, dx = \dfrac{1}{3}$

118. $\int_0^{\frac{\pi}{2}} \sin^3 x \cos x \, dx = \int_0^{\frac{\pi}{2}} \sin x \cos^3 x \, dx = \dfrac{1}{4}$

119. $\int_0^{\frac{\pi}{2}} \sin^n x \cos x \, dx = \int_0^{\frac{\pi}{2}} \sin x \cos^n x \, dx = \dfrac{1}{n+1}$

120. $\int_0^{\frac{\pi}{2}} \sin^{2m+1} x \cos^{2n} x \, dx = \dfrac{(2m)!!(2n-1)!!}{(2m+2n+1)!!} = \dfrac{\Gamma(m+1)\Gamma\left(n+\dfrac{1}{2}\right)}{2\Gamma\left(m+n+\dfrac{3}{2}\right)}$

121. $\int_0^{\frac{\pi}{2}} \sin^{2m} x \cos^{2n+1} x \, dx = \dfrac{(2n)!!(2m-1)!!}{(2m+2n+1)!!} = \dfrac{\Gamma(n+1)\Gamma\left(m+\dfrac{1}{2}\right)}{2\Gamma\left(m+n+\dfrac{3}{2}\right)}$

122. $\displaystyle\int_0^{\frac{\pi}{2}} \sin^{m-1}x\cos^{n-1}x\,\mathrm{d}x = \frac{1}{2}\mathrm{B}\Big(\frac{m}{2},\frac{n}{2}\Big)$ （m 和 n 都是正整数）

　　［这里，$\mathrm{B}(p,q)$ 为贝塔函数（见附录）］

Ⅱ.1.2.2　含有 $\sin^n x$，$\cos^n x$，$\tan^n x$ 的积分，积分区间为 $[0,\pi]$

123. $\displaystyle\int_0^\pi \sin x\,\mathrm{d}x = 2$

124. $\displaystyle\int_0^\pi \cos x\,\mathrm{d}x = 0$

125. $\displaystyle\int_0^\pi \sin^2 x\,\mathrm{d}x = \int_0^\pi \cos^2 x\,\mathrm{d}x = \frac{\pi}{2}$

126. $\displaystyle\int_0^\pi \sin^{2m+1}x\,\mathrm{d}x = \frac{2(2m)!!}{(2m+1)!!}$

127. $\displaystyle\int_0^\pi \cos^{2m+1}x\,\mathrm{d}x = 0$

128. $\displaystyle\int_0^\pi \sin^{2m}x\,\mathrm{d}x = \int_0^\pi \cos^{2m}x\,\mathrm{d}x = \frac{\pi(2m-1)!!}{(2m)!!}$

129. $\displaystyle\int_0^\pi \sin x\cos x\,\mathrm{d}x = 0$

130. $\displaystyle\int_0^\pi \sin^2 x\cos^2 x\,\mathrm{d}x = \frac{\pi}{8}$

131. $\displaystyle\int_0^\pi \sin^3 x\cos^3 x\,\mathrm{d}x = 0$

132. $\displaystyle\int_0^\pi \sin^4 x\cos^4 x\,\mathrm{d}x = \frac{3\pi}{128}$

133. $\displaystyle\int_0^\pi \sin^{2m+1}x\cos^{2m+1}x\,\mathrm{d}x = 0$

134. $\displaystyle\int_0^\pi \sin^{2m}x\cos^{2m}x\,\mathrm{d}x = \mathrm{B}\Big(m+\frac{1}{2},m+\frac{1}{2}\Big)$

　　［这里，$\mathrm{B}(p,q)$ 为贝塔函数（见附录）］

135. $\displaystyle\int_0^\pi x\sin x\,\mathrm{d}x = \pi$

136. $\displaystyle\int_0^\pi x\cos x\,\mathrm{d}x = -2$

137. $\displaystyle\int_0^\pi x\sin^2 x\,\mathrm{d}x = \int_0^\pi x\cos^2 x\,\mathrm{d}x = \frac{\pi^2}{4}$

138. $\displaystyle\int_0^\pi x\sin^{2n}x\,\mathrm{d}x = \int_0^\pi x\cos^{2n}x\,\mathrm{d}x = \frac{\pi^2(2n-1)!!}{2(2n)!!}$

139. $\displaystyle\int_0^\pi x\sin^{2n+1}x\,\mathrm{d}x = \frac{\pi(2n)!!}{(2n+1)!!}$

140. $\displaystyle\int_0^\pi x\cos^{2n+1}x\,\mathrm{d}x = -\frac{2}{4^n}\sum_{k=0}^{n}\binom{2n+1}{k}\frac{1}{(2n-2k-1)^2}$

141. $\displaystyle\int_0^\pi x\tan x\,\mathrm{d}x = -\pi\ln 2$

Ⅱ.1.2.3　含有 $\sin nx$ 和 $\cos nx$ 的积分,积分区间为 $[0,\pi]$

---

142. $\displaystyle\int_0^\pi \sin nx\,\mathrm{d}x = \frac{1-(-1)^n}{n}$

143. $\displaystyle\int_0^\pi x\sin nx\,\mathrm{d}x = -\frac{(-1)^n\pi}{n}$

144. $\displaystyle\int_0^\pi x^2\sin nx\,\mathrm{d}x = \frac{2[(-1)^n-1]}{n^3}-\frac{(-1)^n\pi^2}{n}$

145. $\displaystyle\int_0^\pi x^3\sin nx\,\mathrm{d}x = \frac{6(-1)^n\pi}{n^3}-\frac{(-1)^n\pi^3}{n}$

146. $\displaystyle\int_0^\pi \cos nx\,\mathrm{d}x = 0$

147. $\displaystyle\int_0^\pi x\cos nx\,\mathrm{d}x = \frac{(-1)^n-1}{n^2}$

148. $\displaystyle\int_0^\pi x^2\cos nx\,\mathrm{d}x = \frac{(-1)^n 2\pi}{n^2}$

149. $\displaystyle\int_0^\pi x^3\cos nx\,\mathrm{d}x = \frac{(-1)^n 3\pi^2}{n^2}-\frac{6[(-1)^n-1]}{n^4}$

150. $\displaystyle\int_0^\pi \sin ax\sin nx\,\mathrm{d}x = \frac{(-1)^n n\sin a\pi}{a^2-n^2}$

151. $\displaystyle\int_0^\pi \cos ax\sin nx\,\mathrm{d}x = \frac{n[(-1)^n\cos a\pi-1]}{a^2-n^2}$

152. $\displaystyle\int_0^\pi \sin ax\cos nx\,\mathrm{d}x = \frac{a[1-(-1)^n\cos a\pi]}{a^2-n^2}$

153. $\displaystyle\int_0^\pi \cos ax\cos nx\,\mathrm{d}x = \frac{(-1)^n a\sin a\pi}{a^2-n^2}$

154. $\displaystyle\int_0^\pi \sin^2 mx\,\mathrm{d}x = \int_0^\pi \cos^2 mx\,\mathrm{d}x = \frac{\pi}{2}$　（m 为整数, $m\neq 0$）

155. $\displaystyle\int_0^\pi \sin mx\sin nx\,\mathrm{d}x = \int_0^\pi \cos mx\cos nx\,\mathrm{d}x = 0$　（$m\neq n$, m 和 n 都为整数）

156. $\displaystyle\int_0^\pi \sin nx\cos nx\,\mathrm{d}x = \int_0^\pi \sin nx\cos nx\,\mathrm{d}x = 0$　（n 为整数）

157. $\displaystyle\int_0^\pi \sin ax\cos bx\,\mathrm{d}x = \begin{cases}\dfrac{2a}{a^2-b^2} & (a-b\ \text{为奇数}) \\[2mm] 0 & (a-b\ \text{为偶数})\end{cases}$

Ⅱ.1.2.4 含有 $\sin nx$ 和 $\cos nx$ 的积分,积分区间为$[-\pi,\pi]$

158. $\displaystyle\int_{-\pi}^{\pi} \sin nx\,\mathrm{d}x = 0$

159. $\displaystyle\int_{-\pi}^{\pi} x\sin nx\,\mathrm{d}x = -\frac{(-1)^n 2\pi}{n}$

160. $\displaystyle\int_{-\pi}^{\pi} x^2\sin nx\,\mathrm{d}x = 0$

161. $\displaystyle\int_{-\pi}^{\pi} x^3\sin nx\,\mathrm{d}x = \frac{(-1)^n 12\pi}{n^3} - \frac{(-1)^n 2\pi^3}{n}$

162. $\displaystyle\int_{-\pi}^{\pi} \cos nx\,\mathrm{d}x = 0$

163. $\displaystyle\int_{-\pi}^{\pi} x\cos nx\,\mathrm{d}x = 0$

164. $\displaystyle\int_{-\pi}^{\pi} x^2\cos nx\,\mathrm{d}x = \frac{(-1)^n 4\pi}{n^2}$

165. $\displaystyle\int_{-\pi}^{\pi} x^3\cos nx\,\mathrm{d}x = 0$

166. $\displaystyle\int_{-\pi}^{\pi} \sin ax\sin nx\,\mathrm{d}x = \frac{(-1)^n 2n\sin a\pi}{a^2 - n^2}$

167. $\displaystyle\int_{-\pi}^{\pi} \cos ax\sin nx\,\mathrm{d}x = 0$

168. $\displaystyle\int_{-\pi}^{\pi} \sin ax\cos nx\,\mathrm{d}x = 0$

169. $\displaystyle\int_{-\pi}^{\pi} \cos ax\cos nx\,\mathrm{d}x = \frac{(-1)^n 2a\sin a\pi}{a^2 - n^2}$

Ⅱ.1.2.5 含有其他倍角三角函数的积分

170. $\displaystyle\int_{0}^{\frac{\pi}{2}} \frac{\sin(2n-1)x}{\sin x}\mathrm{d}x = \frac{\pi}{2}$

171. $\displaystyle\int_{0}^{\frac{\pi}{2}} \frac{\sin 2nx}{\sin nx}\mathrm{d}x = 2\left[1 - \frac{1}{3} + \frac{1}{5} - \cdots + \frac{(-1)^{n-1}}{2n-1}\right]$

172. $\displaystyle\int_{0}^{\frac{\pi}{2}} \frac{\sin 2nx\cos x}{\sin x}\mathrm{d}x = \frac{\pi}{2}$

173. $\displaystyle\int_{0}^{\frac{\pi}{2}} \frac{\cos 2nx}{1 - a^2\sin^2 x}\mathrm{d}x = \frac{(-1)^n \pi}{2\sqrt{1-a^2}}\left(\frac{1-\sqrt{1-a^2}}{a}\right)^{2n} \quad (a^2 < 1)$

174. $\displaystyle\int_{0}^{\frac{\pi}{2}} \frac{\cos 2nx}{(a^2\cos^2 x + b^2\sin^2 x)^{n+1}}\mathrm{d}x = \binom{2n}{n}\frac{(b^2 - a^2)^n}{(2ab)^{2n+1}}\pi \quad (a > 0,\ b > 0)$

175. $\displaystyle\int_0^{\frac{\pi}{2}} \sin ax \sin nx \, \mathrm{d}x = \frac{1}{a^2 - n^2}\left(n\sin\frac{a\pi}{2}\cos\frac{n\pi}{2} - a\cos\frac{a\pi}{2}\sin\frac{n\pi}{2}\right)$

176. $\displaystyle\int_0^{\frac{\pi}{2}} \cos ax \sin nx \, \mathrm{d}x = -\frac{1}{a^2 - n^2}\left(n - n\cos\frac{a\pi}{2}\cos\frac{n\pi}{2} - a\sin\frac{a\pi}{2}\sin\frac{n\pi}{2}\right)$

177. $\displaystyle\int_0^{\frac{\pi}{2}} \cos ax \cos nx \, \mathrm{d}x = \frac{1}{a^2 - n^2}\left(a\sin\frac{a\pi}{2}\cos\frac{n\pi}{2} - n\cos\frac{a\pi}{2}\sin\frac{n\pi}{2}\right)$

178. $\displaystyle\int_0^{\pi} \frac{\sin nx \cos mx}{\sin x}\mathrm{d}x = \begin{cases} 0 & (n \leqslant m) \\ \pi & (n > m,\ m+n\ \text{为奇数}) \\ 0 & (n > m,\ m+n\ \text{为偶数}) \end{cases}$

179. $\displaystyle\int_0^{\pi} \frac{\sin nx}{\sin x}\mathrm{d}x = \begin{cases} 0 & (n\ \text{为偶数}) \\ \pi & (n\ \text{为奇数}) \end{cases}$

180. $\displaystyle\int_0^{\pi} \frac{\sin 2nx}{\cos x}\mathrm{d}x = 2\int_0^{\frac{\pi}{2}} \frac{\sin 2nx}{\cos x}\mathrm{d}x$

$\qquad\qquad = (-1)^{n-1} 4\left[1 - \frac{1}{3} + \frac{1}{5} - \cdots + \frac{(-1)^{n-1}}{2n-1}\right]$

181. $\displaystyle\int_0^{\pi} \frac{\cos(2n+1)x}{\cos x}\mathrm{d}x = 2\int_0^{\frac{\pi}{2}} \frac{\cos(2n+1)x}{\cos x}\mathrm{d}x = (-1)^n\pi$

182. $\displaystyle\int_0^{\pi} \frac{x\sin(2n+1)x}{\sin x}\mathrm{d}x = \frac{\pi^2}{2}\quad (n = 0,1,2,\cdots)$

183. $\displaystyle\int_0^{\pi} \frac{x\sin 2nx}{\sin x}\mathrm{d}x = 4\sum_{k=0}^{\infty}(2k+1)^{-2}\quad (n = 1,2,\cdots)$

184. $\displaystyle\int_0^{\pi} \frac{\cos nx}{1 + a\cos x}\mathrm{d}x = \frac{\pi}{\sqrt{1-a^2}}\left(\frac{\sqrt{1-a^2}-1}{a}\right)^n\quad (a^2 < 1)$

185. $\displaystyle\int_0^{\pi} (1 - 2a\cos x + a^2)^n\mathrm{d}x = \pi\sum_{k=0}^{n}\binom{n}{k}^2 a^{2k}$

186. $\displaystyle\int_0^{\pi} (1 - 2a\cos x + a^2)^n\cos nx\,\mathrm{d}x = (-1)^n\pi a^n$

187. $\displaystyle\int_0^{2\pi} (1 - \cos x)^n\sin nx\,\mathrm{d}x = 0$

188. $\displaystyle\int_0^{2\pi} (1 - \cos x)^n\cos nx\,\mathrm{d}x = (-1)^n\frac{\pi}{2^{n-1}}$

Ⅱ.1.2.6　含有三角函数的代数式的积分,积分区间为$\left[0,\dfrac{\pi}{2}\right]$

---

189. $\displaystyle\int_0^{\frac{\pi}{2}} \frac{x}{\sin x}\mathrm{d}x = 2\left(\frac{1}{1^2} - \frac{1}{3^2} + \frac{1}{5^2} - \frac{1}{7^2} + \cdots\right) = 2G$

$\qquad$[这里,G 为卡塔兰常数(见附录),以下同]

190. $\displaystyle\int_0^{\frac{\pi}{2}} \frac{\mathrm{d}x}{1 + \sin x} = \int_0^{\frac{\pi}{2}} \frac{\mathrm{d}x}{1 + \cos x} = 1$

191. $\int_0^{\frac{\pi}{2}} \dfrac{x}{1 + \sin x}\mathrm{d}x = \ln 2$

192. $\int_0^{\frac{\pi}{2}} \dfrac{x}{1 + \cos x}\mathrm{d}x = \dfrac{\pi}{2} - \ln 2$

193. $\int_0^{\frac{\pi}{2}} \dfrac{\sin x}{1 + \sin x}\mathrm{d}x = \int_0^{\frac{\pi}{2}} \dfrac{\cos x}{1 + \cos x}\mathrm{d}x = \dfrac{\pi}{2} - 1$

194. $\int_0^{\frac{\pi}{2}} \dfrac{x\sin x}{1 + \cos x}\mathrm{d}x = -\dfrac{\pi}{2}\ln 2 + 2G$

195. $\int_0^{\frac{\pi}{2}} \dfrac{x\sin x}{1 - \cos x}\mathrm{d}x = \dfrac{\pi}{2}\ln 2 + 2G$

196. $\int_0^{\frac{\pi}{2}} \dfrac{x\cos x}{1 + \sin x}\mathrm{d}x = \pi\ln 2 - 2G$

197. $\int_0^{\frac{\pi}{2}} \dfrac{\mathrm{d}x}{1 + a\sin x} = \int_0^{\frac{\pi}{2}} \dfrac{\mathrm{d}x}{1 + a\cos x} = \dfrac{\arccos a}{\sqrt{1 - a^2}} \quad (\mid a \mid < 1)$

198. $\int_0^{\frac{\pi}{2}} \dfrac{\mathrm{d}x}{(1 \pm a\sin x)^2} = \int_0^{\frac{\pi}{2}} \dfrac{\mathrm{d}x}{(1 \pm a\cos x)^2} = \dfrac{\pi \mp 2\arcsin a}{2\sqrt{(1 - a^2)^3}} \mp \dfrac{a}{1 - a^2}$

$\left(0 < \arcsin a < \dfrac{\pi}{2} \right)$

199. $\int_0^{\frac{\pi}{2}} \dfrac{\mathrm{d}x}{(1 \pm a^2\sin^2 x)^2} = \int_0^{\frac{\pi}{2}} \dfrac{\mathrm{d}x}{(1 \pm a^2\cos^2 x)^2} = \dfrac{(2 \pm a^2)\pi}{4\sqrt{(1 \pm a^2)^3}} \quad (\mid a \mid < 1)$

200. $\int_0^{\frac{\pi}{2}} \dfrac{\mathrm{d}x}{\sin x \pm \cos x} = \mp\dfrac{1}{\sqrt{2}}\ln\left(\tan\dfrac{\pi}{8} \right)$

201. $\int_0^{\frac{\pi}{2}} \dfrac{\mathrm{d}x}{(\sin x \pm \cos x)^2} = \pm 1$

202. $\int_0^{\frac{\pi}{2}} \dfrac{\mathrm{d}x}{(a\sin x + b\cos x)^2} = \dfrac{1}{ab}$

203. $\int_0^{\frac{\pi}{2}} \dfrac{x}{(a\sin x + b\cos x)^2}\mathrm{d}x = \dfrac{ab}{a^2 + b^2}\dfrac{\pi}{2} - \dfrac{\ln ab}{a^2 + b^2}$

204. $\int_0^{\frac{\pi}{2}} \dfrac{\mathrm{d}x}{a^2\sin^2 x + b^2\cos^2 x} = \dfrac{\pi}{2\mid ab \mid}$

205. $\int_0^{\frac{\pi}{2}} \dfrac{\mathrm{d}x}{(a^2\sin^2 x + b^2\cos^2 x)^2} = \dfrac{(a^2 + b^2)\pi}{4a^3 b^3} \quad (a > 0, b > 0)$

206. $\int_0^{\frac{\pi}{2}} \dfrac{\sin^2 x}{a^2\sin^2 x + b^2\cos^2 x}\mathrm{d}x = \dfrac{\pi}{2a(a + b)}$

207. $\int_0^{\frac{\pi}{2}} \dfrac{\cos^2 x}{a^2\sin^2 x + b^2\cos^2 x}\mathrm{d}x = \dfrac{\pi}{2b(a + b)}$

208. $\int_0^{\frac{\pi}{2}} \dfrac{\sin^2 x}{(a^2\sin^2 x + b^2\cos^2 x)^2}\mathrm{d}x = \dfrac{\pi}{4a^3 b}$

209. $\int_0^{\frac{\pi}{2}} \dfrac{\cos^2 x}{(a^2\sin^2 x + b^2\cos^2 x)^2}\mathrm{d}x = \dfrac{\pi}{4ab^3}$

210. $\displaystyle\int_0^{\frac{\pi}{2}} x\tan x\,\mathrm{d}x = \infty$

211. $\displaystyle\int_0^{\frac{\pi}{2}} x\cot x\,\mathrm{d}x = \frac{\pi}{2}\ln 2$

212. $\displaystyle\int_0^{\frac{\pi}{2}} \left(\frac{\pi}{2} - x\right)\tan x\,\mathrm{d}x = \frac{1}{2}\int_0^{\pi}\left(\frac{\pi}{2} - x\right)\tan x\,\mathrm{d}x = \frac{\pi}{2}\ln 2$

213. $\displaystyle\int_0^{\frac{\pi}{2}} \frac{x\cot x}{\cos 2x}\,\mathrm{d}x = \frac{\pi}{4}\ln 2$

214. $\displaystyle\int_0^{\frac{\pi}{2}} \frac{\mathrm{d}x}{1 + \tan^m x} = \frac{\pi}{4}$ （m 为非负整数）

215. $\displaystyle\int_0^{\frac{\pi}{2}} \sqrt{\cos x}\,\mathrm{d}x = \frac{(2\pi)^{\frac{3}{2}}}{\left[\Gamma\left(\frac{1}{4}\right)\right]^2}$

　　　　〔这里,$\Gamma(z)$ 为伽马函数(见附录)〕

Ⅱ.1.2.7　含有三角函数的代数式的积分,积分区间为$[0,\pi]$

216. $\displaystyle\int_0^{\pi} \frac{\mathrm{d}x}{a + b\cos x} = \frac{\pi}{\sqrt{a^2 - b^2}}$ （$a > b \geqslant 0$）

217. $\displaystyle\int_0^{\pi} \frac{\mathrm{d}x}{1 \pm b\sin x} = \frac{\pi \mp 2\arcsin b}{\sqrt{1 - b^2}}$

218. $\displaystyle\int_0^{\pi} \frac{\mathrm{d}x}{1 \pm b\cos x} = \frac{\pi}{\sqrt{1 - b^2}}$ （$|b| < 1$）

219. $\displaystyle\int_0^{\pi} \frac{\mathrm{d}x}{(1 \pm b\sin x)^2} = \frac{\pi \mp 2\arcsin b}{\sqrt{(1 - b^2)^3}} \mp \frac{2b}{1 - b^2}$

220. $\displaystyle\int_0^{\pi} \frac{\mathrm{d}x}{(1 \pm b\cos x)^2} = \frac{\pi}{\sqrt{(1 - b^2)^3}}$

221. $\displaystyle\int_0^{\pi} \frac{\mathrm{d}x}{a^2\sin^2 x + b^2\cos^2 x} = \frac{\pi^2}{2ab}$

222. $\displaystyle\int_0^{\pi} \frac{x\sin x\cos x}{a^2\sin^2 x - b^2\cos^2 x}\,\mathrm{d}x = \frac{\pi}{b^2 - a^2}\ln\frac{a + b}{2b}$

Ⅱ.1.2.8　三角函数的幂函数的积分

223. $\displaystyle\int_0^{\frac{\pi}{2}} \sin^{p-1} x\,\mathrm{d}x = \int_0^{\frac{\pi}{2}} \cos^{p-1} x\,\mathrm{d}x = 2^{p-2}\mathrm{B}\left(\frac{p}{2}, \frac{p}{2}\right)$

　　　　〔这里,$\mathrm{B}(p,q)$ 为贝塔函数(见附录),以下同〕

224. $\displaystyle\int_0^{\frac{\pi}{2}} \sin^{\frac{3}{2}} x\,\mathrm{d}x = \int_0^{\frac{\pi}{2}} \cos^{\frac{3}{2}} x\,\mathrm{d}x = \frac{1}{6\sqrt{2\pi}}\left[\Gamma\left(\frac{1}{4}\right)\right]^2$

［这里，$\Gamma(z)$ 为伽马函数（见附录），以下同］

225. $\int_0^{\frac{\pi}{2}} \sin^{p-1} x \cos^{q-1} x \, dx = \frac{1}{2} B\left(\frac{p}{2}, \frac{q}{2}\right)$ （Re $p > 0$, Re $q > 0$）

226. $\int_0^{\frac{\pi}{2}} \tan^{\pm p} x \, dx = \frac{\pi}{2} \sec \frac{p\pi}{2}$ （$|$ Re $p | < 1$）

227. $\int_0^{\frac{\pi}{2}} \tan^{p-1} x \cos^{2q-2} x \, dx = \int_0^{\frac{\pi}{2}} \cot^{p-1} x \sin^{2q-2} x \, dx = \frac{1}{2} B\left(\frac{p}{2}, q - \frac{p}{2}\right)$

$(0 < $ Re $p < 2$Re $q)$

228. $\int_0^{\frac{\pi}{2}} \frac{\tan^p x}{\cos^p x} \, dx = \int_0^{\frac{\pi}{2}} \frac{\cot^p x}{\sin^p x} \, dx = \frac{\Gamma(p)\Gamma\left(\frac{1}{2} - p\right)}{2^p \sqrt{\pi}} \sin \frac{p\pi}{2}$

$\left(-1 < \text{Re } p < \frac{1}{2}\right)$

229. $\int_0^{\frac{\pi}{4}} \frac{\sin^p x}{\cos^{p+2} x} \, dx = \frac{1}{p+1}$ （$p > -1$）

Ⅱ.1.2.9　三角函数的幂函数与线性函数的三角函数组合的积分

230. $\int_0^{\pi} \sin^n x \sin 2mx \, dx = 0$

231. $\int_0^{\pi} \sin^p x \sin px \, dx = 2^{-p} \pi \sin \frac{p\pi}{2}$ （Re $p > -1$）

232. $\int_0^{\pi} \sin^p x \cos px \, dx = \frac{\pi}{2^p} \cos \frac{p\pi}{2}$ （Re $p > -1$）

233. $\int_0^{\pi} \sin^{p-1} x \sin ax \, dx = \dfrac{\pi \sin \dfrac{a\pi}{2}}{2^{p-1} p B\left(\dfrac{p+a+1}{2}, \dfrac{p-a+1}{2}\right)}$ （Re $p > 0$）

［这里，$B(p, q)$ 为贝塔函数（见附录），以下同］

234. $\int_0^{\pi} \sin^{p-1} x \cos ax \, dx = \dfrac{\pi \cos \dfrac{a\pi}{2}}{2^{p-1} p B\left(\dfrac{p+a+1}{2}, \dfrac{p-a+1}{2}\right)}$ （Re $p > 0$）

235. $\int_0^{\frac{\pi}{2}} \cos^{p-1} x \cos ax \, dx = \dfrac{\pi}{2^p p B\left(\dfrac{p+a+1}{2}, \dfrac{p-a+1}{2}\right)}$ （Re $p > 0$）

236. $\int_0^{\frac{\pi}{2}} \cos^n x \cos nx \, dx = \frac{\pi}{2^{n+1}}$

237. $\int_0^{\frac{\pi}{2}} \tan^{\pm p} x \sin 2x \, dx = \frac{p\pi}{2} \csc \frac{p\pi}{2}$ （$0 < $ Re $p < 2$）

238. $\int_0^{\frac{\pi}{2}} \tan^{\pm p} x \cos 2x \, dx = \mp \frac{p\pi}{2} \sec \frac{p\pi}{2}$ （$|$ Re $p | < 1$）

239. $\displaystyle\int_0^{\frac{\pi}{2}} \frac{\tan^{2p}x}{\cos x}\mathrm{d}x = \int_0^{\frac{\pi}{2}} \frac{\cot^{2p}x}{\sin x}\mathrm{d}x = \frac{\Gamma\left(p+\dfrac{1}{2}\right)\Gamma(-p)}{2\sqrt{\pi}}\quad \left(-\dfrac{1}{2} < \mathrm{Re}\,p < 1\right)$

〔这里,$\Gamma(z)$ 为伽马函数(见附录)〕

240. $\displaystyle\int_0^{\frac{\pi}{2}} \frac{\cos^{p-1}x\sin px}{\sin x}\mathrm{d}x = \frac{\pi}{2}\quad (p>0)$

Ⅱ.1.2.10　三角函数的幂函数与三角函数的有理函数组合的积分

241. $\displaystyle\int_0^{\pi} \frac{\sin^m x}{1+\cos x}\mathrm{d}x = 2^{m-1}\mathrm{B}\left(\frac{m-1}{2},\frac{m+1}{2}\right)\quad (m\geqslant 2)$

〔这里,$\mathrm{B}(p,q)$ 为贝塔函数(见附录),以下同〕

242. $\displaystyle\int_0^{\pi} \frac{\sin^m x}{1-\cos x}\mathrm{d}x = 2^{m-1}\mathrm{B}\left(\frac{m-1}{2},\frac{m+1}{2}\right)\quad (m\geqslant 2)$

243. $\displaystyle\int_0^{\pi} \frac{\sin^2 x}{p+q\cos x}\mathrm{d}x = \frac{p\pi}{q^2}\left(1-\sqrt{1-\frac{q^2}{p^2}}\right)$

244. $\displaystyle\int_0^{\pi} \frac{\sin^3 x}{p+q\cos x}\mathrm{d}x = \frac{2p}{q^2}+\frac{1}{q}\left(1-\frac{p^2}{q^2}\right)\ln\frac{p+q}{p-q}$

245. $\displaystyle\int_0^{\pi} \frac{\tan^{\pm p}x}{1+\cos t\sin 2x}\mathrm{d}x = \pi\csc t\sin pt\sec p\pi\quad (\,|\,\mathrm{Re}\,p\,|<1,\ t^2<\pi^2)$

246. $\displaystyle\int_0^{\frac{\pi}{2}} \frac{\sin^{p-1}x\cos^{-p}x}{a\cos x+b\sin x}\mathrm{d}x = \int_0^{\frac{\pi}{2}} \frac{\sin^{-p}x\cos^{p-1}x}{a\sin x+b\cos x}\mathrm{d}x = \frac{\pi\csc p\pi}{a^{1-p}b^p}\quad (ab>0,\ 0<p<1)$

247. $\displaystyle\int_0^{\frac{\pi}{2}} \frac{\cos^p x\cos px}{a^2\sin^2 x+b^2\cos^2 x}\mathrm{d}x = \frac{\pi a^{p-1}}{2b(a+b)^p}\quad (a>0,\ b>0,\ p>-1)$

248. $\displaystyle\int_0^{\frac{\pi}{2}} \frac{\sin^{2p-1}x\cos^{2q-1}x}{(a^2\sin^2 x+b^2\cos^2 x)^{p+q}}\mathrm{d}x = \frac{1}{2a^{2p}b^{2q}}\mathrm{B}(p,q)\quad (\mathrm{Re}\,p>0,\ \mathrm{Re}\,q>0)$

249. $\displaystyle\int_0^{\frac{\pi}{2}} \frac{\sin^{n-1}x\cos^{n-1}x}{(a^2\cos^2 x+b^2\sin^2 x)^n}\mathrm{d}x = \frac{\mathrm{B}\left(\dfrac{n}{2},\dfrac{n}{2}\right)}{2(ab)^n}\quad (ab>0)$

250. $\displaystyle\int_0^{\frac{\pi}{2}} \frac{\sin^{2n}x}{(a^2\cos^2 x+b^2\sin^2 x)^{n+1}}\mathrm{d}x = \int_0^{\frac{\pi}{2}} \frac{\cos^{2n}x}{(a^2\sin^2 x+b^2\cos^2 x)^{n+1}}\mathrm{d}x$

$\displaystyle = \frac{(2n-1)!!\pi}{2^{n+1}n!(ab)^{2n+1}}\quad (ab>0)$

251. $\displaystyle\int_0^{\frac{\pi}{2}} \frac{\tan^p x}{(\sin x+\cos x)\sin x}\mathrm{d}x = \int_0^{\frac{\pi}{2}} \frac{\cot^p x}{(\cos x+\sin x)\cos x}\mathrm{d}x = \pi\csc p\pi$

$(0<\mathrm{Re}\,p<1)$

252. $\displaystyle\int_0^{\frac{\pi}{2}} \frac{\tan^p x}{(\sin x-\cos x)\sin x}\mathrm{d}x = \int_0^{\frac{\pi}{2}} \frac{\cot^p x}{(\cos x-\sin x)\cos x}\mathrm{d}x = -\pi\cot p\pi$

$(0<\mathrm{Re}\,p<1)$

253. $\displaystyle\int_0^{\frac{\pi}{2}} \frac{\cot^{p+\frac{1}{2}}x}{(\sin x+\cos x)\cos x}\mathrm{d}x = \int_0^{\frac{\pi}{2}} \frac{\tan^{p-\frac{1}{2}}x}{(\sin x+\cos x)\cos x}\mathrm{d}x = \pi\sec p\pi$

$$\left(\mid \mathrm{Re}\, p\mid < \frac{1}{2}\right)$$

254. $\displaystyle\int_0^{\frac{\pi}{2}} \frac{\tan^{1-2p}x}{a^2\cos^2 x + b^2\sin^2 x}\mathrm{d}x = \int_0^{\frac{\pi}{2}} \frac{\cot^{1-2p}x}{a^2\sin^2 x + b^2\cos^2 x}\mathrm{d}x = \frac{\pi}{2a^{2p}b^{2-2p}\sin p\pi}$

$(0 < \mathrm{Re}\, p < 1)$

255. $\displaystyle\int_0^{\frac{\pi}{2}} \frac{\tan^p x}{1 - a\sin^2 x}\mathrm{d}x = \int_0^{\frac{\pi}{2}} \frac{\cot^p x}{1 - a\cos^2 x}\mathrm{d}x = \frac{\pi\sec\dfrac{p\pi}{2}}{2\sqrt{(1-a)^{p+1}}}$ $(\mid \mathrm{Re}\, p\mid < 1,\ a < 1)$

256. $\displaystyle\int_0^{\frac{\pi}{2}} \frac{\tan^{\pm p}x}{(\sin x + \cos x)^2}\mathrm{d}x = \frac{p\pi}{\sin p\pi}$ $(0 < \mathrm{Re}\, p < 1)$

257. $\displaystyle\int_0^{\frac{\pi}{2}} \frac{\tan^{\pm(p-1)}x}{\cos^2 x - \sin^2 x}\mathrm{d}x = \pm\frac{\pi}{2}\cot\frac{p\pi}{2}$ $(0 < \mathrm{Re}\, p < 2)$

Ⅱ.1.2.11   含有三角函数的线性函数的幂函数的积分

258. $\displaystyle\int_0^{\frac{\pi}{2}} (\sec x - 1)^p \sin x\,\mathrm{d}x = \int_0^{\frac{\pi}{2}} (\csc x - 1)^p \cos x\,\mathrm{d}x = p\pi\csc p\pi$ $(\mid \mathrm{Re}\, p\mid < 1)$

259. $\displaystyle\int_0^{\frac{\pi}{2}} (\sec x - 1)^p \tan x\,\mathrm{d}x = \int_0^{\frac{\pi}{2}} (\csc x - 1)^p \cot x\,\mathrm{d}x = -\pi\csc p\pi$

$(-1 < \mathrm{Re}\, p < 0)$

260. $\displaystyle\int_0^{\frac{\pi}{2}} (\csc x - 1)^p \sin 2x\,\mathrm{d}x = (1 - p)p\pi\csc p\pi$ $(-1 < \mathrm{Re}\, p < 2)$

261. $\displaystyle\int_0^{\frac{\pi}{4}} \frac{(\cot x - 1)^p}{\sin 2x}\mathrm{d}x = -\frac{\pi}{2}\csc p\pi$ $(-1 < \mathrm{Re}\, p < 0)$

262. $\displaystyle\int_0^{\frac{\pi}{4}} \frac{(\cot x - 1)^p}{\cos^2 x}\mathrm{d}x = p\pi\csc p\pi$ $(\mid \mathrm{Re}\, p\mid < 1)$

263. $\displaystyle\int_0^{\frac{\pi}{4}} \frac{(\cos x - \sin x)^p}{\sin^p x \sin 2x}\mathrm{d}x = -\frac{\pi}{2}\csc p\pi$ $(-1 < \mathrm{Re}\, p < 0)$

264. $\displaystyle\int_0^{\frac{\pi}{2}} \frac{\sin^{p-1} x\cos^{q-1} x}{(\sin x + \cos x)^{p+q}}\mathrm{d}x = \mathrm{B}(p, q)$ $(\mathrm{Re}\, p > 0,\ \mathrm{Re}\, q > 0)$

〔这里，$\mathrm{B}(p, q)$为贝塔函数（见附录）〕

265. $\displaystyle\int_0^{\frac{\pi}{2}} \frac{\sin x}{\sqrt{1 + p^2\sin^2 x}}\mathrm{d}x = \frac{1}{p}\arctan p$ $(p \neq 0)$

266. $\displaystyle\int_0^{\frac{\pi}{4}} \frac{\sqrt{\sec 2x} - 1}{\tan x}\mathrm{d}x = \ln 2$

267. $\displaystyle\int_0^{u} \sqrt{\frac{\cos 2x - \cos 2u}{\cos 2x + 1}}\mathrm{d}x = \frac{\pi}{2}(1 - \cos u)$ $\left(u^2 < \frac{\pi^2}{4}\right)$

Ⅱ.1.2.12 含有其他形式的三角函数的幂函数的积分

268. $\int_0^{\frac{\pi}{2}} \dfrac{\sin^{2p-1} x \cos^{2q-1} x}{(1 - k^2 \sin^2 x)^{p+q}} \mathrm{d}x = \dfrac{\mathrm{B}(p,q)}{2(1 - k^2)^p}$ (Re $p > 0$, Re $q > 0$)

[这里，$\mathrm{B}(p,q)$为贝塔函数（见附录）]

269. $\int_0^{\frac{\pi}{2}} \dfrac{\sin^p x - \csc^p x}{\cos x} \mathrm{d}x = \int_0^{\frac{\pi}{2}} \dfrac{\cos^p x - \sec^p x}{\sin x} \mathrm{d}x = -\dfrac{\pi}{2} \tan \dfrac{p\pi}{2}$ (| Re p |< 1)

270. $\int_0^{\frac{\pi}{2}} \dfrac{\sin^p x + \sin^q x}{\sin^{p+q} x + 1} \cot x \mathrm{d}x = \int_0^{\frac{\pi}{2}} \dfrac{\cos^p x + \cos^q x}{\cos^{p+q} x + 1} \tan x \mathrm{d}x$

$\qquad = \dfrac{\pi}{p+q} \sec\left(\dfrac{p-q}{p+q} \cdot \dfrac{\pi}{2}\right)$ (Re $p > 0$, Re $q > 0$)

271. $\int_0^{\frac{\pi}{2}} \dfrac{\sin^p x - \sin^q x}{\sin^{p+q} x - 1} \cot x \mathrm{d}x = \int_0^{\frac{\pi}{2}} \dfrac{\cos^p x - \cos^q x}{\cos^{p+q} x - 1} \tan x \mathrm{d}x$

$\qquad = \dfrac{\pi}{p+q} \tan\left(\dfrac{p-q}{p+q} \cdot \dfrac{\pi}{2}\right)$ (Re $p > 0$, Re $q > 0$)

272. $\int_0^{\frac{\pi}{2}} \dfrac{\tan x}{\cos^p x + \sec^p x} \mathrm{d}x = \int_0^{\frac{\pi}{2}} \dfrac{\cot x}{\sin^p x + \csc^p x} \mathrm{d}x = \dfrac{\pi}{4p}$

273. $\int_0^{\frac{\pi}{4}} \dfrac{\tan^{p-1} x - \cot^{p-1} x}{\cos 2x} \mathrm{d}x = \dfrac{\pi}{2} \cot \dfrac{p\pi}{2}$ (| Re p |< 2)

274. $\int_0^{\frac{\pi}{4}} \dfrac{\tan^p x - \cot^p x}{\cos 2x} \tan x \mathrm{d}x = -\dfrac{1}{p} + \dfrac{\pi}{2} \cot \dfrac{p\pi}{2}$ ($-2 < $ Re $p < 0$)

275. $\int_0^{\frac{\pi}{4}} \dfrac{\tan^p x + \cot^p x}{1 + \cos t \sin 2x} \mathrm{d}x = \pi \csc t \csc p\pi \sin pt$ ($t \neq n\pi$, | Re p |< 1)

276. $\int_0^{\frac{\pi}{4}} \dfrac{\tan^{p-1} x + \cot^p x}{(\sin x + \cos x)\cos x} \mathrm{d}x = \pi \csc p\pi$ ($0 < $ Re $p < 1$)

277. $\int_0^{\frac{\pi}{4}} \dfrac{\tan^{p-1} x - \cot^p x}{(\cos x - \sin x)\cos x} \mathrm{d}x = \pi \cot p\pi$ ($0 < $ Re $p < 1$)

278. $\int_0^{\frac{\pi}{4}} \dfrac{\tan^p x - \cot^p x}{(\sin x + \cos x)\cos x} \mathrm{d}x = \dfrac{1}{p} - \pi \csc p\pi$ ($0 < $ Re $p < 1$)

279. $\int_0^{\frac{\pi}{4}} \dfrac{\tan^p x - \cot^p x}{(\cos x - \sin x)\cos x} \mathrm{d}x = -\dfrac{1}{p} + \pi \cot p\pi$ ($0 < $ Re $p < 1$)

280. $\int_0^{\frac{\pi}{4}} (\sin^p 2x - \csc^p 2x) \tan\left(\dfrac{\pi}{4} + x\right) \mathrm{d}x = \int_0^{\frac{\pi}{4}} (\cos^p 2x - \sec^p 2x) \cot x \mathrm{d}x$

$\qquad = -\dfrac{1}{2p} + \dfrac{\pi}{2} \cot p\pi$ (| Re p |< 1)

281. $\int_0^{\frac{\pi}{4}} (\sin^p 2x - \csc^p 2x) \cot\left(\dfrac{\pi}{4} + x\right) \mathrm{d}x = \int_0^{\frac{\pi}{4}} (\cos^p 2x - \sec^p 2x) \tan x \mathrm{d}x$

$\qquad = \dfrac{1}{2p} - \dfrac{\pi}{2} \csc p\pi$ (| Re p |< 1)

282. $\int_0^{\frac{\pi}{4}} (\sin^{p-1} 2x - \csc^p 2x) \tan\left(\frac{\pi}{4} + x\right) dx = \int_0^{\frac{\pi}{4}} (\cos^{p-1} 2x - \sec^p 2x) \cot x \, dx$

$$= \frac{\pi}{2} \cot p\pi \quad (0 < \operatorname{Re} p < 1)$$

283. $\int_0^{\frac{\pi}{4}} (\sin^{p-1} 2x + \csc^p 2x) \cot\left(\frac{\pi}{4} + x\right) dx = \int_0^{\frac{\pi}{4}} (\cos^{p-1} 2x + \sec^p 2x) \tan x \, dx$

$$= \frac{\pi}{2} \csc p\pi \quad (0 < \operatorname{Re} p < 1)$$

284. $\int_0^{\frac{\pi}{4}} (\tan^p x + \cot^p x) dx = \frac{\pi}{2} \sec \frac{p\pi}{2} \quad (|\operatorname{Re} p| < 1)$

285. $\int_0^{\frac{\pi}{4}} (\tan^p x - \cot^p x) \tan x \, dx = \frac{1}{p} - \frac{\pi}{2} \csc \frac{p\pi}{2} \quad (0 < \operatorname{Re} p < 2)$

286. $\int_0^{\frac{\pi}{4}} (\tan^p x + \cot^p x)(\tan^q x + \cot^q x) dx = \dfrac{2\pi \cos\dfrac{p\pi}{2} \cos\dfrac{q\pi}{2}}{\cos p\pi + \cos q\pi}$

$(|\operatorname{Re} p| < 1, |\operatorname{Re} q| < 1)$

287. $\int_0^{\frac{\pi}{4}} (\tan^p x - \cot^p x)(\tan^q x - \cot^q x) dx = \dfrac{2\pi \sin\dfrac{p\pi}{2} \sin\dfrac{q\pi}{2}}{\cos p\pi + \cos q\pi}$

$(|\operatorname{Re} p| < 1, |\operatorname{Re} q| < 1)$

288. $\int_0^{\frac{\pi}{4}} \dfrac{dx}{(\tan^p x + \cot^p x) \sin 2x} = \dfrac{\pi}{8p} \quad (\operatorname{Re} p \neq 0)$

Ⅱ.1.2.13　更复杂自变数的三角函数的积分

289. $\int_0^{\infty} \sin ax^p \, dx = \dfrac{1}{pa^{\frac{1}{p}}} \Gamma\left(\dfrac{1}{p}\right) \sin \dfrac{\pi}{2p} \quad (a > 0, \ p > 1)$

〔这里，$\Gamma(z)$ 为伽马函数（见附录），以下同〕

290. $\int_0^{\infty} \cos ax^p \, dx = \dfrac{1}{pa^{\frac{1}{p}}} \Gamma\left(\dfrac{1}{p}\right) \cos \dfrac{\pi}{2p} \quad (a > 0, \ p > 1)$

291. $\int_0^{\infty} \sin ax^2 \, dx = \int_0^{\infty} \cos ax^2 \, dx = \dfrac{1}{2} \sqrt{\dfrac{\pi}{2a}} \quad (a > 0)$

292. $\int_0^{\infty} \sin^{2n} ax^2 \, dx = \int_0^{\infty} \cos^{2n} ax^2 \, dx = \infty$

293. $\int_0^{\infty} \sin^{2n+1} ax^2 \, dx = \dfrac{1}{2^{2n+1}} \sum_{k=0}^{n} (-1)^{n+k} \binom{2n+1}{k} \sqrt{\dfrac{\pi}{2(2n-2k+1)a}} \quad (a > 0)$

294. $\int_0^{\infty} \cos^{2n+1} ax^2 \, dx = \dfrac{1}{2^{2n+1}} \sum_{k=0}^{n} \binom{2n+1}{k} \sqrt{\dfrac{\pi}{2(2n-2k+1)a}} \quad (a > 0)$

295. $\int_0^{\infty} \sin ax^2 \sin 2bx \, dx = \sqrt{\dfrac{\pi}{2a}} \left[\cos \dfrac{b^2}{a} \mathrm{C}\left(\dfrac{b}{\sqrt{a}}\right) + \sin \dfrac{b^2}{a} \mathrm{S}\left(\dfrac{b}{\sqrt{a}}\right) \right] \quad (a > 0, \ b > 0)$

[这里, $S(z)$ 和 $C(z)$ 为菲涅耳函数(见附录),以下同]

296. $\displaystyle\int_0^\infty \cos ax^2 \sin 2bx\,\mathrm{d}x = \sqrt{\dfrac{\pi}{2a}}\Big[\sin\dfrac{b^2}{a}C\Big(\dfrac{b}{\sqrt{a}}\Big) - \cos\dfrac{b^2}{a}S\Big(\dfrac{b}{\sqrt{a}}\Big)\Big]$ $\quad(a > 0,\ b > 0)$

297. $\displaystyle\int_0^\infty \sin ax^2 \cos 2bx\,\mathrm{d}x = \dfrac{1}{2}\sqrt{\dfrac{\pi}{2a}}\Big(\cos\dfrac{b^2}{a} - \sin\dfrac{b^2}{a}\Big) = \dfrac{1}{2}\sqrt{\dfrac{\pi}{a}}\cos\Big(\dfrac{b^2}{a} + \dfrac{\pi}{4}\Big)$ $\quad(a > 0,\ b > 0)$

298. $\displaystyle\int_0^\infty \cos ax^2 \cos 2bx\,\mathrm{d}x = \dfrac{1}{2}\sqrt{\dfrac{\pi}{2a}}\Big(\cos\dfrac{b^2}{a} + \sin\dfrac{b^2}{a}\Big)$ $\quad(a > 0,\ b > 0)$

299. $\displaystyle\int_0^\infty \cos\Big(\dfrac{x^2}{2} - \dfrac{\pi}{8}\Big)\cos ax\,\mathrm{d}x = \sqrt{\dfrac{\pi}{2}}\cos\Big(\dfrac{a^2}{2} - \dfrac{\pi}{8}\Big)$ $\quad(a > 0)$

300. $\displaystyle\int_0^\infty \sin\dfrac{a^2}{x^2}\sin b^2 x^2\,\mathrm{d}x = \dfrac{1}{4b}\sqrt{\dfrac{\pi}{2}}(\sin 2ab - \cos 2ab + \mathrm{e}^{-2ab})$ $\quad(a > 0,\ b > 0)$

301. $\displaystyle\int_0^\infty \cos\dfrac{a^2}{x^2}\sin b^2 x^2\,\mathrm{d}x = \dfrac{1}{4b}\sqrt{\dfrac{\pi}{2}}(\sin 2ab + \cos 2ab + \mathrm{e}^{-2ab})$ $\quad(a > 0,\ b > 0)$

302. $\displaystyle\int_0^\infty \sin\dfrac{a^2}{x^2}\cos b^2 x^2\,\mathrm{d}x = \dfrac{1}{4b}\sqrt{\dfrac{\pi}{2}}(\sin 2ab + \cos 2ab + \mathrm{e}^{-2ab})$ $\quad(a > 0,\ b > 0)$

303. $\displaystyle\int_0^\infty \cos\dfrac{a^2}{x^2}\cos b^2 x^2\,\mathrm{d}x = \dfrac{1}{4b}\sqrt{\dfrac{\pi}{2}}(\cos 2ab - \sin 2ab + \mathrm{e}^{-2ab})$ $\quad(a > 0,\ b > 0)$

304. $\displaystyle\int_0^\infty \sin\Big(a^2 x^2 + \dfrac{b^2}{x^2}\Big)\mathrm{d}x = \dfrac{\sqrt{2\pi}}{4a}(\cos 2ab + \sin 2ab)$ $\quad(a > 0,\ b > 0)$

305. $\displaystyle\int_0^\infty \cos\Big(a^2 x^2 + \dfrac{b^2}{x^2}\Big)\mathrm{d}x = \dfrac{\sqrt{2\pi}}{4a}(\cos 2ab - \sin 2ab)$ $\quad(a > 0,\ b > 0)$

306. $\displaystyle\int_0^\infty \sin\Big(a^2 x^2 - \dfrac{b^2}{x^2}\Big)\mathrm{d}x = \dfrac{\sqrt{2\pi}}{4a}\mathrm{e}^{-2ab}$ $\quad(a > 0,\ b > 0)$

307. $\displaystyle\int_0^\infty \cos\Big(a^2 x^2 - \dfrac{b^2}{x^2}\Big)\mathrm{d}x = \dfrac{\sqrt{2\pi}}{4a}\mathrm{e}^{-2ab}$ $\quad(a > 0,\ b > 0)$

308. $\displaystyle\int_0^\infty \sin\Big(a^2 x^2 - 2ab + \dfrac{b^2}{x^2}\Big)\mathrm{d}x = \int_0^\infty \cos\Big(a^2 x^2 - 2ab + \dfrac{b^2}{x^2}\Big)\mathrm{d}x = \dfrac{\sqrt{2\pi}}{4a}$ $\quad(a > 0,\ b > 0)$

309. $\displaystyle\int_0^\infty (\sin^2 ax^2 - \sin^2 bx^2)\mathrm{d}x = \dfrac{1}{8}\Big(\sqrt{\dfrac{\pi}{b}} - \sqrt{\dfrac{\pi}{a}}\Big)$ $\quad(a > 0,\ b > 0)$

310. $\displaystyle\int_0^\infty (\cos^2 ax^2 - \sin^2 bx^2)\mathrm{d}x = \dfrac{1}{8}\Big(\sqrt{\dfrac{\pi}{b}} + \sqrt{\dfrac{\pi}{a}}\Big)$ $\quad(a > 0,\ b > 0)$

311. $\displaystyle\int_0^\infty (\cos^2 ax^2 - \cos^2 bx^2)\mathrm{d}x = \dfrac{1}{8}\Big(\sqrt{\dfrac{\pi}{a}} - \sqrt{\dfrac{\pi}{b}}\Big)$ $\quad(a > 0,\ b > 0)$

312. $\displaystyle\int_0^\infty [\sin(a - x^2) + \cos(a - x^2)]\mathrm{d}x = \sqrt{\dfrac{\pi}{2}}\sin a$

313. $\displaystyle\int_0^{\frac{\pi}{2}} \sin(a\tan x)\mathrm{d}x = \frac{1}{2}\left[\mathrm{e}^{-a}\overline{\mathrm{Ei}}(a) - \mathrm{e}^a\mathrm{Ei}(-a)\right]$ $(a > 0)$

$\left\{\text{这里}, \mathrm{Ei}(x) \text{为指数积分(见附录)}, \overline{\mathrm{Ei}}(x) = \frac{1}{2}\left[\mathrm{Ei}(x + \mathrm{i}0) + \mathrm{Ei}(x - \mathrm{i}0)\right]\right.$

$\left.(x > 0), \text{以下同}\right\}$

314. $\displaystyle\int_0^{\frac{\pi}{2}} \cos(a\tan x)\mathrm{d}x = \frac{\pi}{2}\mathrm{e}^{-a}$ $(a \geqslant 0)$

315. $\displaystyle\int_0^{\frac{\pi}{2}} \sin(a\tan x)\sin 2x\,\mathrm{d}x = \frac{a\pi}{2}\mathrm{e}^{-a}$ $(a \geqslant 0)$

316. $\displaystyle\int_0^{\frac{\pi}{2}} \cos(a\tan x)\sin^2 x\,\mathrm{d}x = \frac{(1 - a)\pi}{4}\mathrm{e}^{-a}$ $(a \geqslant 0)$

317. $\displaystyle\int_0^{\frac{\pi}{2}} \cos(a\tan x)\cos^2 x\,\mathrm{d}x = \frac{(1 + a)\pi}{4}\mathrm{e}^{-a}$ $(a \geqslant 0)$

318. $\displaystyle\int_0^{\frac{\pi}{2}} \sin(a\tan x)\tan x\,\mathrm{d}x = \frac{\pi}{2}\mathrm{e}^{-a}$ $(a > 0)$

319. $\displaystyle\int_0^{\frac{\pi}{2}} \cos(a\tan x)\tan x\,\mathrm{d}x = -\frac{1}{2}\left[\mathrm{e}^{-a}\overline{\mathrm{Ei}}(a) + \mathrm{e}^a\mathrm{Ei}(-a)\right]$ $(a > 0)$

320. $\displaystyle\int_0^{\frac{\pi}{2}} \sin^2(a\tan x)\mathrm{d}x = \frac{\pi}{4}(1 - \mathrm{e}^{-2a})$ $(a \geqslant 0)$

321. $\displaystyle\int_0^{\frac{\pi}{2}} \cos^2(a\tan x)\mathrm{d}x = \frac{\pi}{4}(1 + \mathrm{e}^{-2a})$ $(a \geqslant 0)$

Ⅱ.1.2.14 三角函数与有理函数组合的积分

322. $\displaystyle\int_0^{\infty} \frac{\sin ax}{x + b}\mathrm{d}x = \sin ab\,\mathrm{ci}(ab) - \cos ab\,\mathrm{si}(ab)$ $(a > 0, |\arg b| < \pi)$

[这里, $\mathrm{si}(x)$ 和 $\mathrm{ci}(x)$ 分别为正弦积分和余弦积分(见附录), 以下同]

323. $\displaystyle\int_{-\infty}^{\infty} \frac{\sin ax}{x + b}\mathrm{d}x = \begin{cases} \pi\cos ab & (a > 0) \\ \pi\mathrm{e}^{\mathrm{i}ab} & (a > 0, \mathrm{Im}\ b > 0) \\ \pi\mathrm{e}^{-\mathrm{i}ab} & (a > 0, \mathrm{Im}\ b < 0) \end{cases}$

324. $\displaystyle\int_0^{\infty} \frac{\cos ax}{x + b}\mathrm{d}x = -\sin ab\,\mathrm{si}(ab) - \cos ab\,\mathrm{ci}(ab)$ $(a > 0, |\arg b| < \pi)$

325. $\displaystyle\int_{-\infty}^{\infty} \frac{\cos ax}{x + b}\mathrm{d}x = \begin{cases} \pi\sin ab & (a > 0) \\ -\mathrm{i}\pi\mathrm{e}^{\mathrm{i}ab} & (a > 0, \mathrm{Im}\ b > 0) \\ \mathrm{i}\pi\mathrm{e}^{-\mathrm{i}ab} & (a > 0, \mathrm{Im}\ b < 0) \end{cases}$

326. $\displaystyle\int_0^{\infty} \frac{\sin ax}{b - x}\mathrm{d}x = \sin ab\,\mathrm{ci}(ab) - \cos ab[\mathrm{si}(ab) + \pi]$ $(a > 0, b < 0\text{或}\mathrm{Im}\ b \neq 0)$

327. $\displaystyle\int_{-\infty}^{\infty} \frac{\sin ax}{b - x}\mathrm{d}x = \begin{cases} -\pi\cos ab & (a > 0) \\ -\pi\mathrm{e}^{\mathrm{i}ab} & (a > 0, \mathrm{Im}\ b > 0) \\ -\pi\mathrm{e}^{-\mathrm{i}ab} & (a > 0, \mathrm{Im}\ b < 0) \end{cases}$

328. $\displaystyle\int_0^\infty \frac{\cos ax}{b-x}dx = \sin ab[\mathrm{si}(ab)+\pi] - \cos ab\,\mathrm{ci}(ab)$ 　（$a>0$，$b<0$ 或 Im $b\neq 0$）

329. $\displaystyle\int_{-\infty}^\infty \frac{\cos ax}{b-x}dx = \begin{cases} \pi\sin ab & (a>0) \\ -\,\mathrm{i}\pi\mathrm{e}^{\mathrm{i}ab} & (a>0,\ \mathrm{Im}\ b>0) \\ \mathrm{i}\pi\mathrm{e}^{-\mathrm{i}ab} & (a>0,\ \mathrm{Im}\ b<0) \end{cases}$

330. $\displaystyle\int_0^\infty \frac{\sin ax}{b^2+x^2}dx = \frac{1}{2b}\big[\mathrm{e}^{-ab}\overline{\mathrm{Ei}}(ab) - \mathrm{e}^{ab}\mathrm{Ei}(-ab)\big]$ 　（$a>0$，$b>0$）

$\bigg\{$这里，$\mathrm{Ei}(x)$ 为指数积分（见附录），$\overline{\mathrm{Ei}}(x) = \dfrac{1}{2}\big[\mathrm{Ei}(x+\mathrm{i}0)+\mathrm{Ei}(x-\mathrm{i}0)\big]$

$(x>0)$，以下同$\bigg\}$

331. $\displaystyle\int_0^\infty \frac{\cos ax}{b^2+x^2}dx = \frac{\pi}{2b}\mathrm{e}^{-ab}$ 　（$a\geqslant 0$，Re $b>0$）

332. $\displaystyle\int_0^\infty \frac{\sin ax}{b^2-x^2}dx = \frac{1}{b}\bigg\{\sin ab\,\mathrm{ci}(ab) - \cos ab\Big[\mathrm{si}(ab)+\frac{\pi}{2}\Big]\bigg\}$

（$a>0$，$|\arg b|<\pi$）

333. $\displaystyle\int_0^\infty \frac{\cos ax}{b^2-x^2}dx = \frac{\pi}{2b}\sin ab$ 　（$a>0$，$b\neq 0$）

334. $\displaystyle\int_0^\infty \frac{\sin^2 ax}{b^2+x^2}dx = \frac{\pi}{4b}(1-\mathrm{e}^{-2ab})$ 　（$b\neq 0$）

335. $\displaystyle\int_0^\infty \frac{\cos^2 ax}{b^2+x^2}dx = \frac{\pi}{4b}(1+\mathrm{e}^{-2ab})$ 　（$b\neq 0$）

336. $\displaystyle\int_0^\infty \frac{\sin^2 ax}{b^2-x^2}dx = -\frac{\pi}{4b}\sin 2ab$ 　（$a>0$，$b\neq 0$）

337. $\displaystyle\int_0^\infty \frac{\cos^2 ax}{b^2-x^2}dx = \frac{\pi}{4b}\sin 2ab$ 　（$a>0$，$b>0$）

338. $\displaystyle\int_0^\infty \frac{x\sin ax}{b^2+x^2}dx = \frac{\pi}{2}\mathrm{e}^{-ab}$ 　（$a>0$，Re $b>0$）

339. $\displaystyle\int_0^\infty \frac{x\cos ax}{b^2+x^2}dx = -\frac{1}{2}\big[\mathrm{e}^{-ab}\overline{\mathrm{Ei}}(ab) + \mathrm{e}^{ab}\mathrm{Ei}(-ab)\big]$ 　（$a>0$，$b>0$）

340. $\displaystyle\int_0^\infty \frac{x\sin ax}{b^2-x^2}dx = -\frac{\pi}{2}\cos ab$ 　（$a>0$）

341. $\displaystyle\int_0^\infty \frac{x\cos ax}{b^2-x^2}dx = \cos ab\,\mathrm{ci}(ab) + \sin ab\Big[\mathrm{si}(ab)+\frac{\pi}{2}\Big]$ 　（$a>0$，$|\arg b|<\pi$）

342. $\displaystyle\int_0^\infty \frac{\sin ax\sin bx}{c^2+x^2}dx = \frac{\pi}{2c}\mathrm{e}^{-ac}\sinh bc$ 　（$a\geqslant b$）

343. $\displaystyle\int_0^\infty \frac{\cos ax\cos bx}{c^2+x^2}dx = \frac{\pi}{2c}\mathrm{e}^{-ac}\cosh bc$ 　（$a\geqslant b$）

344. $\displaystyle\int_{-\infty}^\infty \frac{\sin ax}{x(x-b)}dx = \pi\frac{\cos ab-1}{b}$ 　（$a>0$，$b\neq 0$）

345. $\int_0^\infty \dfrac{\sin ax}{x(b^2 + x^2)}dx = \dfrac{\pi}{2b^2}(1 - e^{-ab})$　$(a > 0,\ \text{Re}\ b > 0)$

346. $\int_0^\infty \dfrac{\sin ax}{x(b^2 - x^2)}dx = \dfrac{\pi}{2b^2}(1 - \cos ab)$　$(a > 0)$

347. $\int_0^\infty \dfrac{\sin ax \cos bx}{x(x^2 + p^2)}dx = \begin{cases} \dfrac{\pi}{2p^2}e^{-pb}\sinh pa & (b > a > 0) \\[3mm] \dfrac{\pi}{2p^2}(1 - e^{-pa}\cosh pb) & (a > b > 0) \end{cases}$

348. $\int_0^\infty \dfrac{\cos ax}{(b^2 + x^2)^2}dx = \dfrac{\pi}{4b^3}(1 + ab)e^{-ab}$　$(a > 0,\ b > 0)$

349. $\int_0^\infty \dfrac{x \sin ax}{(b^2 + x^2)^2}dx = \dfrac{\pi a}{4b}e^{-ab}$　$(a > 0,\ b > 0)$

350. $\int_0^\infty \dfrac{1 - x^2}{(1 + x^2)^2}\cos px\, dx = \dfrac{\pi p}{2}e^{-p}$

351. $\int_0^\infty \dfrac{\sin ax \sin bx}{x}dx = \dfrac{1}{4}\ln\left(\dfrac{a + b}{a - b}\right)^2$　$(a > 0,\ b > 0,\ a \neq b)$

352. $\int_0^\infty \dfrac{\sin ax \cos bx}{x}dx = \begin{cases} \dfrac{\pi}{2} & (a > b \geqslant 0) \\[2mm] \dfrac{\pi}{4} & (a = b > 0) \\[2mm] 0 & (b > a \geqslant 0) \end{cases}$

353. $\int_0^\infty \dfrac{\sin ax \sin bx}{x^2}dx = \begin{cases} \dfrac{a\pi}{2} & (0 < a \leqslant b) \\[2mm] \dfrac{b\pi}{2} & (0 < b \leqslant a) \end{cases}$

354. $\int_0^\infty \dfrac{\sin ax \sin bx}{p^2 + x^2}dx = \dfrac{\pi}{4p}\left[e^{-|a-b|p} - e^{-(a+b)p}\right]$　$(a > 0,\ b > 0,\ \text{Re}\ p > 0)$

355. $\int_0^\infty \dfrac{\cos ax \cos bx}{p^2 + x^2}dx = \dfrac{\pi}{4p}\left[e^{-|a-b|p} + e^{-(a+b)p}\right]$　$(a > 0,\ b > 0,\ \text{Re}\ p > 0)$

356. $\int_0^\infty \dfrac{\sin ax \sin bx}{p^2 - x^2}dx = \begin{cases} -\dfrac{\pi}{2p}\cos ap \sin bp & (a > b > 0) \\[2mm] -\dfrac{\pi}{4p}\sin 2ap & (a = b > 0) \\[2mm] -\dfrac{\pi}{2p}\sin ap \cos bp & (b > a > 0) \end{cases}$

357. $\int_0^\infty \dfrac{\sin ax \cos bx}{p^2 - x^2}x\, dx = \begin{cases} -\dfrac{\pi}{2}\cos ap \cos bp & (a > b > 0) \\[2mm] -\dfrac{\pi}{4}\cos 2ap & (a = b > 0) \\[2mm] \dfrac{\pi}{2}\sin ap \sin bp & (b > a > 0) \end{cases}$

358. $\displaystyle\int_0^\infty \frac{\cos ax \cos bx}{p^2 - x^2}\mathrm{d}x = \begin{cases} \dfrac{\pi}{2p}\sin ap\cos bp & (a > b > 0) \\[2mm] \dfrac{\pi}{4p}\sin 2ap & (a = b > 0) \\[2mm] \dfrac{\pi}{2p}\cos ap\sin bp & (b > a > 0) \end{cases}$

359. $\displaystyle\int_0^\infty \frac{\sin ax}{\sin bx}\cdot\frac{\mathrm{d}x}{x^2 + p^2} = \frac{\pi}{2p}\cdot\frac{\sinh ap}{\sinh bp} \quad (b > a > 0,\ \mathrm{Re}\ p > 0)$

360. $\displaystyle\int_0^\infty \frac{\cos ax}{\cos bx}\cdot\frac{\mathrm{d}x}{x^2 + p^2} = \frac{\pi}{2p}\cdot\frac{\cosh ap}{\cosh bp} \quad (b > a > 0,\ \mathrm{Re}\ p > 0)$

361. $\displaystyle\int_0^\infty \frac{\sin ax}{\cos bx}\cdot\frac{x\,\mathrm{d}x}{x^2 + p^2} = -\frac{\pi}{2}\cdot\frac{\sinh ap}{\cosh bp} \quad (b > a > 0,\ \mathrm{Re}\ p > 0)$

362. $\displaystyle\int_0^\infty \frac{\cos ax}{\sin bx}\cdot\frac{x\,\mathrm{d}x}{x^2 + p^2} = \frac{\pi}{2}\cdot\frac{\cosh ap}{\sinh bp} \quad (b > a > 0,\ \mathrm{Re}\ p > 0)$

363. $\displaystyle\int_0^\infty \frac{\sin ax}{\cos ax}\cdot\frac{x\,\mathrm{d}x}{x^2 + b^2} = \int_0^\infty \frac{x\tan ax}{x^2 + b^2}\mathrm{d}x = \frac{\pi}{\mathrm{e}^{2ab} + 1} \quad (a > 0,\ b > 0)$

364. $\displaystyle\int_0^\infty \frac{\cos ax}{\sin ax}\cdot\frac{x\,\mathrm{d}x}{x^2 + b^2} = \int_0^\infty \frac{x\cot ax}{x^2 + b^2}\mathrm{d}x = \frac{\pi}{\mathrm{e}^{2ab} - 1} \quad (a > 0,\ b > 0)$

365. $\displaystyle\int_0^\infty \frac{x}{\sin ax}\cdot\frac{\mathrm{d}x}{x^2 + b^2} = \frac{\pi}{2\sin ab} \quad (b > 0)$

Ⅱ.1.2.15　三角函数与无理函数组合的积分

366. $\displaystyle\int_0^\infty \frac{\sin ax}{\sqrt{x + p}}\mathrm{d}x = \sqrt{\frac{\pi}{2a}}\left[\cos ap - \sin ap + 2\mathrm{C}(\sqrt{ap})\sin ap - 2\mathrm{S}(\sqrt{ap})\cos ap\right]$
$(a > 0,\ |\arg p| < \pi)$
［这里,S(x)和C(x)为菲涅耳积分(见附录),以下同］

367. $\displaystyle\int_0^\infty \frac{\cos ax}{\sqrt{x + p}}\mathrm{d}x = \sqrt{\frac{\pi}{2a}}\left[\cos ap + \sin ap - 2\mathrm{C}(\sqrt{ap})\cos ap - 2\mathrm{S}(\sqrt{ap})\sin ap\right]$
$(a > 0,\ |\arg p| < \pi)$

368. $\displaystyle\int_0^\infty \frac{\sin ax}{\sqrt{x - u}}\mathrm{d}x = \sqrt{\frac{\pi}{2a}}(\sin au + \cos au) \quad (a > 0,\ u > 0)$

369. $\displaystyle\int_0^\infty \frac{\cos ax}{\sqrt{x - u}}\mathrm{d}x = \sqrt{\frac{\pi}{2a}}(\cos au - \sin au) \quad (a > 0,\ u > 0)$

370. $\displaystyle\int_0^\infty \frac{\sin ax}{\sqrt{x}}\mathrm{d}x = \int_0^\infty \frac{\cos ax}{\sqrt{x}}\mathrm{d}x = \sqrt{\frac{\pi}{2a}}$

371. $\displaystyle\int_0^\infty \frac{\sin ax}{\sqrt[p]{x}}\mathrm{d}x = \frac{\pi\sqrt[p]{a}}{2a\,\Gamma\left(\dfrac{1}{p}\right)\sin\dfrac{\pi}{2p}}$

［这里，$\Gamma(z)$ 为伽马函数（见附录），以下同］

372. $\displaystyle\int_0^\infty \frac{\cos ax}{\sqrt[p]{x}}\mathrm{d}x = \frac{\pi\sqrt[p]{a}}{2a\,\Gamma\left(\dfrac{1}{p}\right)\cos\dfrac{\pi}{2p}}$

Ⅱ.1.2.16 三角函数与幂函数组合的积分

373. $\displaystyle\int_0^\infty x^{p-1}\sin ax\,\mathrm{d}x = \frac{\Gamma(p)}{a^p}\sin\frac{p\pi}{2} = \frac{\pi}{2a^p\,\Gamma(1-p)}\sec\frac{p\pi}{2}$

$(a > 0,\ 0 < \mathrm{Re}\ p < 1)$

［这里，$\Gamma(z)$ 为伽马函数（见附录），以下同］

374. $\displaystyle\int_0^\infty x^{p-1}\cos ax\,\mathrm{d}x = \frac{\Gamma(p)}{a^p}\cos\frac{p\pi}{2} = \frac{\pi}{2a^p\,\Gamma(1-p)}\csc\frac{p\pi}{2}$

$(a > 0,\ 0 < \mathrm{Re}\ p < 1)$

375. $\displaystyle\int_0^\infty x^p\sin(ax+b)\,\mathrm{d}x = \frac{\Gamma(1+p)}{a^{p+1}}\cos\left(b+\frac{p\pi}{2}\right)$　$(a > 0,\ -1 < p < 0)$

376. $\displaystyle\int_0^\infty x^p\cos(ax+b)\,\mathrm{d}x = -\frac{\Gamma(1+p)}{a^{p+1}}\sin\left(b+\frac{p\pi}{2}\right)$　$(a > 0,\ -1 < p < 0)$

377. $\displaystyle\int_0^\infty \frac{x^{p-1}}{q^2+x^2}\sin\left(ax-\frac{p\pi}{2}\right)\mathrm{d}x = -\frac{\pi}{2}q^{p-2}\mathrm{e}^{-aq}$

$(a > 0,\ \mathrm{Re}\ q > 0,\ 0 < \mathrm{Re}\ p < 2)$

378. $\displaystyle\int_0^\infty \frac{x^p}{q^2+x^2}\cos\left(ax-\frac{p\pi}{2}\right)\mathrm{d}x = \frac{\pi}{2}q^{p-1}\mathrm{e}^{-aq}$

$(a > 0,\ \mathrm{Re}\ q > 0,\ |\,\mathrm{Re}\ p\,| < 1)$

379. $\displaystyle\int_0^\infty \frac{x^{p-1}}{x^2-b^2}\sin\left(ax-\frac{p\pi}{2}\right)\mathrm{d}x = \frac{\pi}{2}b^{p-2}\cos\left(ab-\frac{p\pi}{2}\right)$

$(a > 0,\ b > 0,\ 0 < \mathrm{Re}\ p < 2)$

380. $\displaystyle\int_0^\infty \frac{x^p}{x^2-b^2}\cos\left(ax-\frac{p\pi}{2}\right)\mathrm{d}x = -\frac{\pi}{2}b^{p-1}\sin\left(ab-\frac{p\pi}{2}\right)$

$(a > 0,\ b > 0,\ |\,p\,| < 1)$

381. $\displaystyle\int_0^\infty \frac{a^2(b+x)^2+p(p+1)}{(b+x)^{p+2}}\sin ax\,\mathrm{d}x = \frac{a}{b^p}$　$(a > 0,\ b > 0,\ p > 0)$

382. $\displaystyle\int_0^\infty \frac{a^2(b+x)^2+p(p+1)}{(b+x)^{p+2}}\cos ax\,\mathrm{d}x = \frac{p}{b^{p+1}}$　$(a > 0,\ b > 0,\ p > 0)$

Ⅱ.1.2.17 三角函数的有理函数与 x 的有理函数组合的积分

383. $\displaystyle\int_0^\infty \left(\frac{\sin x}{x}-\frac{1}{1+x}\right)\frac{\mathrm{d}x}{x} = 1-\gamma$

［这里，γ 为欧拉常数（见附录），以下同］

384. $\int_0^\infty \left(\cos x - \dfrac{1}{1+x} \right) \dfrac{\mathrm{d}x}{x} = -\gamma$

385. $\int_{-\infty}^\infty \dfrac{1-\cos ax}{x(x-b)}\mathrm{d}x = \dfrac{\pi \sin ab}{b}$ （$b>0$, $b \neq 0$, b 为实数）

386. $\int_0^\infty \dfrac{\cos ax + x \sin ax}{1+x^2}\mathrm{d}x = \pi \mathrm{e}^{-a}$ （$a>0$）

387. $\int_0^{\frac{\pi}{2}} \left(\dfrac{1}{x} - \cot x \right) \mathrm{d}x = \ln \dfrac{\pi}{2}$

388. $\int_0^{\frac{\pi}{2}} \dfrac{x \sin x}{1-\cos x}\mathrm{d}x = \dfrac{\pi}{2}\ln 2 + 2G$

［这里，G 为卡塔兰常数（见附录），以下同］

389. $\int_0^\pi \dfrac{x \sin x}{1-\cos x}\mathrm{d}x = 2\pi \ln 2$

390. $\int_0^{\frac{\pi}{2}} \dfrac{\cos x \pm \sin x}{\cos x \mp \sin x} x\,\mathrm{d}x = \mp \dfrac{\pi}{4}\ln 2 - G$

391. $\int_0^{\frac{\pi}{4}} \dfrac{\cos x - \sin x}{\cos x + \sin x} x\,\mathrm{d}x = \dfrac{\pi}{4}\ln 2 - \dfrac{1}{2}G$

392. $\int_0^\infty \dfrac{\sin^{2m+1} x \sin 2mx}{a^2+x^2}\mathrm{d}x = \dfrac{(-1)^m}{2^{2m+1}a}\pi [(1-\mathrm{e}^{-2a})^{2m}-1]\sinh a$

$(a>0,\ m=1,2,\cdots)$

393. $\int_0^\infty \dfrac{\sin^{2m-1} x \sin(2m-1)x}{a^2+x^2}\mathrm{d}x = \dfrac{(-1)^{m+1}}{2^{2m}a}\pi (1-\mathrm{e}^{-2a})^{2m-1}$

$(a>0,\ m=1,2,\cdots)$

394. $\int_0^\infty \dfrac{\sin^{2m-1} x \sin(2m+1)x}{a^2+x^2}\mathrm{d}x = \dfrac{(-1)^{m-1}}{2^{2m}a}\pi \mathrm{e}^{-2a}(1-\mathrm{e}^{-2a})^{2m-1}$

$(a>0,\ m=1,2,\cdots)$

Ⅱ.1.2.18 三角函数的幂函数与 x 的幂函数组合的积分

395. $\int_0^\pi x \sin^p x\,\mathrm{d}x = \dfrac{\pi^2}{2^{p+1}} \dfrac{\Gamma(p+1)}{\left[\Gamma\left(\dfrac{p}{2}+1 \right) \right]^2}$ （$p>-1$）

［这里，$\Gamma(z)$ 为伽马函数（见附录）］

396. $\int_0^\pi x \sin^{2m} x\,\mathrm{d}x = \int_0^\pi x \cos^{2m} x\,\mathrm{d}x = \dfrac{\pi^2}{2} \dfrac{(2m-1)!!}{(2m)!!}$

397. $\int_0^\infty \dfrac{\sin^{2n} ax - \sin^{2n} bx}{x}\mathrm{d}x = \dfrac{(2n-1)!!}{(2n)!!}\ln \dfrac{b}{a}$ （$ab>0$, $n=1,2,\cdots$）

398. $\int_0^\infty \dfrac{\cos^{2n} ax - \cos^{2n} bx}{x}\mathrm{d}x = \left[1 - \dfrac{(2n-1)!!}{(2n)!!} \right]\ln \dfrac{b}{a}$ （$ab>0$, $n=1,2,\cdots$）

399. $\displaystyle\int_0^\infty \frac{\cos^{2m+1}ax - \cos^{2m+1}bx}{x}\mathrm{d}x = \ln\frac{b}{a} \quad (ab > 0,\ m = 1,2,\cdots)$

400. $\displaystyle\int_0^\infty \frac{\cos^p ax\sin bx\cos x}{x}\mathrm{d}x = \frac{\pi}{2} \quad (b > ap,\ p > -1)$

401. $\displaystyle\int_0^\infty \frac{(3 - 4\sin^2 ax)\sin^2 ax}{x}\mathrm{d}x = \frac{1}{2}\ln 2 \quad (a \neq 0,\ a\ \text{为实数})$

402. $\displaystyle\int_0^\infty \frac{\sin^{2m+1}x\cos^{2n}x}{x}\mathrm{d}x = \int_0^\infty \frac{\sin^{2m+1}x\cos^{2n-1}x}{x}\mathrm{d}x = \frac{(2m-1)!!(2n-1)!!}{2^{m+n+1}(m+n)!}\pi$

$$= \frac{1}{2}\mathrm{B}\Big(m + \frac{1}{2}, n + \frac{1}{2}\Big)$$

〔这里,$\mathrm{B}(p,q)$为贝塔函数(见附录)〕

403. $\displaystyle\int_0^\infty \frac{\cos ax - \cos bx}{x}\mathrm{d}x = \ln\frac{b}{a} \quad (a > 0,\ b > 0)$

404. $\displaystyle\int_0^\infty \frac{(1 - \cos ax)\cos bx}{x}\mathrm{d}x = \ln\frac{\sqrt{|a^2 - b^2|}}{b} \quad (a > 0,\ b > 0,\ a \neq b)$

405. $\displaystyle\int_0^\infty \frac{\sin^2 ax - \sin^2 bx}{x}\mathrm{d}x = \frac{1}{2}\ln\frac{a}{b} \quad (a > 0,\ b > 0)$

406. $\displaystyle\int_0^\infty \frac{\cos ax - \cos bx}{x^2}\mathrm{d}x = \frac{(b-a)\pi}{2} \quad (a \geqslant 0,\ b \geqslant 0)$

407. $\displaystyle\int_0^\infty \frac{a\sin bx - b\sin ax}{x^2}\mathrm{d}x = ab\ln\frac{a}{b} \quad (a > 0,\ b > 0)$

408. $\displaystyle\int_0^\infty \frac{\sin x - x\cos x}{x^2}\mathrm{d}x = 1$

409. $\displaystyle\int_0^\infty \frac{1 - \cos ax}{x^2}\mathrm{d}x = \frac{a\pi}{2} \quad (a \geqslant 0)$

410. $\displaystyle\int_0^\infty \frac{x^3 - \sin^3 x}{x^5}\mathrm{d}x = \frac{13}{32}\pi$

411. $\displaystyle\int_0^\infty \frac{(1 - \cos ax)\sin bx}{x^2}\mathrm{d}x = \frac{b}{2}\ln\frac{b^2 - a^2}{b^2} + \frac{a}{2}\ln\frac{a+b}{a-b} \quad (a > 0,\ b > 0)$

412. $\displaystyle\int_0^\infty \frac{(1 - \cos ax)\cos bx}{x^2}\mathrm{d}x = \begin{cases} \dfrac{\pi}{2}(a - b) & (0 < b \leqslant a) \\[2mm] 0 & (0 < a \leqslant b) \end{cases}$

413. $\displaystyle\int_0^{\frac{\pi}{2}} \frac{x}{1 + \sin x}\mathrm{d}x = \ln 2$

414. $\displaystyle\int_0^{\frac{\pi}{2}} \frac{x}{1 + \cos x}\mathrm{d}x = \frac{\pi}{2} - \ln 2$

415. $\displaystyle\int_0^{\frac{\pi}{2}} \frac{x^2}{1 - \cos x}\mathrm{d}x = -\frac{\pi^2}{4} + \pi\ln 2 + 4G = 3.3740473667\cdots$

〔这里,G 为卡塔兰常数(见附录),以下同〕

416. $\displaystyle\int_0^\pi \frac{x^2}{1 - \cos x}\mathrm{d}x = 4\pi\ln 2$

417. $\displaystyle\int_0^{\frac{\pi}{2}} \frac{x^2}{\sin^2 x}\mathrm{d}x = \pi\ln 2$

418. $\displaystyle\int_0^{\frac{\pi}{4}} \frac{x^2}{\sin^2 x}\mathrm{d}x = -\frac{\pi^2}{16} + \frac{\pi}{4}\ln 2 + G = 0.8435118417\cdots$

419. $\displaystyle\int_0^{\frac{\pi}{4}} \frac{x^2}{\cos^2 x}\mathrm{d}x = \frac{\pi^2}{16} + \frac{\pi}{4}\ln 2 - G$

420. $\displaystyle\int_0^{\frac{\pi}{2}} \frac{x^2\cos x}{\sin^2 x}\mathrm{d}x = -\frac{\pi^2}{4} + 4G = 1.1964612764\cdots$

421. $\displaystyle\int_0^{\frac{\pi}{2}} \frac{x^3\cos x}{\sin^3 x}\mathrm{d}x = -\frac{\pi^2}{16} + \frac{3\pi}{2}\ln 2$

422. $\displaystyle\int_0^{\frac{\pi}{2}} \frac{x\cos^{p-1} x}{\sin^{p+1} x}\mathrm{d}x = \frac{\pi}{2p}\sec\frac{p\pi}{2}$　　$(p < 1)$

423. $\displaystyle\int_0^{\frac{\pi}{4}} x\tan x\,\mathrm{d}x = -\frac{\pi}{8}\ln 2 + \frac{1}{2}G = 0.1857845358\cdots$

424. $\displaystyle\int_0^{\frac{\pi}{4}} x\cot x\,\mathrm{d}x = \frac{\pi}{8}\ln 2 + \frac{1}{2}G = 0.7301810584\cdots$

Ⅱ.1.2.19　含有 $\sin^n ax, \cos^n ax, \tan^n ax$ 和 $\dfrac{1}{x^m}$ 组合的积分，积分区间为 $[0, \infty)$

这里，当没有特别说明时，m, n 为正整数；a, b, c, p, q 为正实数.

425. $\displaystyle\int_0^{\infty} \frac{\sin(\pm ax)}{x}\mathrm{d}x = \pm\frac{\pi}{2}$

426. $\displaystyle\int_0^{\infty} \frac{\tan(\pm ax)}{x}\mathrm{d}x = \pm\frac{\pi}{2}$

427. $\displaystyle\int_0^{\infty} \frac{\sin^2 ax}{x}\mathrm{d}x = \infty$

428. $\displaystyle\int_0^{\infty} \frac{\sin^3 ax}{x}\mathrm{d}x = \frac{\pi}{4}\mathrm{sgn}\,a$

429. $\displaystyle\int_0^{\infty} \frac{\sin^{2m} ax}{x}\mathrm{d}x = \int_0^{\infty} \frac{\cos^{2m} ax}{x}\mathrm{d}x = \infty$

430. $\displaystyle\int_0^{\infty} \frac{\sin^{2n+1} ax}{x}\mathrm{d}x = \frac{(2n-1)!!}{(2n)!!} \cdot \frac{\pi}{2}$　　$(n > 0)$

431. $\displaystyle\int_0^{\infty} \frac{\sin^2 ax}{x^2}\mathrm{d}x = \frac{a\pi}{2}$

432. $\displaystyle\int_0^{\infty} \frac{\sin^{2n} ax}{x^2}\mathrm{d}x = \frac{(2n-3)!!}{(2n-2)!!} \cdot \frac{a\pi}{2}$　　$(n > 1)$

433. $\displaystyle\int_0^{\infty} \frac{\sin^3 ax}{x^2}\mathrm{d}x = \frac{3a}{4}\ln 3$

434. $\displaystyle\int_0^\infty \dfrac{\sin^3 ax}{x^3}\mathrm{d}x = \dfrac{3a^2\pi}{8}\operatorname{sgn} a$

435. $\displaystyle\int_0^\infty \dfrac{\sin^{2m+1} ax}{x^3}\mathrm{d}x = \dfrac{a^2\pi}{4}(2m+1)\dfrac{(2m-3)!!}{(2m)!!}$　　$(a>0)$

436. $\displaystyle\int_0^\infty \dfrac{\sin^3 ax}{x^q}\mathrm{d}x = \dfrac{3-3^{q-1}}{4}a^{q-1}\cos\dfrac{q\pi}{2}\Gamma(1-q)$　　$(a>0,\ 0<\operatorname{Re} q<2)$

〔这里，$\Gamma(z)$ 为伽马函数（见附录），以下同〕

437. $\displaystyle\int_0^\infty \dfrac{\sin^4 ax}{x^2}\mathrm{d}x = \dfrac{a\pi}{4}$

438. $\displaystyle\int_0^\infty \dfrac{\sin^4 ax}{x^3}\mathrm{d}x = a^2\ln 2$

439. $\displaystyle\int_0^\infty \dfrac{\sin^4 ax}{x^4}\mathrm{d}x = \dfrac{a^3\pi}{3}$　　$(a>0)$

440. $\displaystyle\int_0^\infty \dfrac{\sin ax\sin bx}{x}\mathrm{d}x = \ln\sqrt{\dfrac{a+b}{a-b}}$　　$(a\neq b)$

441. $\displaystyle\int_0^\infty \dfrac{\sin ax\cos bx}{x}\mathrm{d}x = \begin{cases} 0 & (b>a>0) \\[2mm] \dfrac{\pi}{2} & (a>b>0) \\[2mm] \dfrac{\pi}{4} & (a=b>0) \end{cases}$

442. $\displaystyle\int_0^\infty \dfrac{\cos ax\cos bx}{x}\mathrm{d}x = \infty$

443. $\displaystyle\int_0^\infty \dfrac{\sin ax\sin bx}{x^2}\mathrm{d}x = \begin{cases} \dfrac{a\pi}{2} & (0<a\leqslant b) \\[2mm] \dfrac{b\pi}{2} & (0<b\leqslant a) \end{cases}$

444. $\displaystyle\int_0^\infty \dfrac{\sin x}{x}\mathrm{d}x = \dfrac{\pi}{2}$

445. $\displaystyle\int_0^\infty \dfrac{\cos x}{x}\mathrm{d}x = \infty$

446. $\displaystyle\int_0^\infty \dfrac{\tan x}{x}\mathrm{d}x = \dfrac{\pi}{2}$

447. $\displaystyle\int_0^\infty \dfrac{\sin x}{x^p}\mathrm{d}x = \dfrac{\pi}{2\Gamma(p)\sin\dfrac{p\pi}{2}}$　　$(0<p<1)$

448. $\displaystyle\int_0^\infty \dfrac{\cos x}{x^p}\mathrm{d}x = \dfrac{\pi}{2\Gamma(p)\cos\dfrac{p\pi}{2}}$　　$(0<p<1)$

449. $\displaystyle\int_0^\infty \dfrac{1-\cos px}{x^2}\mathrm{d}x = \dfrac{\pi\,|\,p\,|}{2}$

450. $\displaystyle\int_0^\infty \dfrac{\cos ax-\cos bx}{x}\mathrm{d}x = \ln\left|\dfrac{b}{a}\right|$

Ⅱ.1.2.20　含有 $\sqrt{1 \pm k^2 \sin^2 x}$ 和 $\sqrt{1 \pm k^2 \cos^2 x}$ 的积分

451. $\displaystyle\int_0^{\frac{\pi}{2}} \sqrt{1 - k^2 \sin^2 x}\,\mathrm{d}x$

$$= \frac{\pi}{2}\left[1 - \left(\frac{1}{2}\right)^2 k^2 - \left(\frac{1 \cdot 3}{2 \cdot 4}\right)^2 \frac{k^4}{3} - \left(\frac{1 \cdot 3 \cdot 5}{2 \cdot 4 \cdot 6}\right)^2 \frac{k^6}{5} - \cdots\right]$$

$$= \mathrm{E}(k) \quad (k^2 < 1)$$

［这里，$\mathrm{E}(k)$ 为第二类完全椭圆积分（见附录），以下同］

452. $\displaystyle\int_0^{\frac{\pi}{2}} \frac{\mathrm{d}x}{\sqrt{1 - k^2 \sin^2 x}} = \frac{\pi}{2}\left[1 + \left(\frac{1}{2}\right)^2 k^2 + \left(\frac{1 \cdot 3}{2 \cdot 4}\right)^2 k^4 + \left(\frac{1 \cdot 3 \cdot 5}{2 \cdot 4 \cdot 6}\right)^2 k^6 + \cdots\right]$

$$= \mathrm{K}(k) \quad (k^2 < 1)$$

［这里，$\mathrm{K}(k)$ 为第一类完全椭圆积分（见附录），以下同］

453. $\displaystyle\int_0^{\frac{\pi}{2}} \frac{\mathrm{d}x}{\sqrt{(1 - k^2 \sin^2 x)^3}}$

$$= \frac{\pi}{2}\left[1 + \left(\frac{1}{2}\right)^2 3k^2 + \left(\frac{1 \cdot 3}{2 \cdot 4}\right)^2 5k^4 + \left(\frac{1 \cdot 3 \cdot 5}{2 \cdot 4 \cdot 6}\right)^2 7k^6 + \cdots\right] \quad (k^2 < 1)$$

454. $\displaystyle\int_0^{\frac{\pi}{2}} \frac{\sin x}{\sqrt{1 - k^2 \sin^2 x}}\,\mathrm{d}x = \frac{1}{2k}\ln\frac{1 + k}{1 - k}$

455. $\displaystyle\int_0^{\frac{\pi}{2}} \frac{\cos x}{\sqrt{1 - k^2 \sin^2 x}}\,\mathrm{d}x = \frac{1}{k}\arcsin k$

456. $\displaystyle\int_0^{\infty} \sin x \sqrt{1 - k^2 \sin^2 x}\,\frac{\mathrm{d}x}{x} = \mathrm{E}(k)$

457. $\displaystyle\int_0^{\infty} \sin x \sqrt{1 - k^2 \cos^2 x}\,\frac{\mathrm{d}x}{x} = \mathrm{E}(k)$

458. $\displaystyle\int_0^{\infty} \tan x \sqrt{1 - k^2 \sin^2 x}\,\frac{\mathrm{d}x}{x} = \mathrm{E}(k)$

459. $\displaystyle\int_0^{\infty} \tan x \sqrt{1 - k^2 \cos^2 x}\,\frac{\mathrm{d}x}{x} = \mathrm{E}(k)$

460. $\displaystyle\int_0^{\infty} \frac{\sin x}{\sqrt{1 - k^2 \sin^2 x}}\,\frac{\mathrm{d}x}{x} = \int_0^{\infty} \frac{\sin x}{\sqrt{1 - k^2 \cos^2 x}}\,\frac{\mathrm{d}x}{x} = \mathrm{K}(k)$

461. $\displaystyle\int_0^{\infty} \frac{\tan x}{\sqrt{1 - k^2 \sin^2 x}}\,\frac{\mathrm{d}x}{x} = \int_0^{\infty} \frac{\tan x}{\sqrt{1 - k^2 \cos^2 x}}\,\frac{\mathrm{d}x}{x} = \mathrm{K}(k)$

462. $\displaystyle\int_0^{\infty} \frac{\sin x}{\sqrt{1 + \sin^2 x}}\,\frac{\mathrm{d}x}{x} = \int_0^{\infty} \frac{\sin x}{\sqrt{1 + \cos^2 x}}\,\frac{\mathrm{d}x}{x} = \sqrt{\frac{1}{2}}\,\mathrm{K}\!\left(\sqrt{\frac{1}{2}}\right)$

463. $\displaystyle\int_0^{\infty} \frac{\tan x}{\sqrt{1 + \sin^2 x}}\,\frac{\mathrm{d}x}{x} = \int_0^{\infty} \frac{\tan x}{\sqrt{1 + \cos^2 x}}\,\frac{\mathrm{d}x}{x} = \frac{1}{\sqrt{2}}\,\mathrm{K}\!\left(\frac{1}{\sqrt{2}}\right)$

Ⅱ.1.2.21　更复杂自变数的三角函数与幂函数组合的积分

464. $\displaystyle\int_0^\infty x\sin ax^2\sin 2bx\,\mathrm{d}x = \frac{b}{2a}\sqrt{\frac{\pi}{2a}}\left(\cos\frac{b^2}{a}+\sin\frac{b^2}{a}\right)$　$(a>0,\ b>0)$

465. $\displaystyle\int_0^\infty x\cos ax^2\sin 2bx\,\mathrm{d}x = \frac{b}{2a}\sqrt{\frac{\pi}{2a}}\left(\sin\frac{b^2}{a}-\cos\frac{b^2}{a}\right)$　$(a>0,\ b>0)$

466. $\displaystyle\int_0^\infty \frac{\sin ax^2}{x^2}\mathrm{d}x = \sqrt{\frac{a\pi}{2}}$　$(a\geqslant 0)$

467. $\displaystyle\int_0^\infty \frac{\sin ax^2\cos bx^2}{x^2}\mathrm{d}x = \begin{cases} \dfrac{1}{2}\sqrt{\dfrac{\pi}{2}}\,(\sqrt{a+b}+\sqrt{a-b})\ \ & (a>b>0)\\[2mm] \dfrac{1}{2}\sqrt{a\pi} & (a=b\geqslant 0)\\[2mm] \dfrac{1}{2}\sqrt{\dfrac{\pi}{2}}\,(\sqrt{a+b}-\sqrt{b-a})\ \ & (b>a>0) \end{cases}$

468. $\displaystyle\int_0^1 \frac{\cos ax+\cos\dfrac{a}{x}}{1+x^2}\mathrm{d}x = \frac{1}{2}\int_0^\infty \frac{\cos ax+\cos\dfrac{a}{x}}{1+x^2}\mathrm{d}x = \frac{\pi}{2}\mathrm{e}^{-a}$　$(a>0)$

469. $\displaystyle\int_0^1 \frac{\cos ax-\cos\dfrac{a}{x}}{1-x^2}\mathrm{d}x = \frac{1}{2}\int_0^\infty \frac{\cos ax-\cos\dfrac{a}{x}}{1-x^2}\mathrm{d}x = \frac{\pi}{2}\sin a$　$(a>0)$

470. $\displaystyle\int_0^\infty \sin\left(a^2x^2+\frac{b^2}{x^2}\right)\frac{\mathrm{d}x}{x^2} = \frac{\sqrt{\pi}}{2b}\sin\left(2ab+\frac{\pi}{4}\right)$　$(a>0,\ b>0)$

471. $\displaystyle\int_0^\infty \cos\left(a^2x^2+\frac{b^2}{x^2}\right)\frac{\mathrm{d}x}{x^2} = \frac{\sqrt{\pi}}{2b}\cos\left(2ab+\frac{\pi}{4}\right)$　$(a>0,\ b>0)$

472. $\displaystyle\int_0^\infty \sin\left(a^2x^2-\frac{b^2}{x^2}\right)\frac{\mathrm{d}x}{x^2} = -\frac{\sqrt{\pi}}{2b\sqrt{2}}\mathrm{e}^{-2ab}$　$(a>0,\ b>0)$

473. $\displaystyle\int_0^\infty \cos\left(a^2x^2-\frac{b^2}{x^2}\right)\frac{\mathrm{d}x}{x^2} = \frac{\sqrt{\pi}}{2b\sqrt{2}}\mathrm{e}^{-2ab}$　$(a>0,\ b>0)$

474. $\displaystyle\int_0^\infty \sin\left(ax-\frac{b}{x}\right)^2\frac{\mathrm{d}x}{x^2} = \frac{\sqrt{2\pi}}{4b}$　$(a>0,\ b>0)$

475. $\displaystyle\int_0^\infty \cos\left(ax-\frac{b}{x}\right)^2\frac{\mathrm{d}x}{x^2} = \frac{\sqrt{2\pi}}{4b}$　$(a>0,\ b>0)$

476. $\displaystyle\int_0^\infty \sin ax^p\frac{\mathrm{d}x}{x} = \frac{\pi}{2p}$　$(a>0,\ p>0)$

477. $\displaystyle\int_0^\infty \sin(a\tan x)\frac{\mathrm{d}x}{x} = \frac{\pi}{2}(1-\mathrm{e}^{-a})$　$(a>0)$

478. $\displaystyle\int_0^1 x^{p-1}\sin(q\ln x)\mathrm{d}x = -\frac{q}{q^2+p^2}$　$(\mathrm{Re}\ p>|\ \mathrm{Im}\ q\ |)$

479. $\displaystyle\int_0^1 x^{p-1}\cos(q\ln x)\mathrm{d}x = \frac{q}{q^2 + p^2}$　　$(\mathrm{Re}\, p > |\,\mathrm{Im}\, q\,|)$

Ⅱ.1.2.22　三角函数与指数函数组合的积分

480. $\displaystyle\int_0^\infty \mathrm{e}^{-ax}\sin bx\,\mathrm{d}x = \frac{b}{a^2 + b^2}$　　$(a > 0)$

481. $\displaystyle\int_0^\infty \mathrm{e}^{-ax}\cos bx\,\mathrm{d}x = \frac{a}{a^2 + b^2}$　　$(a > 0)$

482. $\displaystyle\int_0^\infty \mathrm{e}^{-ax}\sin(bx + c)\,\mathrm{d}x = \frac{a\sin c + b\cos c}{a^2 + b^2}$　　$(a > 0)$

483. $\displaystyle\int_0^\infty \mathrm{e}^{-ax}\cos(bx + c)\,\mathrm{d}x = \frac{a\cos c - b\sin c}{a^2 + b^2}$　　$(a > 0)$

484. $\displaystyle\int_0^\infty \mathrm{e}^{-ax}\sin^2 bx\,\mathrm{d}x = \frac{2b^2}{a(a^2 + 4b^2)}$

485. $\displaystyle\int_0^\infty \mathrm{e}^{-ax}\cos^2 bx\,\mathrm{d}x = \frac{a^2 + 2b^2}{a(a^2 + 4b^2)}$

486. $\displaystyle\int_0^\infty \mathrm{e}^{-px^2}\sin bx\,\mathrm{d}x = \frac{b}{2p}\sum_{k=1}^\infty \frac{1}{(2k-1)!!}\left(-\frac{b^2}{2p}\right)^{k-1}$　　$(\mathrm{Re}\, p > 0)$

487. $\displaystyle\int_0^\infty \mathrm{e}^{-px^2}\cos bx\,\mathrm{d}x = \frac{1}{2}\sqrt{\frac{\pi}{p}}\exp\left(-\frac{b^2}{4p}\right)$　　$(\mathrm{Re}\, p > 0)$

488. $\displaystyle\int_0^\infty \mathrm{e}^{-px^2}\sin ax\sin bx\,\mathrm{d}x = \frac{1}{4}\sqrt{\frac{\pi}{p}}\left[\exp\left(-\frac{(a-b)^2}{4p}\right) - \exp\left(-\frac{(a+b)^2}{4p}\right)\right]$
$(\mathrm{Re}\, p > 0)$

489. $\displaystyle\int_0^\infty \mathrm{e}^{-px^2}\cos ax\cos bx\,\mathrm{d}x = \frac{1}{4}\sqrt{\frac{\pi}{p}}\left[\exp\left(-\frac{(a-b)^2}{4p}\right) + \exp\left(-\frac{(a+b)^2}{4p}\right)\right]$
$(\mathrm{Re}\, p > 0)$

490. $\displaystyle\int_0^\infty \mathrm{e}^{-px^2}\sin ax^2\,\mathrm{d}x = \sqrt{\frac{\pi}{8}}\sqrt{\frac{\sqrt{p^2 + a^2} - p}{p^2 + a^2}} = \frac{\sqrt{\pi}}{2\sqrt[4]{p^2 + a^2}}\sin\left(\frac{1}{2}\arctan\frac{a}{p}\right)$
$(\mathrm{Re}\, p > 0,\ a > 0)$

491. $\displaystyle\int_0^\infty \mathrm{e}^{-px^2}\cos ax^2\,\mathrm{d}x = \sqrt{\frac{\pi}{8}}\sqrt{\frac{\sqrt{p^2 + a^2} + p}{p^2 + a^2}} = \frac{\sqrt{\pi}}{2\sqrt[4]{p^2 + a^2}}\cos\left(\frac{1}{2}\arctan\frac{a}{p}\right)$
$(\mathrm{Re}\, p > 0,\ a > 0)$

492. $\displaystyle\int_0^\infty \frac{\sin ax}{\mathrm{e}^{px} + 1}\mathrm{d}x = \frac{1}{2a} - \frac{\pi}{2p\sinh\dfrac{a\pi}{p}}$　　$(a > 0,\ \mathrm{Re}\, p > 0)$

493. $\displaystyle\int_0^\infty \frac{\sin ax}{\mathrm{e}^{px} - 1}\mathrm{d}x = \frac{\pi}{2p}\coth\frac{a\pi}{p} - \frac{1}{2a}$　　$(a > 0,\ \mathrm{Re}\, p > 0)$

494. $\int_0^{2\pi} e^{imx} \sin nx \, dx = \begin{cases} 0 & (m \neq n, \text{或 } m = n = 0) \\ i\pi & (m = n \neq 0) \end{cases}$

495. $\int_0^{2\pi} e^{imx} \cos nx \, dx = \begin{cases} 0 & (m \neq n) \\ \pi & (m = n \neq 0) \\ 2\pi & (m = n = 0) \end{cases}$

Ⅱ.1.2.23 三角函数与指数函数和幂函数组合的积分,积分区间为[0, ∞)

496. $\int_0^\infty e^{-px} \sin qx \, \dfrac{dx}{x} = \arctan \dfrac{p}{q} \quad (p > 0)$

497. $\int_0^\infty e^{-px} \cos qx \, \dfrac{dx}{x} = \infty \quad (p > 0)$

498. $\int_0^\infty e^{-px} (1 - \cos ax) \, \dfrac{dx}{x} = \dfrac{1}{2} \ln \dfrac{a^2 + p^2}{p^2} \quad (\text{Re } p > 0)$

499. $\int_0^\infty e^{-px} \sin qx \sin ax \, \dfrac{dx}{x} = \dfrac{1}{4} \ln \dfrac{p^2 + (a+q)^2}{p^2 + (a-q)^2} \quad (\text{Re } p > |\text{ Im } q|, \ a > 0)$

500. $\int_0^\infty e^{-px} \sin ax \cos bx \, \dfrac{dx}{x} = \dfrac{1}{2} \arctan \dfrac{2pa}{p^2 - a^2 + b^2} + s \dfrac{\pi}{2} \quad (a \geqslant 0, \ p > 0)$

[这里,当 $p^2 - a^2 + b^2 \geqslant 0$ 时,$s = 0$;当 $p^2 - a^2 + b^2 < 0$ 时,$s = 1$]

501. $\int_0^\infty e^{-px} (\sin ax - \sin bx) \, \dfrac{dx}{x} = \arctan \dfrac{(a-b)p}{ab + p^2} \quad (\text{Re } p > 0)$

502. $\int_0^\infty e^{-px} (\cos ax - \cos bx) \, \dfrac{dx}{x} = \dfrac{1}{2} \ln \dfrac{b^2 + p^2}{a^2 + p^2} \quad (\text{Re } p > 0)$

503. $\int_0^\infty \left(e^{-qx} - e^{-px} \right) \sin bx \, \dfrac{dx}{x} = \arctan \dfrac{(p-q)b}{b^2 + pq} \quad (\text{Re } p > 0, \ \text{Re } q > 0)$

504. $\int_0^\infty \left(e^{-qx} - e^{-px} \right) \cos bx \, \dfrac{dx}{x} = \dfrac{1}{2} \ln \dfrac{b^2 + p^2}{b^2 + q^2} \quad (\text{Re } p > 0, \ \text{Re } q > 0)$

505. $\int_0^\infty (1 - e^{-x}) \cos x \, \dfrac{dx}{x} = \ln \sqrt{2}$

506. $\int_0^\infty e^{-ax} \sin^2 bx \, \dfrac{dx}{x} = \ln \sqrt[4]{\dfrac{a^2 + 4b^2}{a^2}} \quad (a > 0)$

507. $\int_0^\infty e^{-ax} \sin^2 bx \, \dfrac{dx}{x^2} = b \arctan \dfrac{2b}{a} - a \ln \sqrt[4]{\dfrac{a^2 + 4b^2}{a^2}} \quad (a > 0)$

508. $\int_0^\infty e^{-ax} \cos^n bx \, \dfrac{dx}{x^m} = \infty \quad (a > 0)$

509. $\int_0^\infty \dfrac{x}{e^{px} - 1} \cos bx \, dx = \dfrac{1}{2b^2} - \dfrac{\pi^2}{2p^2} \cosh^2 \dfrac{b\pi}{p} \quad (\text{Re } p > 0)$

510. $\int_0^\infty x e^{-ax} \sin bx \, dx = \dfrac{2ab}{(a^2 + b^2)^2} \quad (a > 0)$

511. $\int_0^\infty x\mathrm{e}^{-ax}\cos bx\mathrm{d}x = \dfrac{a^2-b^2}{(a^2+b^2)^2}$ $(a>0)$

512. $\int_0^\infty x^n\mathrm{e}^{-ax}\sin bx\mathrm{d}x = \dfrac{n!\left[(a+\mathrm{i}b)^{n+1}-(a-\mathrm{i}b)^{n+1}\right]}{2\mathrm{i}(a^2+b^2)^{n+1}}$ $(a>0)$

513. $\int_0^\infty x^n\mathrm{e}^{-ax}\cos bx\mathrm{d}x = \dfrac{n!\left[(a+\mathrm{i}b)^{n+1}+(a-\mathrm{i}b)^{n+1}\right]}{2\mathrm{i}(a^2+b^2)^{n+1}}$ $(a>0,\ n>-1)$

Ⅱ.1.2.24　三角函数与三角函数的指数函数组合的积分

514. $\int_0^\pi \mathrm{e}^{a\cos x}\sin x\mathrm{d}x = \dfrac{2}{a}\sinh a$

515. $\int_0^\pi \mathrm{e}^{p\cos x}\sin(p\sin x)\sin mx\mathrm{d}x = \dfrac{\pi p^m}{2m!}$

516. $\int_0^\pi \mathrm{e}^{p\cos x}\cos(p\sin x)\cos mx\mathrm{d}x = \dfrac{\pi p^m}{2m!}$

517. $\int_0^{2\pi} \mathrm{e}^{p\cos x}\cos(p\sin x-mx)\mathrm{d}x = 2\int_0^\pi \mathrm{e}^{p\cos x}\cos(p\sin x-mx)\mathrm{d}x = \dfrac{2\pi p^m}{m!}$

518. $\int_0^{2\pi} \mathrm{e}^{p\sin x}\sin(p\cos x+mx)\mathrm{d}x = \dfrac{2\pi p^m}{m!}\sin\dfrac{m\pi}{2}$ $(p>0)$

519. $\int_0^{2\pi} \mathrm{e}^{p\sin x}\cos(p\cos x+mx)\mathrm{d}x = \dfrac{2\pi p^m}{m!}\cos\dfrac{m\pi}{2}$ $(p>0)$

520. $\int_0^{2\pi} \mathrm{e}^{p\cos x}\sin(mx-\sin x)\mathrm{d}x = 0$

521. $\int_0^\infty \mathrm{e}^{-x\cos t}\cos(t-x\sin t)\mathrm{d}x = 1$

522. $\int_0^\infty \exp(p\cos ax)\sin(p\sin ax)\dfrac{\mathrm{d}x}{x} = \dfrac{\pi}{2}(\mathrm{e}^p-1)$ $(a>0,\ p>0)$

523. $\int_0^\infty \exp(p\cos ax)\sin(p\sin ax+nx)\dfrac{\mathrm{d}x}{x} = \dfrac{\pi}{2}\mathrm{e}^p$ $(p>0)$

Ⅱ.1.2.25　三角函数与双曲函数组合的积分

524. $\int_0^\infty \dfrac{\sin ax}{\sinh px}\mathrm{d}x = \dfrac{\pi}{2p}\tanh\dfrac{a\pi}{2p}$ $(\mathrm{Re}\ p>0,\ a>0)$

525. $\int_0^\infty \dfrac{\cos ax}{\cosh px}\mathrm{d}x = \dfrac{\pi}{2p}\mathrm{sech}\dfrac{a\pi}{2p}$ $(\mathrm{Re}\ p>0,\ a\ 可以是任何实数)$

526. $\int_0^\infty \sin ax\dfrac{\sinh px}{\cosh qx}\mathrm{d}x = \dfrac{\pi}{q}\cdot\dfrac{\sin\dfrac{p\pi}{2q}\sinh\dfrac{a\pi}{2q}}{\cos\dfrac{p\pi}{q}+\cosh\dfrac{a\pi}{q}}$ $(|\mathrm{Re}\ p|<\mathrm{Re}\ q,\ a>0)$

527. $\int_0^\infty \sin ax \dfrac{\cosh px}{\sinh qx} \mathrm{d}x = \dfrac{\pi}{2q} \cdot \dfrac{\sinh \dfrac{a\pi}{q}}{\cos \dfrac{p\pi}{q} + \cosh \dfrac{a\pi}{q}}$ $\quad (\,|\, \mathrm{Re}\ p \,|< \mathrm{Re}\ q,\ a > 0)$

528. $\int_0^\infty \cos ax \dfrac{\sinh px}{\sinh qx} \mathrm{d}x = \dfrac{\pi}{2q} \cdot \dfrac{\sin \dfrac{p\pi}{q}}{\cos \dfrac{p\pi}{q} + \cosh \dfrac{a\pi}{q}}$ $\quad (\,|\, \mathrm{Re}\ p \,|< \mathrm{Re}\ q)$

529. $\int_0^\infty \cos ax \dfrac{\cosh px}{\cosh qx} \mathrm{d}x = \dfrac{\pi}{q} \cdot \dfrac{\cos \dfrac{p\pi}{2q}\cosh \dfrac{a\pi}{2q}}{\cos \dfrac{p\pi}{q} + \cosh \dfrac{a\pi}{q}}$

（Re $p <$ Re q, a 可以是任意实数）

Ⅱ.1.2.26　三角函数与双曲函数和幂函数组合的积分

530. $\int_0^\infty x \dfrac{\sin 2ax}{\cosh px} \mathrm{d}x = \dfrac{\pi^2}{4p^2} \cdot \dfrac{\sinh \dfrac{a\pi}{p}}{\cosh^2 \dfrac{a\pi}{p}}$ $\quad (\mathrm{Re}\ p > 0,\ a > 0)$

531. $\int_0^\infty x \dfrac{\cos 2ax}{\sinh px} \mathrm{d}x = \dfrac{\pi^2}{4p^2} \cdot \dfrac{1}{\cosh^2 \dfrac{a\pi}{p}}$ $\quad (\mathrm{Re}\ p > 0,\ a > 0)$

532. $\int_0^\infty \dfrac{\sin ax}{\cosh px} \cdot \dfrac{\mathrm{d}x}{x} = 2\arctan\left[\exp\left(\dfrac{a\pi}{2p}\right)\right] - \dfrac{\pi}{2}$ $\quad (\mathrm{Re}\ p > 0,\ a > 0)$

533. $\int_0^\infty \cos ax \tanh px \dfrac{\mathrm{d}x}{x} = \ln\left(\coth \dfrac{a\pi}{4p}\right)$ $\quad (\mathrm{Re}\ p > 0,\ a > 0)$

534. $\int_0^\infty \cos ax \coth px \dfrac{\mathrm{d}x}{x} = -\ln\left(2\sinh \dfrac{a\pi}{4p}\right)$ $\quad (\mathrm{Re}\ p > 0,\ a > 0)$

Ⅱ.1.2.27　三角函数与双曲函数、指数函数和幂函数组合的积分

535. $\int_0^\infty \sin ax \sinh px \exp\left(-\dfrac{x^2}{4q}\right) \mathrm{d}x = \sqrt{q\pi}\sin(2apq)\exp[q(p^2 - a^2)]$ $\quad (\mathrm{Re}\ q > 0)$

536. $\int_0^\infty \cos ax \cosh px \exp\left(-\dfrac{x^2}{4q}\right) \mathrm{d}x = \sqrt{q\pi}\cos(2apq)\exp[q(p^2 - a^2)]$

（Re $q > 0$）

537. $\int_0^\infty \dfrac{\cos ax \sinh px}{\mathrm{e}^{qx} + 1} \mathrm{d}x = -\dfrac{p}{2(a^2 + p^2)} + \dfrac{\pi}{q} \cdot \dfrac{\sin \dfrac{p\pi}{q}\cosh \dfrac{a\pi}{q}}{\cosh \dfrac{2a\pi}{q} - \cos \dfrac{2p\pi}{q}}$

（$|\, \mathrm{Re}\ p \,|< \mathrm{Re}\ q$）

538. $\displaystyle\int_0^\infty \mathrm{e}^{-px^2}(\cosh x + \cos x)\mathrm{d}x = \sqrt{\dfrac{\pi}{p}}\cosh\dfrac{1}{4p}$ (Re $p > 0$)

539. $\displaystyle\int_0^\infty \mathrm{e}^{-px^2}(\cosh x - \cos x)\mathrm{d}x = \sqrt{\dfrac{\pi}{p}}\sinh\dfrac{1}{4p}$ (Re $p > 0$)

540. $\displaystyle\int_0^\infty x\mathrm{e}^{-px^2}\sinh x\cos x\,\mathrm{d}x = \dfrac{1}{4}\sqrt{\dfrac{\pi}{p^3}}\Big(\cos\dfrac{1}{2p} - \sin\dfrac{1}{2p}\Big)$ (Re $p > 0$)

541. $\displaystyle\int_0^\infty x\mathrm{e}^{-px^2}\cosh x\sin x\,\mathrm{d}x = \dfrac{1}{4}\sqrt{\dfrac{\pi}{p^3}}\Big(\cos\dfrac{1}{2p} + \sin\dfrac{1}{2p}\Big)$ (Re $p > 0$)

542. $\displaystyle\int_0^\infty x^2\mathrm{e}^{-px^2}\sinh x\sin x\,\mathrm{d}x = \dfrac{1}{4}\sqrt{\dfrac{\pi}{p^3}}\Big(\sin\dfrac{1}{2p} + \dfrac{1}{p}\cos\dfrac{1}{2p}\Big)$ (Re $p > 0$)

543. $\displaystyle\int_0^\infty x^2\mathrm{e}^{-px^2}\cosh x\cos x\,\mathrm{d}x = \dfrac{1}{4}\sqrt{\dfrac{\pi}{p^3}}\Big(\cos\dfrac{1}{2p} - \dfrac{1}{p}\sin\dfrac{1}{2p}\Big)$ (Re $p > 0$)

Ⅱ.1.2.28   反三角函数与幂函数和代数函数组合的积分

544. $\displaystyle\int_0^1 x^{2n}\arcsin x\,\mathrm{d}x = \dfrac{1}{2n+1}\Big[\dfrac{\pi}{2} - \dfrac{2^n n!}{(2n+1)!!}\Big]$

545. $\displaystyle\int_0^1 x^{2n}\arccos x\,\mathrm{d}x = \dfrac{2^n n!}{(2n+1)(2n+1)!!}$

546. $\displaystyle\int_0^1 x^{2n-1}\arcsin x\,\mathrm{d}x = \dfrac{\pi}{4n}\Big[1 - \dfrac{(2n-1)!!}{2^n n!}\Big]$

547. $\displaystyle\int_0^1 x^{2n-1}\arccos x\,\mathrm{d}x = \dfrac{\pi}{4n}\dfrac{(2n-1)!!}{2^n n!}$

548. $\displaystyle\int_{-1}^1 (1-x^2)^n\arccos x\,\mathrm{d}x = \pi\dfrac{2^n n!}{(2n+1)!!}$

549. $\displaystyle\int_0^1 \Big(\dfrac{\pi}{4} - \arctan x\Big)\dfrac{\mathrm{d}x}{1-x} = -\dfrac{\pi}{8}\ln 2 + G$

[这里,G 为卡塔兰常数(见附录),以下同]

550. $\displaystyle\int_0^\infty x^p\mathrm{arccot}\,x\,\mathrm{d}x = -\dfrac{\pi}{2(p+1)}\csc\dfrac{p\pi}{2}$ ($-1 < p < 0$)

551. $\displaystyle\int_0^\infty (1 - x\,\mathrm{arccot}\,x)\mathrm{d}x = \dfrac{\pi}{4}$

552. $\displaystyle\int_0^1 \dfrac{\arcsin x}{x}\mathrm{d}x = \dfrac{\pi}{2}\ln 2$

553. $\displaystyle\int_0^1 \dfrac{\arccos x}{x}\mathrm{d}x = -\dfrac{\pi}{2}\ln 2$

554. $\displaystyle\int_0^1 \dfrac{\arctan x}{x}\mathrm{d}x = \int_1^\infty \dfrac{\mathrm{arccot}\,x}{x}\mathrm{d}x = G$

555. $\displaystyle\int_0^1 \dfrac{\arccos x}{1 \pm x}\mathrm{d}x = \mp\dfrac{\pi}{2}\ln 2 + 2G$

556. $\int_0^\infty \dfrac{\operatorname{arccot}x}{1 \pm x}\mathrm{d}x = \pm\dfrac{\pi}{4}\ln2 + G$

557. $\int_0^1 \arcsin x\,\dfrac{\mathrm{d}x}{x(1+qx^2)} = \dfrac{\pi}{2}\ln\dfrac{1+\sqrt{1+q}}{\sqrt{1+q}}\quad(q>-1)$

558. $\int_0^1 \arcsin x\,\dfrac{x}{1+qx^2}\mathrm{d}x = \dfrac{\pi}{2q}\ln\dfrac{2\sqrt{1+q}}{1+\sqrt{1+q}}\quad(q>-1)$

559. $\int_0^1 \arcsin x\,\dfrac{x}{1-p^2x^2}\mathrm{d}x = \dfrac{\pi}{2p^2}\ln\dfrac{1+\sqrt{1-p^2}}{2\sqrt{1-p^2}}\quad(p^2<1)$

560. $\int_0^1 \arcsin x\,\dfrac{x}{(1+qx^2)^2}\mathrm{d}x = \dfrac{\pi}{4q}\ln\dfrac{\sqrt{1+q}-1}{1+q}\quad(q>-1)$

561. $\int_0^1 \arccos x\,\dfrac{x}{(1+qx^2)^2}\mathrm{d}x = \dfrac{\pi}{4q}\ln\dfrac{\sqrt{1+q}-1}{\sqrt{1+q}}\quad(q>-1)$

562. $\int_0^1 \arccos x\,\dfrac{\mathrm{d}x}{\sin^2\lambda-x^2} = 2\csc\lambda\sum_{k=0}^\infty\dfrac{\sin[(2k-1)\lambda]}{(2k+1)^2}$

563. $\int_0^1 \dfrac{\arctan x}{x(1+x)}\mathrm{d}x = -\dfrac{\pi}{8}\ln2 + G$

564. $\int_0^\infty \dfrac{\arctan x}{1-x^2}\mathrm{d}x = -G$

565. $\int_0^\infty \dfrac{x\arctan x}{1+x^4}\mathrm{d}x = \dfrac{\pi^2}{16}$

566. $\int_0^\infty \dfrac{x\arctan x}{1-x^4}\mathrm{d}x = -\dfrac{\pi}{8}\ln2$

567. $\int_0^\infty \dfrac{x\operatorname{arccot}x}{1-x^4}\mathrm{d}x = \dfrac{\pi}{8}\ln2$

568. $\int_0^\infty \dfrac{\arctan x}{x\sqrt{1+x^2}}\mathrm{d}x = \int_0^\infty \dfrac{\operatorname{arccot}x}{\sqrt{1+x^2}}\mathrm{d}x = 2G$

569. $\int_0^1 \dfrac{\arctan x}{x\sqrt{1-x^2}}\mathrm{d}x = \dfrac{\pi}{2}\ln(1+\sqrt{2})$

570. $\int_0^1 \dfrac{(\arcsin x)^2}{x^2\sqrt{1-x^2}}\mathrm{d}x = \pi\ln2$

571. $\int_0^1 \dfrac{(\arccos x)^2}{(\sqrt{1-x^2})^3}\mathrm{d}x = \pi\ln2$

572. $\int_0^\infty \dfrac{(\arctan x)^2}{x^2\sqrt{1+x^2}}\mathrm{d}x = \int_0^\infty \dfrac{x(\operatorname{arccot}x)^2}{\sqrt{1+x^2}}\mathrm{d}x = -\dfrac{\pi^2}{4} + 4G$

573. $\int_0^1 \dfrac{\arctan qx}{x\sqrt{1-x^2}}\mathrm{d}x = \dfrac{\pi}{2}\ln(q+\sqrt{1+q^2})$

574. $\int_0^1 \dfrac{\arctan px}{1+p^2x}\mathrm{d}x = \dfrac{1}{2p^2}\arctan p\ln(1+p^2)$

575. $\int_0^1 \dfrac{\mathrm{arccot}\, px}{1 + p^2 x}\mathrm{d}x = \dfrac{1}{p^2}\Big(\dfrac{\pi}{4} + \dfrac{1}{2}\mathrm{arccot}\, p\Big)\ln(1 + p^2)$ $(p > 0)$

576. $\int_0^\infty \dfrac{\arctan qx}{(p + x)^2}\mathrm{d}x = -\dfrac{q}{1 + p^2 q^2}\Big(\ln pq - \dfrac{\pi}{2}pq\Big)$ $(p > 0,\ q > 0)$

577. $\int_0^\infty \dfrac{\mathrm{arccot}\, qx}{(p + x)^2}\mathrm{d}x = \dfrac{q}{1 + p^2 q^2}\Big(\ln pq + \dfrac{\pi}{2pq}\Big)$ $(p > 0,\ q > 0)$

578. $\int_0^\infty \dfrac{\arctan px}{x(1 + x^2)}\mathrm{d}x = \dfrac{\pi}{2}\ln(1 + p)$ $(p \geqslant 0)$

579. $\int_0^\infty \dfrac{\arctan px}{x(1 - x^2)}\mathrm{d}x = \dfrac{\pi}{4}\ln(1 + p^2)$ $(p \geqslant 0)$

580. $\int_0^\infty \dfrac{x\,\mathrm{arccot}\, px}{q^2 + x^2}\mathrm{d}x = \dfrac{\pi}{2}\ln\dfrac{1 + pq}{pq}$ $(p > 0,\ q > 0)$

581. $\int_0^\infty \dfrac{x\,\mathrm{arccot}\, px}{x^2 - p^2}\mathrm{d}x = \dfrac{\pi}{4}\ln\dfrac{1 + p^2 q^2}{p^2 q^2}$ $(p > 0,\ q > 0)$

582. $\int_0^\infty \dfrac{x\arctan qx}{(p^2 + x^2)^2}\mathrm{d}x = \dfrac{q\pi}{4p(1 + pq)}$ $(p > 0,\ q \geqslant 0)$

583. $\int_0^\infty \dfrac{x\,\mathrm{arccot}\, qx}{(p^2 + x^2)^2}\mathrm{d}x = \dfrac{\pi}{4p^2(1 + pq)}$ $(p > 0,\ q \geqslant 0)$

584. $\int_0^\infty \dfrac{\arctan px - \arctan qx}{x}\mathrm{d}x = \dfrac{\pi}{2}\ln\dfrac{p}{q}$ $(p > 0,\ q > 0)$

585. $\int_0^\infty \dfrac{\arctan px\arctan qx}{x^2}\mathrm{d}x = \dfrac{\pi}{2}\ln\dfrac{(p + q)^{p+q}}{p^p q^q}$ $(p > 0,\ q > 0)$

586. $\int_0^\infty \dfrac{\arctan x^2}{1 + x^2}\mathrm{d}x = \int_0^\infty \dfrac{\arctan x^3}{1 + x^2}\mathrm{d}x = \int_0^\infty \dfrac{\mathrm{arccot}\, x^2}{1 + x^2}\mathrm{d}x = \int_0^\infty \dfrac{\mathrm{arccot}\, x^3}{1 + x^2}\mathrm{d}x = \dfrac{\pi^2}{8}$

II.1.2.29 反三角函数与三角函数、指数函数和对数函数组合的积分

587. $\int_0^\infty \mathrm{arccot}\, qx\sin px\,\mathrm{d}x = \dfrac{\pi}{2p}\Big(1 - \mathrm{e}^{-\frac{p}{q}}\Big)$ $(p > 0,\ q > 0)$

588. $\int_0^\infty \mathrm{arccot}\, qx\cos px\,\mathrm{d}x = \dfrac{1}{2p}\Big[\mathrm{e}^{-\frac{p}{q}}\mathrm{Ei}\Big(\dfrac{p}{q}\Big) - \mathrm{e}^{\frac{p}{q}}\mathrm{Ei}\Big(-\dfrac{p}{q}\Big)\Big]$ $(p > 0,\ q > 0)$

〔这里，$\mathrm{Ei}(z)$ 为指数积分（见附录），以下同〕

589. $\int_0^\infty \arctan\dfrac{2a}{x}\sin bx\,\mathrm{d}x = \dfrac{\pi}{b}\mathrm{e}^{-ab}\sinh ab$ $(\mathrm{Re}\, a > 0,\ b > 0)$

590. $\int_0^\infty \arctan\dfrac{a}{x}\cos bx\,\mathrm{d}x = \dfrac{1}{2b}\big[\mathrm{e}^{-ab}\overline{\mathrm{E}}\mathrm{i}(ab) - \mathrm{e}^{ab}\mathrm{Ei}(-ab)\big]$ $(a > 0,\ b > 0)$

〔这里，$\overline{\mathrm{E}}\mathrm{i}(z)$ 为指数积分（见附录）〕

591. $\int_0^\infty \arctan\dfrac{2}{x^2}\cos bx\,\mathrm{d}x = \dfrac{\pi}{b}\mathrm{e}^{-b}\sin b$ $(b > 0)$

592. $\int_0^\infty \Big(\dfrac{2}{\pi}\mathrm{arccot}\, x - \cos px\Big)\mathrm{d}x = \ln p + \gamma$

［这里，γ 为欧拉常数（见附录）］

593. $\displaystyle\int_0^\infty \frac{\text{arccot}\,px\tan x}{q^2\cos^2 x + r^2\sin^2 x}\mathrm{d}x = \frac{\pi}{2r^2}\ln\left(1 + \frac{r}{q}\tanh\frac{1}{p}\right)$ $(p>0,\ q>0,\ r>0)$

594. $\displaystyle\int_0^\infty \mathrm{e}^{-ax}\arctan\frac{x}{b}\mathrm{d}x = \frac{1}{a}\left[-\text{ci}(ab)\sin ab - \text{si}(ab)\cos ab\right]$ $(\text{Re }a>0)$

［这里，si(z) 和 ci(z) 分别为正弦积分和余弦积分（见附录），以下同］

595. $\displaystyle\int_0^\infty \mathrm{e}^{-ax}\text{arccot}\frac{x}{b}\mathrm{d}x = \frac{1}{a}\left[\frac{\pi}{2} + \text{ci}(ab)\sin ab + \text{si}(ab)\cos ab\right]$ $(\text{Re }a>0)$

596. $\displaystyle\int_0^1 \arcsin x\ln x\mathrm{d}x = 2 - \ln 2 - \frac{\pi}{2}$

597. $\displaystyle\int_0^1 \arccos x\ln x\mathrm{d}x = \ln 2 - 2$

598. $\displaystyle\int_0^1 \arctan x\ln x\mathrm{d}x = \frac{1}{2}\ln 2 - \frac{\pi}{4} + \frac{\pi^2}{48}$

599. $\displaystyle\int_0^1 \text{arccot}\,x\ln x\mathrm{d}x = -\frac{1}{2}\ln 2 - \frac{\pi}{4} - \frac{\pi^2}{48}$

600. $\displaystyle\int_0^1 \frac{\arccos x}{\ln x}\mathrm{d}x = -\sum_{k=0}^\infty \frac{(2k-1)!!\ln(2k+2)}{2^k k!(2k+1)}$

Ⅱ.1.3 指数函数和对数函数的定积分

Ⅱ.1.3.1 含有 e^{ax}，e^{-ax}，e^{-ax^2} 的积分

601. $\displaystyle\int_0^\infty \mathrm{e}^{-ax}\mathrm{d}x = \frac{1}{a}$ $(a>0)$

602. $\displaystyle\int_0^\infty x\mathrm{e}^{-x}\mathrm{d}x = 1$

603. $\displaystyle\int_0^\infty x^{n-1}\mathrm{e}^{-x}\mathrm{d}x = \Gamma(n)$ $(n\text{ 为正整数})$

［这里，$\Gamma(z)$ 为伽马函数（见附录），以下同］

604. $\displaystyle\int_0^\infty x^n p^{-x}\mathrm{d}x = \frac{n!}{(\ln p)^{n+1}}$ $(p>0,\ n\text{ 为大于 }0\text{ 的整数})$

605. $\displaystyle\int_0^\infty x^{n-1}\mathrm{e}^{-(a+1)x}\mathrm{d}x = \frac{\Gamma(n)}{(a+1)^n}$ $(n>0,\ a>-1)$

606. $\displaystyle\int_0^\infty x^n \mathrm{e}^{-ax}\mathrm{d}x = \frac{n!}{a^{n+1}}$ $(a>0)$

607. $\displaystyle\int_0^1 x^n \mathrm{e}^{-ax}\mathrm{d}x = \frac{n!}{a^{n+1}}\left(1 - \mathrm{e}^{-a}\sum_{k=0}^n \frac{a^k}{k!}\right)$ $(a>0)$

608. $\int_0^1 x^{-x} dx = \int_0^1 e^{-x \ln x} dx = \sum_{k=1}^{\infty} k^{-k} = 1.2912859970627\cdots$

609. $\int_0^{\infty} e^{-a^2 x^2} dx = \frac{1}{2a} \sqrt{\pi} \quad (a > 0)$

610. $\int_0^b e^{-ax^2} dx = \frac{1}{2} \sqrt{\frac{\pi}{a}} \operatorname{erf}(b\sqrt{a}) \quad (a > 0)$

〔这里，$\operatorname{erf}(x)$为误差函数（见附录）〕

611. $\int_b^{\infty} e^{-ax^2} dx = \frac{1}{2} \sqrt{\frac{\pi}{a}} \operatorname{erfc}(b\sqrt{a}) \quad (a > 0)$

〔这里，$\operatorname{erfc}(x)$为补余误差函数（见附录）〕

612. $\int_0^{\infty} e^{-ax^2} dx = \frac{1}{2} \sqrt{\frac{\pi}{a}} \quad (a > 0)$

613. $\int_0^{\infty} x e^{-ax^2} dx = \frac{1}{2a} \quad (a > 0)$

614. $\int_0^{\infty} x^2 e^{-ax^2} dx = \frac{1}{4a} \sqrt{\frac{\pi}{a}} \quad (a > 0)$

615. $\int_0^{\infty} x^n e^{-ax^2} dx = \frac{(n-1)!!}{2(2a)^{\frac{n}{2}}} \sqrt{\frac{\pi}{a}} \quad (a > 0, \; n > 0)$

616. $\int_0^{\infty} x^n e^{-ax^p} dx = \frac{\Gamma\left(\frac{n+1}{p}\right)}{p a^{\frac{n+1}{p}}} \quad (a > 0, \; p > 0, \; n > -1)$

617. $\int_0^{\infty} \frac{e^{-ax}}{x} dx = \infty \quad (a > 0)$

618. $\int_0^{\infty} \frac{dx}{e^{ax} + 1} = \frac{\ln 2}{a} \quad (a > 0)$

619. $\int_0^{\infty} \frac{dx}{e^{ax} - 1} = \infty \quad (a > 0)$

620. $\int_0^{\infty} \frac{x}{e^{ax} + 1} dx = \frac{\pi^2}{12a^2} \quad (a > 0)$

621. $\int_0^{\infty} \frac{x}{e^{ax} - 1} dx = \frac{\pi^2}{6a^2} \quad (a > 0)$

622. $\int_0^{\infty} \frac{x^2}{e^{ax} + 1} dx = \frac{3}{2a^3} \sum_{k=1}^{\infty} \frac{1}{k^3} \quad (a > 0)$

623. $\int_0^{\infty} \frac{x^2}{e^{ax} - 1} dx = \frac{2}{a^3} \sum_{k=1}^{\infty} \frac{1}{k^3} \quad (a > 0)$

624. $\int_0^{\infty} \frac{x^p}{e^{ax} + 1} dx = \frac{\Gamma(p+1)}{a^{p+1}} \sum_{k=0}^{\infty} \frac{1}{(2k+1)^{p+1}} \quad (a > 0)$

625. $\int_0^{\infty} \frac{x^p}{e^{ax} - 1} dx = \frac{\Gamma(p+1)}{a^{p+1}} \sum_{k=1}^{\infty} \frac{1}{k^{p+1}} \quad (a > 0)$

626. $\displaystyle\int_{-\infty}^{\infty} \frac{e^{-px}}{1 + e^{-qx}} dx = \frac{\pi}{q} \csc \frac{p\pi}{q}$ ($q > p > 0$, 或 $q < p < 0$)

627. $\displaystyle\int_{0}^{\infty} \frac{e^{-px}}{1 - a e^{-qx}} dx = \sum_{k=0}^{\infty} \frac{a^k}{p + kq}$ ($0 < a < 1$)

628. $\displaystyle\int_{-\infty}^{\infty} \frac{e^{-px}}{b + e^{-x}} dx = \pi b^{p-1} \csc p\pi$ ($|\arg b| < \pi, 0 < \mathrm{Re}\, p < 1$)

629. $\displaystyle\int_{-\infty}^{\infty} \frac{e^{-px}}{b - e^{-x}} dx = \pi b^{p-1} \cot p\pi$ ($b > 0, 0 < \mathrm{Re}\, p < 1$)

630. $\displaystyle\int_{0}^{\infty} \frac{e^{-ax} - e^{-bx}}{x} dx = \ln \frac{b}{a}$ ($a > 0, b > 0$)

631. $\displaystyle\int_{0}^{\infty} \frac{e^{-ax^2} - e^{-bx^2}}{x} dx = \ln \sqrt{\frac{b}{a}}$ ($a > 0, b > 0$)

632. $\displaystyle\int_{0}^{\infty} \frac{dx}{e^{nx} + e^{-nx}} = \frac{\pi}{4n}$

633. $\displaystyle\int_{0}^{\infty} \frac{x}{e^{nx} - e^{-nx}} dx = \frac{\pi^2}{8n^2}$

Ⅱ.1.3.2 含有更复杂自变数的指数函数的积分

634. $\displaystyle\int_{-\infty}^{\infty} \exp(-p^2 x^2 \pm qx) dx = \exp\left(\frac{q^2}{4p^2}\right) \frac{\sqrt{\pi}}{p}$ ($p > 0$)

635. $\displaystyle\int_{0}^{\infty} \exp\left(-x^2 - \frac{a^2}{x^2}\right) dx = \frac{e^{-2|a|} \sqrt{\pi}}{2}$

636. $\displaystyle\int_{0}^{\infty} \exp\left(-ax^2 - \frac{b}{x^2}\right) dx = \frac{1}{2} \sqrt{\frac{\pi}{a}} \exp(-2\sqrt{ab})$ ($a > 0, b > 0$)

637. $\displaystyle\int_{-\infty}^{\infty} \exp(-e^x) e^{px} dx = \Gamma(p)$ ($\mathrm{Re}\, p > 0$)

〔这里，$\Gamma(z)$ 为伽马函数（见附录）〕

638. $\displaystyle\int_{0}^{\pi} \exp(z\cos x) dx = \pi \mathrm{I}_0(z)$

〔这里，$\mathrm{I}_\nu(z)$ 为第一类修正贝塞尔函数（见附录）〕

639. $\displaystyle\int_{0}^{\frac{\pi}{2}} \exp(-q\sin x) \sin 2x\, dx = \frac{2}{q^2}[(q-1)e^q + 1]$

Ⅱ.1.3.3 指数函数的有理式与幂函数和有理函数组合的积分

640. $\displaystyle\int_{0}^{\infty} \frac{x e^{-x}}{e^x - 1} dx = \frac{\pi^2}{6} - 1$

641. $\displaystyle\int_{0}^{\infty} \frac{x e^{-2x}}{e^{-x} + 1} dx = 1 - \frac{\pi^2}{12}$

642. $\displaystyle\int_0^\infty \frac{x\mathrm{e}^{-2nx}}{1+\mathrm{e}^x}\mathrm{d}x = -\frac{\pi^2}{12} + \sum_{k=1}^{2n-1}\frac{(-1)^{k-1}}{k^2}$

643. $\displaystyle\int_0^\infty \frac{x\mathrm{e}^{-(2n-1)x}}{1+\mathrm{e}^x}\mathrm{d}x = \frac{\pi^2}{12} + \sum_{k=1}^{2n}\frac{(-1)^k}{k^2}$

644. $\displaystyle\int_0^\infty \frac{x^2\mathrm{e}^{-nx}}{1+\mathrm{e}^{-x}}\mathrm{d}x = 2\sum_{k=n}^{\infty}\frac{(-1)^{n+k}}{k^3} \quad (n=1,2,\cdots)$

645. $\displaystyle\int_0^\infty \frac{x^2\mathrm{e}^{-nx}}{1-\mathrm{e}^{-x}}\mathrm{d}x = 2\sum_{k=n}^{\infty}\frac{1}{k^3} \quad (n=1,2,\cdots)$

646. $\displaystyle\int_0^\infty \frac{x^3\mathrm{e}^{-nx}}{1+\mathrm{e}^{-x}}\mathrm{d}x = 6\sum_{k=n}^{\infty}\frac{(-1)^{n+k}}{k^4}$

647. $\displaystyle\int_0^\infty \frac{x^3\mathrm{e}^{-nx}}{1-\mathrm{e}^{-x}}\mathrm{d}x = \frac{\pi^4}{15} - 6\sum_{k=1}^{n-1}\frac{1}{k^4}$

648. $\displaystyle\int_0^\infty \frac{x^{n-1}(1-\mathrm{e}^{-mx})}{1-\mathrm{e}^x}\mathrm{d}x = (n-1)!\sum_{k=1}^{m}\frac{1}{k^n}$

649. $\displaystyle\int_0^\infty \frac{x^{p-1}}{\mathrm{e}^{ax}-q}\mathrm{d}x = \frac{1}{qa^p}\Gamma(p)\sum_{k=1}^{\infty}\frac{q^k}{k^p} \quad (p>0,\ a>0,\ -1<q<1)$

〔这里，$\Gamma(z)$ 为伽马函数（见附录），以下同〕

650. $\displaystyle\int_{-\infty}^{\infty} \frac{x\mathrm{e}^{px}}{b+\mathrm{e}^x}\mathrm{d}x = \pi b^{p-1}\csc p\pi(\ln b - \pi\cot p\pi)$

$(\mid \arg b\mid < \pi,\ 0<\operatorname{Re} p<1)$

651. $\displaystyle\int_{-\infty}^{\infty} \frac{x\mathrm{e}^{px}}{\mathrm{e}^{qx}-1}\mathrm{d}x = \frac{\pi^2}{q^2}\csc^2\frac{p\pi}{q} \quad (\operatorname{Re} q>\operatorname{Re} p>0)$

652. $\displaystyle\int_0^\infty x\,\frac{1+\mathrm{e}^{-x}}{\mathrm{e}^x-1}\mathrm{d}x = \frac{\pi^2}{3} - 1$

653. $\displaystyle\int_0^\infty x\,\frac{1-\mathrm{e}^{-x}}{1+\mathrm{e}^{-3x}}\mathrm{e}^{-x}\mathrm{d}x = \frac{2\pi^2}{27}$

654. $\displaystyle\int_0^\infty \frac{1-\mathrm{e}^{-px}}{1+\mathrm{e}^x}\,\frac{\mathrm{d}x}{x} = \ln\frac{\sqrt{\pi}\,\Gamma\!\left(\dfrac{p}{2}+1\right)}{\Gamma\!\left(\dfrac{p+1}{2}\right)} \quad (\operatorname{Re} p>-1)$

655. $\displaystyle\int_0^\infty \frac{\mathrm{e}^{-qx}-\mathrm{e}^{-px}}{1+\mathrm{e}^{-x}}\,\frac{\mathrm{d}x}{x} = \ln\frac{\Gamma\!\left(\dfrac{q}{2}\right)\Gamma\!\left(\dfrac{p+1}{2}\right)}{\Gamma\!\left(\dfrac{p}{2}\right)\Gamma\!\left(\dfrac{q+1}{2}\right)} \quad (\operatorname{Re} p>0,\ \operatorname{Re} q>0)$

656. $\displaystyle\int_{-\infty}^{\infty} \frac{\mathrm{e}^{px}-\mathrm{e}^{qx}}{1+\mathrm{e}^{rx}}\,\frac{\mathrm{d}x}{x} = \ln\!\left(\tan\frac{p\pi}{2r}\cot\frac{q\pi}{2r}\right)$

$(\mid r\mid>\mid p\mid,\ \mid r\mid>\mid q\mid,\ rp>0,\ rq>0)$

657. $\displaystyle\int_{-\infty}^{\infty} \frac{\mathrm{e}^{px}-\mathrm{e}^{qx}}{1-\mathrm{e}^{rx}}\,\frac{\mathrm{d}x}{x} = \ln\!\left(\sin\frac{p\pi}{r}\csc\frac{q\pi}{r}\right)$

$(\mid r\mid>\mid p\mid,\ \mid r\mid>\mid q\mid,\ rp>0,\ rq>0)$

658. $\displaystyle\int_0^\infty \frac{e^{-ax} - e^{-bx}}{x^{p+1}}dx = \frac{b^p - a^p}{p}\Gamma(1-p)$ 　(Re $a > 0$, Re $b < 0$, Re $p < 1$)

659. $\displaystyle\int_{-\infty}^\infty \frac{x}{a^2 e^x + b^2 e^{-x}}dx = \frac{\pi}{2ab}\ln\frac{b}{a}$ 　($ab > 0$)

660. $\displaystyle\int_{-\infty}^\infty \frac{x}{a^2 e^x - b^2 e^{-x}}dx = \frac{\pi^2}{4ab}$

661. $\displaystyle\int_0^\infty \frac{x}{e^x + e^{-x} - 1}dx = \frac{1}{3}\left[\psi'\left(\frac{1}{3}\right) - \frac{2}{3}\pi^2\right] = 1.1719536193\cdots$

　　［这里，$\psi'(z)$ 为 ψ 函数的微商（见附录），以下同］

662. $\displaystyle\int_0^\infty \frac{xe^{-x}}{e^x + e^{-x} - 1}dx = \frac{1}{6}\left[\psi'\left(\frac{1}{3}\right) - \frac{5}{6}\pi^2\right] = 0.3118211319\cdots$

663. $\displaystyle\int_0^{\ln2} \frac{x}{e^x + 2e^{-x} - 2}dx = \frac{\pi}{8}\ln2$

664. $\displaystyle\int_{-\infty}^\infty \frac{x}{(a + e^x)(1 + e^{-x})}dx = \frac{(\ln a)^2}{2(a - 1)}$ 　($|\arg a| < \pi$)

665. $\displaystyle\int_{-\infty}^\infty \frac{x}{(a + e^x)(1 - e^{-x})}dx = \frac{\pi^2 + (\ln a)^2}{2(a + 1)}$ 　($|\arg a| < \pi$)

666. $\displaystyle\int_{-\infty}^\infty \frac{xe^x}{(a + e^x)^2}dx = \frac{1}{a}\ln a$ 　($|\arg a| < \pi$)

667. $\displaystyle\int_{-\infty}^\infty \frac{a^2 e^x + b^2 e^{-x}}{(a^2 e^x - b^2 e^{-x})^2}x^2 dx = \frac{\pi^2}{2ab}$ 　($ab > 0$)

668. $\displaystyle\int_{-\infty}^\infty \frac{a^2 e^x - b^2 e^{-x}}{(a^2 e^x + b^2 e^{-x})^2}x^2 dx = \frac{\pi}{ab}\ln\frac{b}{a}$ 　($ab > 0$)

669. $\displaystyle\int_0^\infty \left(\frac{1}{1 - e^{-x}} - \frac{1}{x}\right)e^{-x}dx = \gamma$

　　［这里，γ 为欧拉常数（见附录），以下同］

670. $\displaystyle\int_0^\infty \left(\frac{1}{1 - e^{-x}} - \frac{1}{x}\right)\frac{dx}{x} = \gamma$

671. $\displaystyle\int_0^\infty \left(\frac{1}{1 + x} - e^{-x}\right)\frac{dx}{x} = \gamma$

672. $\displaystyle\int_0^\infty \left(\frac{e^{-x} - 1}{x} + \frac{1}{1 + x}\right)\frac{dx}{x} = \gamma - 1$

673. $\displaystyle\int_0^\infty \left(\frac{1}{2} - \frac{1}{1 + e^{-x}}\right)e^{-2x}\frac{dx}{x} = \frac{1}{2}\ln\frac{\pi}{4}$

674. $\displaystyle\int_0^\infty \left(\frac{1}{2}e^{-2x} - \frac{1}{e^x + 1}\right)\frac{dx}{x} = -\frac{1}{2}\ln\pi$

675. $\displaystyle\int_0^\infty \left(pe^{-x} - \frac{1 - e^{-px}}{x}\right)\frac{dx}{x} = p\ln p - p$ 　($p > 0$)

676. $\displaystyle\int_0^\infty \left(e^{-x} - e^{-2x} - \frac{1}{x}e^{-2x}\right)\frac{dx}{x} = 1 - \ln2$

677. $\displaystyle\int_0^\infty \left(\mathrm{e}^{-px} - \frac{1}{1+ax} \right) \frac{\mathrm{d}x}{x} = \ln\frac{a}{p} - \gamma$ 　$(a > 0,\ \mathrm{Re}\ p > 0)$

678. $\displaystyle\int_0^\infty \left(\mathrm{e}^{-px} - \frac{1}{1+a^2 x^2} \right) \frac{\mathrm{d}x}{x} = \ln\frac{a}{p} - \gamma$ 　$(p > 0)$

Ⅱ.1.3.4　指数函数与有理函数组合的积分

679. $\displaystyle\int_0^\infty \mathrm{e}^{-px}(x+b)^q \mathrm{d}x = p^{-q-1} \mathrm{e}^{bp} \Gamma(q+1, bp)$ 　$(\,|\arg b| < \pi,\ \mathrm{Re}\ p > 0)$

　　[这里,$\Gamma(p,q)$为补余不完全伽马函数(见附录),以下同]

680. $\displaystyle\int_0^\infty \frac{\mathrm{e}^{-ax}}{b+x} \mathrm{d}x = -\mathrm{e}^{ab} \mathrm{Ei}(-ab)$ 　$(\mathrm{Re}\ a > 0,\ |\arg b| < \pi)$

　　[这里,$\mathrm{Ei}(z)$为指数积分(见附录),以下同]

681. $\displaystyle\int_0^\infty \frac{\mathrm{e}^{-ax}}{b-x} \mathrm{d}x = \mathrm{e}^{-ab} \mathrm{Ei}(ab)$ 　$(\mathrm{Re}\ a > 0,\ b > 0)$

682. $\displaystyle\int_{-\infty}^\infty \frac{\mathrm{e}^{\mathrm{i}px}}{x-b} \mathrm{d}x = \mathrm{i}\pi \mathrm{e}^{\mathrm{i}bp}$ 　$(p > 0)$

683. $\displaystyle\int_0^\infty \frac{x^{q-1} \mathrm{e}^{-px}}{x+b} \mathrm{d}x = b^{q-1} \mathrm{e}^{bp} \Gamma(q) \Gamma(1-q, bp)$

　　$(\mathrm{Re}\ p > 0,\ \mathrm{Re}\ q > 0,\ |\arg b| < \pi)$

　　[这里,$\Gamma(z)$为伽马函数(见附录)]

684. $\displaystyle\int_0^1 \frac{x\mathrm{e}^x}{(1+x)^2} \mathrm{d}x = \frac{\mathrm{e}}{2} - 1$

685. $\displaystyle\int_0^\infty \frac{\mathrm{e}^{-px}}{(a+x)^2} \mathrm{d}x = p\mathrm{e}^{ap} \mathrm{Ei}(-ap) + \frac{1}{a}$ 　$(a > 0,\ p > 0)$

686. $\displaystyle\int_{-\infty}^\infty \frac{\mathrm{e}^{-\mathrm{i}px}}{a^2 + x^2} \mathrm{d}x = \frac{\pi}{a} \mathrm{e}^{-|ap|}$ 　$(a > 0,\ p\ 为实数)$

Ⅱ.1.3.5　指数函数与无理函数组合的积分

687. $\displaystyle\int_0^\infty \sqrt{x}\,\mathrm{e}^{-qx} \mathrm{d}x = \frac{1}{2q} \sqrt{\frac{\pi}{q}}$ 　$(q > 0)$

688. $\displaystyle\int_0^\infty \frac{\mathrm{e}^{-qx}}{\sqrt{x}} \mathrm{d}x = \sqrt{\frac{\pi}{q}}$ 　$(q > 0)$

689. $\displaystyle\int_0^u \frac{\mathrm{e}^{-qx}}{\sqrt{x}} \mathrm{d}x = \frac{\sqrt{\pi}}{q} \Phi(\sqrt{qu})$

　　[这里,$\Phi(x)$为概率积分(见附录),以下同]

690. $\displaystyle\int_{-1}^\infty \frac{\mathrm{e}^{-qx}}{\sqrt{1+x}} \mathrm{d}x = \mathrm{e}^q \sqrt{\frac{\pi}{q}}$ 　$(q > 0)$

691. $\displaystyle\int_1^\infty \frac{e^{-qx}}{\sqrt{x-1}}dx = e^{-q}\sqrt{\frac{\pi}{q}}$　（Re $q > 0$）

692. $\displaystyle\int_0^\infty \frac{e^{-qx}}{\sqrt{x+b}}dx = \sqrt{\frac{\pi}{q}}e^{bq}\Big[1-\Phi\big(\sqrt{bq}\big)\Big]$　（Re $q > 0$，$|\arg b| < \pi$）

693. $\displaystyle\int_u^\infty \frac{e^{-qx}\sqrt{x-u}}{x}dx = \sqrt{\frac{\pi}{q}}e^{-qu}-\pi\sqrt{u}\Big[1-\Phi\big(\sqrt{qu}\big)\Big]$

$(u>0,\ \mathrm{Re}\ q>0)$

694. $\displaystyle\int_u^\infty \frac{e^{-qx}}{x\sqrt{x-u}}dx = \frac{\pi}{\sqrt{u}}\Big[1-\Phi\big(\sqrt{qu}\big)\Big]$　（$u>0$，Re $q>0$）

695. $\displaystyle\int_{-1}^1 \frac{e^{2x}}{\sqrt{1-x^2}}dx = \pi I_0(2)$

〔这里，$I_\nu(z)$ 为第一类修正贝塞尔函数（见附录），以下同〕

696. $\displaystyle\int_0^2 \frac{e^{-px}}{\sqrt{x(2-x)}}dx = \pi e^{-p} I_0(p)$　（$p>0$）

697. $\displaystyle\int_0^\infty \frac{e^{-px}}{\sqrt{x(x+a)}}dx = e^{\frac{ap}{2}}K_0\Big(\frac{ap}{2}\Big)$　（$a>0$，$p>0$）

〔这里，$K_\nu(z)$ 为第二类修正贝塞尔函数（见附录）〕

Ⅱ.1.3.6　指数函数的代数函数与幂函数组合的积分

698. $\displaystyle\int_0^\infty xe^{-x}\sqrt{1-e^{-x}}dx = \frac{4}{3}\Big(\frac{4}{3}-\ln 2\Big)$

699. $\displaystyle\int_0^\infty xe^{-x}\sqrt{1-e^{-2x}}dx = \frac{\pi}{4}\Big(\frac{1}{2}+\ln 2\Big)$

700. $\displaystyle\int_0^\infty \frac{x}{\sqrt{e^x-1}}dx = 2\pi\ln 2$

701. $\displaystyle\int_0^\infty \frac{x^2}{\sqrt{e^x-1}}dx = 4\pi\Big[(\ln 2)^2+\frac{\pi^2}{12}\Big]$

702. $\displaystyle\int_0^\infty \frac{xe^{-x}}{\sqrt{e^x-1}}dx = \frac{\pi}{2}(2\ln 2-1)$

703. $\displaystyle\int_0^\infty \frac{xe^{-x}}{\sqrt{e^{2x}-1}}dx = 1-\ln 2$

704. $\displaystyle\int_0^\infty \frac{xe^{-2x}}{\sqrt{e^x-1}}dx = \frac{3\pi}{4}\Big(\ln 2-\frac{7}{12}\Big)$

Ⅱ.1.3.7　更复杂自变数的指数函数与幂函数组合的积分

705. $\displaystyle\int_0^\infty x^{2n}e^{-px^2}dx = \frac{(2n-1)!!}{2(2p)^n}\sqrt{\frac{\pi}{p}}$　（$p>0$，$n=0,1,2,\cdots$）

706. $\int_0^\infty x^{2n+1} e^{-px^2} dx = \dfrac{n!!}{2p^{n+1}}$ $(p > 0,\ n = 0,1,2,\cdots)$

707. $\int_0^\infty (1 + 2bx^2) e^{-px^2} dx = \dfrac{p+b}{2} \sqrt{\dfrac{\pi}{p^3}}$ $(\mathrm{Re}\ p > 0)$

708. $\int_0^\infty \left(e^{-x^2} - e^{-x} \right) \dfrac{dx}{x} = \dfrac{1}{2}\gamma$

[这里，γ 为欧拉常数（见附录），以下同]

709. $\int_0^\infty \left(e^{-x^4} - e^{-x} \right) \dfrac{dx}{x} = \dfrac{3}{4}\gamma$

710. $\int_0^\infty \left(e^{-x^4} - e^{-x^2} \right) \dfrac{dx}{x} = \dfrac{1}{4}\gamma$

711. $\int_0^\infty \left(e^{-x^2} - \dfrac{1}{1+x^2} \right) \dfrac{dx}{x} = -\dfrac{1}{2}\gamma$

712. $\int_0^\infty \left(e^{-px^2} - e^{-qx^2} \right) \dfrac{dx}{x^2} = \sqrt{\pi}(\sqrt{q} - \sqrt{p})$ $(\mathrm{Re}\ p > 0,\ \mathrm{Re}\ q > 0)$

713. $\int_0^1 \dfrac{e^{x^2} - 1}{x^2} dx = \sum\limits_{k=1}^\infty \dfrac{1}{k!(2k-1)}$

714. $\int_0^\infty \left[\exp\left(-\dfrac{a}{x^2} \right) - 1 \right] e^{-px^2} dx = \dfrac{1}{2}\sqrt{\dfrac{\pi}{p}} \left[\exp\left(-2\sqrt{ap} \right) - 1 \right]$
$(\mathrm{Re}\ a > 0,\ \mathrm{Re}\ p > 0)$

715. $\int_0^\infty x^2 \exp\left(-\dfrac{a}{x^2} - px^2 \right) dx = \dfrac{1}{4}\sqrt{\dfrac{\pi}{p^3}} (1 + 2\sqrt{ap}) \exp(-2\sqrt{ap})$
$(\mathrm{Re}\ a > 0,\ \mathrm{Re}\ p > 0)$

716. $\int_0^\infty \dfrac{1}{x^2} \exp\left(-\dfrac{a}{x^2} - px^2 \right) dx = \dfrac{1}{2}\sqrt{\dfrac{\pi}{a}} \exp(-2\sqrt{ap})$ $(\mathrm{Re}\ a > 0,\ \mathrm{Re}\ p > 0)$

717. $\int_0^\infty \left[\exp(-x^2) - \dfrac{1}{1 + x^{2^{n+1}}} \right] \dfrac{dx}{x} = -\dfrac{1}{2^n}\gamma$

718. $\int_0^\infty \left[\exp\left(-x^{2^n} \right) - \dfrac{1}{1+x^2} \right] \dfrac{dx}{x} = -\dfrac{1}{2^n}\gamma$

719. $\int_0^\infty \left[\exp(-x^p) - \exp(-x^q) \right] \dfrac{dx}{x} = \dfrac{p-q}{pq}\gamma$ $(p > 0,\ q > 0)$

720. $\int_{-\infty}^\infty x e^x \exp(-a e^x) dx = -\dfrac{1}{a}(\ln a + \gamma)$ $(\mathrm{Re}\ a > 0)$

721. $\int_{-\infty}^\infty x e^x \exp(-a e^{2x}) dx = -\dfrac{1}{4}\sqrt{\dfrac{\pi}{a}} [\ln(4a) + \gamma]$ $(\mathrm{Re}\ a > 0)$

Ⅱ.1.3.8　含有对数函数 $\ln x$ 和 $(\ln x)^n$ 的积分

722. $\int_0^1 (\ln x)^n dx = e^{n\pi i} \Gamma(n+1) = (-1)^n n!$ $(n > -1)$

［这里，$\Gamma(z)$ 为伽马函数（见附录），以下同］

723. $\displaystyle\int_0^1 x^m(\ln x)^n\,\mathrm{d}x = (-1)^n\,\frac{\Gamma(n+1)}{(m+1)^{m+1}}$ 　$(m>-1,\ n$ 为正整数$)$

724. $\displaystyle\int_0^1 \ln\frac{1}{x}\,\mathrm{d}x = 1$

725. $\displaystyle\int_0^1 \left(\ln\frac{1}{x}\right)^n\,\mathrm{d}x = n!$

726. $\displaystyle\int_0^1 \left(\ln\frac{1}{x}\right)^{p-1}\,\mathrm{d}x = \Gamma(p)$ 　$(\operatorname{Re}p>0)$

727. $\displaystyle\int_0^1 \left(\ln\frac{1}{x}\right)^{-p}\,\mathrm{d}x = \frac{\pi}{\Gamma(p)}\csc p\pi$ 　$(\operatorname{Re}p<1)$

728. $\displaystyle\int_0^1 x\ln\frac{1}{x}\,\mathrm{d}x = \frac{1}{4}$

729. $\displaystyle\int_0^1 x^m\left(\ln\frac{1}{x}\right)^n\,\mathrm{d}x = \frac{\Gamma(n+1)}{(m+1)^{n+1}}$ 　$(m>-1,\ n>-1)$

730. $\displaystyle\int_0^1 \ln(1+x)\,\mathrm{d}x = 2\ln 2 - 1$

731. $\displaystyle\int_0^1 \ln(1-x)\,\mathrm{d}x = -1$

732. $\displaystyle\int_0^1 x\ln(1+x)\,\mathrm{d}x = \frac{1}{4}$

733. $\displaystyle\int_0^1 x\ln(1-x)\,\mathrm{d}x = -\frac{3}{4}$

734. $\displaystyle\int_0^1 \frac{\ln(1+x)}{x}\,\mathrm{d}x = \frac{\pi^2}{12}$

735. $\displaystyle\int_0^1 \frac{\ln(1-x)}{x}\,\mathrm{d}x = -\frac{\pi^2}{6}$

736. $\displaystyle\int_0^1 \frac{\ln(1+x^a)}{x}\,\mathrm{d}x = \frac{\pi^2}{12a}$ 　$(a\neq 0)$

737. $\displaystyle\int_0^1 \frac{\ln(1-x^a)}{x}\,\mathrm{d}x = -\frac{\pi^2}{6a}$ 　$(a\neq 0)$

738. $\displaystyle\int_0^1 \ln\frac{1+x}{1-x}\frac{\mathrm{d}x}{x} = \frac{\pi^2}{4}$

739. $\displaystyle\int_0^1 \frac{\mathrm{d}x}{a+\ln x} = \mathrm{e}^{-a}\operatorname{Ei}(a)$

［这里，$\operatorname{Ei}(z)$ 为指数积分（见附录），以下同］

740. $\displaystyle\int_0^1 \frac{\mathrm{d}x}{a-\ln x} = -\mathrm{e}^a\operatorname{Ei}(a)$

741. $\displaystyle\int_0^1 \ln x\ln(1+x)\,\mathrm{d}x = 2 - 2\ln 2 - \frac{\pi^2}{12}$

742. $\displaystyle\int_0^1 \ln x\ln(1-x)\,\mathrm{d}x = 2 - \frac{\pi^2}{6}$

743. $\displaystyle\int_0^1 \sqrt{\ln\dfrac{1}{x}}\,\mathrm{d}x = \dfrac{\sqrt{\pi}}{2}$

744. $\displaystyle\int_0^1 \dfrac{\mathrm{d}x}{\sqrt{\ln\dfrac{1}{x}}} = \sqrt{\pi}$

745. $\displaystyle\int_0^1 \dfrac{\mathrm{d}x}{\sqrt{\ln(-\ln x)}} = \sqrt{\pi}$

Ⅱ.1.3.9　含有更复杂自变数的对数函数的积分

746. $\displaystyle\int_0^\infty \ln\dfrac{a^2 + x^2}{b^2 + x^2}\,\mathrm{d}x = (a - b)\pi \quad (a > 0,\ b > 0)$

747. $\displaystyle\int_0^\infty \ln\dfrac{a^2 - x^2}{b^2 - x^2}\,\mathrm{d}x = (a + b)\pi$

748. $\displaystyle\int_0^\infty \ln x \ln\dfrac{a^2 + x^2}{b^2 + x^2}\,\mathrm{d}x = (b - a)\pi + \pi\ln\dfrac{a^a}{b^b} \quad (a > 0,\ b > 0)$

749. $\displaystyle\int_0^\infty \ln x \ln\left(1 + \dfrac{b^2}{x^2}\right)\mathrm{d}x = \pi b(\ln b - 1) \quad (b > 0)$

750. $\displaystyle\int_0^\infty \ln(a^2 + x^2)\ln\left(1 + \dfrac{b^2}{x^2}\right)\mathrm{d}x = 2\pi\big[(a + b)\ln(a + b) - a\ln a - b\big]$
$(a > 0,\ b > 0)$

751. $\displaystyle\int_0^\infty \ln\left(1 + \dfrac{a^2}{x^2}\right)\ln\left(1 + \dfrac{b^2}{x^2}\right)\mathrm{d}x = 2\pi\big[(a + b)\ln(a + b) - a\ln a - b\ln b\big]$
$(a > 0,\ b > 0)$

752. $\displaystyle\int_0^1 \ln\left(\ln\dfrac{1}{x}\right)\mathrm{d}x = -\gamma$

〔这里, γ 为欧拉常数（见附录）, 以下同〕

753. $\displaystyle\int_0^1 \dfrac{\mathrm{d}x}{\ln\left(\ln\dfrac{1}{x}\right)} = 0$

754. $\displaystyle\int_0^1 \dfrac{\ln\left(\ln\dfrac{1}{x}\right)}{\sqrt{\ln\dfrac{1}{x}}}\,\mathrm{d}x = -(2\ln 2 + \gamma)\sqrt{\pi}$

755. $\displaystyle\int_0^{\frac{\pi}{4}} \ln(\sin x)\,\mathrm{d}x = -\dfrac{\pi}{4}\ln 2 - \dfrac{1}{2}G$

〔这里, G 为卡塔兰常数（见附录）, 以下同〕

756. $\displaystyle\int_0^{\frac{\pi}{4}} \ln(\cos x)\,\mathrm{d}x = -\dfrac{\pi}{4}\ln 2 + \dfrac{1}{2}G$

757. $\displaystyle\int_0^{\frac{\pi}{4}} \ln(\tan x)\,\mathrm{d}x = -\int_{\frac{\pi}{4}}^{\frac{\pi}{2}} \ln(\tan x)\,\mathrm{d}x = -G$

758. $\displaystyle\int_0^{\frac{\pi}{4}} \ln(\cot x)\,\mathrm{d}x = G$

759. $\displaystyle\int_0^{\frac{\pi}{2}} \ln(\sin x)\,\mathrm{d}x = \int_0^{\frac{\pi}{2}} \ln(\cos x)\,\mathrm{d}x = \frac{1}{2}\int_0^{\pi} \ln(\sin x)\,\mathrm{d}x = -\frac{\pi}{2}\ln 2$

760. $\displaystyle\int_0^{\frac{\pi}{2}} \ln(\tan x)\,\mathrm{d}x = 0$

761. $\displaystyle\int_0^{\frac{\pi}{2}} \ln(\sec x)\,\mathrm{d}x = \int_0^{\frac{\pi}{2}} \ln(\csc x)\,\mathrm{d}x = \frac{\pi}{2}\ln 2$

762. $\displaystyle\int_0^{\frac{\pi}{2}} [\ln(\sin x)]^2\,\mathrm{d}x = \int_0^{\frac{\pi}{2}} [\ln(\cos x)]^2\,\mathrm{d}x = \frac{\pi}{2}\left[(\ln 2)^2 + \frac{\pi^2}{12}\right]$

763. $\displaystyle\int_0^{\frac{\pi}{2}} \ln(1 \pm \sin x)\,\mathrm{d}x = \int_0^{\frac{\pi}{2}} \ln(1 \pm \cos x)\,\mathrm{d}x = -\frac{\pi}{2}\ln 2 \pm 2G$

764. $\displaystyle\int_0^{\pi} \ln(1 \pm \sin x)\,\mathrm{d}x = -\pi\ln 2 \pm 4G$

765. $\displaystyle\int_0^{\pi} \ln(1 \pm \cos x)\,\mathrm{d}x = -\pi\ln 2$

766. $\displaystyle\int_0^{\pi} \ln(a + b\cos x)\,\mathrm{d}x = \pi\ln\frac{a + \sqrt{a^2 - b^2}}{2} \quad (a \geqslant |\,b\,| > 0)$

767. $\displaystyle\int_0^{\pi} \ln(a + b\cos x)^2\,\mathrm{d}x = 2\pi\ln\frac{a + \sqrt{a^2 - b^2}}{2} \quad (a \geqslant |\,b\,| > 0)$

768. $\displaystyle\int_0^{\frac{\pi}{4}} \ln(\cos x + \sin x)\,\mathrm{d}x = \frac{1}{2}\int_0^{\frac{\pi}{2}} \ln(\cos x + \sin x)\,\mathrm{d}x = -\frac{\pi}{8}\ln 2 + \frac{1}{2}G$

769. $\displaystyle\int_0^{\frac{\pi}{4}} \ln(\cos x - \sin x)\,\mathrm{d}x = -\frac{\pi}{8}\ln 2 - \frac{1}{2}G$

770. $\displaystyle\int_0^{\frac{\pi}{2}} \ln(a^2 - \sin^2 x)^2\,\mathrm{d}x = \begin{cases} -2\pi\ln 2 & (a^2 \leqslant 1) \\[2mm] 2\pi\ln\dfrac{a + \sqrt{a^2 - 1}}{2} & (a > 1) \end{cases}$

771. $\displaystyle\int_0^{\frac{\pi}{2}} \ln(1 + a\sin^2 x)\,\mathrm{d}x = \frac{1}{2}\int_0^{\pi} \ln(1 + a\sin^2 x)\,\mathrm{d}x$

$\displaystyle = \int_0^{\frac{\pi}{2}} \ln(1 + a\cos^2 x)\,\mathrm{d}x = \frac{1}{2}\int_0^{\pi} \ln(1 + a\cos^2 x)\,\mathrm{d}x$

$\displaystyle = \pi\ln\frac{1 + \sqrt{1 + a}}{2} \quad (a \geqslant -1)$

772. $\displaystyle\int_0^{\frac{\pi}{2}} \ln(a\tan x)\,\mathrm{d}x = \frac{\pi}{2}\ln a \quad (a > 0)$

773. $\displaystyle\int_0^{\frac{\pi}{4}} \ln(1 + \tan x)\,\mathrm{d}x = \frac{\pi}{8}\ln 2$

774. $\displaystyle\int_0^{\frac{\pi}{2}} \ln(1 + \tan x)\,\mathrm{d}x = \frac{\pi}{4}\ln 2 + G$

775. $\displaystyle\int_0^{\frac{\pi}{4}} \ln(1 - \tan x)\,\mathrm{d}x = \frac{\pi}{8}\ln 2 - G$

776. $\int_0^{\frac{\pi}{2}} \ln(1 - \tan x)^2 \mathrm{d}x = \frac{\pi}{2}\ln 2 - 2G$

777. $\int_0^{\frac{\pi}{4}} \ln(1 + \cot x)\mathrm{d}x = \frac{\pi}{8}\ln 2 + G$

778. $\int_0^{\frac{\pi}{4}} \ln(\cot x - 1)\mathrm{d}x = \frac{\pi}{8}\ln 2$

779. $\int_0^{\infty} \ln(1 + \mathrm{e}^{-x})\mathrm{d}x = \frac{\pi^2}{12}$

780. $\int_0^{\infty} \ln(1 - \mathrm{e}^{-x})\mathrm{d}x = -\frac{\pi^2}{6}$

781. $\int_0^{\infty} \ln\frac{\mathrm{e}^x + 1}{\mathrm{e}^x - 1}\mathrm{d}x = \frac{\pi^2}{4}$

782. $\int_0^{\infty} \ln(1 + 2\mathrm{e}^{-x}\cos t + \mathrm{e}^{-2x})\mathrm{d}x = \frac{\pi^2}{6} - \frac{t^2}{2} \quad (\mid t \mid < \pi)$

Ⅱ.1.3.10　对数函数与有理函数组合的积分

783. $\int_0^1 \frac{\ln x}{1 + x}\mathrm{d}x = -\frac{\pi^2}{12}$

784. $\int_0^1 \frac{\ln x}{1 - x}\mathrm{d}x = -\frac{\pi^2}{6}$

785. $\int_0^1 \frac{\ln x}{1 + x^2}\mathrm{d}x = -\int_1^{\infty} \frac{\ln x}{1 + x^2}\mathrm{d}x = -G$

［这里, G 为卡塔兰常数（见附录），以下同］

786. $\int_0^{\infty} \frac{\ln x}{1 + x^2}\mathrm{d}x = 0$

787. $\int_0^1 \frac{\ln x}{1 - x^2}\mathrm{d}x = -\frac{\pi^2}{8}$

788. $\int_0^{\infty} \frac{\ln x}{1 - x^2}\mathrm{d}x = -\frac{\pi^2}{4}$

789. $\int_0^1 \frac{\ln x}{(1 + x)^2}\mathrm{d}x = -\ln 2$

790. $\int_0^1 \frac{x\ln x}{1 + x^2}\mathrm{d}x = -\frac{\pi^2}{48}$

791. $\int_0^1 \frac{x\ln x}{1 - x^2}\mathrm{d}x = -\frac{\pi^2}{24}$

792. $\int_0^1 \frac{x^p - x^q}{\ln x}\mathrm{d}x = \ln\frac{p + 1}{q + 1} \quad (p > -1, \; q > -1)$

793. $\int_0^a \frac{\ln x}{a^2 + x^2}\mathrm{d}x = \frac{\pi\ln a}{4a} - \frac{G}{a} \quad (a > 0)$

794. $\displaystyle\int_0^\infty \frac{\ln x}{a^2 + x^2}\mathrm{d}x = \frac{\pi}{2a}\ln a$

795. $\displaystyle\int_0^\infty \frac{\ln x}{a^2 + b^2 x^2}\mathrm{d}x = \frac{\pi}{2ab}\ln\frac{a}{b}$

796. $\displaystyle\int_0^\infty \frac{\ln x}{a^2 - b^2 x^2}\mathrm{d}x = -\frac{\pi}{4ab}$

797. $\displaystyle\int_0^\infty \frac{\ln(x + 1)}{1 + x^2}\mathrm{d}x = \frac{\pi\ln2}{4} + G$

798. $\displaystyle\int_0^\infty \frac{\ln(x - 1)}{1 + x^2}\mathrm{d}x = \frac{\pi\ln2}{8}$

799. $\displaystyle\int_0^\infty \frac{\ln x}{(a + x)(b + x)}\mathrm{d}x = \frac{(\ln a)^2 - (\ln b)^2}{2(a - b)} \quad (a \neq b)$

Ⅱ.1.3.11 对数函数与无理函数组合的积分

800. $\displaystyle\int_0^{\frac{\sqrt{2}}{2}} \frac{\ln x}{\sqrt{1 - x^2}}\mathrm{d}x = -\frac{\pi}{4}\ln2 - \frac{1}{2}G$

［这里，G 为卡塔兰常数（见附录）］

801. $\displaystyle\int_0^1 \frac{\ln x}{\sqrt{1 - x^2}}\mathrm{d}x = -\frac{\pi}{2}\ln2$

802. $\displaystyle\int_0^1 \sqrt{1 - x^2}\ln x\mathrm{d}x = -\frac{\pi}{8} - \frac{\pi}{4}\ln2$

803. $\displaystyle\int_0^1 x\sqrt{1 - x^2}\ln x\mathrm{d}x = \frac{1}{3}\ln2 - \frac{4}{9}$

804. $\displaystyle\int_0^1 \frac{\ln x}{\sqrt{x(1 - x^2)}}\mathrm{d}x = -\frac{\sqrt{2\pi}}{8}\left[\Gamma\left(\frac{1}{4}\right)\right]^2$

［这里，$\Gamma(z)$ 为伽马函数（见附录）］

805. $\displaystyle\int_0^\infty \frac{\ln x}{x^2\sqrt{x^2 - 1}}\mathrm{d}x = 1 - \ln2$

Ⅱ.1.3.12 对数函数与幂函数和有理函数组合的积分

806. $\displaystyle\int_0^\infty \frac{x^{p-1}\ln x}{a + x}\mathrm{d}x = \frac{\pi a^{p-1}}{\sin p\pi}(\ln a - \pi\cot p\pi) \quad (0 < \mathrm{Re}\ p < 1, |\arg a| < \pi)$

807. $\displaystyle\int_0^\infty \frac{x^{p-1}\ln x}{a - x}\mathrm{d}x = \pi a^{p-1}\left(\cot p\pi\ln a - \frac{\pi}{\sin^2 p\pi}\right) \quad (0 < \mathrm{Re}\ p < 1, a > 0)$

808. $\displaystyle\int_0^1 \frac{x^{2n}\ln x}{1 + x}\mathrm{d}x = -\frac{\pi^2}{12} + \sum_{k=1}^{2n} \frac{(-1)^{k-1}}{k^2}$

809. $\int_0^1 \dfrac{x^{2n-1}\ln x}{1+x}\mathrm{d}x = \dfrac{\pi^2}{12} + \sum_{k=1}^{2n-1} \dfrac{(-1)^k}{k^2}$

810. $\int_0^\infty \dfrac{x^{p-1}\ln x}{1+x^2}\mathrm{d}x = -\dfrac{\pi^2}{4}\csc\dfrac{p\pi}{2}\cot\dfrac{p\pi}{2} \quad (0 < p < 2)$

811. $\int_0^\infty \dfrac{x^{p-1}\ln x}{1-x^2}\mathrm{d}x = -\dfrac{\pi^2}{4}\csc^2\dfrac{p\pi}{2} \quad (0 < p < 2)$

812. $\int_0^\infty \dfrac{x^{p-1}\ln x}{1+x^q}\mathrm{d}x = -\dfrac{\pi^2}{q^2}\dfrac{\cos\dfrac{p\pi}{q}}{\sin^2\dfrac{p\pi}{q}} \quad (0 < p < q)$

813. $\int_0^\infty \dfrac{x^{p-1}\ln x}{1-x^q}\mathrm{d}x = -\dfrac{\pi^2}{q^2\sin^2\dfrac{p\pi}{q}} \quad (0 < p < q)$

814. $\int_0^1 \dfrac{x^{q-1}\ln x}{1-x^{2q}}\mathrm{d}x = -\dfrac{\pi^2}{8q^2} \quad (q > 0)$

815. $\int_0^\infty \dfrac{x^{p-1}\ln x}{(x+a)^2}\mathrm{d}x = \dfrac{(1-p)a^{p-2}\pi}{\sin p\pi}\left(\ln a - \pi\cot p\pi + \dfrac{1}{p-1}\right)$

$(a > 0, 0 < \mathrm{Re}\ p < 2, p \neq 1)$

816. $\int_1^\infty (x-1)^{p-1}\ln x\,\mathrm{d}x = \dfrac{\pi}{p}\csc p\pi \quad (-1 < p < 0)$

817. $\int_0^\infty \dfrac{\ln x}{x^p(x^q-1)}\mathrm{d}x = \dfrac{\pi^2}{q^2\sin^2\dfrac{(p-1)\pi}{q}} \quad (p < 1,\ p+q > 1)$

818. $\int_0^\infty \dfrac{1-x^p}{1-x^2}\ln x\,\mathrm{d}x = \dfrac{\pi^2}{4}\tan^2\dfrac{p\pi}{2} \quad (p < 1)$

Ⅱ.1.3.13 含有对数函数的幂函数的积分

819. $\int_0^1 \dfrac{(\ln x)^2}{1+2x\cos t+x^2}\mathrm{d}x = \dfrac{t(\pi^2-t^2)}{6\sin t} \quad (0 < t < \pi)$

820. $\int_0^1 \dfrac{(\ln x)^3}{1+x}\mathrm{d}x = -\dfrac{7\pi^4}{120}$

821. $\int_0^1 \dfrac{(\ln x)^3}{1-x}\mathrm{d}x = -\dfrac{\pi^4}{15}$

822. $\int_1^\infty \dfrac{(\ln x)^p}{x^2}\mathrm{d}x = \Gamma(1+p) \quad (p > -1)$

〔这里，$\Gamma(z)$ 为伽马函数（见附录），以下同〕

823. $\int_0^1 \left(\ln\dfrac{1}{x}\right)^{p-1} x^{q-1}\mathrm{d}x = \dfrac{1}{q^p}\Gamma(p) \quad (\mathrm{Re}\ p > 0,\ \mathrm{Re}\ q > 0)$

824. $\int_0^1 x^{p-1}\sqrt{\ln\dfrac{1}{x}}\mathrm{d}x = \dfrac{1}{2}\sqrt{\dfrac{\pi}{p^3}} \quad (p > 0)$

825. $\displaystyle\int_0^1 \frac{x^{p-1}}{\sqrt{\ln\dfrac{1}{x}}}\mathrm{d}x = \sqrt{\dfrac{\pi}{p}}$ $(p > 0)$

Ⅱ.1.3.14 更复杂自变数的对数函数与代数函数组合的积分

826. $\displaystyle\int_0^{\frac{1}{2}} \frac{\ln(1-x)}{x}\mathrm{d}x = \frac{1}{2}(\ln2)^2 - \frac{\pi^2}{12}$

827. $\displaystyle\int_0^1 \frac{\ln\left(1-\dfrac{x}{2}\right)}{x}\mathrm{d}x = \frac{1}{2}(\ln2)^2 - \frac{\pi^2}{12}$

828. $\displaystyle\int_0^1 \frac{\ln(1+x)}{1+x}\mathrm{d}x = \frac{1}{2}(\ln2)^2$

829. $\displaystyle\int_0^1 \frac{\ln(1+x)}{1+x^2}\mathrm{d}x = \frac{\pi}{8}\ln2$

830. $\displaystyle\int_0^{\infty} \frac{\ln(1+x)}{1+x^2}\mathrm{d}x = \frac{\pi}{4}\ln2 + G$

[这里，G 为卡塔兰常数（见附录），以下同]

831. $\displaystyle\int_0^1 \frac{\ln(1-x)}{1+x^2}\mathrm{d}x = \frac{\pi}{8}\ln2 - G$

832. $\displaystyle\int_1^{\infty} \frac{\ln(1-x)}{1+x^2}\mathrm{d}x = \frac{\pi}{8}\ln2$

833. $\displaystyle\int_0^1 \frac{\ln(1+x)}{x(1+x)}\mathrm{d}x = \frac{\pi^2}{12} - \frac{1}{2}(\ln2)^2$

834. $\displaystyle\int_0^{\infty} \frac{\ln(1+x)}{x(1+x)}\mathrm{d}x = \frac{\pi^2}{6}$

835. $\displaystyle\int_0^1 \frac{\ln(1\pm x)}{\sqrt{1-x^2}}\mathrm{d}x = -\frac{\pi}{2}\ln2 \pm 2G$

836. $\displaystyle\int_0^1 \frac{x\ln(1\pm x)}{\sqrt{1-x^2}}\mathrm{d}x = -1 \pm \frac{\pi}{2}$

837. $\displaystyle\int_0^1 \frac{\ln(1+x^2)}{x^2}\mathrm{d}x = \frac{\pi}{2} - \ln2$

838. $\displaystyle\int_0^{\infty} \frac{\ln(1+x^2)}{x^2}\mathrm{d}x = \pi$

839. $\displaystyle\int_0^1 \frac{\ln(1+x^2)}{1+x^2}\mathrm{d}x = \frac{\pi}{2}\ln2 - G$

840. $\displaystyle\int_1^{\infty} \frac{\ln(1+x^2)}{1+x^2}\mathrm{d}x = \frac{\pi}{2}\ln2 + G$

841. $\displaystyle\int_0^1 \frac{\ln(1+ax^2)}{\sqrt{1-x^2}}\mathrm{d}x = \pi\ln\frac{1+\sqrt{1+a}}{2}$ $(a \geqslant -1)$

842. $\int_0^1 \dfrac{\ln(1 - a^2 x^2)}{\sqrt{1 - x^2}} \mathrm{d}x = \pi \ln \dfrac{1 + \sqrt{1 - a^2}}{2} \quad (a^2 < 1)$

843. $\int_0^1 \ln \dfrac{1 + x^2}{x} \cdot \dfrac{\mathrm{d}x}{1 + x^2} = \dfrac{\pi}{2} \ln 2$

844. $\int_0^\infty \ln \dfrac{1 + x^2}{x} \cdot \dfrac{\mathrm{d}x}{1 + x^2} = \pi \ln 2$

845. $\int_0^1 \ln \dfrac{1 - x^2}{x} \cdot \dfrac{\mathrm{d}x}{1 + x^2} = \dfrac{\pi}{4} \ln 2$

846. $\int_0^\infty \ln \dfrac{1 + x^2}{x} \cdot \dfrac{\mathrm{d}x}{1 - x^2} = 0$

847. $\int_0^1 \ln \dfrac{1 + x^2}{x + 1} \cdot \dfrac{\mathrm{d}x}{1 + x^2} = \dfrac{3\pi}{8} \ln 2 - G$

848. $\int_1^\infty \ln \dfrac{1 + x^2}{x + 1} \cdot \dfrac{\mathrm{d}x}{1 + x^2} = \dfrac{3\pi}{8} \ln 2$

849. $\int_0^1 \ln \dfrac{1 + x^2}{1 - x} \cdot \dfrac{\mathrm{d}x}{1 + x^2} = \dfrac{3\pi}{8} \ln 2$

850. $\int_1^\infty \ln \dfrac{1 + x^2}{x - 1} \cdot \dfrac{\mathrm{d}x}{1 + x^2} = \dfrac{3\pi}{8} \ln 2 + G$

851. $\int_0^\infty \ln \dfrac{1 + x^2}{x^2} \cdot \dfrac{x}{1 + x^2} \mathrm{d}x = \dfrac{\pi^2}{12}$

852. $\int_0^\pi \ln(\sin x) x \, \mathrm{d}x = \dfrac{1}{2} \int_0^\pi \ln(\cos^2 x) x \, \mathrm{d}x = -\dfrac{\pi^2}{2} \ln 2$

853. $\int_0^\infty \dfrac{\ln(\sin ax)}{b^2 + x^2} \mathrm{d}x = \dfrac{\pi}{2b} \ln \dfrac{\sinh ab}{\mathrm{e}^{ab}} \quad (a \neq 0,\ b \neq 0)$

854. $\int_0^\infty \dfrac{\ln(\cos ax)}{b^2 + x^2} \mathrm{d}x = \dfrac{\pi}{2b} \ln \dfrac{\cosh ab}{\mathrm{e}^{ab}} \quad (a \neq 0,\ b \neq 0)$

855. $\int_0^\infty \dfrac{\ln(\sin ax)}{b^2 - x^2} \mathrm{d}x = \dfrac{a\pi}{2} - \dfrac{\pi^2}{4b} \quad (a \neq 0,\ b \neq 0)$

856. $\int_0^\infty \dfrac{\ln(\cos ax)}{b^2 - x^2} \mathrm{d}x = \dfrac{a\pi}{2}$

Ⅱ.1.3.15　对数函数与指数函数组合的积分

857. $\int_0^\infty \mathrm{e}^{-px} \ln x \, \mathrm{d}x = -\dfrac{1}{p}(\ln p + \gamma) \quad (\mathrm{Re}\ p > 0)$

　　［这里，γ 为欧拉常数（见附录），以下同］

858. $\int_0^\infty \mathrm{e}^{-px}(\ln x)^2 \mathrm{d}x = \dfrac{1}{p}\left[\dfrac{\pi^2}{6} + (\ln p + \gamma)^2\right] \quad (\mathrm{Re}\ p > 0)$

859. $\int_0^\infty \mathrm{e}^{-ax} \ln \dfrac{1}{x} \mathrm{d}x = \dfrac{\ln a + \gamma}{a} \quad (a > 0)$

860. $\int_0^\infty x\mathrm{e}^{-ax}\ln\dfrac{1}{x}\mathrm{d}x = \dfrac{2(\ln a + \gamma - 1)}{a^2}$ 　$(a > 0)$

861. $\int_0^\infty \dfrac{\mathrm{e}^{-ax}}{\ln x}\mathrm{d}x = 0$ 　$(a > 0)$

862. $\int_0^\infty \mathrm{e}^{-x}\ln x\,\mathrm{d}x = -\gamma$

863. $\int_0^\infty \mathrm{e}^{-x^2}\ln x\,\mathrm{d}x = -\dfrac{\sqrt{\pi}}{4}(\gamma + 2\ln 2)$

864. $\int_0^\infty \mathrm{e}^{-x^2}(\ln x)^2\mathrm{d}x = \dfrac{\sqrt{\pi}}{8}\left[\dfrac{\pi^2}{2} + (2\ln 2 + \gamma)^2\right]$

865. $\int_0^1 x\mathrm{e}^x\ln(1-x)\mathrm{d}x = 1 - \mathrm{e}$

866. $\int_0^1 (1-x)\mathrm{e}^{-x}\ln x\,\mathrm{d}x = \dfrac{1-\mathrm{e}}{\mathrm{e}}$

Ⅱ.1.3.16　对数函数与三角函数组合的积分

867. $\int_0^{\frac{\pi}{2}} \ln(\sin x)\sin x\,\mathrm{d}x = \ln 2 - 1$

868. $\int_0^{\frac{\pi}{2}} \ln(\sin x)\cos x\,\mathrm{d}x = -1$

869. $\int_0^{\frac{\pi}{2}} \ln(\sin x)\cos 2nx\,\mathrm{d}x = -\dfrac{\pi}{4n}$

870. $\int_0^{\frac{\pi}{2}} \ln(\sin x)\sin^2 x\,\mathrm{d}x = \dfrac{\pi}{8}(1 - \ln 4)$

871. $\int_0^{\frac{\pi}{2}} \ln(\sin x)\cos^2 x\,\mathrm{d}x = -\dfrac{\pi}{8}(1 + \ln 4)$

872. $\int_0^{\frac{\pi}{2}} \ln(\sin x)\tan x\,\mathrm{d}x = -\dfrac{\pi^2}{24}$

873. $\int_0^{\frac{\pi}{2}} \ln(\sin 2x)\sin x\,\mathrm{d}x = \int_0^{\frac{\pi}{2}} \ln(\sin 2x)\cos x\,\mathrm{d}x = 2(\ln 2 - 1)$

874. $\int_0^{\frac{\pi}{2}} \ln(\tan x)\sin x\,\mathrm{d}x = \ln 2$

875. $\int_0^{\frac{\pi}{2}} \ln(\tan x)\cos x\,\mathrm{d}x = -\ln 2$

876. $\int_0^{\frac{\pi}{2}} \ln(\tan x)\sin^2 x\,\mathrm{d}x = -\int_0^{\frac{\pi}{2}} \ln(\tan x)\cos^2 x\,\mathrm{d}x = \dfrac{\pi}{4}$

877. $\int_0^{\frac{\pi}{2}} \ln\left(\cot\dfrac{x}{2}\right)\sin x\,\mathrm{d}x = \ln 2$

878. $\displaystyle\int_0^1 \ln(\sin\pi x)\cos 2n\pi x\,\mathrm{d}x = 2\int_0^{\frac{1}{2}}\ln(\sin\pi x)\cos 2n\pi x\,\mathrm{d}x = \begin{cases} -\ln 2 & (n=0) \\ -\dfrac{1}{2n} & (n>0) \end{cases}$

879. $\displaystyle\int_0^1 \ln(\sin\pi x)\cos(2n+1)\pi x\,\mathrm{d}x = 0$

880. $\displaystyle\int_0^\infty \ln x\sin ax^2\,\mathrm{d}x = -\frac{1}{4}\sqrt{\frac{\pi}{2a}}\Big[\ln(4a)+\gamma-\frac{\pi}{2}\Big]\quad(a>0)$

［这里，γ 为欧拉常数（见附录），以下同］

881. $\displaystyle\int_0^\infty \ln x\cos ax^2\,\mathrm{d}x = -\frac{1}{4}\sqrt{\frac{\pi}{2a}}\Big[\ln(4a)+\gamma+\frac{\pi}{2}\Big]\quad(a>0)$

882. $\displaystyle\int_0^\infty \ln\left|\frac{x+a}{x-a}\right|\sin bx\,\mathrm{d}x = \frac{\pi}{b}\sin ab\quad(a>0,\ b>0)$

883. $\displaystyle\int_0^\infty \ln\frac{a^2+x^2}{b^2+x^2}\cos cx\,\mathrm{d}x = \frac{\pi}{c}(\mathrm{e}^{-bc}-\mathrm{e}^{-ac})\quad(a>0,\ b>0,\ c>0)$

884. $\displaystyle\int_0^\infty \ln(1+\mathrm{e}^{-ax})\cos bx\,\mathrm{d}x = \frac{a}{2b^2}-\frac{\pi}{2b\sinh\dfrac{b\pi}{a}}\quad(\mathrm{Re}\,a>0,\ b>0)$

885. $\displaystyle\int_0^\infty \ln(1-\mathrm{e}^{-ax})\cos bx\,\mathrm{d}x = \frac{a}{2b^2}-\frac{\pi}{2b}\coth\frac{b\pi}{a}\quad(\mathrm{Re}\,a>0,\ b>0)$

886. $\displaystyle\int_0^{\frac{\pi}{2}}\frac{\ln(1+p\sin x)}{\sin x}\mathrm{d}x = \frac{\pi^2}{8}-\frac{1}{2}(\arccos p)^2\quad(p^2<1)$

887. $\displaystyle\int_0^{\frac{\pi}{2}}\frac{\ln(1+p\cos x)}{\cos x}\mathrm{d}x = \frac{\pi^2}{8}-\frac{1}{2}(\arccos p)^2\quad(p^2<1)$

888. $\displaystyle\int_0^\pi \frac{\ln(1+p\cos x)}{\cos x}\mathrm{d}x = \pi\arcsin p\quad(p^2<1)$

889. $\displaystyle\int_0^{\frac{\pi}{4}}\frac{\ln(\tan x)}{\cos 2x}\mathrm{d}x = -\frac{\pi^2}{8}$

890. $\displaystyle\int_0^\pi \frac{\ln(\sin x)}{a+b\cos x}\mathrm{d}x = \frac{\pi}{\sqrt{a^2-b^2}}\ln\frac{\sqrt{a^2-b^2}}{a+\sqrt{a^2-b^2}}\quad(a>0,\ a>b)$

891. $\displaystyle\int_0^{\frac{\pi}{2}}\frac{\ln(\sin x)\sin x}{\sqrt{1+\sin^2 x}}\mathrm{d}x = \int_0^{\frac{\pi}{2}}\frac{\ln(\cos x)\cos x}{\sqrt{1+\cos^2 x}}\mathrm{d}x = -\frac{\pi}{8}\ln 2$

Ⅱ.1.3.17 对数函数与三角函数、指数函数、双曲函数和幂函数组合的积分

892. $\displaystyle\int_0^\infty \ln x\,\frac{\sin ax}{x}\mathrm{d}x = -\frac{\pi}{2}(\ln a+\gamma)\quad(a>0)$

［这里，γ 为欧拉常数（见附录），以下同］

893. $\displaystyle\int_0^\infty \ln x\,\frac{\cos ax-\cos bx}{x}\mathrm{d}x = \ln\frac{a}{b}\Big[\frac{1}{2}\ln(ab)+\gamma\Big]\quad(a>0,\ b>0)$

894. $\displaystyle\int_0^\infty \ln x\,\frac{\cos ax - \cos bx}{x^2}\mathrm{d}x = \frac{\pi}{2}\big[(a-b)(\gamma-1) + a\ln a - b\ln b\big]$

$(a>0,\ b>0)$

895. $\displaystyle\int_0^\infty \ln x\,\frac{\sin^2 ax}{x^2}\mathrm{d}x = -\frac{a\pi}{2}\big[\ln(2a) + \gamma - 1\big]$ $(a>0)$

896. $\displaystyle\int_0^1 \frac{x(1+x)}{\ln x}\sin(\ln x)\mathrm{d}x = \frac{\pi}{4}$

897. $\displaystyle\int_0^\infty \mathrm{e}^{-ax}\ln x\sin bx\,\mathrm{d}x = \frac{b}{a^2+b^2}\Big(\ln\sqrt{a^2+b^2} + \frac{a}{b}\arctan\frac{b}{a} - \gamma\Big)$

898. $\displaystyle\int_0^\infty \mathrm{e}^{-ax}\ln x\cos bx\,\mathrm{d}x = -\frac{a}{a^2+b^2}\Big(\ln\sqrt{a^2+b^2} + \frac{a}{b}\arctan\frac{b}{a} + \gamma\Big)$

899. $\displaystyle\int_0^\infty \frac{\ln x}{\cosh x}\mathrm{d}x = \pi\ln\frac{\sqrt{2\pi}\,\Gamma\!\big(\frac{3}{4}\big)}{\Gamma\!\big(\frac{1}{4}\big)}$

［这里，$\Gamma(z)$ 为伽马函数（见附录）］

900. $\displaystyle\int_0^\infty \frac{\ln(1+x^2)}{\cosh\dfrac{\pi x}{2}}\mathrm{d}x = 2\ln\frac{4}{\pi}$

901. $\displaystyle\int_0^\infty \ln(\cos^2 t + \mathrm{e}^{-2x}\sin^2 t)\,\frac{\mathrm{d}x}{\sinh x} = -2t^2$

Ⅱ.1.4 双曲函数和反双曲函数的定积分

Ⅱ.1.4.1 含有 $\sinh ax$ 和 $\cosh bx$ 的积分，积分区间为 $[0,\infty)$

902. $\displaystyle\int_0^\infty \frac{\mathrm{d}x}{\sinh ax} = \infty$

903. $\displaystyle\int_0^\infty \frac{x}{\sinh ax}\mathrm{d}x = \frac{\pi^2}{4a^2}$ $(a>0)$

904. $\displaystyle\int_0^\infty \frac{x^3}{\sinh ax}\mathrm{d}x = \frac{\pi^4}{8a^4}$ $(a>0)$

905. $\displaystyle\int_0^\infty \frac{x^m}{\sinh ax}\mathrm{d}x = \frac{(2^{m+1}-1)m!}{2^m a^{m+1}}\sum_{k=1}^\infty \frac{(-1)^{k+1}}{(2k-1)^{m+1}}$ $(a>0)$

906. $\displaystyle\int_0^\infty \frac{\mathrm{d}x}{\cosh ax} = \frac{\pi}{2a}$ $(a>0)$

907. $\displaystyle\int_0^\infty \frac{x}{\cosh ax}\mathrm{d}x = \frac{2G}{a^2} = \frac{1.831329803\cdots}{a^2}$ $(a>0)$

[这里，G 为卡塔兰常数（见附录）]

908. $\int_0^\infty \dfrac{x^2}{\cosh ax}\mathrm{d}x = \dfrac{\pi^3}{8a^3}$ $(a > 0)$

909. $\int_0^\infty \dfrac{x^m}{\cosh ax}\mathrm{d}x = \dfrac{2^{m+1}m!}{2^m a^{m+1}}\sum_{k=1}^\infty \dfrac{(-1)^{k+1}}{(2k-1)^{m+1}}$ $(a > 0)$

910. $\int_0^\infty \dfrac{\mathrm{d}x}{a + \sinh bx} = \dfrac{1}{b\sqrt{1+a^2}}\ln\dfrac{1 + a + \sqrt{1+a^2}}{1 + a - \sqrt{1+a^2}}$ $(1 + a > \sqrt{1+a^2})$

911. $\int_0^\infty \dfrac{\mathrm{d}x}{a + \cosh bx} = \dfrac{1}{b\sqrt{a^2-1}}\ln\dfrac{1 + a + \sqrt{a^2-1}}{1 + a - \sqrt{a^2-1}}$ $(a^2 > 1)$

912. $\int_0^\infty \dfrac{\mathrm{d}x}{a\sinh cx + b\cosh cx} = \dfrac{1}{c\sqrt{a^2-b^2}}\ln\dfrac{a + b + \sqrt{a^2-b^2}}{a + b - \sqrt{a^2-b^2}}$ $(a^2 > b^2)$

913. $\int_0^\infty \dfrac{\mathrm{d}x}{a\sinh x + b\cosh x} = \begin{cases} \dfrac{2}{\sqrt{b^2-a^2}}\arctan\dfrac{\sqrt{b^2-a^2}}{a+b} & (b^2 > a^2) \\[3mm] \dfrac{1}{\sqrt{a^2-b^2}}\ln\dfrac{a + b + \sqrt{a^2-b^2}}{a + b - \sqrt{a^2-b^2}} & (a^2 > b^2) \end{cases}$

914. $\int_0^\infty \dfrac{\mathrm{d}x}{(1+x^2)\cosh \pi x} = 2 - \dfrac{\pi}{2}$

915. $\int_0^\infty \dfrac{\mathrm{d}x}{(1+x^2)\cosh\dfrac{\pi x}{2}} = \ln 2$

916. $\int_0^\infty \dfrac{x}{(1+x^2)\sinh \pi x}\mathrm{d}x = \ln 2 - \dfrac{1}{2}$

917. $\int_0^\infty \dfrac{x}{(1+x^2)\sinh\dfrac{\pi x}{2}}\mathrm{d}x = \dfrac{\pi}{2} - 1$

918. $\int_0^\infty \left(\dfrac{1}{\sinh x} - \dfrac{1}{x}\right)\dfrac{\mathrm{d}x}{x} = -\ln 2$

919. $\int_0^\infty \dfrac{\sinh ax}{\sinh bx}\mathrm{d}x = \dfrac{\pi}{2b}\tan\dfrac{a\pi}{2|b|}$ $(b \neq 0)$

920. $\int_0^\infty \dfrac{\cosh ax}{\cosh bx}\mathrm{d}x = \dfrac{\pi}{2b}\sec\dfrac{a\pi}{2b}$ $(b \neq 0)$

921. $\int_0^\infty \dfrac{\cosh 2ax}{\cosh^{2q}bx}\mathrm{d}x = \dfrac{4^{q-1}}{b}\mathrm{B}\left(q + \dfrac{a}{b}, q - \dfrac{a}{b}\right)$ $[\mathrm{Re}(q \pm a) > 0, a > 0, b > 0]$

[这里，$\mathrm{B}(p,q)$ 为贝塔函数（见附录），以下同]

922. $\int_0^\infty \dfrac{\sinh^p x}{\cosh^q x}\mathrm{d}x = \dfrac{1}{2}\mathrm{B}\left(\dfrac{p+1}{2}, \dfrac{q-p}{2}\right)$ $[\mathrm{Re}\, p > -1, \mathrm{Re}\,(p-q) < 0]$

923. $\int_0^\infty x\dfrac{\sinh ax}{\cosh bx}\mathrm{d}x = \dfrac{\pi^2}{4b^2}\sin\dfrac{a\pi}{2b}\sec^2\dfrac{a\pi}{2b}$ $(b > |a|)$

924. $\int_0^\infty x^{2m+1}\dfrac{\sinh ax}{\cosh bx}\mathrm{d}x = \dfrac{\pi}{2b}\cdot\dfrac{\mathrm{d}^{2m+1}}{\mathrm{d}a^{2m+1}}\sec\dfrac{a\pi}{2b}$ $(b > |a|)$

925. $\int_0^\infty x\,\dfrac{\cosh ax}{\sinh bx}\mathrm{d}x = \left(\dfrac{\pi}{2b}\sec\dfrac{a\pi}{2b}\right)^2$ $(b>|\,a\,|)$

926. $\int_0^\infty x^{2m+1}\dfrac{\cosh ax}{\sinh bx}\mathrm{d}x = \dfrac{\pi}{2b}\cdot\dfrac{\mathrm{d}^{2m+1}}{\mathrm{d}a^{2m+1}}\tan\dfrac{a\pi}{2b}$ $(b>|\,a\,|)$

927. $\int_0^\infty x^2\dfrac{\sinh ax}{\sinh bx}\mathrm{d}x = \dfrac{\pi^3}{4b^3}\sin\dfrac{a\pi}{2b}\sec^3\dfrac{a\pi}{2b}$ $(b>|\,a\,|)$

928. $\int_0^\infty x^{2m}\dfrac{\sinh ax}{\sinh bx}\mathrm{d}x = \dfrac{\pi}{2b}\cdot\dfrac{\mathrm{d}^{2m}}{\mathrm{d}a^{2m}}\tan\dfrac{a\pi}{2b}$ $(b>|\,a\,|)$

929. $\int_0^\infty x^2\dfrac{\cosh ax}{\cosh bx}\mathrm{d}x = \dfrac{\pi^3}{8b^3}\left(2\sec^3\dfrac{a\pi}{2b} - \sec\dfrac{a\pi}{2b}\right)$ $(b>|\,a\,|)$

930. $\int_0^\infty x^{2m}\dfrac{\cosh ax}{\cosh bx}\mathrm{d}x = \dfrac{\pi}{2b}\cdot\dfrac{\mathrm{d}^{2m}}{\mathrm{d}a^{2m}}\sec\dfrac{a\pi}{2b}$ $(b>|\,a\,|)$

931. $\int_0^\infty \dfrac{\sinh ax}{\sinh\pi x}\cdot\dfrac{\mathrm{d}x}{1+x^2} = -\dfrac{a}{2}\cos a + \dfrac{1}{2}\sin a\ln[2(1+\cos a)]$ $(|\,a\,|\leqslant\pi)$

932. $\int_0^\infty \dfrac{\sinh ax}{\cosh\pi x}\cdot\dfrac{x\,\mathrm{d}x}{1+x^2} = -2\sin\dfrac{a}{2} + \dfrac{\pi}{2}\sin a - \cos a\ln\left(\tan\dfrac{a+\pi}{4}\right)$ $(|\,a\,|<\pi)$

933. $\int_0^\infty \dfrac{\cosh ax}{\sinh\pi x}\cdot\dfrac{x\,\mathrm{d}x}{1+x^2} = \dfrac{1}{2}(a\sin a - 1) + \dfrac{1}{2}\cos a\ln[2(1+\cos a)]$ $(|\,a\,|<\pi)$

934. $\int_0^\infty \dfrac{\cosh ax}{\cosh\pi x}\cdot\dfrac{\mathrm{d}x}{1+x^2} = 2\cos\dfrac{a}{2} - \dfrac{\pi}{2}\cos a - \sin a\ln\left(\tan\dfrac{a+\pi}{4}\right)$ $(|\,a\,|<\pi)$

935. $\int_0^\infty \dfrac{\sinh ax}{\cosh bx}\cdot\dfrac{\mathrm{d}x}{x} = \ln\left[\tan\left(\dfrac{a\pi}{4b}+\dfrac{\pi}{4}\right)\right]$ $(b>|\,a\,|)$

936. $\int_0^\infty \dfrac{\sinh^2 ax}{\sinh bx}\cdot\dfrac{\mathrm{d}x}{x} = \dfrac{1}{2}\ln\left(\sec\dfrac{a\pi}{b}\right)$ $(b>|\,2a\,|)$

937. $\int_0^\infty \dfrac{x}{\cosh^2 ax}\mathrm{d}x = \dfrac{\ln 2}{a^2}$ $(a\neq 0)$

938. $\int_{-\infty}^\infty \dfrac{x^2}{\sinh^2 x}\mathrm{d}x = \dfrac{\pi^2}{3}$

939. $\int_0^\infty x\,\dfrac{\sinh ax}{\cosh^2 ax}\mathrm{d}x = \dfrac{\pi}{2a^2}$ $(a>0)$

940. $\int_0^\infty x^2\dfrac{\cosh ax}{\sinh^2 ax}\mathrm{d}x = \dfrac{\pi^2}{2a^3}$ $(a>0)$

941. $\int_0^\infty x^2\dfrac{\sinh ax}{\cosh^2 ax}\mathrm{d}x = \dfrac{\ln 2}{2a^3}$ $(a\neq 0)$

942. $\int_0^\infty \dfrac{\tan\dfrac{x}{2}}{\cosh x}\dfrac{\mathrm{d}x}{x} = \ln 2$

943. $\int_0^\infty \left(\dfrac{1}{\sinh x} - \dfrac{1}{x}\right)\dfrac{\mathrm{d}x}{x} = -\ln 2$

944. $\int_{-\infty}^\infty \left(1 - \dfrac{\sqrt{2}\cosh x}{\sqrt{\cosh 2x}}\right)\mathrm{d}x = -\ln 2$

945. $\displaystyle\int_0^\infty \frac{\sin ax}{\sinh bx}\mathrm{d}x = \frac{\pi}{2b}\tanh\frac{a\pi}{2\mid b\mid}$ $(b\neq 0)$

946. $\displaystyle\int_0^\infty \frac{\cos ax}{\cosh bx}\mathrm{d}x = \frac{\pi}{2b}\operatorname{sech}\frac{a\pi}{2b}$ $(b\neq 0)$

947. $\displaystyle\int_0^\infty \frac{x\sin ax}{\cosh bx}\mathrm{d}x = \frac{\pi^2}{(2b)^2}\frac{\tanh\dfrac{a\pi}{2b}}{\cosh\dfrac{a\pi}{2b}}$ $(b\neq 0)$

948. $\displaystyle\int_0^\infty \frac{x\cos ax}{\sinh bx}\mathrm{d}x = \frac{\pi^2}{(2b)^2}\operatorname{sech}^2\frac{a\pi}{2b}$ $(b\neq 0)$

949. $\displaystyle\int_0^\infty \frac{\mathrm{d}x}{\cosh ax+\cos t} = \frac{t}{a}\csc t$ $(a>0,\ 0<t<\pi)$

Ⅱ.1.4.2   双曲函数与指数函数组合的积分

950. $\displaystyle\int_0^\infty \mathrm{e}^{-px}\sinh^q rx\,\mathrm{d}x = \frac{1}{2^{q+1}r}\mathrm{B}\Big(\frac{p}{2r}-\frac{q}{2},q+1\Big)$

$(\operatorname{Re}r>0,\ \operatorname{Re}q>0,\ \operatorname{Re}p>\operatorname{Re}qr)$

［这里，$\mathrm{B}(p,q)$为贝塔函数（见附录）］

951. $\displaystyle\int_0^\infty \mathrm{e}^{-ax}\sinh bx\,\mathrm{d}x = \frac{b}{a^2-b^2}$ $(\mid b\mid<a)$

952. $\displaystyle\int_0^\infty \mathrm{e}^{-ax}\cosh bx\,\mathrm{d}x = \frac{a}{a^2-b^2}$ $(\mid b\mid<a)$

953. $\displaystyle\int_0^\infty \mathrm{e}^{-px^2}\sinh ax\,\mathrm{d}x = \frac{1}{2}\sqrt{\frac{\pi}{p}}\exp\Big(\frac{a^2}{4p}\Big)\Phi\Big(\frac{a}{2\sqrt{p}}\Big)$ $(\operatorname{Re}p>0)$

［这里，$\Phi(x)$为概率积分（见附录）］

954. $\displaystyle\int_0^\infty \mathrm{e}^{-px^2}\cosh ax\,\mathrm{d}x = \frac{1}{2}\sqrt{\frac{\pi}{p}}\exp\Big(\frac{a^2}{4p}\Big)$ $(\operatorname{Re}p>0)$

955. $\displaystyle\int_0^\infty \mathrm{e}^{-px^2}\sinh^2 ax\,\mathrm{d}x = \frac{1}{4}\sqrt{\frac{\pi}{p}}\Big[\exp\Big(\frac{a^2}{p}\Big)-1\Big]$ $(\operatorname{Re}p>0)$

956. $\displaystyle\int_0^\infty \mathrm{e}^{-px^2}\cosh^2 ax\,\mathrm{d}x = \frac{1}{4}\sqrt{\frac{\pi}{p}}\Big[\exp\Big(\frac{a^2}{p}\Big)+1\Big]$ $(\operatorname{Re}p>0)$

957. $\displaystyle\int_{-\infty}^\infty \mathrm{e}^{-px}\frac{\sinh px}{\sinh qx}\mathrm{d}x = \frac{\pi}{2q}\tan\frac{p\pi}{q}$ $(\operatorname{Re}q>2\mid\operatorname{Re}p\mid)$

958. $\displaystyle\int_0^\infty \mathrm{e}^{-qx}\frac{\sinh px}{\sinh qx}\mathrm{d}x = \frac{1}{p}-\frac{\pi}{2q}\cot\frac{p\pi}{2q}$ $(0<p<2q)$

959. $\displaystyle\int_0^\infty \frac{\sinh ax}{\mathrm{e}^{bx}+1}\mathrm{d}x = \frac{\pi}{2b}\csc\frac{a\pi}{b}-\frac{1}{2a}$ $(b>0)$

960. $\displaystyle\int_0^\infty \frac{\sinh ax}{\mathrm{e}^{bx}-1}\mathrm{d}x = \frac{1}{2a}-\frac{\pi}{2b}\cot\frac{a\pi}{b}$ $(b>0)$

Ⅱ.1.4.3 反双曲函数的积分

961. $\displaystyle\int_0^1 \mathrm{arsinh}\, x\, \mathrm{d}x = 1 - \sqrt{2} + \ln(1 + \sqrt{2})$

962. $\displaystyle\int_1^\infty \mathrm{arcosh}\, x\, \mathrm{d}x = \infty$

963. $\displaystyle\int_0^1 \frac{\mathrm{arsinh}\, x}{x}\mathrm{d}x = \sum_{n=0}^\infty \binom{-\frac{1}{2}}{n}\frac{1}{(2n+1)^2}$

964. $\displaystyle\int_1^\infty \frac{\mathrm{arcosh}\, x}{x}\mathrm{d}x = \mp\infty$

965. $\displaystyle\int_0^1 \frac{\mathrm{arsinh}\, x}{\sqrt{x^2+1}}\mathrm{d}x = \frac{1}{2}\big[\ln(1+\sqrt{2})\big]^2$

966. $\displaystyle\int_0^1 \frac{x\,\mathrm{arsinh}\, x}{\sqrt{x^2+1}}\mathrm{d}x = \sqrt{2}\ln(1+\sqrt{2}) - 1$

967. $\displaystyle\int_0^\infty \frac{\mathrm{arsinh}\, x}{x^2+1}\mathrm{d}x = 2G$

〔这里，G 为卡塔兰常数（见附录），以下同〕

968. $\displaystyle\int_1^\infty \frac{\mathrm{arcosh}\, x}{x^2-1}\mathrm{d}x = \frac{\pi^2}{4}$

969. $\displaystyle\int_0^\infty \frac{\mathrm{arsinh}\, x}{x^{p+1}}\mathrm{d}x = \frac{1}{2p\sqrt{\pi}}\Gamma\Big(\frac{p}{2}\Big)\Gamma\Big(\frac{1-p}{2}\Big) \quad (0 < p < 1)$

〔这里，$\Gamma(z)$ 为伽马函数（见附录），以下同〕

970. $\displaystyle\int_1^\infty \frac{\mathrm{arcosh}\, x}{x^{p+1}}\mathrm{d}x = \frac{\sqrt{\pi}}{2p}\frac{\Gamma\Big(\dfrac{p}{2}\Big)}{\Gamma\Big(\dfrac{p+1}{2}\Big)} \quad (p > 0)$

971. $\displaystyle\int_1^\infty \frac{\mathrm{arcosh}\, x}{x^{2n}}\mathrm{d}x = \frac{(2n-1)!!}{2^n(2n-1)^2(n-1)!} \quad (n = 1,2,\cdots)$

972. $\displaystyle\int_1^\infty \frac{\mathrm{arcosh}\, x}{x^{2n+1}}\mathrm{d}x = \frac{2^{n-2}(n-1)!}{n(2n-1)!!} \quad (n = 1,2,\cdots)$

973. $\displaystyle\int_0^a \mathrm{artanh}\,\frac{x}{a}\mathrm{d}x = a\ln 2$

974. $\displaystyle\int_0^a \Big(\mathrm{artanh}\,\frac{x}{a}\Big)^p \mathrm{d}x = 2^{1-p}\Gamma(p+1)\sum_{n=1}^\infty \frac{(-1)^{n-1}}{n^p} \quad (p > 0)$

975. $\displaystyle\int_0^a x\,\mathrm{artanh}\,\frac{x}{a}\mathrm{d}x = \frac{a^2}{2}$

976. $\displaystyle\int_0^a \mathrm{artanh}\,\frac{x}{a}\frac{\mathrm{d}x}{x} = \frac{\pi^2}{8}$

977. $\displaystyle\int_a^\infty \operatorname{arcoth}\frac{x}{a}\frac{\mathrm{d}x}{x} = \frac{\pi^2}{8}$ $(a>0)$

978. $\displaystyle\int_0^a \operatorname{artanh}\frac{x}{a}\frac{\mathrm{d}x}{x^2} = \infty$

979. $\displaystyle\int_a^\infty \operatorname{arcoth}\frac{x}{a}\frac{\mathrm{d}x}{x^2} = \frac{1}{a}\ln 2$ $(a>0)$

980. $\displaystyle\int_0^a \operatorname{artanh}\frac{x}{a}\frac{\mathrm{d}x}{\sqrt{a^2-x^2}} = 2G$

981. $\displaystyle\int_a^\infty \operatorname{arcoth}\frac{x}{a}\frac{\mathrm{d}x}{\sqrt{a^2-x^2}} = \frac{\pi^2}{4}$ $(a>0)$

Ⅱ.1.5 重积分

Ⅱ.1.5.1 积分次序和积分变量交换的积分

982. $\displaystyle\int_0^a \mathrm{d}x\int_0^x f(x,y)\mathrm{d}y = \int_0^a \mathrm{d}y\int_y^a f(x,y)\mathrm{d}x$

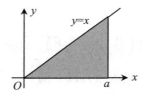

983. $\displaystyle\int_0^R \mathrm{d}x\int_0^{\sqrt{R^2-x^2}} f(x,y)\mathrm{d}y = \int_0^R \mathrm{d}y\int_0^{\sqrt{R^2-y^2}} f(x,y)\mathrm{d}x$

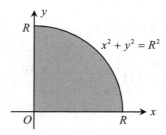

984. $\displaystyle\int_0^{2p} \mathrm{d}x\int_0^{\frac{q}{p}\sqrt{2px-x^2}} f(x,y)\mathrm{d}y = \int_0^q \mathrm{d}y\int_{p\left[1-\sqrt{1-\left(\frac{y}{q}\right)^2}\right]}^{p\left[1+\sqrt{1-\left(\frac{y}{q}\right)^2}\right]} f(x,y)\mathrm{d}x$

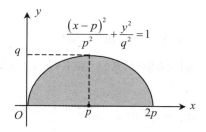

Ⅱ.1.5.2　具有常数积分限的二重积分和三重积分

985. $\displaystyle\int_0^{\frac{\pi}{2}}\int_0^{\frac{\pi}{2}}\frac{\sin y\sqrt{1-k^2\sin^2 x\sin^2 y}}{1-k^2\sin^2 y}\mathrm{d}x\mathrm{d}y=\frac{\pi}{2\sqrt{1-k^2}}$

986. $\displaystyle\int_0^{\frac{\pi}{2}}\int_0^{\frac{\pi}{2}}\frac{\cos y\sqrt{1-k^2\sin^2 x\sin^2 y}}{1-k^2\sin^2 y}\mathrm{d}x\mathrm{d}y=\mathrm{K}(k)$

　〔这里，$\mathrm{K}(k)$ 为第一类完全椭圆积分（见附录），以下同〕

987. $\displaystyle\int_0^{\frac{\pi}{2}}\int_0^{\frac{\pi}{2}}\frac{\sin\alpha\sin y}{\sqrt{1-\sin^2\alpha\sin^2 x\sin^2 y}}\mathrm{d}x\mathrm{d}y=\frac{\alpha\pi}{2}$

988. $\displaystyle\int_0^{\pi}\int_0^{\pi}\int_0^{\pi}\frac{\mathrm{d}x\mathrm{d}y\mathrm{d}z}{1-\cos x\cos y\cos z}=4\pi\left[\mathrm{K}\left(\frac{\sqrt{2}}{2}\right)\right]^2$

989. $\displaystyle\int_0^{\pi}\int_0^{\pi}\int_0^{\pi}\frac{\mathrm{d}x\mathrm{d}y\mathrm{d}z}{3-\cos y\cos z-\cos x\cos z-\cos x\cos y}=\sqrt{3}\pi\left[\mathrm{K}\left(\sin\frac{\pi}{12}\right)\right]^2$

990. $\displaystyle\int_0^{\pi}\int_0^{\pi}\int_0^{\pi}\frac{\mathrm{d}x\mathrm{d}y\mathrm{d}z}{3-\cos x-\cos y-\cos z}$

$$=4\pi\left[18+12\sqrt{2}-10\sqrt{3}-7\sqrt{6}\right]\{\mathrm{K}[(2-\sqrt{3})(\sqrt{3}-\sqrt{2})]\}^2$$

Ⅱ.2　特殊函数的定积分

Ⅱ.2.1　椭圆函数的定积分

Ⅱ.2.1.1　椭圆积分的积分

　　这里，使用记号 $k'=\sqrt{1-k^2}$，并且 $k^2<1$，其中 k 称为模数，而 k' 称为

补模数.

1. $\int_0^{\frac{\pi}{2}} F(k,x)\cot x\,\mathrm{d}x = \frac{\pi}{4}K(k') + \frac{1}{2}\ln k \cdot K(k)$

[这里，$F(k,x)$为第一类椭圆积分，$K(k)$和$K(k')$为第一类完全椭圆积分（见附录），以下同]

2. $\int_0^{\frac{\pi}{2}} F(k,x)\frac{\sin x\cos x}{1+k\sin^2 x}\,\mathrm{d}x = \frac{1}{4k}K(k)\ln\frac{(1+k)\sqrt{k}}{2} + \frac{\pi}{16k}K(k')$

3. $\int_0^{\frac{\pi}{2}} F(k,x)\frac{\sin x\cos x}{1-k\sin^2 x}\,\mathrm{d}x = \frac{1}{4k}K(k)\ln\frac{2}{(1-k)\sqrt{k}} - \frac{\pi}{16k}K(k')$

4. $\int_0^{\frac{\pi}{2}} F(k,x)\frac{\sin x\cos x}{1-k^2\sin^2 x}\,\mathrm{d}x = -\frac{1}{2k^2}\ln k' \cdot K(k)$

5. $\int_0^{\frac{\pi}{2}} E(k,x)\frac{\sin x\cos x}{1-k^2\sin^2 x}\,\mathrm{d}x = \frac{1}{2k^2}\left[(1+k'^2)K(k) - (2+\ln k')E(k)\right]$

[这里，$E(k,x)$为第二类椭圆积分，$E(k)$为第二类完全椭圆积分（见附录），以下同]

6. $\int_0^{\frac{\pi}{2}} E(k,x)\frac{\mathrm{d}x}{\sqrt{1-k^2\sin^2 x}} = \frac{1}{2}\left[E(k)K(k) - \ln k'\right]$

7. $\int_0^{\frac{\pi}{2}} E(k,\sin x)\frac{\sin x}{\sqrt{1-k^2\sin^2 x}}\,\mathrm{d}x = \frac{\pi}{2k'}$

Ⅱ.2.1.2　椭圆积分相对于模数的积分

8. $\int_0^1 F(k,x)k\,\mathrm{d}k = \frac{1-\cos x}{\sin x} = \tan\frac{x}{2}$

9. $\int_0^1 E(k,x)k\,\mathrm{d}k = \frac{\sin^2 x + 1 - \cos x}{3\sin x}$

10. $\int_0^1 \Pi(r^2,k,x)k\,\mathrm{d}k = \tan\frac{x}{2} - r\ln\sqrt{\frac{1+r\sin x}{1-r\sin x}} - r^2\Pi(r^2,0,x)$

[这里，$\Pi(h,k,\varphi)$为第三类椭圆积分（见附录）]

Ⅱ.2.1.3　完全椭圆积分相对于模数的积分

11. $\int_0^1 K(k)\mathrm{d}k = 2G$

[这里，G为卡塔兰常数（见附录），以下同]

12. $\int_0^1 K(k')\mathrm{d}k = \frac{\pi^2}{4}$

13. $\int_0^1 \frac{1}{k}\left[K(k) - \frac{\pi}{2}\right]\mathrm{d}k = \pi\ln 2 - 2G$

14. $\int_0^1 \dfrac{\mathrm{K}(k)}{k'}\mathrm{d}k = \left[\mathrm{K}\!\left(\dfrac{\sqrt{2}}{2}\right)\right]^2 = \dfrac{1}{16\pi}\left[\Gamma\!\left(\dfrac{1}{4}\right)\right]^4$

［这里，$\Gamma(z)$ 为伽马函数（见附录）］

15. $\int_0^1 \dfrac{\mathrm{K}(k)}{1+k}\mathrm{d}k = \dfrac{\pi^2}{8}$

16. $\int_0^1 \mathrm{E}(k)\mathrm{d}k = \dfrac{1}{2} + G$

17. $\int_0^1 \mathrm{E}(k')\mathrm{d}k = \dfrac{\pi^2}{8}$

18. $\int_0^1 \dfrac{1}{k}\left[\mathrm{E}(k) - \dfrac{\pi}{2}\right]\mathrm{d}k = \pi\ln2 - 2G + 1 - \dfrac{\pi}{2}$

Ⅱ.2.2 指数积分、正弦积分等函数的定积分

Ⅱ.2.2.1 指数积分的积分

19. $\int_0^p \mathrm{Ei}(ax)\mathrm{d}x = p\mathrm{Ei}(ap) + \dfrac{1 - \mathrm{e}^{ap}}{a}$

［这里，$\mathrm{Ei}(x)$ 为指数积分（见附录），以下同］

20. $\int_0^\infty \mathrm{Ei}(-px)x^{q-1}\mathrm{d}x = -\dfrac{\Gamma(q)}{qp^q}$ （Re $p \geqslant 0$, Re $q > 0$）

［这里，$\Gamma(z)$ 为伽马函数（见附录），以下同］

21. $\int_0^\infty \mathrm{Ei}(px)\mathrm{e}^{-qx}\mathrm{d}x = -\dfrac{1}{q}\ln\!\left(\dfrac{q}{p} - 1\right)$ （$p > 0$, Re $q > 0$, $q > p$）

22. $\int_0^\infty \mathrm{Ei}(-px)\mathrm{e}^{-qx}\mathrm{d}x = -\dfrac{1}{q}\ln\!\left(1 + \dfrac{q}{p}\right)$ ［Re $(p + q) \geqslant 0$, $q > 0$］

23. $\int_0^\infty \mathrm{Ei}(-x)\mathrm{e}^{-px}\mathrm{d}x = \dfrac{1}{p(p+1)} - \dfrac{1}{p^2}\ln(1 + p)$ （Re $p > 0$）

24. $\int_0^\infty \mathrm{Ei}(-x)\mathrm{e}^x x^{\nu-1}\mathrm{d}x = -\dfrac{\pi\Gamma(\nu)}{\sin\nu\pi}$ （$0 < \mathrm{Re}\ \nu < 1$）

25. $\int_0^\infty \mathrm{Ei}(-ax)\sin bx\,\mathrm{d}x = -\dfrac{1}{2b}\ln\!\left(1 + \dfrac{b^2}{a^2}\right)$ （$a > 0$, $b > 0$）

26. $\int_0^\infty \mathrm{Ei}(-ax)\cos bx\,\mathrm{d}x = -\dfrac{1}{b}\arctan\dfrac{b}{a}$ （$a > 0$, $b > 0$）

27. $\int_0^\infty \mathrm{Ei}(-x)\mathrm{e}^{-ax}\sin bx\,\mathrm{d}x = -\dfrac{1}{a^2 + b^2}\left\{\dfrac{b}{2}\ln\!\left[(1 + a^2) + b^2\right] - a\arctan\dfrac{b}{1 + a}\right\}$

（Re $a > |\,\mathrm{Im}\ b\,|$）

28. $\int_0^\infty \mathrm{Ei}(-x)\mathrm{e}^{-ax}\cos bx\,\mathrm{d}x = -\dfrac{1}{a^2+b^2}\left\{\dfrac{a}{2}\ln\left[(1+a^2)+b^2\right]+b\arctan\dfrac{b}{1+a}\right\}$

$(\mathrm{Re}\,a > |\,\mathrm{Im}\,b\,|)$

29. $\int_0^\infty \mathrm{Ei}(-x)\ln x\,\mathrm{d}x = 1+\gamma$

〔这里,γ 为欧拉常数(见附录)〕

Ⅱ.2.2.2　对数积分的积分

30. $\int_0^1 \mathrm{li}(x)\mathrm{d}x = -\ln 2$

〔这里,$\mathrm{li}(x)$ 为对数积分(见附录),以下同〕

31. $\int_0^1 \mathrm{li}(x)x^{p-1}\mathrm{d}x = -\dfrac{1}{p}\ln(p+1)\quad(p>-1)$

32. $\int_0^1 \dfrac{\mathrm{li}(x)}{x^{q+1}}\mathrm{d}x = \dfrac{1}{q}\ln(1-q)\quad(q<1)$

33. $\int_1^\infty \dfrac{\mathrm{li}(x)}{x^{q+1}}\mathrm{d}x = -\dfrac{1}{q}\ln(q-1)\quad(q>1)$

Ⅱ.2.2.3　正弦积分和余弦积分函数的积分

34. $\int_0^p \mathrm{si}(\alpha x)\mathrm{d}x = p\,\mathrm{si}(p\alpha)+\dfrac{\cos p\alpha-1}{\alpha}$

〔这里,$\mathrm{si}(z)$ 为正弦积分(见附录),以下同〕

35. $\int_0^p \mathrm{ci}(\alpha x)\mathrm{d}x = p\,\mathrm{ci}(p\alpha)-\dfrac{\sin p\alpha}{\alpha}$

〔这里,$\mathrm{ci}(z)$ 为余弦积分(见附录),以下同〕

36. $\int_0^\infty \dfrac{\mathrm{ci}(ax)}{b+x}\mathrm{d}x = -\dfrac{1}{2}\{[\mathrm{si}(ab)]^2+[\mathrm{ci}(ab)]^2\}\quad(a>0,\,|\arg b|<\pi)$

37. $\int_{-\infty}^\infty \dfrac{\mathrm{si}(a\,|\,x\,|)}{x-b}\mathrm{sgn}x\,\mathrm{d}x = \pi\,\mathrm{ci}(a\,|\,b\,|)\quad(a>0,\,b>0)$

38. $\int_{-\infty}^\infty \dfrac{\mathrm{ci}(a\,|\,x\,|)}{x-b}\mathrm{d}x = -\pi\cdot\mathrm{sgn}b\cdot\mathrm{si}(a\,|\,b\,|)\quad(a>0)$

39. $\int_0^\infty \mathrm{si}(px)\dfrac{x}{q^2+x^2}\mathrm{d}x = \dfrac{\pi}{2}\mathrm{Ei}(-pq)\quad(p>0,\,q>0)$

〔这里,$\mathrm{Ei}(x)$ 为指数积分(见附录),以下同〕

40. $\int_0^\infty \mathrm{ci}(px)\dfrac{\mathrm{d}x}{q^2+x^2} = \dfrac{\pi}{2q}\mathrm{Ei}(-pq)\quad(p>0,\,q>0)$

41. $\int_0^\infty \mathrm{si}(px)\dfrac{x}{q^2-x^2}\mathrm{d}x = -\dfrac{\pi}{2}\mathrm{ci}(pq)\quad(p>0,\,q>0)$

42. $\displaystyle\int_0^\infty \mathrm{ci}(px)\,\frac{\mathrm{d}x}{q^2-x^2} = \frac{\pi}{2q}\mathrm{si}(pq)$ $(p>0,\ q>0)$

43. $\displaystyle\int_0^\infty \mathrm{si}(px)x^{q-1}\mathrm{d}x = -\frac{\Gamma(q)}{qp^q}\sin\frac{q\pi}{2}$ $(0<\mathrm{Re}\ q<1,\ p>0)$

［这里，$\Gamma(z)$ 为伽马函数（见附录），以下同］

44. $\displaystyle\int_0^\infty \mathrm{ci}(px)x^{q-1}\mathrm{d}x = -\frac{\Gamma(q)}{qp^q}\cos\frac{q\pi}{2}$ $(0<\mathrm{Re}\ q<1,\ p>0)$

45. $\displaystyle\int_0^\infty \mathrm{si}(px)\mathrm{e}^{-qx}\mathrm{d}x = -\frac{1}{q}\arctan\frac{q}{p}$ $(\mathrm{Re}\ q>0)$

46. $\displaystyle\int_0^\infty \mathrm{ci}(px)\mathrm{e}^{-qx}\mathrm{d}x = -\frac{1}{q}\ln\sqrt{1+\frac{q^2}{p^2}}$ $(\mathrm{Re}\ q>0)$

47. $\displaystyle\int_0^\infty \mathrm{si}(x)\mathrm{e}^{-qx^2}x\,\mathrm{d}x = \frac{\pi}{4q}\left[1-\Phi\left(\frac{1}{2\sqrt{q}}\right)\right]$ $(\mathrm{Re}\ q>0)$

［这里，$\Phi(x)$ 为概率积分（见附录）］

48. $\displaystyle\int_0^\infty \mathrm{ci}(x)\mathrm{e}^{-qx^2}x\,\mathrm{d}x = \frac{1}{4}\sqrt{\frac{\pi}{q}}\mathrm{Ei}\left(-\frac{1}{4q}\right)$ $(\mathrm{Re}\ q>0)$

49. $\displaystyle\int_0^\infty \sin px\,\mathrm{si}(qx)\mathrm{d}x = \begin{cases} -\dfrac{\pi}{2p} & (p^2>q^2) \\[2mm] -\dfrac{\pi}{4p} & (p^2=q^2) \\[2mm] 0 & (p^2<q^2) \end{cases}$

50. $\displaystyle\int_0^\infty \cos px\,\mathrm{si}(qx)\mathrm{d}x = \begin{cases} -\dfrac{1}{4p}\ln\left(\dfrac{p+q}{p-q}\right)^2 & (p\neq 0,\ p^2\neq q^2) \\[2mm] \dfrac{1}{q} & (p=0) \end{cases}$

51. $\displaystyle\int_0^\infty \sin px\,\mathrm{ci}(qx)\mathrm{d}x = \begin{cases} -\dfrac{1}{4p}\ln\left(\dfrac{p^2}{q^2}-1\right)^2 & (p\neq 0,\ p^2\neq q^2) \\[2mm] 0 & (p=0) \end{cases}$

52. $\displaystyle\int_0^\infty \cos px\,\mathrm{ci}(qx)\mathrm{d}x = \begin{cases} -\dfrac{\pi}{2p} & (p^2>q^2) \\[2mm] -\dfrac{\pi}{4p} & (p^2=q^2) \\[2mm] 0 & (p^2<q^2) \end{cases}$

53. $\displaystyle\int_0^\infty \mathrm{si}(x)\ln x\,\mathrm{d}x = 1+\gamma$

［这里，γ 为欧拉常数（见附录）］

54. $\displaystyle\int_0^\infty \mathrm{ci}(x)\ln x\,\mathrm{d}x = \frac{\pi}{2}$

Ⅱ.2.2.4 概率积分函数的积分

55. $\int_0^p \Phi(ax)\mathrm{d}x = p\Phi(ap) + \dfrac{\mathrm{e}^{-a^2p^2}-1}{a\sqrt{\pi}}$

［这里，$\Phi(x)$ 为概率积分（见附录），以下同］

56. $\int_0^\infty \Phi(qx)\mathrm{e}^{-px}\mathrm{d}x = \dfrac{1}{p}\Big[1 - \Phi\Big(\dfrac{p}{2q}\Big)\Big]\exp\Big(\dfrac{p^2}{4q^2}\Big) \quad \Big(\mathrm{Re}\, p > 0,\ |\arg q| < \dfrac{\pi}{4}\Big)$

57. $\int_0^\infty \Phi(qx)\mathrm{e}^{-px^2}x\mathrm{d}x = \dfrac{q}{2p\sqrt{p+q^2}} \quad (\mathrm{Re}\, p > 0,\ \mathrm{Re}\, p > -\mathrm{Re}\, q^2)$

58. $\int_0^\infty \Phi(qx)\mathrm{e}^{(q^2-p^2)x^2}x\mathrm{d}x = \dfrac{q}{2p(p^2-q^2)} \quad \Big(\mathrm{Re}\, p^2 > \mathrm{Re}\, q^2,\ |\arg p| < \dfrac{\pi}{4}\Big)$

59. $\int_0^\infty \Phi(\mathrm{i}qx)\mathrm{e}^{-px^2}x\mathrm{d}x = \dfrac{\mathrm{i}q}{2p\sqrt{p-q^2}} \quad (q > 0,\ \mathrm{Re}\, p > \mathrm{Re}\, q^2)$

60. $\int_0^\infty \Phi(\mathrm{i}x)\mathrm{e}^{-px-x^2}x\mathrm{d}x = \dfrac{\mathrm{i}}{\sqrt{\pi}}\Big[\dfrac{1}{p} + \dfrac{p}{4}\mathrm{Ei}\Big(-\dfrac{p^2}{4}\Big)\Big] \quad (\mathrm{Re}\, p > 0)$

［这里，$\mathrm{Ei}(x)$ 为指数积分（见附录），以下同］

61. $\int_0^\infty \Phi(\mathrm{i}ax)\mathrm{e}^{-a^2x^2-bx}\mathrm{d}x = -\dfrac{1}{2a\mathrm{i}\sqrt{\pi}}\exp\Big(\dfrac{b^2}{4a^2}\Big)\mathrm{Ei}\Big(-\dfrac{b^2}{4a^2}\Big)$

$\Big(\mathrm{Re}\, b > 0,\ |\arg a| < \dfrac{\pi}{4}\Big)$

62. $\int_0^\infty \Phi(x)\mathrm{e}^{-px^2}\dfrac{\mathrm{d}x}{x} = \dfrac{1}{2}\ln\dfrac{\sqrt{p+1}+1}{\sqrt{p+1}-1} = \mathrm{arcoth}\sqrt{p+1} \quad (\mathrm{Re}\, p > 0)$

63. $\int_0^\infty \Phi(ax)\sin bx^2\mathrm{d}x = \dfrac{1}{4\sqrt{2\pi b}}\Big(\ln\dfrac{a^2 + a\sqrt{2b} + b}{a^2 - a\sqrt{2b} + b} + 2\arctan\dfrac{a\sqrt{2b}}{b - a^2}\Big)$

$(a > 0,\ b > 0)$

Ⅱ.2.2.5 菲涅耳函数的积分

64. $\int_0^p \mathrm{S}(\alpha x)\mathrm{d}x = p\mathrm{S}(\alpha p) + \dfrac{\cos(\alpha^2 p^2) - 1}{\alpha\sqrt{2\pi}}$

［这里，$\mathrm{S}(z)$ 为菲涅耳函数（见附录），以下同］

65. $\int_0^p \mathrm{C}(\alpha x)\mathrm{d}x = p\mathrm{C}(\alpha p) - \dfrac{\sin(\alpha^2 p^2)}{\alpha\sqrt{2\pi}}$

［这里，$\mathrm{C}(z)$ 为菲涅耳函数（见附录），以下同］

66. $\int_0^\infty \mathrm{S}(t)\mathrm{e}^{-pt}\mathrm{d}t = \dfrac{1}{p}\Big\{\cos\dfrac{p^2}{4}\Big[\dfrac{1}{2} - \mathrm{C}\Big(\dfrac{p}{2}\Big)\Big] + \sin\dfrac{p^2}{4}\Big[\dfrac{1}{2} - \mathrm{S}\Big(\dfrac{p}{2}\Big)\Big]\Big\}$

67. $\int_0^\infty \mathrm{C}(t)\mathrm{e}^{-pt}\mathrm{d}t \;=\; \dfrac{1}{p}\left\{\cos\dfrac{p^2}{4}\left[\dfrac{1}{2}-\mathrm{S}\left(\dfrac{p}{2}\right)\right]-\sin\dfrac{p^2}{4}\left[\dfrac{1}{2}-\mathrm{C}\left(\dfrac{p}{2}\right)\right]\right\}$

68. $\int_0^\infty \mathrm{S}(\sqrt{t})\mathrm{e}^{-pt}\mathrm{d}t \;=\; \dfrac{\sqrt{\sqrt{p^2+1}-p}}{2p\sqrt{p^2+1}}$

69. $\int_0^\infty \mathrm{C}(\sqrt{t})\mathrm{e}^{-pt}\mathrm{d}t \;=\; \dfrac{\sqrt{\sqrt{p^2+1}+p}}{2p\sqrt{p^2+1}}$

70. $\int_0^\infty \mathrm{S}(x)\sin b^2 x^2\mathrm{d}x \;=\; \begin{cases} 2^{-\frac{5}{2}}\dfrac{\sqrt{\pi}}{b} & (0<b^2<1) \\[2mm] 0 & (b^2>1) \end{cases}$

71. $\int_0^\infty \mathrm{C}(x)\cos b^2 x^2\mathrm{d}x \;=\; \begin{cases} 2^{-\frac{5}{2}}\dfrac{\sqrt{\pi}}{b} & (0<b^2<1) \\[2mm] 0 & (b^2>1) \end{cases}$

Ⅱ.2.3　伽马(Gamma)函数的定积分

Ⅱ.2.3.1　伽马函数的积分

72. $\int_{-\infty}^\infty \Gamma(a+x)\Gamma(b-x)\mathrm{d}x$

$= \begin{cases} -\mathrm{i}\pi 2^{1-a-b}\Gamma(a+b) & [\mathrm{Re}\,(a+b)<1,\ \mathrm{Im}\,a>0,\ \mathrm{Im}\,b>0] \\[1mm] \mathrm{i}\pi 2^{1-a-b}\Gamma(a+b) & [\mathrm{Re}\,(a+b)<1,\ \mathrm{Im}\,a<0,\ \mathrm{Im}\,b<0] \\[1mm] 0 & [\mathrm{Re}\,(a+b)<1,\ \mathrm{Im}\,a<0,\ \mathrm{Im}\,b<0] \end{cases}$

［这里，$\Gamma(z)$为伽马函数(见附录)，以下同］

73. $\int_0^\infty |\Gamma(a+\mathrm{i}x)\Gamma(b+\mathrm{i}x)|^2\mathrm{d}x$

$= \dfrac{\sqrt{\pi}\,\Gamma(a)\Gamma\left(a+\dfrac{1}{2}\right)\Gamma(b)\Gamma\left(b+\dfrac{1}{2}\right)\Gamma(a+b)}{2\Gamma\left(a+b+\dfrac{1}{2}\right)} \quad (a>0,\ b>0)$

74. $\int_0^\infty \left|\dfrac{\Gamma(a+\mathrm{i}x)}{\Gamma(b+\mathrm{i}x)}\right|^2\mathrm{d}x = \dfrac{\sqrt{\pi}\,\Gamma(a)\Gamma\left(a+\dfrac{1}{2}\right)\Gamma\left(b-a-\dfrac{1}{2}\right)}{2\Gamma(b)\Gamma\left(b-\dfrac{1}{2}\right)\Gamma(b-a)} \quad \left(0<a<b-\dfrac{1}{2}\right)$

75. $\int_{-\infty}^\infty \dfrac{\Gamma(a+x)}{\Gamma(b+x)}\mathrm{d}x = 0 \quad [\mathrm{Im}\,a\neq 0,\ \mathrm{Re}\,(a-b)<-1]$

76. $\int_{-\infty}^\infty \dfrac{\mathrm{d}x}{\Gamma(a+x)\Gamma(b-x)} = \dfrac{2^{a+b-2}}{\Gamma(a+b-1)} \quad [\mathrm{Re}\,(a+b)>1]$

Ⅱ.2.3.2　伽马函数与三角函数组合的积分

77. $\displaystyle\int_{-\infty}^{\infty}\frac{\sin rx}{\Gamma(p+x)\Gamma(q-x)}\mathrm{d}x = \begin{cases} \dfrac{\left(2\cos\dfrac{r}{2}\right)^{p+q-2}\sin\dfrac{r(q-p)}{2}}{\Gamma(p+q-1)} & (\,|\,r\,|<\pi) \\[4mm] 0 & (\,|\,r\,|>\pi) \end{cases}$

$[\mathrm{Re}\,(p+q)>1,\,r\text{ 为实数}]$

78. $\displaystyle\int_{-\infty}^{\infty}\frac{\cos rx}{\Gamma(p+x)\Gamma(q-x)}\mathrm{d}x = \begin{cases} \dfrac{\left(2\cos\dfrac{r}{2}\right)^{p+q-2}\cos\dfrac{r(q-p)}{2}}{\Gamma(p+q-1)} & (\,|\,r\,|<\pi) \\[4mm] 0 & (\,|\,r\,|>\pi) \end{cases}$

$[\mathrm{Re}\,(p+q)>1,\,r\text{ 为实数}]$

79. $\displaystyle\int_{-\infty}^{\infty}\frac{\sin m\pi x}{\sin\pi x\,\Gamma(p+x)\Gamma(q-x)}\mathrm{d}x = \begin{cases} \dfrac{2^{p+q-2}}{\Gamma(p+q-1)} & (m\text{ 为奇数}) \\[4mm] 0 & (m\text{ 为偶数}) \end{cases}$

Ⅱ.2.3.3　伽马函数的对数的积分

80. $\displaystyle\int_{p}^{p+1}\ln\Gamma(x)\mathrm{d}x = \frac{1}{2}\ln 2\pi + p\ln p - p$

81. $\displaystyle\int_{0}^{1}\ln\Gamma(x)\mathrm{d}x = \int_{0}^{1}\ln\Gamma(1-x)\mathrm{d}x = \frac{1}{2}\ln 2\pi$

82. $\displaystyle\int_{0}^{1}\ln\Gamma(x+q)\mathrm{d}x = \frac{1}{2}\ln 2\pi + q\ln q - q \quad (q\geqslant 0)$

83. $\displaystyle\int_{0}^{z}\ln\Gamma(x+1)\mathrm{d}x = \frac{z}{2}\ln 2\pi - \frac{z(z+1)}{2} + z\ln\Gamma(z+1) - \ln G(z+1)$

$\Big\langle$ 这里,

$\mathrm{G}(z+1) = (2\pi)^{\frac{z}{2}}\exp\left[-\frac{z(z+1)}{2}-\frac{z^2\gamma}{2}\right]\prod_{k=1}^{\infty}\left[\left(1+\frac{z}{k}\right)^k\exp\left(-z+\frac{z^2}{2k}\right)\right]$

其中,γ 为欧拉常数 $\Big\rangle$

84. $\displaystyle\int_{0}^{n}\ln\Gamma(a+x)\mathrm{d}x = \sum_{k=0}^{n-1}(a+k)\ln(a+k) - na + \frac{1}{2}n\ln(2\pi) - \frac{1}{2}n(n-1)$

$(a\geqslant 0,\,n=1,2,\cdots)$

85. $\displaystyle\int_{0}^{1}\ln\Gamma(a+x)\exp(2n\pi xi)\mathrm{d}x = \frac{1}{2n\pi i}\left[\ln a - \exp(-2n\pi ai)\mathrm{Ei}(2n\pi ai)\right]$

$(a>0,\,n=\pm 1,\,\pm 2,\cdots)$

$[\text{这里,}\mathrm{Ei}(x)\text{ 为指数积分(见附录)}]$

86. $\displaystyle\int_0^1 \ln\Gamma(x)\sin 2n\pi x\,\mathrm{d}x = \frac{1}{2n\pi}\big[\ln(2n\pi) + \gamma\big]$

   ［这里，γ 为欧拉常数（见附录），以下同］

87. $\displaystyle\int_0^1 \ln\Gamma(x)\cos 2n\pi x\,\mathrm{d}x = \frac{1}{4n}$

88. $\displaystyle\int_0^1 \ln\Gamma(x)\sin(2n+1)\pi x\,\mathrm{d}x$

   $= \dfrac{1}{(2n+1)\pi}\Big[\ln\dfrac{\pi}{2} + 2\Big(1 + \dfrac{1}{3} + \cdots + \dfrac{1}{2n-1}\Big) + \dfrac{1}{2n+1}\Big]$

89. $\displaystyle\int_0^1 \ln\Gamma(x)\cos(2n+1)\pi x\,\mathrm{d}x = \frac{2}{\pi^2}\Big[\frac{\ln(2\pi)+\gamma}{(2n+1)^2} + 2\sum_{k=2}^{\infty}\frac{\ln k}{4k^2-(2n+1)^2}\Big]$

90. $\displaystyle\int_0^1 \ln\Gamma(a+x)\sin 2n\pi x\,\mathrm{d}x$

   $= -\dfrac{1}{2n\pi}\big[\ln a + \cos 2n\pi a\,\mathrm{ci}(2n\pi a) - \sin 2n\pi a\,\mathrm{si}(2n\pi a)\big]\quad (a>0,\ n=1,2,\cdots)$

   ［这里，$\mathrm{si}(x)$ 和 $\mathrm{ci}(x)$ 分别为正弦积分和余弦积分（见附录），以下同］

91. $\displaystyle\int_0^1 \ln\Gamma(a+x)\cos 2n\pi x\,\mathrm{d}x = -\frac{1}{2n\pi}\big[\sin 2n\pi a\,\mathrm{ci}(2n\pi a) + \cos 2n\pi a\,\mathrm{si}(2n\pi a)\big]$

   $(a>0,\ n=1,2,\cdots)$

II.2.3.4 ψ 函数的积分

92. $\displaystyle\int_1^x \psi(x)\,\mathrm{d}x = \ln\Gamma(x)$

   ［这里，Psi 函数 $\psi(x)$ 的定义见附录，以下同］

93. $\displaystyle\int_0^1 \psi(a+x)\,\mathrm{d}x = \ln a \quad (a>0)$

94. $\displaystyle\int_0^1 \mathrm{e}^{2\pi n x\mathrm{i}}\psi(a+x)\,\mathrm{d}x = \mathrm{e}^{-2\pi n a\mathrm{i}}\mathrm{Ei}(2\pi n a\mathrm{i}) \quad (a>0,\ n=\pm 1,\pm 2,\cdots)$

   ［这里，$\mathrm{Ei}(x)$ 为指数积分（见附录）］

95. $\displaystyle\int_0^1 \psi(x)\sin\pi x\,\mathrm{d}x = -\frac{2}{\pi}\Big[\gamma + \ln(2\pi) + 2\sum_{k=2}^{\infty}\frac{\ln k}{4k^2-1}\Big]$

   ［这里，γ 为欧拉常数（见附录），以下同］

96. $\displaystyle\int_0^1 \psi(x)\sin^2\pi x\,\mathrm{d}x = -\frac{1}{2}\big[\gamma + \ln(2\pi)\big]$

97. $\displaystyle\int_0^1 \psi(x)\sin\pi x\,\cos\pi x\,\mathrm{d}x = -\frac{\pi}{4}$

98. $\displaystyle\int_0^1 \psi(x)\sin\pi x\,\sin n\pi x\,\mathrm{d}x = \begin{cases}\dfrac{1}{2}\ln\dfrac{n-1}{n+1} & (n\text{ 为奇数}) \\[2mm] \dfrac{n}{1-n^2} & (n\text{ 为偶数})\end{cases}$

99. $\int_0^1 \psi(x) \sin 2n\pi x \, dx = -\dfrac{1}{2}\pi \quad (n = 1, 2, \cdots)$

100. $\int_0^1 [\psi(a + ix) - \psi(a - ix)] \sin xy \, dx = i\pi \dfrac{e^{-ay}}{1 - e^{-y}} \quad (a > 0,\ y > 0)$

101. $\int_0^1 \psi(a + x) \sin 2n\pi x \, dx = \sin 2n\pi a \ \mathrm{ci}(2n\pi a) + \cos 2n\pi a \ \mathrm{si}(2n\pi a)$

　　　$(a \geqslant 0,\ n = 1, 2, \cdots)$

　　　[这里，$\mathrm{si}(x)$ 和 $\mathrm{ci}(x)$ 分别为正弦积分和余弦积分（见附录），以下同]

102. $\int_0^1 \psi(a + x) \cos 2n\pi x \, dx = \sin 2n\pi a \ \mathrm{si}(2n\pi a) - \cos 2n\pi a \ \mathrm{ci}(2n\pi a)$

　　　$(a > 0,\ n = 1, 2, \cdots)$

103. $\int_0^\infty [\psi(1 + x) - \ln x] \cos(2\pi xy) \, dx = \dfrac{1}{2}[\psi(y + 1) - \ln y]$

Ⅱ.2.4　贝塞尔（Bessel）函数的定积分

Ⅱ.2.4.1　贝塞尔函数的积分

104. $\int_0^\infty \mathrm{J}_\nu(bx) \, dx = \dfrac{1}{b} \quad (\mathrm{Re}\ \nu > -1,\ b > 0)$

　　　[这里，$\mathrm{J}_\nu(z)$ 为贝塞尔函数（见附录），以下同]

105. $\int_0^\infty \mathrm{N}_\nu(bx) \, dx = -\dfrac{1}{b}\tan\dfrac{\nu\pi}{2} \quad (|\,\mathrm{Re}\ \nu\,| < 1,\ b > 0)$

　　　[这里，$\mathrm{N}_\nu(z)$ 为贝塞尔函数（见附录），以下同]

106. $\int_0^a \mathrm{J}_\nu(x) \, dx = 2\sum_{k=0}^\infty \mathrm{J}_{\nu+2k+1}(a) \quad (\mathrm{Re}\ \nu > -1)$

107. $\int_0^a \mathrm{J}_{\frac{1}{2}}(x) \, dx = 2\mathrm{S}(\sqrt{a})$

　　　[这里，$\mathrm{S}(z)$ 为菲涅耳函数（见附录）]

108. $\int_0^a \mathrm{J}_{-\frac{1}{2}}(x) \, dx = 2\mathrm{C}(\sqrt{a})$

　　　[这里，$\mathrm{C}(z)$ 为菲涅耳函数（见附录）]

109. $\int_0^a \mathrm{J}_1(x) \, dx = 1 - \mathrm{J}_0(a) \quad (a > 0)$

110. $\int_a^\infty \mathrm{J}_1(x) \, dx = \mathrm{J}_0(a) \quad (a > 0)$

111. $\int_0^z \mathrm{J}_0(\sqrt{z^2 - x^2}) \, dx = \sin z$

112. $\int_0^{\frac{\pi}{2}} J_{2\nu}(2z\sin x)dx = \frac{\pi}{2}[J_\nu(z)]^2 \quad \left(\mathrm{Re}\,\nu > -\frac{1}{2}\right)$

113. $\int_0^{\frac{\pi}{2}} J_{2\nu}(2z\cos x)dx = \frac{\pi}{2}[J_\nu(z)]^2 \quad \left(\mathrm{Re}\,\nu > -\frac{1}{2}\right)$

114. $\int_0^\infty K_{2\nu}(2z\sinh x)dx = \frac{\pi^2}{8\cos\nu\pi}\{[J_\nu(z)]^2 + [N_\nu(z)]^2\}$

$\left(\mathrm{Re}\,z > 0,\ -\frac{1}{2} < \mathrm{Re}\,\nu < \frac{1}{2}\right)$

Ⅱ.2.4.2　贝塞尔函数与 x 组合的积分

115. $\int_0^1 x J_\nu(ax) J_\nu(bx)dx = \begin{cases} \frac{1}{2}[J_{\nu+1}(a)]^2 & (a = b) \\ 0 & (a \neq b) \end{cases}$

$[J_\nu(a) = J_\nu(b) = 0,\ \nu > -1]$

116. $\int_0^1 x J_\nu(ax) J_\nu(bx)dx = \begin{cases} \frac{1}{2}\left[1 - \left(\frac{\nu}{a}\right)^2\right][J_\nu(a)]^2 & (a = b) \\ 0 & (a \neq b) \end{cases}$

$[J_\nu'(a) = J_\nu'(b) = 0,\ \nu > -1]$

117. $\int_0^1 x J_\nu(ax) J_\nu(bx)dx = \begin{cases} \frac{1}{2}\left[1 - \left(\frac{\nu}{a}\right)^2 + \left(\frac{h}{a}\right)^2\right][J_\nu(a)]^2 & (a = b) \\ 0 & (a \neq b) \end{cases}$

$[a J_\nu'(a) + h J_\nu(a) = b J_\nu'(b) + h J_\nu(b) = 0,\ a > 0,\ b > 0,\ h > 0,\ \nu > -1]$

118. $\int_0^\infty x K_\nu(ax) K_\nu(bx)dx = \frac{\pi(a^{2\nu} - b^{2\nu})}{2(a^2 - b^2)(ab)^\nu \sin\nu\pi}$

$[|\mathrm{Re}\,\nu| < 1,\ \mathrm{Re}\,(a + b) > 0]$

Ⅱ.2.4.3　贝塞尔函数与代数函数组合的积分

119. $\int_0^\infty \frac{x J_0(bx)}{x^2 + a^2}dx = K_0(ab) \quad (b > 0,\ \mathrm{Re}\,a > 0)$

[这里，$K_\nu(z)$ 为第二类虚自变量贝塞尔函数（见附录），以下同]

120. $\int_0^\infty \frac{N_0(bx)}{x^2 + a^2}dx = -\frac{K_0(ab)}{a} \quad (b > 0,\ \mathrm{Re}\,a > 0)$

121. $\int_0^\infty \frac{J_\nu(xy)}{\sqrt{x^2 + a^2}}dx = I_{\frac{\nu}{2}}\left(\frac{ay}{2}\right) K_{\frac{\nu}{2}}\left(\frac{ay}{2}\right) \quad (\mathrm{Re}\,a > 0,\ y > 0,\ \mathrm{Re}\,\nu > -1)$

[这里，$I_\nu(z)$ 为第一类虚自变量贝塞尔函数（见附录），以下同]

122. $\int_0^\infty \frac{N_\nu(xy)}{\sqrt{x^2 + a^2}}dx = -\frac{1}{\pi}\sec\frac{\nu\pi}{2} K_{\frac{\nu}{2}}\left(\frac{ay}{2}\right)\left[K_{\frac{\nu}{2}}\left(\frac{ay}{2}\right) + \pi\sin\frac{\nu\pi}{2} I_{\frac{\nu}{2}}\left(\frac{ay}{2}\right)\right]$

(Re $a > 0$, $y > 0$, $|$ Re $\nu| < 1$)

123. $\displaystyle\int_0^\infty \frac{\mathrm{K}_\nu(xy)}{\sqrt{x^2 + a^2}}\mathrm{d}x = \frac{\pi^2}{8}\sec\frac{\nu\pi}{2}\left\{\left[\mathrm{J}_{\frac{\nu}{2}}\left(\frac{ay}{2}\right)\right]^2 + \left[\mathrm{N}_{\frac{\nu}{2}}\left(\frac{ay}{2}\right)\right]^2\right\}$

(Re $a > 0$, Re $y > 0$, $|$ Re $\nu| < 1$)

124. $\displaystyle\int_0^1 \frac{\mathrm{J}_\nu(xy)}{\sqrt{1 - x^2}}\mathrm{d}x = \frac{\pi}{2}\left[\mathrm{J}_{\frac{\nu}{2}}\left(\frac{y}{2}\right)\right]^2 \quad (y > 0,\ \mathrm{Re}\ \nu > -1)$

125. $\displaystyle\int_0^1 \frac{\mathrm{N}_0(xy)}{\sqrt{1 - x^2}}\mathrm{d}x = \frac{\pi}{2}\mathrm{J}_0\left(\frac{y}{2}\right)\mathrm{N}_0\left(\frac{y}{2}\right) \quad (y > 0)$

126. $\displaystyle\int_1^\infty \frac{\mathrm{J}_\nu(xy)}{\sqrt{x^2 - 1}}\mathrm{d}x = -\frac{\pi}{2}\mathrm{J}_{\frac{\nu}{2}}\left(\frac{y}{2}\right)\mathrm{N}_{\frac{\nu}{2}}\left(\frac{y}{2}\right) \quad (y > 0)$

127. $\displaystyle\int_1^\infty \frac{\mathrm{N}_\nu(xy)}{\sqrt{x^2 - 1}}\mathrm{d}x = \frac{\pi}{4}\left\{\left[\mathrm{J}_{\frac{\nu}{2}}\left(\frac{y}{2}\right)\right]^2 - \left[\mathrm{N}_{\frac{\nu}{2}}\left(\frac{y}{2}\right)\right]^2\right\} \quad (y > 0)$

128. $\displaystyle\int_0^\infty \frac{x\mathrm{J}_0(xy)}{\sqrt{a^2 + x^2}}\mathrm{d}x = \frac{1}{y}\mathrm{e}^{-ay} \quad (y > 0,\ \mathrm{Re}\ a > 0)$

129. $\displaystyle\int_0^1 \frac{x\mathrm{J}_0(xy)}{\sqrt{1 - x^2}}\mathrm{d}x = \frac{1}{y}\sin y \quad (y > 0)$

130. $\displaystyle\int_1^\infty \frac{x\mathrm{J}_0(xy)}{\sqrt{x^2 - 1}}\mathrm{d}x = \frac{1}{y}\cos y \quad (y > 0)$

131. $\displaystyle\int_0^\infty \frac{x\mathrm{J}_0(xy)}{\sqrt{(x^2 + a^2)^3}}\mathrm{d}x = \frac{1}{a}\mathrm{e}^{-ay} \quad (y > 0,\ \mathrm{Re}\ a > 0)$

132. $\displaystyle\int_0^\infty \frac{x\mathrm{J}_0(ax)}{\sqrt{x^4 + 4b^4}}\mathrm{d}x = \mathrm{K}_0(ab)\mathrm{J}_0(ab) \quad (a > 0,\ b > 0)$

133. $\displaystyle\int_0^\infty \frac{\mathrm{J}_\nu(a\sqrt{x^2 + 1})}{\sqrt{x^2 + 1}}\mathrm{d}x = -\frac{\pi}{2}\mathrm{J}_{\frac{\nu}{2}}\left(\frac{a}{2}\right)\mathrm{N}_{\frac{\nu}{2}}\left(\frac{a}{2}\right) \quad (a > 0,\ \mathrm{Re}\ \nu > -1)$

Ⅱ.2.4.4　贝塞尔函数与幂函数组合的积分

134. $\displaystyle\int_0^1 x^{\nu+1}\mathrm{J}_\nu(ax)\mathrm{d}x = a^{-1}\mathrm{J}_{\nu+1}(a) \quad \left(\mathrm{Re}\ \nu > -1\right)$

135. $\displaystyle\int_0^1 x^{\nu+1}\mathrm{N}_\nu(ax)\mathrm{d}x = a^{-1}\mathrm{N}_{\nu+1}(a) + 2^{\nu+1}a^{-\nu-2}\Gamma(\nu + 1) \quad \left(\mathrm{Re}\ \nu > -1\right)$

［这里，$\Gamma(z)$ 为伽马函数（见附录），以下同］

136. $\displaystyle\int_0^1 x^{\nu+1}\mathrm{I}_\nu(ax)\mathrm{d}x = a^{-1}\mathrm{I}_{\nu+1}(a) \quad \left(\mathrm{Re}\ \nu > -1\right)$

137. $\displaystyle\int_0^1 x^{\nu+1}\mathrm{K}_\nu(ax)\mathrm{d}x = -a^{-1}\mathrm{K}_{\nu+1}(a) + 2^\nu a^{-\nu-2}\Gamma(\nu + 1) \quad \left(\mathrm{Re}\ \nu > -1\right)$

138. $\displaystyle\int_0^1 x^{1-\nu}\mathrm{J}_\nu(ax)\mathrm{d}x = \frac{a^{\nu-2}}{2^{\nu-1}\Gamma(\nu)} - a^{-1}\mathrm{J}_{\nu-1}(a)$

139. $\int_0^1 x^{1-\nu} \mathrm{N}_\nu(ax)\mathrm{d}x = \dfrac{a^{\nu-2}\cot\nu\pi}{2^{\nu-1}\Gamma(\nu)} - a^{-1}\mathrm{N}_{\nu-1}(a)$ $\left(\mathrm{Re}\ \nu < 1\right)$

140. $\int_0^1 x^{1-\nu} \mathrm{I}_\nu(ax)\mathrm{d}x = a^{-1}\mathrm{I}_{\nu-1}(a) - \dfrac{a^{\nu-2}}{2^{\nu-1}\Gamma(\nu)}$

141. $\int_0^1 x^{1-\nu} \mathrm{K}_\nu(ax)\mathrm{d}x = -a^{-1}\mathrm{K}_{\nu-1}(a) + 2^{-\nu}a^{\nu-2}\Gamma(1-\nu)$ $\left(\mathrm{Re}\ \nu < 1\right)$

142. $\int_0^\infty x^\mu \mathrm{J}_\nu(ax)\mathrm{d}x = 2^\mu a^{-\mu-1} \dfrac{\Gamma\left(\dfrac{1}{2} + \dfrac{\nu}{2} + \dfrac{\mu}{2}\right)}{\Gamma\left(\dfrac{1}{2} + \dfrac{\nu}{2} - \dfrac{\mu}{2}\right)}$

$\left(a > 0, -\mathrm{Re}\ \nu - 1 < \mathrm{Re}\ \mu < \dfrac{1}{2}\right)$

143. $\int_0^\infty x^\mu \mathrm{N}_\nu(ax)\mathrm{d}x = 2^\mu \cot\dfrac{(1+\nu-\mu)\pi}{2} \cdot a^{-\mu-1} \cdot \dfrac{\Gamma\left(\dfrac{1}{2} + \dfrac{\nu}{2} + \dfrac{\mu}{2}\right)}{\Gamma\left(\dfrac{1}{2} + \dfrac{\nu}{2} - \dfrac{\mu}{2}\right)}$

$\left(a > 0, |\mathrm{Re}\ \nu| - 1 < \mu < \dfrac{1}{2}\right)$

144. $\int_0^\infty x^\mu \mathrm{K}_\nu(ax)\mathrm{d}x = 2^{\mu-1} a^{-\mu-1}\Gamma\left(\dfrac{\mu+\nu+1}{2}\right)\Gamma\left(\dfrac{\mu-\nu+1}{2}\right)$

$\left[\mathrm{Re}\ a > 0, \mathrm{Re}\ (\mu + 1 \pm \nu) > 0\right]$

145. $\int_0^\infty \dfrac{\mathrm{J}_\nu(ax)}{x^{\nu-\mu}}\mathrm{d}x = \dfrac{\Gamma\left(\dfrac{\mu}{2} + \dfrac{1}{2}\right)}{2^{\nu-\mu}a^{\mu-\nu+1}\Gamma\left(\nu - \dfrac{\mu}{2} + \dfrac{1}{2}\right)}$ $\left(-1 < \mathrm{Re}\ \mu < \mathrm{Re}\ \nu - \dfrac{1}{2}\right)$

146. $\int_0^\infty \dfrac{\mathrm{N}_\nu(ax)}{x^{\nu-\mu}}\mathrm{d}x = \dfrac{\Gamma\left(\dfrac{1}{2} + \dfrac{\mu}{2}\right)\Gamma\left(\dfrac{1}{2} + \dfrac{\mu}{2} - \nu\right)\sin\left(\dfrac{\mu}{2} - \nu\right)\pi}{2^{\nu-\mu}\pi}$

$\left[|\mathrm{Re}\ \nu| < \mathrm{Re}\ (1 + \mu - \nu) < \dfrac{3}{2}\right]$

Ⅱ.2.4.5 贝塞尔函数与三角函数组合的积分

147. $\int_0^\infty \mathrm{J}_\nu(ax)\sin bx\,\mathrm{d}x = \begin{cases} \dfrac{\sin\left(\nu\arcsin\dfrac{b}{a}\right)}{\sqrt{a^2 - b^2}} & (b < a,\ \mathrm{Re}\ \nu > -2) \\[3mm] \infty\ 或\ 0 & (b = a,\ \mathrm{Re}\ \nu > -2) \\[3mm] \dfrac{a^\nu \cos\dfrac{\nu\pi}{2}}{\sqrt{b^2 - a^2}\left(b + \sqrt{b^2 - a^2}\right)^\nu} & (b > a,\ \mathrm{Re}\ \nu > -2) \end{cases}$

148. $\displaystyle\int_0^\infty J_\nu(ax)\cos bx\mathrm{d}x = \begin{cases} \dfrac{\cos\left(\nu\arcsin\dfrac{b}{a}\right)}{\sqrt{a^2-b^2}} & (b<a,\ \mathrm{Re}\,\nu>-1) \\[4mm] \infty\ \text{或}\ 0 & (b=a,\ \mathrm{Re}\,\nu>-1) \\[4mm] -\dfrac{a^\nu\sin\dfrac{\nu\pi}{2}}{\sqrt{b^2-a^2}\left(b+\sqrt{b^2-a^2}\right)^\nu} & (b>a,\ \mathrm{Re}\,\nu>-1) \end{cases}$

149. $\displaystyle\int_0^\infty N_\nu(ax)\sin bx\mathrm{d}x$

$$= \begin{cases} \dfrac{\cot\dfrac{\nu\pi}{2}}{\sqrt{a^2-b^2}}\sin\left(\nu\arcsin\dfrac{b}{a}\right) & (0<b<a,\ |\,\mathrm{Re}\,\nu\,|<2) \\[5mm] \dfrac{\csc\dfrac{\nu\pi}{2}}{2\sqrt{b^2-a^2}}\left[a^{-\nu}\cos\nu\pi\left(b-\sqrt{b^2-a^2}\right)^\nu - a^\nu\left(b-\sqrt{b^2-a^2}\right)^{-\nu}\right] \\[5mm] \qquad\qquad\qquad\qquad (0<a<b,\ |\,\mathrm{Re}\,\nu\,|<2) \end{cases}$$

150. $\displaystyle\int_0^\infty N_\nu(ax)\cos bx\mathrm{d}x$

$$= \begin{cases} \dfrac{\tan\dfrac{\nu\pi}{2}}{\sqrt{a^2-b^2}}\cos\left(\nu\arcsin\dfrac{b}{a}\right) & (0<b<a,\ |\,\mathrm{Re}\,\nu\,|<1) \\[5mm] -\dfrac{\sin\dfrac{\nu\pi}{2}}{\sqrt{b^2-a^2}}\Big[a^{-\nu}\left(b-\sqrt{b^2-a^2}\right)^\nu + \cot\nu\pi \\[5mm] \quad + a^\nu\csc\nu\pi\left(b-\sqrt{b^2-a^2}\right)^{-\nu}\Big] & (0<a<b,\ |\,\mathrm{Re}\,\nu\,|<1) \end{cases}$$

151. $\displaystyle\int_0^\infty K_\nu(ax)\sin bx\mathrm{d}x = \dfrac{\pi a^{-\nu}\csc\dfrac{\nu\pi}{2}}{4\sqrt{a^2+b^2}}\left[\left(\sqrt{b^2+a^2}+b\right)^\nu - \left(\sqrt{b^2+a^2}-b\right)^\nu\right]$

$(\mathrm{Re}\,a>0,\ b>0,\ |\,\mathrm{Re}\,\nu\,|<2,\ \nu\neq0)$

152. $\displaystyle\int_0^\infty K_\nu(ax)\cos bx\mathrm{d}x$

$$= \dfrac{\pi\sec\dfrac{\nu\pi}{2}}{4\sqrt{a^2+b^2}}\left[a^{-\nu}\left(\sqrt{b^2+a^2}+b\right)^\nu + a^\nu\left(\sqrt{b^2+a^2}+b\right)^{-\nu}\right]$$

$(\mathrm{Re}\,a>0,\ b>0,\ |\,\mathrm{Re}\,\nu\,|<1)$

153. $\displaystyle\int_0^\infty J_0(ax)\sin bx\mathrm{d}x = \begin{cases} 0 & (0<b<a) \\[3mm] \dfrac{1}{\sqrt{b^2-a^2}} & (0<a<b) \end{cases}$

154. $\displaystyle\int_0^\infty J_0(ax)\cos bx\,dx = \begin{cases} \dfrac{1}{\sqrt{a^2-b^2}} & (0<b<a) \\[2mm] \infty & (a=b) \\[2mm] 0 & (0<a<b) \end{cases}$

155. $\displaystyle\int_0^\infty N_0(ax)\sin bx\,dx = \begin{cases} \dfrac{2}{\pi}\dfrac{1}{\sqrt{a^2-b^2}}\arcsin\dfrac{b}{a} & (0<b<a) \\[3mm] \dfrac{2}{\pi}\dfrac{1}{\sqrt{b^2-a^2}}\ln\left(\dfrac{b}{a}-\sqrt{\dfrac{b^2}{a^2}-1}\right) & (0<a<b) \end{cases}$

156. $\displaystyle\int_0^\infty N_0(ax)\cos bx\,dx = \begin{cases} 0 & (0<b<a) \\[2mm] -\dfrac{1}{\sqrt{b^2-a^2}} & (0<a<b) \end{cases}$

157. $\displaystyle\int_0^\infty K_0(ax)\sin bx\,dx = \dfrac{1}{\sqrt{b^2+a^2}}\ln\left(\dfrac{b}{a}+\sqrt{\dfrac{b^2}{a^2}+1}\right)$ $\quad(a>0,\ b>0)$

158. $\displaystyle\int_0^\infty K_0(ax)\cos bx\,dx = \dfrac{\pi}{2\sqrt{b^2+a^2}}$ $\quad(a>0,\ a\ 和\ b\ 均为实数)$

Ⅱ.2.4.6　贝塞尔函数与指数函数和幂函数组合的积分

---

159. $\displaystyle\int_0^\infty e^{-ax}J_\nu(bx)\,dx = \dfrac{b^{-\nu}\left(\sqrt{a^2+b^2}-a\right)^\nu}{\sqrt{a^2+b^2}}$ $\quad\left[\operatorname{Re}\nu>-1,\ \operatorname{Re}(a\pm ib)>0\right]$

160. $\displaystyle\int_0^\infty e^{-ax}N_\nu(bx)\,dx$

$\qquad = \dfrac{\csc\nu\pi}{\sqrt{a^2+b^2}}\left[b^\nu\left(\sqrt{a^2+b^2}+a\right)^{-\nu}\cos\nu\pi - b^{-\nu}\left(\sqrt{a^2+b^2}+a\right)^\nu\right]$

$\qquad(\operatorname{Re}\nu>0,\ b>0,\ |\operatorname{Re}\nu|<1)$

161. $\displaystyle\int_0^\infty e^{-ax}H_\nu^{(1,2)}(bx)\,dx$

$\qquad = \dfrac{\left(\sqrt{a^2+b^2}-a\right)^\nu}{b^\nu\sqrt{a^2+b^2}}\left\{1\pm\dfrac{i}{\sin\nu\pi}\left[\cos\nu\pi-\left(\dfrac{a+\sqrt{a^2+b^2}}{b}\right)^{2\nu}\right]\right\}$

$\qquad\left(-1<\operatorname{Re}\nu<1;\ 正号相应于函数\ H_\nu^{(1)},\ 负号相应于函数\ H_\nu^{(2)}\right)$

162. $\displaystyle\int_0^\infty e^{-ax}I_\nu(bx)\,dx = \dfrac{(a-\sqrt{a^2-b^2})^\nu}{b^\nu\sqrt{a^2-b^2}}$ $\quad\left(\operatorname{Re}a>|\operatorname{Re}b|,\ \operatorname{Re}\nu>-1\right)$

163. $\displaystyle\int_0^\infty e^{-ax}K_\nu(bx)\,dx$

$$= \begin{cases} \dfrac{\pi}{b \sin\nu\pi} \cdot \dfrac{\sin\nu\theta}{\sin\theta} & \left(\cos\theta = \dfrac{a}{b}, \text{当 } b \to \infty \text{ 时}, \theta \to \dfrac{\pi}{2}\right) \\[3mm] \dfrac{\pi \csc\nu\pi}{2\sqrt{a^2 - b^2}} \left[b^{-\nu}\left(a + \sqrt{a^2 - b^2}\right)^\nu - b^\nu\left(a + \sqrt{a^2 - b^2}\right)^{-\nu} \right] \\[3mm] \qquad\qquad \left(\text{Re}\,(a + b) > 0,\ |\,\text{Re}\,\nu\,| < 1\right) \end{cases}$$

164. $\displaystyle\int_0^\infty e^{-ax} N_0(bx)\,dx = -\frac{2}{\pi\sqrt{a^2 + b^2}} \ln\frac{a + \sqrt{a^2 + b^2}}{b}$ $\left(\text{Re}\,a > |\,\text{Im}\,b\,|\right)$

165. $\displaystyle\int_0^\infty e^{-ax} H_0^{(1)}(bx)\,dx = \frac{1}{\sqrt{a^2 + b^2}} \left\{ 1 - \frac{2i}{\pi}\ln\left[\frac{a}{b} + \sqrt{1 + \left(\frac{a}{b}\right)^2}\right] \right\}$

$\left(\text{Re}\,a > |\,\text{Im}\,b\,|\right)$

166. $\displaystyle\int_0^\infty e^{-ax} H_0^{(2)}(bx)\,dx = \frac{1}{\sqrt{a^2 + b^2}} \left\{ 1 + \frac{2i}{\pi}\ln\left[\frac{a}{b} + \sqrt{1 + \left(\frac{a}{b}\right)^2}\right] \right\}$

$\left(\text{Re}\,a > |\,\text{Im}\,b\,|\right)$

167. $\displaystyle\int_0^\infty e^{-ax} K_0(bx)\,dx$

$$= \begin{cases} \dfrac{1}{\sqrt{b^2 - a^2}} \arccos\dfrac{a}{b} & [0 < a < b,\ \text{Re}\,(a + b) > 0] \\[3mm] \dfrac{1}{\sqrt{a^2 - b^2}} \ln\left(\dfrac{a}{b} + \sqrt{\dfrac{a^2}{b^2} - 1}\right) & [0 \leqslant b < a,\ \text{Re}\,(a + b) > 0] \end{cases}$$

168. $\displaystyle\int_0^\infty e^{-ax^2} J_\nu(bx)\,dx = \frac{\sqrt{\pi}}{2\sqrt{a}}\exp\left(-\frac{b^2}{8a}\right) I_{\frac{\nu}{2}}\left(\frac{b^2}{8a}\right)$

$(\text{Re}\,a > 0,\ b > 0,\ \text{Re}\,\nu > -1)$

169. $\displaystyle\int_0^\infty e^{-ax^2} N_\nu(bx)\,dx$

$$= -\frac{\sqrt{\pi}}{2\sqrt{a}}\exp\left(-\frac{b^2}{8a}\right)\left[\tan\frac{\nu\pi}{2} I_{\frac{\nu}{2}}\left(\frac{b^2}{8a}\right) + \frac{1}{\pi}\sec\frac{\nu\pi}{2} K_{\frac{\nu}{2}}\left(\frac{b^2}{8a}\right) \right]$$

$(\text{Re}\,a > 0,\ b > 0,\ |\,\text{Re}\,\nu\,| < 1)$

170. $\displaystyle\int_0^\infty e^{-ax^2} K_\nu(bx)\,dx = \frac{\sqrt{\pi}}{4\sqrt{a}}\sec\frac{\nu\pi}{2}\exp\left(\frac{b^2}{8a}\right) K_{\frac{\nu}{2}}\left(\frac{b^2}{8a}\right)$

$(\text{Re}\,a > 0,\ |\,\text{Re}\,\nu\,| < 1)$

171. $\displaystyle\int_0^\infty x^{m+1} e^{-ax} J_\nu(bx)\,dx = (-1)^{m+1} b^{-\nu}\frac{d^{m+1}}{da^{m+1}}\left[\frac{\left(\sqrt{a^2 + b^2} - a\right)^\nu}{\sqrt{a^2 + b^2}} \right]$

$(b > 0,\ \text{Re}\,\nu > -m - 2)$

172. $\displaystyle\int_0^\infty x^\nu e^{-ax} J_\nu(bx)\,dx = \frac{(2b)^\nu \Gamma\left(\nu + \dfrac{1}{2}\right)}{\sqrt{\pi}(a^2 + b^2)^{\nu + \frac{1}{2}}}$ $\left(\text{Re}\,\nu > -\dfrac{1}{2},\ \text{Re}\,a > |\,\text{Im}\,b\,|\right)$

[这里,$\Gamma(z)$为伽马函数(见附录),以下同]

173. $\displaystyle\int_0^\infty x^{\nu+1}\mathrm{e}^{-ax}\mathrm{J}_\nu(bx)\mathrm{d}x = \dfrac{2a(2b)^\nu\Gamma\left(\nu+\dfrac{3}{2}\right)}{\sqrt{\pi}(a^2+b^2)^{\nu+\frac{3}{2}}}$　$\left(\mathrm{Re}\,\nu > -1,\ \mathrm{Re}\,a > |\,\mathrm{Im}\,b\,|\right)$

Ⅱ.2.4.7　贝塞尔函数与对数函数或双曲函数组合的积分

174. $\displaystyle\int_0^\infty \ln x\mathrm{J}_0(ax)\mathrm{d}x = -\dfrac{1}{a}\left[\ln(2a)+\gamma\right]$

[这里,γ 为欧拉常数(见附录),以下同]

175. $\displaystyle\int_0^\infty \ln x\mathrm{J}_1(ax)\mathrm{d}x = -\dfrac{1}{a}\left(\ln\dfrac{a}{2}+\gamma\right)$

176. $\displaystyle\int_0^\infty \mathrm{K}_\nu(bx)\cosh ax\,\mathrm{d}x = \dfrac{\pi}{2}\dfrac{\cos\left(\nu\arcsin\dfrac{a}{b}\right)}{\sqrt{b^2-a^2}\cos\dfrac{\nu\pi}{2}}$　$(\mathrm{Re}\,b > |\,\mathrm{Re}\,a\,|,\,|\,\mathrm{Re}\,\nu\,| < 1)$

Ⅱ.2.5　勒让德(Legendre)函数和连带勒让德函数的定积分

Ⅱ.2.5.1　连带勒让德函数的积分

177. $\displaystyle\int_{-1}^1 \mathrm{P}_n^m(x)\mathrm{P}_k^m(x)\mathrm{d}x = \begin{cases} 0 & (n\neq k) \\[2mm] \dfrac{2(n+m)!}{(2n+1)(n-m)!} & (n=k) \end{cases}$

[这里,$\mathrm{P}_n^m(x)$为连带勒让德函数(见附录),以下同]

178. $\displaystyle\int_0^1 \dfrac{\left[\mathrm{P}_n^m(x)\right]^2}{1-x^2}\mathrm{d}x = \dfrac{(n+m)!}{2m(n-m)!}$　$(0 < m \leqslant n)$

179. $\displaystyle\int_{-1}^1 \dfrac{\mathrm{P}_n^m(x)\mathrm{P}_n^k(x)}{1-x^2}\mathrm{d}x = 0$　$(0 \leqslant m \leqslant n,\,0 \leqslant k \leqslant n;\,m\neq k)$

Ⅱ.2.5.2　勒让德多项式与代数函数组合的积分

180. $\displaystyle\int_{-1}^1 \mathrm{P}_n(x)\mathrm{P}_m(x)\mathrm{d}x = \begin{cases} 0 & (m\neq n) \\[2mm] \dfrac{2}{2n+1} & (m=n) \end{cases}$

[这里,$\mathrm{P}_n(x)$为勒让德多项式(见附录),以下同]

181. $\displaystyle\int_0^{2\pi} P_{2n}(\cos\varphi)\mathrm{d}\varphi = 2\pi\left[\binom{2n}{n}2^{-2n}\right]^2$

182. $\displaystyle\int_{-1}^1 x^m P_n(x)\mathrm{d}x = \begin{cases} 0 & (m < n) \\[2mm] \dfrac{m!\,[1 + (-1)^{m-n}]}{(m-n)!!(m+n+1)!!} & (m \geqslant n) \end{cases}$

183. $\displaystyle\int_0^1 x^\lambda P_{2m}(x)\mathrm{d}x = \frac{(-1)^m\,\Gamma\!\left(m - \dfrac{\lambda}{2}\right)\Gamma\!\left(\dfrac{1}{2} + \dfrac{\lambda}{2}\right)}{2\Gamma\!\left(-\dfrac{\lambda}{2}\right)\Gamma\!\left(m + \dfrac{3}{2} + \dfrac{\lambda}{2}\right)}$ 　（Re $\lambda > -1$）

〔这里，$\Gamma(z)$ 为伽马函数（见附录），以下同〕

184. $\displaystyle\int_0^1 x^\lambda P_{2m+1}(x)\mathrm{d}x = \frac{(-1)^m\,\Gamma\!\left(m + \dfrac{1}{2} - \dfrac{\lambda}{2}\right)\Gamma\!\left(1 + \dfrac{\lambda}{2}\right)}{2\Gamma\!\left(\dfrac{1}{2} - \dfrac{\lambda}{2}\right)\Gamma\!\left(m + 2 + \dfrac{\lambda}{2}\right)}$ 　（Re $\lambda > -2$）

185. $\displaystyle\int_{-1}^1 (1-x^2)^n P_{2m}(x)\mathrm{d}x = \frac{2n^2}{(n-m)(2m+2n+1)}\int_{-1}^1 (1-x^2)^{n-1} P_{2m}(x)\mathrm{d}x$
$(m < n)$

186. $\displaystyle\int_{-1}^1 (1+x)^{m+n} P_m(x)P_n(x)\mathrm{d}x = \frac{2^{m+n+1}\,[(m+n)!]^4}{(m!\,n!)^2(2m+2n+1)!}$

187. $\displaystyle\int_{-1}^1 (1+x)^{m-n-1} P_m(x)P_n(x)\mathrm{d}x = 0 \quad (m > n)$

188. $\displaystyle\int_0^1 x^2 P_{n+1}(x)P_{n-1}(x)\mathrm{d}x = \frac{n(n+1)}{(2n-1)(2n+1)(2n+3)}$

189. $\displaystyle\int_{-1}^1 \frac{1}{z-x}\left[P_n(x)P_{n-1}(z) - P_{n-1}(x)P_n(z)\right]\mathrm{d}x = -\frac{2}{n}$

190. $\displaystyle\int_{-1}^1 (1-x)^{-\frac{1}{2}} P_n(x)\mathrm{d}x = \frac{2\sqrt{2}}{2n+1}$

191. $\displaystyle\int_{-1}^1 (1-x^2)^{-\frac{1}{2}} P_{2m}(x)\mathrm{d}x = \left[\frac{\Gamma\!\left(\dfrac{1}{2} + m\right)}{m!}\right]^2$

192. $\displaystyle\int_{-1}^1 x(1-x^2)^{-\frac{1}{2}} P_{2m+1}(x)\mathrm{d}x = \frac{\Gamma\!\left(\dfrac{1}{2} + m\right)\Gamma\!\left(\dfrac{3}{2} + m\right)}{m!\,(m+1)!}$

193. $\displaystyle\int_{-1}^1 (1+px^2)^{-m-\frac{3}{2}} P_{2m}(x)\mathrm{d}x = \frac{2}{2m+1}(-p)^m(1+p)^{-m-\frac{1}{2}}$ 　（$|p| < 1$）

Ⅱ.2.5.3　勒让德多项式与其他初等函数组合的积分

194. $\displaystyle\int_0^\infty P_n(\mathrm{e}^{-x})\mathrm{e}^{-ax}\mathrm{d}x = \frac{(a-1)(a-2)\cdots(a-n+1)}{(a+n)(a+n-2)\cdots(a-n+2)}$ 　（Re $a > 0$, $n \geqslant 2$）

195. $\displaystyle\int_0^\infty P_{2n}(\cos x)\mathrm{e}^{-ax}\mathrm{d}x = \frac{(a^2+1^2)(a^2+3^2)\cdots[a^2+(2n-1)^2]}{a(a^2+2^2)(a^2+4^2)\cdots[a^2+(2n)^2]}$ 　（Re $a > 0$）

196. $\displaystyle\int_0^\infty P_{2n+1}(\cos x)\mathrm{e}^{-ax}\mathrm{d}x = \frac{a(a^2+2^2)(a^2+4^2)\cdots[a^2+(2n)^2]}{(a^2+1^2)(a^2+3^2)\cdots[a^2+(2n+1)^2]}$　　$(\mathrm{Re}\,a>0)$

197. $\displaystyle\int_0^1 P_n(1-2x^2)\sin ax\,\mathrm{d}x = \frac{\pi}{2}\Big[J_{n+\frac{1}{2}}\Big(\frac{a}{2}\Big)\Big]^2$　　$(a>0)$

〔这里，$J_\nu(z)$ 为贝塞尔函数(见附录)，以下同〕

198. $\displaystyle\int_0^1 P_n(1-2x^2)\cos ax\,\mathrm{d}x = \frac{\pi}{2}(-1)^n J_{n+\frac{1}{2}}\Big(\frac{a}{2}\Big)J_{-n-\frac{1}{2}}\Big(\frac{a}{2}\Big)$　　$(a>0)$

199. $\displaystyle\int_0^\pi P_m(\cos\theta)\sin n\theta\,\mathrm{d}\theta$

$$= \begin{cases} \dfrac{2(n-m+1)(n-m+3)\cdots(n+m-1)}{(n-m)(n-m+2)\cdots(n+m)} & (n>m,\ n+m\ \text{为奇数}) \\[2mm] 0 & (n\leqslant m,\ n+m\ \text{为偶数}) \end{cases}$$

200. $\displaystyle\int_0^{2\pi} P_{2m+1}(\cos\theta)\cos\theta\,\mathrm{d}\theta = \frac{\pi}{2^{4m+1}}\binom{2m}{m}\binom{2m+2}{m+1}$

201. $\displaystyle\int_0^\pi P_n(1-2\sin^2 x\sin^2\theta)\sin x\,\mathrm{d}x = \frac{2\sin(2n+1)\theta}{(2n+1)\sin\theta}$

202. $\displaystyle\int_0^1 P_{2n+1}(x)\sin ax\,\frac{\mathrm{d}x}{\sqrt{x}} = (-1)^{n+1}\sqrt{\frac{\pi}{2a}}J_{2n+\frac{3}{2}}(a)$　　$(a>0)$

203. $\displaystyle\int_{-1}^1 P_n(x)(\cosh 2p - x)^{-\frac{1}{2}}\mathrm{d}x = \frac{2\sqrt{2}}{2n+1}\exp[-(2n+1)p]$　　$(p\geqslant 0)$

Ⅱ.2.6　正交多项式的定积分

Ⅱ.2.6.1　埃尔米特(Hermite) 多项式的积分

204. $\displaystyle\int_0^x H_n(y)\mathrm{d}y = \frac{1}{2(n+1)}[H_{n+1}(x) - H_{n+1}(0)]$

〔这里，$H_n(x)$ 为埃尔米特多项式(见附录)，以下同〕

205. $\displaystyle\int_0^x \mathrm{e}^{-y^2}H_n(y)\mathrm{d}y = H_{n-1}(0) - \mathrm{e}^{-x^2}H_{n-1}(x)$

206. $\displaystyle\int_{-\infty}^\infty \mathrm{e}^{-(x-y)^2}H_n(x)\mathrm{d}x = \sqrt{\pi}2^n y^n$

207. $\displaystyle\int_{-\infty}^\infty \mathrm{e}^{-x^2}H_n(x)H_m(x)\mathrm{d}x = \begin{cases} 0 & (m\neq n) \\ 2^n n!\sqrt{\pi} & (m=n) \end{cases}$

208. $\displaystyle\int_{-\infty}^\infty \mathrm{e}^{-x^2}H_m(ax)H_n(x)\mathrm{d}x = 0$　　$(m<n)$

209. $\displaystyle\int_{-\infty}^\infty \mathrm{e}^{-x^2}H_{2m+n}(ax)H_n(x)\mathrm{d}x = \frac{(2m+n)!}{m!}\sqrt{\pi}(2a)^n(a^2-1)^m$

210. $\displaystyle\int_{-\infty}^{\infty} e^{-2x^2} H_m(x) H_n(x) dx = (-1)^{\frac{1}{2}(m+n)} 2^{\frac{1}{2}(m+n-1)} \Gamma\left(\dfrac{m+n+1}{2}\right)$

$(m+n$ 为偶数$)$

〔这里,$\Gamma(z)$ 为伽马函数(见附录),以下同〕

211. $\displaystyle\int_{-\infty}^{\infty} e^{-(x-y)^2} H_m(x) H_n(x) dx = 2^n \sqrt{\pi} m! y^{n-m} L_m^{n-m}(-2y^2) \quad (m \leqslant n)$

〔这里,$L_n^{n-m}(x)$ 为连带拉盖尔多项式(见附录),以下同〕

212. $\displaystyle\int_{-\infty}^{\infty} e^{-x^2} H_m(x+y) H_n(x+z) dx = 2^n \sqrt{\pi} m! z^{n-m} L_m^{n-m}(-2yz) \quad (m \leqslant n)$

213. $\displaystyle\int_{-\infty}^{\infty} e^{ixy} e^{-\frac{x^2}{2}} H_n(x) dx = i^n \sqrt{2\pi} e^{-\frac{y^2}{2}} H_n(y)$

214. $\displaystyle\int_0^{\infty} x^{a-1} e^{-bx} H_n(x) dx = 2^n \sum_{m=0}^{\left[\frac{n}{2}\right]} \dfrac{n! \Gamma(a+n-2m)}{m!(n-2m)!} (-1)^m 2^{-2m} b^{2m-a-n}$

(如果 n 是偶数,则 Re $a > 0$;如果 n 是奇数,则 Re $a > -1$; Re $b > 0$)

215. $\displaystyle\int_{-\infty}^{\infty} e^{-x^2} H_{2m}(yx) dx = \dfrac{(2m)!}{m!} \sqrt{\pi} (y^2-1)^m$

216. $\displaystyle\int_{-\infty}^{\infty} x e^{-x^2} H_{2m+1}(yx) dx = \sqrt{\pi} \dfrac{(2m+1)!}{m!} y(y^2-1)^m$

217. $\displaystyle\int_{-\infty}^{\infty} x^n e^{-x^2} H_n(yx) dx = \sqrt{\pi} n! P_n(y)$

〔这里,$P_n(y)$ 为勒让德多项式(见附录)〕

218. $\displaystyle\int_0^{\infty} x^{-\frac{1}{2}} e^{-px} H_{2n}(\sqrt{x}) dx = (-1)^n 2^n (2n-1)!! \sqrt{\pi} (p-1)^n p^{-n-\frac{1}{2}}$

Ⅱ.2.6.2　拉盖尔(Laguerre)多项式的积分

219. $\displaystyle\int_0^t L_n(x) dx = L_n(t) - \dfrac{1}{n+1} L_{n+1}(t)$

〔这里,$L_n(x)$ 为拉盖尔多项式(见附录),以下同〕

220. $\displaystyle\int_0^t L_m(x) L_n(t-x) dx = L_{m+n}(t) - L_{m+n+1}(t)$

221. $\displaystyle\int_0^{\infty} e^{-bx} L_n(x) dx = (b-1)^n b^{-n-1} \quad (\text{Re } b > 0)$

222. $\displaystyle\int_0^{\infty} e^{-bx} L_n(\lambda x) L_n(\mu x) dx = \dfrac{(b-\lambda-\mu)^n}{b^{n+1}} P_n\left[\dfrac{b^2-(\lambda+\mu)b+2\lambda\mu}{b(b-\lambda-\mu)}\right]$

$(\text{Re } b > 0)$

〔这里,$P_n(x)$ 为勒让德多项式(见附录)〕

Ⅱ.2.7 δ 函数的积分

223. $\displaystyle\int_{-\infty}^{\infty} \delta(x)\mathrm{d}x = 1$

[这里,$\delta(x)$ 为 δ 函数(见附录),以下同]

224. $\displaystyle\int_{-\infty}^{\infty} \delta(a - x)\delta(x - b)\mathrm{d}x = \delta(a - b)$

225. $\displaystyle\int_{-\infty}^{\infty} f(x)\delta(x - a)\mathrm{d}x = f(a)$

226. $\displaystyle\int_{-\infty}^{\infty} f(x)\frac{\mathrm{d}^m\delta(x)}{\mathrm{d}x^m}\mathrm{d}x = (-1)^m\frac{\mathrm{d}^m f(0)}{\mathrm{d}x^m}$

227. $\displaystyle\int_{-\infty}^{\infty} f(x)\delta[\varphi(x)]\mathrm{d}x = \sum_{i}\frac{f(x_i)}{|\varphi'(x_i)|}$

{这里,要求方程 $\varphi(x) = 0$ 只有单根[即 $\varphi(x)$ 的零点],公式的右边表示对 $\varphi(x)$ 的所有零点 $x_i(i = 1,2,3,\cdots)$ 求和}

Ⅲ 积分变换表

Ⅲ.1 拉普拉斯(Laplace)变换

拉普拉斯变换定义为

$$F(p) = L[f(x)] = \int_0^\infty f(x)e^{-px}dx \quad (\mathrm{Re}\,p > c, \, c \text{ 为常数}, \, c \geqslant 0)$$

函数 $f(x)$ 和 $F(p)$ 称为拉普拉斯变换对. 它的逆变换为

$$f(x) = L^{-1}[F(p)] = \frac{1}{2\pi i}\int_{\sigma-i\infty}^{\sigma+i\infty} F(p)e^{px}dp \quad (\sigma > c).$$

拉普拉斯变换表

编号	$f(x)$	$F(p)$
1	1	$\dfrac{1}{p}$
2	x	$\dfrac{1}{p^2}$
3	$x^n \quad (n=0,1,2,\cdots)$	$\dfrac{n!}{p^{n+1}} \quad (\mathrm{Re}\,p>0)$
4	$x^\nu \quad (\nu > -1)$	$\dfrac{\Gamma(\nu+1)}{p^{\nu+1}} \quad (\mathrm{Re}\,p>0)$
5	$x^{n-\frac{1}{2}}$	$\dfrac{1}{p^{n+\frac{1}{2}}} \cdot \dfrac{\sqrt{\pi}}{2} \cdot \dfrac{3}{2} \cdot \dfrac{5}{2} \cdot \cdots \cdot \dfrac{n-1}{2} \quad (\mathrm{Re}\,p>0)$
6	$\sqrt{x}$	$\dfrac{\sqrt{\pi}}{2} \cdot \dfrac{1}{p^{\frac{3}{2}}}$
7	$\dfrac{1}{\sqrt{x}}$	$\sqrt{\dfrac{\pi}{p}}$
8	$\dfrac{\sqrt{x}}{x+a} \quad (|\arg a| < \pi)$	$\sqrt{\dfrac{\pi}{p}} - \pi e^{ap}\sqrt{a} \quad (\mathrm{Re}\,p>0)$

编号	$f(x)$	$F(p)$
9	$\begin{cases} x & (0<x<1) \\ 1 & (x>1) \end{cases}$	$\dfrac{1-\mathrm{e}^{-p}}{p^2}$ （Re $p>0$）
10	e^{-ax}	$\dfrac{1}{p+a}$ （Re $p>-$Re a）
11	$x\mathrm{e}^{-ax}$	$\dfrac{1}{(p+a)^2}$ （Re $p>-$Re a）
12	$x^{\nu-1}\mathrm{e}^{-ax}$ （Re $\nu>0$）	$\dfrac{\Gamma(\nu)}{(p+a)^{\nu}}$ （Re $p>-$Re a）
13	$x\mathrm{e}^{-\frac{x^2}{4a}}$ （Re $a>0$）	$2a-2\pi^{\frac{1}{2}}a^{\frac{3}{2}}p\mathrm{e}^{ap^2}\mathrm{erfc}(pa^{\frac{1}{2}})$
14	$\exp(-a\mathrm{e}^x)$ （Re $a>0$）	$a^p\Gamma(-p,a)$
15	$\ln x$	$-\dfrac{1}{p}(\gamma+\ln p)$ （Re $p>0$，γ 为欧拉常数）
16	$\ln(1+ax)$ （$\lvert\arg a\rvert<\pi$）	$-\dfrac{1}{p}\mathrm{e}^{\frac{p}{a}}\mathrm{Ei}\left(-\dfrac{p}{a}\right)$ （Re $p>0$）
17	$\dfrac{\ln x}{\sqrt{x}}$	$-\sqrt{\dfrac{\pi}{p}}\ln(4\gamma p)$ （Re $p>0$）
18	$\sin ax$	$\dfrac{a}{p^2+a^2}$ （Re $p>\lvert\mathrm{Im}\,a\rvert$）
19	$\cos ax$	$\dfrac{p}{p^2+a^2}$ （Re $p>\lvert\mathrm{Im}\,a\rvert$）
20	$\sinh ax$	$\dfrac{a}{p^2-a^2}$ （Re $p>\lvert\mathrm{Re}\,a\rvert$）
21	$\cosh ax$	$\dfrac{p}{p^2-a^2}$ （Re $p>\lvert\mathrm{Re}\,a\rvert$）
22	$x\sin ax$	$\dfrac{2ap}{(p^2+a^2)^2}$
23	$x\cos ax$	$\dfrac{p^2-a^2}{(p^2+a^2)^2}$
24	$x\sinh ax$	$\dfrac{2ap}{(p^2-a^2)^2}$
25	$x\cosh ax$	$\dfrac{p^2+a^2}{(p^2-a^2)^2}$
26	$x^{\nu-1}\sin ax$ （Re $\nu>-1$）	$\dfrac{\mathrm{i}\Gamma(\nu)}{2}\left[\dfrac{1}{(p+\mathrm{i}a)^{\nu}}-\dfrac{1}{(p-\mathrm{i}a)^{\nu}}\right]$
27	$x^{\nu-1}\cos ax$ （Re $\nu>-1$）	$\dfrac{\Gamma(\nu)}{2}\left[\dfrac{1}{(p+\mathrm{i}a)^{\nu}}+\dfrac{1}{(p-\mathrm{i}a)^{\nu}}\right]$
28	$x^{\nu-1}\sinh ax$ （Re $\nu>-1$）	$\dfrac{\Gamma(\nu)}{2}\left[\dfrac{1}{(p-a)^{\nu}}-\dfrac{1}{(p+a)^{\nu}}\right]$ （Re $p>\lvert\mathrm{Re}\,a\rvert$）
29	$x^{\nu-1}\cosh ax$ （Re $\nu>0$）	$\dfrac{\Gamma(\nu)}{2}\left[\dfrac{1}{(p-a)^{\nu}}+\dfrac{1}{(p+a)^{\nu}}\right]$ （Re $p>\lvert\mathrm{Re}\,a\rvert$）

编号	$f(x)$	$F(p)$
30	$\mathrm{e}^{-bx}\sin ax$	$\dfrac{a}{(p+b)^2+a^2}$
31	$\mathrm{e}^{-bx}\cos ax$	$\dfrac{p+b}{(p+b)^2+a^2}$
32	$\mathrm{e}^{-bx}\sin(ax+c)$	$\dfrac{(p+b)\sin c+a\cos c}{(p+b)^2+a^2}$
33	$\mathrm{e}^{-bx}\cos(ax+c)$	$\dfrac{(p+b)\cos c-a\sin c}{(p+b)^2+a^2}$
34	$\sin^2 ax$	$\dfrac{2a^2}{p(p^2+4a^2)}$
35	$\cos^2 ax$	$\dfrac{p^2+2a}{p(p^2+4a^2)}$
36	$\sin ax\sin bx$	$\dfrac{2abp}{\left[p^2+(a+b)^2\right]\left[p^2+(a-b)^2\right]}$
37	$\mathrm{e}^{ax}-\mathrm{e}^{bx}$	$\dfrac{a-b}{(p-a)(p-b)}$
38	$a\mathrm{e}^{ax}-b\mathrm{e}^{bx}$	$\dfrac{(a-b)p}{(p-a)(p-b)}$
39	$\dfrac{1}{a}\sin ax-\dfrac{1}{b}\sin bx$	$\dfrac{b^2-a^2}{(p^2+a^2)(p^2+b^2)}$
40	$\cos ax-\cos bx$	$\dfrac{(b^2-a^2)p}{(p^2+a^2)(p^2+b^2)}$
41	$\dfrac{1}{a^3}(ax-\sin ax)$	$\dfrac{1}{p^2(p^2+a^2)}$
42	$\dfrac{1}{a^4}(\cos ax-1)+\dfrac{1}{2a^2}x^2$	$\dfrac{1}{p^3(p^2+a^2)}$
43	$\dfrac{1}{a^4}(\cosh ax-1)-\dfrac{1}{2a^2}x^2$	$\dfrac{1}{p^2(p^2-a^2)}$
44	$\dfrac{1}{2a^3}(\sin ax-ax\cos ax)$	$\dfrac{1}{(p^2+a^2)^2}$
45	$\dfrac{1}{2a}(\sin ax+ax\cos ax)$	$\dfrac{p^2}{(p^2+a^2)^2}$
46	$\dfrac{1}{a^4}(1-\cos ax)-\dfrac{x}{2a^3}\sin ax$	$\dfrac{1}{p(p^2+a^2)^2}$
47	$(1-ax)\mathrm{e}^{-ax}$	$\dfrac{p}{(p+a)^2}$
48	$x\left(1-\dfrac{a}{2}x\right)\mathrm{e}^{-ax}$	$\dfrac{p}{(p+a)^3}$
49	$\dfrac{1}{a}(1-\mathrm{e}^{-ax})$	$\dfrac{1}{p(p+a)}$
50	$\dfrac{1}{ab}+\dfrac{1}{b-a}\left(\dfrac{\mathrm{e}^{-bx}}{b}-\dfrac{\mathrm{e}^{-ax}}{a}\right)$	$\dfrac{1}{p(p+a)(p+b)}$

编号	$f(x)$	$F(p)$
51	$\sin ax \cosh ax - \cos ax \sinh ax$	$\dfrac{4a^3}{p^4 + 4a^4}$
52	$\dfrac{1}{2a^2}\sin ax \sinh ax$	$\dfrac{p}{p^4 + 4a^4}$
53	$\dfrac{1}{2a^3}(\sinh ax - \sin ax)$	$\dfrac{1}{p^4 - a^4}$
54	$\dfrac{1}{2a^2}(\cosh ax - \cos ax)$	$\dfrac{p}{p^4 - a^4}$
55	$\dfrac{1}{\sqrt{\pi x}}$	$\dfrac{1}{\sqrt{p}}$
56	$2\sqrt{\dfrac{x}{\pi}}$	$\dfrac{1}{p\sqrt{p}}$
57	$\dfrac{1}{\sqrt{\pi x}}e^{ax}(1 + 2ax)$	$\dfrac{p}{(p-a)\sqrt{(p-a)}}$
58	$\dfrac{1}{2\sqrt{\pi x^3}}(e^{bx} - e^{ax})$	$\sqrt{p-a} - \sqrt{p-b}$
59	$\dfrac{1}{\sqrt{\pi x}}\cos(2\sqrt{ax})$	$\dfrac{1}{\sqrt{p}}e^{-\frac{a}{p}}$
60	$\dfrac{1}{\sqrt{\pi x}}\cosh(2\sqrt{ax})$	$\dfrac{1}{\sqrt{p}}e^{\frac{a}{p}}$
61	$\dfrac{1}{\sqrt{\pi x}}\sin(2\sqrt{ax})$	$\dfrac{1}{p\sqrt{p}}e^{-\frac{a}{p}}$
62	$\dfrac{1}{\sqrt{\pi x}}\sinh(2\sqrt{ax})$	$\dfrac{1}{p\sqrt{p}}e^{\frac{a}{p}}$
63	$\dfrac{1}{x}(e^{bx} - e^{ax})$	$\ln\dfrac{p-a}{p-b}$
64	$\dfrac{2}{x}\sinh ax$	$\ln\dfrac{p+a}{p-a}$
65	$\dfrac{2}{x}(1 - \cos ax)$	$\ln\dfrac{p^2 + a^2}{p^2}$
66	$\dfrac{2}{x}(1 - \cosh ax)$	$\ln\dfrac{p^2 - a^2}{p^2}$
67	$\dfrac{1}{x}\sin ax$	$\arctan\dfrac{a}{p}$
68	$\dfrac{1}{x}(\cosh ax - \cos ax)$	$\ln\sqrt{\dfrac{p^2 + b^2}{p^2 - a^2}}$
69	$\mathrm{Si}(x) \equiv \displaystyle\int_0^x \dfrac{\sin\xi}{\xi}d\xi$	$\dfrac{1}{p}\operatorname{arccot}p \quad (\mathrm{Re}\ p > 0)$
70	$\mathrm{Ci}(x) \equiv -\displaystyle\int_x^\infty \dfrac{\cos\xi}{\xi}d\xi$	$-\dfrac{1}{2p}\ln(1 + p^2) \quad (\mathrm{Re}\ p > 0)$
71	$\dfrac{1}{\pi x}\sin(2a\sqrt{x})$	$\operatorname{erf}\left(\dfrac{a}{\sqrt{p}}\right)$

编号	$f(x)$	$F(p)$
72	$\dfrac{1}{\sqrt{\pi x}}e^{-2a\sqrt{x}}\quad(a>0)$	$\dfrac{1}{\sqrt{p}}e^{\frac{a^2}{p}}\,\mathrm{erfc}\Big(\dfrac{a}{\sqrt{p}}\Big)$
73	$\Phi(a\sqrt{x})$	$\dfrac{a}{p\ \sqrt{p+a^2}}\quad(\mathrm{Re}\ p>0)$
74	$\mathrm{erfc}(a\sqrt{x})\equiv1-\Phi(a\sqrt{x})$	$1-\dfrac{a}{\sqrt{p+a^2}}\quad(\mathrm{Re}\ p>0)$
75	$\mathrm{erfc}\Big(\dfrac{a}{\sqrt{x}}\Big)$	$\dfrac{1}{p}e^{-2a\sqrt{p}}\quad(\mathrm{Re}\ p>0)$
76	$\dfrac{1}{\sqrt{x}}e^{-\frac{a^2}{4x}}\quad(a>0)$	$\sqrt{\dfrac{\pi}{p}}\,e^{-a\sqrt{p}}$
77	$\mathrm{erf}\Big(\dfrac{x}{2a}\Big)\quad(a>0)$	$\dfrac{1}{p}e^{a^2p^2}\,\mathrm{erfc}(ap)$
78	$\dfrac{1}{\sqrt{\pi(x+a)}}\quad(a>0)$	$\dfrac{1}{\sqrt{p}}e^{ap}\,\mathrm{erfc}(\sqrt{ap})$
79	$\dfrac{1}{\sqrt{a}}\mathrm{erf}(\sqrt{ax})$	$\dfrac{1}{p\ \sqrt{p+a}}$
80	$\dfrac{1}{\sqrt{a}}e^{ax}\,\mathrm{erf}(\sqrt{ax})$	$\dfrac{1}{\sqrt{p}(p-a)}$
81	$\lvert\cos ax\rvert\quad(a>0)$	$\dfrac{1}{p^2+a^2}\Big(p+\mathrm{arcosh}\dfrac{p\pi}{2a}\Big)$
82	$\lvert\sin ax\rvert\quad(a>0)$	$\dfrac{a}{p^2+a^2}\coth\dfrac{p\pi}{2a}$
83	$\mathrm{J}_0(ax)$	$\dfrac{1}{\sqrt{p^2+a^2}}$
84	$\mathrm{I}_0(ax)$	$\dfrac{1}{\sqrt{p^2-a^2}}$
85	$\mathrm{J}_\nu(ax)\quad(\mathrm{Re}\ \nu>-1)$	$\dfrac{1}{\sqrt{p^2+a^2}}\dfrac{a^\nu}{\big(p+\sqrt{p^2+a^2}\big)^\nu}\quad(\mathrm{Re}\ p>\lvert\mathrm{Im}\ a\rvert)$
86	$x\mathrm{J}_\nu(ax)\quad(\mathrm{Re}\ \nu>-2)$	$\dfrac{p+\nu\ \sqrt{p^2+a^2}}{(p^2+a^2)^{\frac{3}{2}}}\dfrac{a^\nu}{\big(p+\sqrt{p^2+a^2}\big)^\nu}$ $(\mathrm{Re}\ p>\lvert\mathrm{Im}\ a\rvert)$
87	$\dfrac{\mathrm{J}_\nu(ax)}{x}\quad(\mathrm{Re}\ \nu>0)$	$\dfrac{1}{\nu}\dfrac{a^\nu}{\big(p+\sqrt{p^2+a^2}\big)^\nu}\quad(\mathrm{Re}\ p>\lvert\mathrm{Im}\ a\rvert)$
88	$x^n\mathrm{J}_n(ax)$	$\dfrac{1\cdot3\cdot5\cdot\cdots\cdot(2n-1)a^n}{(p^2+a^2)^{n+\frac{1}{2}}}\quad(\mathrm{Re}\ p>\lvert\mathrm{Im}\ a\rvert)$
89	$x^\nu\mathrm{J}_\nu(ax)\quad\Big(\mathrm{Re}\ \nu>-\dfrac{1}{2}\Big)$	$\dfrac{(2a)^\nu}{\sqrt{\pi}(p^2+a^2)^{\nu+\frac{1}{2}}}\Gamma\Big(\nu+\dfrac{1}{2}\Big)\quad(\mathrm{Re}\ p>\lvert\mathrm{Im}\ a\rvert)$

编号	$f(x)$	$F(p)$
90	$I_\nu(ax)$ $(Re\ \nu>-1)$	$\dfrac{1}{\sqrt{p^2-a^2}}\dfrac{a^\nu}{\left(p+\sqrt{p^2-a^2}\right)^\nu}$ $(Re\ p>|Re\ a|)$
91	$x^\nu I_\nu(ax)$ $\left(Re\ \nu>-\dfrac{1}{2}\right)$	$\dfrac{(2a)^\nu}{\sqrt{\pi}(p^2-a^2)^{\nu+\frac{1}{2}}}\Gamma\left(\nu+\dfrac{1}{2}\right)$ $(Re\ p>|Re\ a|)$
92	$\dfrac{I_\nu(ax)}{x}$ $(Re\ \nu>0)$	$\dfrac{1}{\nu}\dfrac{a^\nu}{\left(p+\sqrt{p^2-a^2}\right)^\nu}$ $(Re\ p>|Re\ a|)$
93	$\delta(x)$（狄拉克 δ 函数）	1
94	$\delta'(x)$	p
95	$\delta(x-a)$ $(a>0)$	e^{-ap}
96	$\delta'(x-a)$ $(a>0)$	pe^{-ap}
97	$\delta^{(k)}(x-a)$	$p^k e^{-ap}$ $(-\infty<p<\infty)$
98	$\displaystyle\sum_{m=1}^{\infty}\delta(x-ma)$	$-\dfrac{1}{1-e^{ap}}$ $(Re\ p>0)$
99	x_+^λ	$\dfrac{\Gamma(\lambda+1)}{p^{\lambda+1}}$ $(\lambda\neq-1,-2,\cdots;\ Re\ p>0)$
100	x_+^{-k}	$-\dfrac{(-p)^{k-1}}{(k-1)!}[\ln p-\psi(k)]$ $(k=2,3,\cdots;\ Re\ p>0)$

Ⅲ.2　傅里叶（Fourier）变换

一个函数 $f(t)$ 的傅里叶变换定义为

$$F(\omega)=\frac{1}{\sqrt{2\pi}}\int_{-\infty}^{\infty}f(t)e^{i\omega t}dt$$

式中，$e^{i\omega t}$ 称为变换核. 它的逆变换为

$$f(t)=\frac{1}{\sqrt{2\pi}}\int_{-\infty}^{\infty}F(\omega)e^{-i\omega t}d\omega$$

傅里叶变换表

编号	$f(t)$	$F(\omega)$
1	$\mathrm{e}^{-a\|t\|}\quad(a>0)$	$\sqrt{\dfrac{2}{\pi}}\dfrac{a}{a^2+\omega^2}$
2	$t\mathrm{e}^{-a\|t\|}\quad(a>0)$	$\sqrt{\dfrac{2}{\pi}}\dfrac{2\mathrm{i}a\omega}{(a^2+\omega^2)^2}$
3	$\|t\|\mathrm{e}^{-a\|t\|}\quad(a>0)$	$\sqrt{\dfrac{2}{\pi}}\dfrac{(a^2-\omega^2)}{(a^2+\omega^2)^2}$
4	$\dfrac{\mathrm{e}^{-a\|t\|}}{\sqrt{\|t\|}}\quad(a>0)$	$\dfrac{\sqrt{a+\sqrt{a^2+\omega^2}}}{\sqrt{a^2+\omega^2}}$
5	$\dfrac{\mathrm{sgn}t\ \mathrm{e}^{-a\|t\|}}{\sqrt{\|t\|}}\quad(a>0)$	$\dfrac{\mathrm{i}\,\mathrm{sgn}\omega\ \sqrt{\sqrt{a^2+\omega^2}-a}}{\sqrt{a^2+\omega^2}}$
6	$\mathrm{e}^{-a^2t^2}\quad(a>0)$	$\dfrac{\exp\left(-\dfrac{\omega^2}{4a^2}\right)}{a\sqrt{2}}$
7	$\mathrm{e}^{-b\sqrt{a^2+t^2}}\quad(a>0,\ b>0)$	$\sqrt{\dfrac{2}{\pi}}\dfrac{ab}{\sqrt{b^2+\omega^2}}\mathrm{K}_1(a\ \sqrt{b^2+\omega^2})$
8	$\dfrac{\mathrm{e}^{-b\sqrt{a^2+t^2}}}{\sqrt{a^2+t^2}}\quad(a>0,\ b>0)$	$\sqrt{\dfrac{2}{\pi}}\mathrm{K}_0(a\ \sqrt{b^2+\omega^2})$
9	$\dfrac{1}{a^2+t^2}\quad(\mathrm{Re}\ a>0)$	$\sqrt{\dfrac{\pi}{2}}\dfrac{1}{a\mathrm{e}^{a\|\omega\|}}$
10	$\dfrac{t}{(a^2+t^2)^2}\quad(\mathrm{Re}\ a>0)$	$\mathrm{i}\ \sqrt{\dfrac{\pi}{2}}\dfrac{\omega}{2a\mathrm{e}^{a\|\omega\|}}$
11	$\dfrac{1}{\sqrt{a^2+t^2}}$	$\sqrt{\dfrac{2}{\pi}}\mathrm{K}_0(a\|\omega\|)$
12	$\dfrac{1}{\sqrt{a^2-t^2}}\quad(\|t\|<a)$	$\sqrt{\dfrac{\pi}{2}}\mathrm{J}_0(a\|\omega\|)$
13	$\dfrac{1}{(a^2+t^2)^{\nu+\frac{1}{2}}}\quad\left(\mathrm{Re}\ \nu>-\dfrac{1}{2}\right)$	$\dfrac{\sqrt{2}}{\Gamma\left(\nu+\dfrac{1}{2}\right)}\left\|\dfrac{\omega}{2a}\right\|^{\nu}\mathrm{K}_{\nu}(a\|\omega\|)$
14	$\begin{cases}\dfrac{1}{(a^2-t^2)^{\nu+\frac{1}{2}}}\\ \left(\|t\|<a,\ \mathrm{Re}\ \nu<\dfrac{1}{2}\right)\\ 0\quad\left(\|t\|>a,\ \mathrm{Re}\ \nu<\dfrac{1}{2}\right)\end{cases}$	$\dfrac{\Gamma\left(\dfrac{1}{2}-\nu\right)}{\sqrt{2}}\left\|\dfrac{\omega}{2a}\right\|^{\nu}\mathrm{J}_{-\nu}(a\|\omega\|)$
15	$\sin at^2$	$\dfrac{1}{\sqrt{2a}}\sin\left(\dfrac{\omega^2}{4a}+\dfrac{\pi}{4}\right)$
16	$\cos at^2$	$\dfrac{1}{\sqrt{2a}}\cos\left(\dfrac{\omega^2}{4a}-\dfrac{\pi}{4}\right)$

编号	$f(t)$	$F(\omega)$
17	$\dfrac{\sin at}{t}$	$\begin{cases} \sqrt{\dfrac{\pi}{2}} & (\lvert\omega\rvert<a) \\ 0 & (\lvert\omega\rvert>a) \end{cases}$
18	$\dfrac{t}{\sinh t}$	$\sqrt{\dfrac{2}{\pi^3}}\dfrac{\mathrm{e}^{\omega\pi}}{(1+\mathrm{e}^{\omega\pi})^2}$
19	$\dfrac{\sin at}{\sqrt{\lvert t\rvert}}$	$\dfrac{\mathrm{i}}{2}\left(\dfrac{1}{\sqrt{\lvert a+\omega\rvert}}-\dfrac{1}{\sqrt{\lvert a-\omega\rvert}}\right)$
20	$\dfrac{\cos at}{\sqrt{\lvert t\rvert}}$	$\dfrac{1}{2}\left(\dfrac{1}{\sqrt{\lvert a+\omega\rvert}}+\dfrac{1}{\sqrt{\lvert a-\omega\rvert}}\right)$
21	$\dfrac{\sin^2 at}{t^2}\quad(a>0)$	$\begin{cases} \sqrt{\dfrac{\pi}{2}}\left(a-\dfrac{\lvert\omega\rvert}{2}\right) & (\lvert\omega\rvert<2a) \\ 0 & (\lvert\omega\rvert>2a) \end{cases}$
22	$\dfrac{\sinh at}{\sinh bt}\quad(0<a<b)$	$\sqrt{\dfrac{\pi}{2}}\dfrac{\sin\dfrac{a\pi}{b}}{b\left(\cosh\dfrac{\omega\pi}{b}+\cos\dfrac{a\pi}{b}\right)}$
23	$\dfrac{\cosh at}{\sinh bt}\quad(0<a<b)$	$\mathrm{i}\sqrt{\dfrac{\pi}{2}}\dfrac{\sinh\dfrac{\omega\pi}{b}}{b\left(\cosh\dfrac{\omega\pi}{b}+\cos\dfrac{a\pi}{b}\right)}$
24	$t^{\nu}\operatorname{sgn}t\quad(\nu<-1,\text{非整数})$	$\sqrt{\dfrac{2}{\pi}}\dfrac{\nu!}{(-\mathrm{i}\omega)^{1+\nu}}$
25	$\lvert t\rvert^{\nu}\quad(\nu<-1,\text{非整数})$	$-\sqrt{\dfrac{2}{\pi}}\dfrac{\Gamma(\nu+1)}{\lvert\omega\rvert^{\nu+1}}\sin\dfrac{\nu\pi}{2}$
26	$\dfrac{1}{\lvert t\rvert^{a}}\quad(0<\operatorname{Re}a<1)$	$\sqrt{\dfrac{2}{\pi}}\dfrac{\Gamma(1-a)}{\lvert\omega\rvert^{1-a}}\sin\dfrac{a\pi}{2}$
27	$\lvert t\rvert^{\nu}\operatorname{sgn}t\quad(\nu<-1,\text{非整数})$	$\mathrm{i}\operatorname{sgn}\omega\cdot\sqrt{\dfrac{2}{\pi}}\dfrac{\Gamma(\nu+1)}{\lvert\omega\rvert^{\nu+1}}\cos\dfrac{\nu\pi}{2}$
28	$\begin{aligned}&\mathrm{e}^{-at}\ln\lvert1-\mathrm{e}^{-t}\rvert\\&(-1<\operatorname{Re}a<0)\end{aligned}$	$\sqrt{\dfrac{\pi}{2}}\dfrac{\cot(a\pi-\mathrm{i}\omega\pi)}{a-\mathrm{i}\omega}$
29	$\begin{aligned}&\mathrm{e}^{-at}\ln(1+\mathrm{e}^{-t})\\&(-1<\operatorname{Re}a<0)\end{aligned}$	$\sqrt{\dfrac{\pi}{2}}\dfrac{\csc(a\pi-\mathrm{i}\omega\pi)}{a-\mathrm{i}\omega}$
30	$\mathrm{J}_0(\sqrt{b}\sqrt{a^2-t^2})\mathrm{H}(a^2-t^2)$	$\sqrt{\dfrac{2}{\pi}}\dfrac{\sin(a\sqrt{\omega^2+b})}{\sqrt{\omega^2+b}}\quad(a>0,\ b>0)$

编号	$f(t)$	$F(\omega)$
31	$J_0(\sqrt{b}\sqrt{a^2+t^2})$	$\sqrt{\dfrac{2}{\pi}}\dfrac{\cos(a\sqrt{b-\omega^2})}{\sqrt{b-\omega^2}}H(b-\omega^2)\quad(a\geqslant0,\ b>0)$
32	$\dfrac{\cosh(\sqrt{b}\sqrt{a^2-t^2})}{\sqrt{a^2-t^2}}H(a^2-t^2)$	$\sqrt{\dfrac{\pi}{2}}J_0(a\sqrt{\omega^2-b})H(\omega^2-b)\quad(a>0,\ b\geqslant0)$
33	$e^{-at}H(t)$	$\dfrac{i}{\sqrt{2\pi}(\omega+ia)}\quad(a>0)$
34	$P_n(t)H(1-t^2)$	$\dfrac{i^n}{\sqrt{\pi}}J_{n+\frac{1}{2}}(\omega)$
35	1	$\sqrt{2\pi}\delta(\omega)$
36	t	$-i\sqrt{2\pi}\delta'(\omega)$
37	t^n	$(-i)^n\sqrt{2\pi}\delta^{(n)}(\omega)$
38	$\dfrac{1}{t}$	$\sqrt{\dfrac{\pi}{2}}i\,\mathrm{sgn}\,\omega$
39	$\delta(t)$	$\dfrac{1}{\sqrt{2\pi}}$
40	$\delta(t-\tau)$	$\dfrac{e^{i\tau\omega}}{\sqrt{2\pi}}$
41	$\delta^{(n)}(t)$	$\dfrac{(-i\omega)^n}{\sqrt{2\pi}}$
42	$\dfrac{1}{|t|}$	$\dfrac{1}{|\omega|}$
43	e^{iat} （a 为实数）	$\sqrt{2\pi}\delta(\omega+a)$
44	$\cos bt$	$\sqrt{\dfrac{\pi}{2}}[\delta(\omega+b)+\delta(\omega-b)]$
45	$\sin bt$	$-i\sqrt{\dfrac{\pi}{2}}[\delta(\omega+b)-\delta(\omega-b)]$
46	$\cosh bt$	$\sqrt{\dfrac{\pi}{2}}[\delta(\omega+ib)+\delta(\omega-ib)]$
47	$\sinh bt$	$\sqrt{\dfrac{\pi}{2}}[\delta(\omega+ib)-\delta(\omega-ib)]$
48	$H(t)^*$	$\sqrt{\dfrac{\pi}{2}}\delta(\omega)+\dfrac{i}{\sqrt{2\pi}}\dfrac{1}{\omega}$
49	$\mathrm{sgn}\,t$	$\dfrac{2i}{\sqrt{2\pi}}\dfrac{1}{\omega}$

编号	$f(t)$	$F(\omega)$
50	$\dfrac{1}{t}$	$\mathrm{i}\,\sqrt{\dfrac{\pi}{2}}\,\mathrm{sgn}\omega$
51	t^{-m}	$\dfrac{\mathrm{i}^{m}\omega^{m-1}}{(m-1)!}\,\sqrt{\dfrac{\pi}{2}}\mathrm{sgn}\omega \quad (m=1,2,\cdots)$
52	$(t-a)^{-m}$	$\dfrac{\mathrm{i}^{m}\omega^{m-1}}{(m-1)!}\,\sqrt{\dfrac{\pi}{2}}\,\mathrm{e}^{\mathrm{i}a\omega}\mathrm{sgn}\omega$
53	$t_{\pm}^{\lambda}$	$\dfrac{1}{\sqrt{2\pi}}\mathrm{e}^{\pm\frac{\mathrm{i}(\lambda+1)\pi}{2}}\Gamma(\lambda+1)(\omega\pm\mathrm{i}0)^{-\lambda-1}$ $(\lambda\neq-1,-2,\cdots)$
54	$\dfrac{t_{\pm}^{\lambda}}{\Gamma(\lambda+1)}$	$\dfrac{\mathrm{e}^{\pm\mathrm{i}\left(\frac{\lambda}{2}+\frac{1}{2}\right)\pi}(\omega\pm\mathrm{i}0)^{-\lambda-1}}{\sqrt{2\pi}}$ $(\lambda\neq-1,-2,\cdots)$
55	t_{+}^{m}	$\dfrac{\mathrm{i}^{m+1}}{\sqrt{2\pi}}\big[m!\,\omega^{-m-1}+(-1)^{m+1}\mathrm{i}\pi\delta^{(m)}(\omega)\big]$ $(m=1,2,\cdots)$
56	t_{-}^{m}	$\dfrac{\mathrm{i}^{m+1}}{\sqrt{2\pi}}\big[(-1)^{m+1}m!\,\omega^{-m-1}-\mathrm{i}\pi\delta^{(m)}(\omega)\big]$ $(m=1,2,\cdots)$
57	$|t|^{\lambda}$	$-\dfrac{2\Gamma(\lambda+1)}{\sqrt{2\pi}|\omega|^{\lambda+1}}\sin\dfrac{\lambda\pi}{2}\quad(\lambda\neq\pm1,\pm2,\cdots)$
58	$|t|^{\lambda}\mathrm{sgn}t$	$\dfrac{2\mathrm{i}\Gamma(\lambda+1)}{\sqrt{2\pi}|\omega|^{\lambda+1}}\cos\dfrac{\lambda\pi}{2}\mathrm{sgn}\omega\quad(\lambda\neq\pm1,\pm2,\cdots)$
59	$|t|^{m}$	$\dfrac{\mathrm{i}^{m+1}}{\sqrt{2\pi}}\big\{\big[1+(-1)^{m+1}\big]m!\,\omega^{-m-1}+\big[(-1)^{m+1}-1\big]\mathrm{i}\pi\delta^{(m)}(\omega)\big\}\quad(m=0,1,2,\cdots)$
60	$|t|^{m}\mathrm{sgn}t$	$\dfrac{\mathrm{i}^{m+1}}{\sqrt{2\pi}}\big\{\big[1-(-1)^{m+1}\big]m!\,\omega^{-m-1}+\big[(-1)^{m+1}+1\big]\mathrm{i}\pi\delta^{(m)}(\omega)\big\}\quad(m=0,1,2,\cdots)$
61	$\ln x_{\pm}$	$\pm\dfrac{\mathrm{i}}{\sqrt{2\pi}(\omega\pm\mathrm{i}0)}\Big[\Gamma'(1)\pm\dfrac{\mathrm{i}\pi}{2}-\ln(\omega\pm\mathrm{i}0)\Big]$
62	$\ln|x|$	$-\sqrt{\dfrac{\pi}{2}}\Big[\dfrac{1}{|\omega|}+2\gamma\,\delta(\omega)\Big]$
63	$(x^2+1)^{\lambda}$	$\dfrac{\sqrt{2}}{\Gamma(-\lambda)}\Big(\dfrac{|\omega|}{2}\Big)^{-\lambda-\frac{1}{2}}\mathrm{N}_{-\lambda-\frac{1}{2}}(|\omega|)$

编号	$f(t)$	$F(\omega)$
64	$(x^2-1)_+^{\lambda}$	$-\dfrac{\Gamma(\lambda+1)}{\sqrt{2}}\left(\dfrac{\mid\omega\mid}{2}\right)^{-\lambda-\frac{1}{2}}\mathrm{N}_{-\lambda-\frac{1}{2}}(\mid\omega\mid)$
65	$(x^2-1)_+^{m}$	$(-1)^m\sqrt{2\pi}\left(1+\dfrac{\mathrm{d}^2}{\mathrm{d}\omega^2}\right)\delta(\omega)$ $+\dfrac{(-1)^{m+1}}{\sqrt{2}}\left(\dfrac{\omega}{2}\right)^{-m-\frac{1}{2}}\mathrm{J}_{m+\frac{1}{2}}(\omega)$ $(m=1,2,\cdots)$

* H(t)为赫维赛德(Heaviside)函数,通常也称阶跃函数,它的表达式为

$$\mathrm{H}(t)=\begin{cases}0 & (t\leqslant 0)\\1 & (t>0)\end{cases}$$

Ⅲ.3　傅里叶(Fourier)正弦变换

傅里叶正弦变换定义为

$$F_s(\xi)=\sqrt{\frac{2}{\pi}}\int_0^{\infty}f(x)\sin\xi x\,\mathrm{d}x$$

它的逆变换为

$$f(x)=\sqrt{\frac{2}{\pi}}\int_0^{\infty}F_s(\xi)\sin\xi x\,\mathrm{d}\xi$$

傅里叶正弦变换表

编号	$f(x)$	$F_s(\xi)$
1	$\dfrac{1}{x}$	$\sqrt{\dfrac{\pi}{2}}\quad(\xi>0)$
2	$x^{-\nu}\quad(0<\mathrm{Re}\,\nu<2)$	$\sqrt{\dfrac{2}{\pi}}\xi^{\nu-1}\Gamma(1-\nu)\cos\dfrac{\nu\pi}{2}\quad(\xi>0)$
3	$x^{-\frac{1}{2}}$	$\xi^{-\frac{1}{2}}\quad(\xi>0)$
4	$x^{-\frac{3}{2}}$	$2\sqrt{\xi}\quad(\xi>0)$
5	$\dfrac{\sin ax}{x}\quad(a>0)$	$\dfrac{1}{\sqrt{2\pi}}\ln\left|\dfrac{\xi+a}{\xi-a}\right|\quad(\xi>0)$

编号	$f(x)$	$F_s(\xi)$
6	$\dfrac{\sin ax}{x^2}$ $(a>0)$	$\begin{cases} \xi\sqrt{\dfrac{\pi}{2}} & (0<\xi<a) \\[2mm] a\sqrt{\dfrac{\pi}{2}} & (a<\xi<\infty) \end{cases}$
7	$\sin\dfrac{a^2}{x}$ $(a>0)$	$a\sqrt{\dfrac{\pi}{2}}\dfrac{\mathrm{J}_1(2a\sqrt{\xi})}{\sqrt{\xi}}$ $(\xi>0)$
8	$\dfrac{1}{x}\sin\dfrac{a^2}{x}$ $(a>0)$	$\sqrt{\dfrac{\pi}{2}}\mathrm{N}_0(2a\sqrt{\xi})+\sqrt{\dfrac{2}{\pi}}\mathrm{K}_0(2a\sqrt{\xi})$ $(\xi>0)$
9	$\dfrac{1}{x^2}\sin\dfrac{a^2}{x}$ $(a>0)$	$\sqrt{\dfrac{\pi}{2}}\dfrac{\sqrt{\xi}}{a}\mathrm{J}_1(2a\sqrt{\xi})$ $(\xi>0)$
10	$\dfrac{x}{a^2+x^2}$ $(\mathrm{Re}\,a>0)$	$\sqrt{\dfrac{\pi}{2}}\mathrm{e}^{-a\xi}$ $(\xi>0)$
11	$\dfrac{x}{(a^2+x^2)^2}$	$\sqrt{\dfrac{\pi}{8}}\dfrac{\xi}{a}\mathrm{e}^{-a\xi}$ $(\xi>0)$
12	$\dfrac{1}{x(a^2+x^2)}$ $(\mathrm{Re}\,a>0)$	$\sqrt{\dfrac{\pi}{2}}\dfrac{1-\mathrm{e}^{-a\xi}}{a^2}$ $(\xi>0)$
13	e^{-ax} $(\mathrm{Re}\,a>0)$	$\sqrt{\dfrac{2}{\pi}}\dfrac{\xi}{a^2+\xi^2}$ $(\xi>0)$
14	$x\mathrm{e}^{-ax}$ $(\mathrm{Re}\,a>0)$	$\sqrt{\dfrac{2}{\pi}}\dfrac{2a\xi}{(a^2+\xi^2)^2}$ $(\xi>0)$
15	$x^{-1}\mathrm{e}^{-ax}$ ·$(\mathrm{Re}\,a>0)$	$\sqrt{\dfrac{2}{\pi}}\arctan\dfrac{\xi}{a}$ $(\xi>0)$
16	$x^{\nu-1}\mathrm{e}^{-ax}$ $(\mathrm{Re}\,a>0,\ \mathrm{Re}\,\nu>-1)$	$\sqrt{\dfrac{2}{\pi}}\dfrac{\Gamma(\nu)\sin\left(\nu\arctan\dfrac{\xi}{a}\right)}{(a^2+\xi^2)^{\frac{\nu}{2}}}$ $(\xi>0)$
17	$\operatorname{csch}ax$ $(\mathrm{Re}\,a>0)$	$\sqrt{\dfrac{\pi}{2}}\dfrac{\tanh\dfrac{\xi\pi}{2a}}{a}$ $(\xi>0)$
18	$\coth\dfrac{ax}{2}-1$ $(\mathrm{Re}\,a>0)$	$\sqrt{2\pi}\dfrac{\coth\dfrac{\xi\pi}{a}}{a}-\xi$ $(\xi>0)$
19	$\mathrm{J}_0(ax)$ $(a>0)$	$\begin{cases} 0 & (0<\xi<a) \\[2mm] \sqrt{\dfrac{2}{\pi}}\dfrac{1}{\sqrt{\xi^2-a^2}} & (a<\xi<\infty) \end{cases}$

续表

编号	$f(x)$	$F_s(\xi)$
20	$J_\nu(ax)$ $(a>0,\ \mathrm{Re}\ \nu>-2)$	$\begin{cases} \sqrt{\dfrac{2}{\pi}}\dfrac{\sin\left(\nu\arcsin\dfrac{\xi}{a}\right)}{\sqrt{a^2-\xi^2}} & (0<\xi<a) \\[4mm] \dfrac{a^\nu\cos\dfrac{\nu\pi}{2}}{\sqrt{\xi^2-a^2}(\xi+\sqrt{\xi^2-a^2})^\nu} & (a<\xi<\infty) \end{cases}$
21	$\dfrac{J_0(ax)}{x}\quad(a>0)$	$\begin{cases} \sqrt{\dfrac{2}{\pi}}\arcsin\dfrac{\xi}{a} & (0<\xi<a) \\[4mm] \sqrt{\dfrac{\pi}{2}} & (a<\xi<\infty) \end{cases}$
22	$\dfrac{J_0(ax)}{x^2+b^2}$ $(a>0,\ \mathrm{Re}\ b>0)$	$\sqrt{\dfrac{2}{\pi}}\dfrac{\sinh b\xi\, K_0(ab)}{b}\quad(0<\xi<a)$
23	$\dfrac{xJ_0(ax)}{x^2+b^2}$ $(a>0,\ \mathrm{Re}\ b>0)$	$\sqrt{\dfrac{\pi}{2}}\dfrac{I_0(ab)}{e^{b\xi}}\quad(a<\xi<\infty)$

Ⅲ.4 傅里叶(Fourier)余弦变换

傅里叶余弦变换定义为

$$F_c(\xi)=\sqrt{\frac{2}{\pi}}\int_0^\infty f(x)\cos\xi x\,\mathrm{d}x$$

它的逆变换为

$$f(x)=\sqrt{\frac{2}{\pi}}\int_0^\infty F_c(\xi)\cos\xi x\,\mathrm{d}\xi$$

傅里叶余弦变换表

编号	$f(x)$	$F_c(\xi)$
1	$x^{-\nu}\quad(0<\mathrm{Re}\ \nu<1)$	$\sqrt{\dfrac{\pi}{2}}\dfrac{\xi^{\nu-1}\sec\dfrac{\nu\pi}{2}}{\Gamma(\nu)}\quad(\xi>0)$
2	$\dfrac{1}{x^2+a^2}\quad(\mathrm{Re}\ a>0)$	$\sqrt{\dfrac{\pi}{2}}\dfrac{1}{a\,e^{a\xi}}\quad(\xi>0)$

编号	$f(x)$	$F_c(\xi)$
3	$\dfrac{1}{(x^2+a^2)^2}$　（Re $a>0$）	$\sqrt{\dfrac{\pi}{2}}\dfrac{1+a\xi}{2a^3\mathrm{e}^{a\xi}}$　（$\xi>0$）
4	$\dfrac{1}{(x^2+a^2)^{\nu+\frac{1}{2}}}$ $\left(\text{Re }a>0,\ \text{Re }\nu>-\dfrac{1}{2}\right)$	$\sqrt{2}\left(\dfrac{\xi}{2a}\right)^{\nu}\dfrac{\mathrm{K}_\nu(a\xi)}{\Gamma\left(\nu+\dfrac{1}{2}\right)}$　（$\xi>0$）
5	e^{-ax}　（Re $a>0$）	$\sqrt{\dfrac{2}{\pi}}\dfrac{a}{a^2+\xi^2}$　（$\xi>0$）
6	$x\mathrm{e}^{-ax}$　（Re $a>0$）	$\sqrt{\dfrac{2}{\pi}}\dfrac{a^2-\xi^2}{(a^2+\xi^2)^2}$　（$\xi>0$）
7	$x^{\nu-1}\mathrm{e}^{-ax}$ （Re $a>0$, Re $\nu>0$）	$\sqrt{\dfrac{2}{\pi}}\dfrac{\Gamma(\nu)\cos\left(\nu\arctan\dfrac{\xi}{a}\right)}{(a^2+\xi^2)^{\frac{\nu}{2}}}$　（$\xi>0$）
8	$\mathrm{e}^{-a^2x^2}$　（Re $a>0$）	$\dfrac{1}{\sqrt{2}\,|a|\exp\left(\dfrac{\xi^2}{4a^2}\right)}$　（$\xi>0$）
9	$\dfrac{\sin x}{x\mathrm{e}^x}$	$\dfrac{\arctan\dfrac{2}{\xi^2}}{\sqrt{2\pi}}$　（$\xi>0$）
10	$\sin ax^2$　（$a>0$）	$\dfrac{1}{2\sqrt{a}}\left(\cos\dfrac{\xi^2}{4a}-\sin\dfrac{\xi^2}{4a}\right)$　（$\xi>0$）
11	$\cos ax^2$　（$a>0$）	$\dfrac{1}{2\sqrt{a}}\left(\cos\dfrac{\xi^2}{4a}+\sin\dfrac{\xi^2}{4a}\right)$　（$\xi>0$）
12	$\dfrac{\sinh ax}{\sinh bx}$　（$\|\text{Re }a\|<\text{Re }b$）	$\sqrt{\dfrac{\pi}{2}}\dfrac{\sin\dfrac{a\pi}{b}}{b\left(\cosh\dfrac{\xi\pi}{b}+\cos\dfrac{a\pi}{b}\right)}$　（$\xi>0$）
13	$\dfrac{\cosh ax}{\cosh bx}$　（$\|\text{Re }a\|<\text{Re }b$）	$\sqrt{2\pi}\dfrac{\cos\dfrac{a\pi}{2b}\cosh\dfrac{\xi\pi}{2b}}{b\left(\cos\dfrac{a\pi}{b}+\cosh\dfrac{\xi\pi}{b}\right)}$　（$\xi>0$）
14	$\dfrac{\mathrm{J}_0(ax)}{x^2+b^2}$　（$a>0$, Re $b>0$）	$\sqrt{\dfrac{\pi}{2}}\dfrac{\mathrm{I}_0(ab)}{b\mathrm{e}^{b\xi}}$　（$a<\xi<\infty$）
15	$\dfrac{x\mathrm{J}_0(ax)}{x^2+b^2}$　（$a>0$, Re $b>0$）	$\sqrt{\dfrac{2}{\pi}}\cosh b\xi\,\mathrm{K}_0(ab)$　（$0<\xi<a$）

Ⅳ 附 录

Ⅳ.1　常用函数的定义和性质

Ⅳ.1.1　初等函数

Ⅳ.1.1.1　幂函数和代数函数

1. 幂函数

形如 $y = x^{\mu}$ 的函数称为幂函数,式中,μ 为任何实常数. 幂函数的定义域随不同的 μ 而异,但无论 μ 为何值,在 $(0, +\infty)$ 内幂函数总是有定义的.

2. 代数函数

代数函数包括有理函数(多项式与多项式之商)和无理函数(有理函数的根式)两类,代数函数是解析函数.

Ⅳ.1.1.2　指数函数和对数函数

1. 指数函数

定义 $y = e^x$ 为指数函数,其中,e 为自然对数的底,x 为指数,通常是实数. 指数函数满足加法定理

$$e^{x_1 + x_2} = e^{x_1} \cdot e^{x_2}$$

当指数为复数 $z = x + \mathrm{i}y$ 时,则称 $e^z = e^x(\cos y + \mathrm{i}\sin y)$ 是复数 z 的指数函数,加法定理

$$e^{z_1 + z_2} = e^{z_1} \cdot e^{z_2}$$

依然成立. 由于 $e^{2\pi i} = 1$,因此 e^z 是以 $2\pi i$ 为周期的周期函数.

2. 对数函数

(1) 定义

指数函数的反函数称为对数函数. 设 $z = e^w$,则 $w = \mathrm{Ln}z$ 为对数函数. 因此有

$$\mathrm{Ln}z = \ln|z| + i\arg z = \ln|z| + i(\arg z + 2k\pi) \quad (k = 0, \pm 1, \pm 2, \cdots)$$

$\mathrm{Ln}z$ 是一个无穷多值函数,其中

$$\ln z = \ln|z| + i\arg z \quad (-\pi < \arg z \leqslant \pi)$$

称为对数函数 $\mathrm{Ln}z$ 的主值,$\ln z$ 是单值函数. 所以

$$\mathrm{Ln}z = \ln z + 2k\pi i$$

(2) 性质

$$\mathrm{Ln}(z_1 z_2) = \mathrm{Ln}z_1 + \mathrm{Ln}z_2$$

$$\ln(z_1 z_2) = \ln z_1 + \ln z_2 \quad (-\pi < \arg z_1 + \arg z_2 < \pi)$$

$$\mathrm{Ln}\frac{z_1}{z_2} = \mathrm{Ln}z_1 - \mathrm{Ln}z_2$$

$$\ln\frac{z_1}{z_2} = \ln z_1 - \ln z_2 \quad (-\pi < \arg z_1 - \arg z_2 < \pi)$$

(3) 特殊值

$$\ln 0 = -\infty, \qquad \ln 1 = 0$$

$$\ln e = 1, \qquad \ln(-1) = i\pi$$

$$\ln(\pm i) = \pm \frac{i\pi}{2}$$

Ⅳ.1.1.3 三角函数和反三角函数

1. 三角函数

(1) 三角函数的定义

三角函数又称圆函数. 设任意角 α 的顶点为原点,始边位于 x 轴的正半轴,终边上任一点 P 的坐标为 (x, y),P 点离原点的距离为 $r = \sqrt{x^2 + y^2}$(如图所示),则任意角 α 的三角函数为

正弦函数

$$\sin\alpha = \frac{y}{r}$$

余弦函数

$$\cos\alpha = \frac{x}{r}$$

正切函数

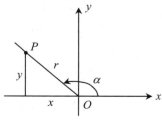

$$\tan\alpha = \frac{\sin\alpha}{\cos\alpha} = \frac{y}{x}$$

余切函数

$$\cot\alpha = \frac{\cos\alpha}{\sin\alpha} = \frac{x}{y}$$

正割函数

$$\sec\alpha = \frac{1}{\cos\alpha} = \frac{r}{x}$$

余割函数

$$\csc\alpha = \frac{1}{\sin\alpha} = \frac{r}{y}$$

（2）三角函数之间的关系

$$\sin\alpha \cdot \csc\alpha = 1$$
$$\cos\alpha \cdot \sec\alpha = 1$$
$$\tan\alpha \cdot \cot\alpha = 1$$
$$\sin^2\alpha + \cos^2\alpha = 1$$
$$\sec^2\alpha - \tan^2\alpha = 1$$
$$\csc^2\alpha - \cot^2\alpha = 1$$

（3）和差公式

$$\sin(\alpha \pm \beta) = \sin\alpha\cos\beta \pm \cos\alpha\sin\beta$$
$$\cos(\alpha \pm \beta) = \cos\alpha\cos\beta \mp \sin\alpha\sin\beta$$
$$\tan(\alpha \pm \beta) = \frac{\tan\alpha \pm \tan\beta}{1 \mp \tan\alpha\tan\beta}$$
$$\cot(\alpha \pm \beta) = \frac{\cot\alpha\cot\beta \mp 1}{\cot\beta \pm \cot\alpha}$$

（4）倍角公式

$$\sin2\alpha = 2\sin\alpha\cos\alpha = \frac{2\tan\alpha}{1 + \tan^2\alpha}$$

$$\cos2\alpha = \cos^2\alpha - \sin^2\alpha = 2\cos^2\alpha - 1 = 1 - 2\sin^2\alpha = \frac{1 - \tan^2\alpha}{1 + \tan^2\alpha}$$

$$\tan2\alpha = \frac{2\tan\alpha}{1 - \tan^2\alpha}$$

$$\cot2\alpha = \frac{\cot^2\alpha - 1}{2\cot\alpha}$$

$$\sec2\alpha = \frac{\sec^2\alpha}{1 - \tan^2\alpha} = \frac{\cot\alpha + \tan\alpha}{\cot\alpha - \tan\alpha}$$

$$\csc2\alpha = \frac{1}{2}\sec\alpha \cdot \csc\alpha = \frac{1}{2}(\tan\alpha + \cot\alpha)$$

$$\sin3\alpha = -4\sin^3\alpha + 3\sin\alpha$$

$$\cos 3\alpha = 4\cos^3\alpha - 3\cos\alpha$$

$$\tan 3\alpha = \frac{3\tan\alpha - \tan^3\alpha}{1 - 3\tan^2\alpha}$$

$$\cot 3\alpha = \frac{\cot^3\alpha - 3\cot\alpha}{3\cot^2\alpha - 1}$$

$$\sin n\alpha = n\cos^{n-1}\alpha\sin\alpha - C_n^3\cos^{n-3}\alpha\sin^3\alpha$$
$$+ C_n^5\cos^{n-5}\alpha\sin^5\alpha - \cdots \quad (n \text{ 为正整数})$$

$$\cos n\alpha = \cos^n\alpha - C_n^2\cos^{n-2}\alpha\sin^2\alpha + C_n^4\cos^{n-4}\alpha\sin^4\alpha$$
$$- C_n^6\cos^{n-6}\alpha\sin^6\alpha + \cdots \quad (n \text{ 为正整数})$$

（5）半角公式

$$\sin\frac{\alpha}{2} = \pm\sqrt{\frac{1-\cos\alpha}{2}}$$

$$\cos\frac{\alpha}{2} = \pm\sqrt{\frac{1+\cos\alpha}{2}}$$

$$\tan\frac{\alpha}{2} = \pm\sqrt{\frac{1-\cos\alpha}{1+\cos\alpha}} = \frac{1-\cos\alpha}{\sin\alpha} = \frac{\sin\alpha}{1+\cos\alpha}$$

$$\cot\frac{\alpha}{2} = \pm\sqrt{\frac{1+\cos\alpha}{1-\cos\alpha}} = \frac{1+\cos\alpha}{\sin\alpha} = \frac{\sin\alpha}{1-\cos\alpha}$$

$$\sec\frac{\alpha}{2} = \pm\sqrt{\frac{2\sec\alpha}{\sec\alpha+1}}$$

$$\csc\frac{\alpha}{2} = \pm\sqrt{\frac{2\sec\alpha}{\sec\alpha-1}}$$

（6）和差化积公式

$$\sin\alpha + \sin\beta = 2\sin\frac{\alpha+\beta}{2}\cos\frac{\alpha-\beta}{2}$$

$$\sin\alpha - \sin\beta = 2\cos\frac{\alpha+\beta}{2}\sin\frac{\alpha-\beta}{2}$$

$$\cos\alpha + \cos\beta = 2\cos\frac{\alpha+\beta}{2}\cos\frac{\alpha-\beta}{2}$$

$$\cos\alpha - \cos\beta = -2\sin\frac{\alpha+\beta}{2}\sin\frac{\alpha-\beta}{2}$$

$$\tan\alpha \pm \tan\beta = \frac{\sin(\alpha\pm\beta)}{\cos\alpha\cos\beta}$$

$$\cot\alpha \pm \cot\beta = \pm\frac{\sin(\alpha\pm\beta)}{\sin\alpha\sin\beta}$$

$$\tan\alpha \pm \cot\beta = \pm\frac{\cos(\alpha\mp\beta)}{\cos\alpha\sin\beta}$$

$$\sin\alpha + \cos\alpha = \sqrt{2}\sin\left(\frac{\pi}{4} + \alpha\right)$$

$$\sin\alpha - \cos\alpha = -\sqrt{2}\cos\left(\frac{\pi}{4} + \alpha\right)$$

$$\tan\alpha + \cot\alpha = 2\csc 2\alpha$$

$$\tan\alpha - \cot\alpha = -2\cot 2\alpha$$

$$\frac{1 + \tan\alpha}{1 - \tan\alpha} = \tan\left(\frac{\pi}{4} + \alpha\right)$$

$$\frac{1 + \cot\alpha}{1 - \cot\alpha} = -\cot\left(\frac{\pi}{4} - \alpha\right)$$

(7) 积化和差公式

$$\sin\alpha\sin\beta = -\frac{1}{2}\left[\cos(\alpha + \beta) - \cos(\alpha - \beta)\right]$$

$$\cos\alpha\cos\beta = \frac{1}{2}\left[\cos(\alpha + \beta) + \cos(\alpha - \beta)\right]$$

$$\sin\alpha\cos\beta = \frac{1}{2}\left[\sin(\alpha + \beta) + \sin(\alpha - \beta)\right]$$

(8) 棣莫弗(de Moivre)公式

$$(\cos\alpha + i\sin\alpha)^n = \cos n\alpha + i\sin n\alpha$$

(9) 欧拉(Euler)公式

$$e^{i\theta} = \cos\theta + i\sin\theta$$

$$e^{-i\theta} = \cos\theta - i\sin\theta$$

2. 反三角函数

(1) 反三角函数的定义

反三角函数是三角函数的反函数,一般是多值函数. 它们分别是反正弦、反余弦、反正切、反余切、反正割和反余割函数. 若 $x = \sin y$,则 $y = \arcsin x$,我们把 $\arcsin x$ 叫做 x 的反正弦函数,其余类推. 通常把反三角函数的值限制在一定的范围内,称为主值,并分别记为

反正弦函数

$$y = \arcsin x \quad \left(\text{主值范围为}\left[-\frac{\pi}{2}, \frac{\pi}{2}\right]\right)$$

反余弦函数

$$y = \arccos x \quad (\text{主值范围为}[0, \pi])$$

反正切函数

$$y = \arctan x \quad \left(\text{主值范围为}\left(-\frac{\pi}{2}, \frac{\pi}{2}\right)\right)$$

反余切函数

$$y = \text{arccot} x \quad (\text{主值范围为}(0, \pi))$$

反正割函数

$$y = \text{arcsec}\, x \quad \left(\text{主值范围为} \left[0, \frac{\pi}{2}\right) \cup \left(\frac{\pi}{2}, \pi\right]\right)$$

反余割函数

$$y = \text{arccsc}\, x \quad \left(\text{主值范围为} \left[-\frac{\pi}{2}, 0\right) \cup \left(0, \frac{\pi}{2}\right]\right)$$

有时反三角函数的主值也记为 $y = \sin^{-1} x$，$y = \cos^{-1} x$，$y = \tan^{-1} x$，$y = \cot^{-1} x$，$y = \sec^{-1} x$，$y = \csc^{-1} x$，但本书不用.

（2）反三角函数的性质

$$\arcsin x + \arccos x = \frac{\pi}{2}$$

$$\arctan x + \text{arccot}\, x = \frac{\pi}{2}$$

（3）反三角函数之间的关系

$$\arcsin x = \arccos \sqrt{1 - x^2} = \arctan \frac{x}{\sqrt{1 - x^2}} = \text{arcsec} \frac{1}{\sqrt{1 - x^2}} = \text{arccsc} \frac{1}{x}$$

$$\arccos x = \arcsin \sqrt{1 - x^2} = \arctan \frac{\sqrt{1 - x^2}}{x} = \text{arccsc} \frac{1}{\sqrt{1 - x^2}} = \text{arcsec} \frac{1}{x}$$

$$\arctan x = \arcsin \frac{x}{\sqrt{1 + x^2}} = \arccos \frac{1}{\sqrt{1 + x^2}} = \text{arcsec} \sqrt{1 + x^2} = \text{arccot} \frac{1}{x}$$

$$\text{arccot}\, x = \arcsin \frac{1}{\sqrt{1 + x^2}} = \arccos \frac{x}{\sqrt{1 + x^2}} = \text{arccsc} \sqrt{1 + x^2} = \arctan \frac{1}{x}$$

$$\text{arcsec}\, x = \arcsin \frac{\sqrt{x^2 - 1}}{x} = \arctan \sqrt{x^2 - 1} = \text{arccsc} \frac{x}{\sqrt{x^2 - 1}} = \arccos \frac{1}{x}$$

$$\text{arccsc}\, x = \arccos \frac{\sqrt{x^2 - 1}}{x} = \arctan \frac{1}{\sqrt{x^2 - 1}} = \text{arcsec} \frac{x}{\sqrt{x^2 - 1}} = \arcsin \frac{1}{x}$$

Ⅳ.1.1.4　双曲函数和反双曲函数

1. 双曲函数

（1）双曲函数的定义

双曲正弦函数

$$\sinh x = \frac{e^x - e^{-x}}{2}$$

双曲余弦函数

$$\cosh x = \frac{e^x + e^{-x}}{2}$$

双曲正切函数

$$\tanh x = \frac{\sinh x}{\cosh x} = \frac{\mathrm{e}^x - \mathrm{e}^{-x}}{\mathrm{e}^x + \mathrm{e}^{-x}}$$

双曲余切函数

$$\coth x = \frac{\cosh x}{\sinh x} = \frac{\mathrm{e}^x + \mathrm{e}^{-x}}{\mathrm{e}^x - \mathrm{e}^{-x}}$$

双曲正割函数

$$\mathrm{sech}\, x = \frac{1}{\cosh x} = \frac{2}{\mathrm{e}^x + \mathrm{e}^{-x}}$$

双曲余割函数

$$\mathrm{csch}\, x = \frac{1}{\sinh x} = \frac{2}{\mathrm{e}^x - \mathrm{e}^{-x}}$$

（2）双曲函数之间的关系

$$\cosh^2 x - \sinh^2 x = 1$$
$$\tanh^2 x + \mathrm{sech}^2 x = 1$$
$$\coth^2 x - \mathrm{csch}^2 x = 1$$

（3）和差的双曲函数

$$\sinh(x \pm y) = \sinh x \cosh y \pm \cosh x \sinh y$$
$$\cosh(x \pm y) = \cosh x \cosh y \pm \sinh x \sinh y$$
$$\tanh(x \pm y) = \frac{\tanh x \pm \tanh y}{1 \pm \tanh x \tanh y}$$
$$\coth(x \pm y) = \frac{1 \pm \coth x \coth y}{\coth x \pm \coth y}$$

（4）双曲函数的和差

$$\sinh x \pm \sinh y = 2\sinh \frac{x \pm y}{2} \cosh \frac{x \mp y}{2}$$

$$\cosh x + \cosh y = 2\cosh \frac{x + y}{2} \cosh \frac{x - y}{2}$$

$$\cosh x - \cosh y = 2\sinh \frac{x + y}{2} \sinh \frac{x - y}{2}$$

$$\tanh x \pm \tanh y = \frac{\sinh(x \pm y)}{\cosh x \cosh y}$$

$$\coth x \pm \coth y = \pm \frac{\sinh(x \pm y)}{\sinh x \sinh y}$$

（5）倍角公式

$$\sinh 2x = 2\sinh x \cosh x = \frac{2\tanh x}{1 - \tanh^2 x}$$

$$\cosh 2x = \sinh^2 x + \cosh^2 x = 1 + 2\sinh^2 x$$

$$= 2\cosh^2 x - 1 = \frac{1 + \tanh^2 x}{1 - \tanh^2 x}$$

$$\tanh 2x = \frac{2\tanh x}{1 + \tanh^2 x}$$

$$\coth 2x = \frac{1 + \coth^2 x}{2\coth x}$$

（6）半角公式

$$\sinh \frac{x}{2} = \pm \sqrt{\frac{\cosh x - 1}{2}} \quad (x > 0,\text{取正号};x < 0,\text{取负号})$$

$$\cosh \frac{x}{2} = \sqrt{\frac{\cosh x + 1}{2}}$$

$$\tanh \frac{x}{2} = \sqrt{\frac{\cosh x - 1}{\cosh x + 1}} = \frac{\sinh x}{\cosh x + 1} = \frac{\cosh x - 1}{\sinh x}$$

$$\coth \frac{x}{2} = \sqrt{\frac{\cosh x + 1}{\cosh x - 1}} = \frac{\sinh x}{\cosh x - 1} = \frac{\cosh x + 1}{\sinh x}$$

（7）双曲函数的棣莫弗（de Moivre）公式

$$(\cosh x \pm \sinh x)^n = \cosh nx \pm \sinh nx \quad (n \text{ 为正整数})$$

（8）双曲函数与三角函数的关系

$$\sinh z = -\mathrm{i}\sin \mathrm{i}z, \qquad \sin z = -\mathrm{i}\sinh \mathrm{i}z$$
$$\cosh z = \cos \mathrm{i}z, \qquad \cos z = \cosh \mathrm{i}z$$
$$\tanh z = -\mathrm{i}\tan \mathrm{i}z, \qquad \tan z = -\mathrm{i}\tanh \mathrm{i}z$$
$$\coth z = \mathrm{i}\cot \mathrm{i}z, \qquad \cot z = \mathrm{i}\coth \mathrm{i}z$$

在上述诸式中，$\mathrm{i} = \sqrt{-1}$.

2. 反双曲函数

（1）反双曲函数的定义

若 $x = \sinh y$，则 $y = \mathrm{arsinh}x$ 称为反双曲正弦函数，x 的定义域为 $(-\infty, +\infty)$.

若 $x = \cosh y$，则 $y = \mathrm{arcosh}x$ 称为反双曲余弦函数，x 的定义域为 $[1, +\infty)$.

若 $x = \tanh y$，则 $y = \mathrm{artanh}x$ 称为反双曲正切函数，x 的定义域为 $(-1,1)$.

若 $x = \coth y$，则 $y = \mathrm{arcoth}x$ 称为反双曲余切函数，x 的定义域为 $(-\infty, -1)$ $\bigcup (1, +\infty)$.

若 $x = \mathrm{sech}y$，则 $y = \mathrm{arsech}x$ 称为反双曲正割函数，x 的定义域为 $(0,1]$.

若 $x = \mathrm{csch}y$，则 $y = \mathrm{arcsch}x$ 称为反双曲余割函数，x 的定义域为 $(-\infty,0) \bigcup (0, +\infty)$.

反双曲正弦、余弦、正切、余切、正割、余割函数有时也分别记为 $\sinh^{-1}x$，$\cosh^{-1}x$，$\tanh^{-1}x$，$\coth^{-1}x$，$\mathrm{sech}^{-1}x$，$\mathrm{csch}^{-1}x$，但本书不用.

（2）反双曲函数的相互关系

$$\mathrm{arsinh}x = \pm \mathrm{arcosh}\sqrt{x^2 + 1} = \mathrm{artanh}\frac{x}{\sqrt{x^2 + 1}} = \mathrm{arcoth}\frac{\sqrt{x^2 + 1}}{x}$$

$$\text{arcosh}\,x = \pm\,\text{arsinh}\,\sqrt{x^2-1} = \pm\,\text{artanh}\,\frac{\sqrt{x^2-1}}{x} = \pm\,\text{arcoth}\,\frac{x}{\sqrt{x^2-1}}$$

$$\text{artanh}\,x = \text{arsinh}\,\frac{x}{\sqrt{1-x^2}} = \pm\,\text{arcosh}\,\frac{1}{\sqrt{1-x^2}} = \text{arcoth}\,\frac{1}{x}$$

$$\text{arcoth}\,x = \text{arsinh}\,\frac{1}{\sqrt{x^2-1}} = \pm\,\text{arcosh}\,\frac{x}{\sqrt{x^2-1}} = \text{artanh}\,\frac{1}{x}$$

$$\text{arsech}\,x = \text{arsinh}\,\frac{\sqrt{1-x^2}}{x} = \text{arcosh}\,\frac{1}{x} = \text{artanh}\,\sqrt{1-x^2}$$

$$\text{arcsch}\,x = \text{arsinh}\,\frac{1}{x} = \text{arcosh}\,\frac{\sqrt{x^2+1}}{x} = \text{artanh}\,\frac{1}{\sqrt{x^2+1}}$$

在上述诸式中,当 $x>0$ 时,取正号;当 $x<0$ 时,取负号.

(3) 基本公式

$$\text{arsinh}\,x \pm \text{arsinh}\,y = \text{arsinh}\left(x\,\sqrt{1+y^2} \pm y\,\sqrt{1+x^2}\right)$$

$$\text{arcosh}\,x \pm \text{arcosh}\,y = \text{arcosh}\left(xy \pm \sqrt{(x^2-1)(y^2-1)}\right)$$

$$\text{artanh}\,x \pm \text{artanh}\,y = \text{artanh}\,\frac{x \pm y}{1 \pm xy}$$

(4) 双曲函数与对数函数的关系

$$\text{arsinh}\,x = \ln\left(x + \sqrt{x^2+1}\right) \quad (x>0)$$

$$\text{arcosh}\,x = \pm\ln\left(x + \sqrt{x^2-1}\right) \quad (x\geqslant 1)$$

$$\text{artanh}\,x = \frac{1}{2}\ln\frac{1+x}{1-x} \quad (|x|<1)$$

$$\text{arcoth}\,x = \frac{1}{2}\ln\frac{x+1}{x-1} \quad (|x|>1)$$

$$\text{arsech}\,x = \pm\ln\left(\frac{1}{x} + \frac{\sqrt{1-x^2}}{x}\right) \quad (0<x\leqslant 1)$$

$$\text{arcsch}\,x = \ln\left(\frac{1}{x} + \frac{\sqrt{1+x^2}}{x}\right) \quad (x>0)$$

Ⅳ.1.2　特殊函数

Ⅳ.1.2.1　Γ 函数（第二类欧拉积分）

1. 定义

Γ 函数（Gamma Function，译称伽马函数）的定义为

$$\Gamma(z) = \int_0^\infty t^{z-1} e^{-t} dt \quad (\operatorname{Re} z > 0)$$

上式的右边称为第二类欧拉积分.

2. 围道积分

$$\frac{1}{\Gamma(z)} = \frac{1}{2\pi i} \int_{(-\infty)}^{(0+)} t^{-z} e^t dt \quad (\mid \arg t \mid < \pi)$$

其中的围道从负实轴无穷远处（$t = -\infty$）出发，正向绕原点一周，再回到出发点.

3. 无穷乘积形式

欧拉无穷乘积形式为

$$\Gamma(z) = \frac{1}{z} \prod_{n=1}^\infty \frac{\left(1 + \dfrac{1}{n}\right)^z}{1 + \dfrac{z}{n}} \quad (z \neq 0, -1, -2, \cdots, -n)$$

该式对于任何 z，除了极点 $z = -n$ 外都是成立的，因此它是普遍的 $\Gamma(z)$ 的定义.

魏尔斯特拉斯（Weierstrass）无穷乘积形式为

$$\frac{1}{\Gamma(z)} = z e^{\gamma z} \prod_{n=1}^\infty \left[\left(1 + \frac{z}{n}\right) e^{-\frac{z}{n}} \right]$$

这里，γ 为欧拉常数.

4. 递推公式及有关公式

$$\Gamma(1 + z) = z\Gamma(z) \quad (\operatorname{Re} z > 0)$$

$$\Gamma(1 - z) = -z\Gamma(-z)$$

$$\Gamma(z)\Gamma(-z) = -\frac{\pi}{z\sin\pi z} \quad (z \text{ 为非整数})$$

$$\Gamma(z)\Gamma(1 - z) = \frac{\pi}{\sin\pi z} \quad (z \text{ 为非整数})$$

$$\Gamma\left(\frac{1}{2} + z\right)\Gamma\left(\frac{1}{2} - z\right) = \frac{\pi}{\cos\pi z}$$

$$\Gamma(n + z)\Gamma(n - z)$$

$$= \frac{\pi z}{\sin\pi z}[(n-1)!]^2 \prod_{k=1}^{n-1}\left(1 - \frac{z^2}{k^2}\right) \quad (n = 1,2,3,\cdots)$$

$$\Gamma\left(n + \frac{1}{2} + z\right)\Gamma\left(n + \frac{1}{2} - z\right)$$

$$= \frac{1}{\cos\pi z}\left[\Gamma\left(n + \frac{1}{2}\right)\right]^2 \prod_{k=1}^{n}\left[1 - \frac{4z^2}{(2k-1)^2}\right] \quad (n = 1,2,3,\cdots)$$

$$\Gamma(nz) = (2\pi)^{\frac{1}{2}(1-n)} n^{nz-\frac{1}{2}} \prod_{k=1}^{n-1}\Gamma\left(z + \frac{k}{n}\right) \quad (n = 1,2,3,\cdots)$$

$$\Gamma(2z) = \frac{2^{2z-1}}{\sqrt{\pi}}\Gamma(z)\Gamma\left(z + \frac{1}{2}\right)$$

$$\int_0^{\frac{\pi}{2}} \cos^{2x-1}\theta \sin^{2y-1}\theta \mathrm{d}\theta = \frac{\Gamma(x)\Gamma(y)}{2\Gamma(x+y)} \quad (x > 0, \ y > 0)$$

5. 斯特林(Stirling)公式

$$\Gamma(z) = \sqrt{2\pi} z^{z-\frac{1}{2}} \mathrm{e}^{-z}\left[1 + \frac{1}{12z} + \frac{1}{288z^2} - \frac{139}{51840z^3} - \frac{571}{2488320z^4}\right.$$

$$\left. + \frac{163879}{209018880z^5} + \cdots\right] \quad (|\arg z| < \pi, \ |z| \to \infty)$$

$$n! = \sqrt{2n\pi}\left(\frac{n}{\mathrm{e}}\right)^n \mathrm{e}^{\frac{\theta_n}{12n}} \quad (0 < \theta_n < 1)$$

6. 特殊值

$$\Gamma(n + 1) = n! \quad (n = 0,1,2,\cdots; \ 0! = 1)$$

$$\Gamma(1) = 1, \quad \Gamma(2) = 1, \quad \Gamma(3) = 2!, \quad \Gamma(4) = 3!$$

$$\Gamma\left(\frac{1}{2}\right) = \sqrt{\pi} = 1.7724538509\cdots = \left(-\frac{1}{2}\right)!$$

$$\Gamma\left(\frac{3}{2}\right) = \frac{\sqrt{\pi}}{2} = 0.8862269254\cdots = \left(\frac{1}{2}\right)!$$

$$\Gamma\left(n + \frac{1}{4}\right) = \frac{1 \cdot 5 \cdot 9 \cdot 13 \cdot \cdots \cdot (4n-3)}{4^n}\Gamma\left(\frac{1}{4}\right) \quad (n = 1,2,3,\cdots)$$

$$\Gamma\left(\frac{1}{4}\right) = 3.6256099082\cdots$$

$$\Gamma\left(n + \frac{1}{3}\right) = \frac{1 \cdot 4 \cdot 7 \cdot 10 \cdot \cdots \cdot (3n-2)}{3^n}\Gamma\left(\frac{1}{3}\right) \quad (n = 1,2,3,\cdots)$$

$$\Gamma\left(\frac{1}{3}\right) = 2.6789385347\cdots$$

$$\Gamma\left(n + \frac{1}{2}\right) = \frac{1 \cdot 3 \cdot 5 \cdot 7 \cdot \cdots \cdot (2n-1)}{2^n}\Gamma\left(\frac{1}{2}\right) \quad (n = 1,2,3,\cdots)$$

$$\Gamma\left(n + \frac{2}{3}\right) = \frac{2 \cdot 5 \cdot 8 \cdot 11 \cdot \cdots \cdot (3n-1)}{3^n}\Gamma\left(\frac{2}{3}\right) \quad (n = 1,2,3,\cdots)$$

$$\Gamma\left(\frac{2}{3}\right) = 1.3541179394\cdots$$

$$\Gamma\left(n + \frac{3}{4}\right) = \frac{3 \cdot 7 \cdot 11 \cdot 15 \cdot \cdots \cdot (4n-1)}{4^n}\Gamma\left(\frac{3}{4}\right) \quad (n = 1,2,3,\cdots)$$

$$\Gamma\left(\frac{3}{4}\right) = 1.2254167024\cdots$$

Ⅳ.1.2.2 B 函数（第一类欧拉积分）

1. 定义

B 函数（Beta Function）为双变量函数，译称贝塔函数，其定义为

$$B(x,y) = \int_0^1 t^{x-1}(1-t)^{y-1}\mathrm{d}t \quad (\mathrm{Re}\ x > 0,\ \mathrm{Re}\ y > 0)$$

上式的右边称为**第一类欧拉积分**. 如果在上式中作变量替换$\left(令\ t = \dfrac{1}{1+z}, 或\ t = \sin^2\theta\right)$, 可得到不同的表达式：

$$B(x,y) = \int_0^\infty \frac{t^{x-1}}{(1+t)^{x+y}}\mathrm{d}t \quad (\mathrm{Re}\ x > 0,\ \mathrm{Re}\ y > 0)$$

$$B(x,y) = 2\int_0^{\frac{\pi}{2}} \cos^{2x-1}\theta\sin^{2y-1}\theta\mathrm{d}\theta \quad (\mathrm{Re}\ x > 0,\ \mathrm{Re}\ y > 0)$$

2. B 函数的对称特性

$$B(x,y) = B(y,x)$$

3. B 函数与 Γ 函数的关系

$$B(x,y) = \frac{\Gamma(x)\Gamma(y)}{\Gamma(x+y)}$$

Ⅳ.1.2.3 ψ 函数

1. ψ 函数的定义及其他表达式

ψ 函数（Psi Function）的定义为

$$\psi(z) = \frac{\mathrm{d}}{\mathrm{d}z}\ln\Gamma(z) = \frac{\Gamma'(z)}{\Gamma(z)}$$

ψ 函数还有两种不同的表达式：

$$\psi(z) = \int_0^\infty \left(\frac{\mathrm{e}^{-t}}{t} - \frac{\mathrm{e}^{-zt}}{1-\mathrm{e}^{-t}}\right)\mathrm{d}t \quad (\mathrm{Re}\ z > 0) \quad （高斯积分）$$

$$\psi(z) = \int_0^\infty \left[\frac{\mathrm{e}^{-t}}{t} - \frac{1}{t(1+t)^z}\right]\mathrm{d}t \quad (\mathrm{Re}\ z > 0) \quad （狄利克雷积分）$$

2. ψ 函数的有关公式

$$\psi(x) = -\gamma + \sum_{n=0}^\infty \left(\frac{1}{n+1} - \frac{1}{n+x}\right) \quad （\gamma\ 为欧拉常数）$$

$$\psi(x+1) = \psi(x) + \frac{1}{x}$$

$$\psi(1 - x) - \psi(x) = \pi\cot\pi x$$

$$\psi(x) + \psi\left(x + \frac{1}{2}\right) - 2\ln 2 = 2\psi(2x)$$

3. ψ 函数的特殊值

$$\psi(1) = -\gamma \quad (\gamma \text{ 为欧拉常数,以下同})$$

$$\psi\left(\frac{1}{2}\right) = -\gamma - 2\ln 2$$

$$\psi\left(\frac{1}{3}\right) = -\gamma - 2\sum_{n=0}^{\infty} \frac{1}{(n+1)(3n+1)}$$

$$\psi(n+1) = -\gamma + \sum_{k=1}^{n} \frac{1}{k} \quad (n = 1,2,3,\cdots)$$

$$\psi(x+1) = -\gamma + \sum_{n=1}^{\infty} (-1)^{n+1}\zeta(n+1)x^n$$

$$\left[-1 < x < 1, \ \zeta(n+1) = \sum_{k=1}^{\infty} \frac{1}{k^{n+1}}\right]$$

$$\psi^{(m)}(x) = \frac{\mathrm{d}^{m+1}}{\mathrm{d}x^{m+1}}\left[\ln\Gamma(x)\right] \quad (m = 1,2,3,\cdots)$$

$$\psi'(x) = \sum_{n=0}^{\infty} \frac{1}{(x+n)^2} \quad (x > 0)$$

$$\psi'(1) = \frac{\pi^2}{6} = 1.644934066\cdots$$

$$\psi'\left(\frac{1}{2}\right) = \frac{\pi^2}{2} = 4.934802200\cdots$$

$$\psi'\left(\frac{1}{3}\right) = \sum_{n=0}^{\infty} \frac{1}{\left(\frac{1}{3} + n\right)^2} = 10.09559712\cdots$$

$$\psi'(n) = \frac{\pi^2}{6} - \sum_{k=1}^{n-1} \frac{1}{k^2} \quad (n = 1,2,3,\cdots)$$

$$\psi'(-n) = \infty \quad (n = 1,2,3,\cdots)$$

4. ψ 函数的渐近表达式

$$\psi(x+1) \approx \ln x + \frac{1}{2x} - \frac{1}{2}\sum_{n=1}^{\infty} \frac{B_{2n}}{n}x^{-2n} \quad (x \to \infty, \ B_{2n} \text{ 为伯努利数})$$

Ⅳ.1.2.4 误差函数 erf(x)和补余误差函数 erfc(x)

1. 误差函数(概率积分)的定义

误差函数的定义为

$$\text{erf}(x) = \frac{2}{\sqrt{\pi}}\int_0^x e^{-t^2}\,dt = \Phi(x)$$

这里定义的误差函数 erf(x)是与概率积分 $\Phi(x)$相等的,此处的概率函数有别于以坐标原点为对称点的正态分布的概率函数.

2. 补余误差函数(补余概率积分)的定义

补余误差函数的定义为

$$\text{erfc}(x) = \frac{2}{\sqrt{\pi}}\int_x^\infty e^{-t^2}\,dt$$

3. 特性与关系式

$$\text{erf}(x) + \text{erfc}(x) = 1$$

$$\text{erf}(-x) = -\text{erf}(x)$$

$$\text{erfc}(-x) = 2 - \text{erfc}(x)$$

$$\text{erf}(x) = \frac{2}{\sqrt{\pi}}\sum_{n=0}^\infty \frac{(-1)^n x^{2n+1}}{(2n+1)n!} = \frac{2}{\sqrt{\pi}}\left(x - \frac{1}{1!}\frac{x^3}{3} + \frac{1}{2!}\frac{x^5}{5} - \frac{1}{3!}\frac{x^7}{7} + \cdots\right)$$

$$(-\infty < x < \infty)$$

$$\text{erfc}(x) \approx \frac{e^{-x^2}}{x\sqrt{\pi}}\left[1 + \sum_{n=1}^\infty (-1)^n \frac{1\cdot 3\cdot\cdots\cdot(2n-1)}{(2x^2)^n}\right] \quad (x\to\infty)$$

4. 特殊值

$$\text{erf}(0) = 0, \qquad \text{erf}(\infty) = 1, \qquad \text{erf}(-\infty) = -1$$

$$\text{erfc}(-\infty) = 2, \qquad \text{erfc}(\infty) = 0$$

$$\text{erf}(x_0) = \text{erfc}(x_0) = \frac{1}{2} \quad (\text{当 } x_0 = 0.476936\cdots\text{时})$$

5. 误差函数与标准正态概率函数的关系

$$\int_0^x f(t)\,dt = \frac{1}{2}\text{erf}\left(\frac{x}{\sqrt{2}}\right)$$

这里,$f(t) = \frac{1}{\sqrt{2\pi}}e^{-\frac{t^2}{2}}$为标准正态分布的概率密度函数.

6. 误差函数与等离子体弥散函数 w(z)的关系

$$\text{w}(z) = e^{-z^2}\text{erfc}(-iz) = \frac{1}{\pi i}\int_{-\infty}^\infty \frac{e^{-t^2}}{t-z}\,dt = \sum_{n=0}^\infty \frac{(iz)^n}{\Gamma\left(\frac{n}{2}+1\right)}$$

7. 误差函数与道生(Dawson)积分 F(x)的关系

$$F(x) = e^{-x^2} \int_0^x e^{t^2} dt = -\frac{1}{2} i \sqrt{\pi} e^{-x^2} \text{erf}(ix)$$

Ⅳ.1.2.5 菲涅耳(Fresnel)函数 S(z)和 C(z)

菲涅耳函数定义为

$$S(z) = \int_0^z \sin \frac{\pi t^2}{2} dt$$

$$C(z) = \int_0^z \cos \frac{\pi t^2}{2} dt$$

它们都是 z 的整函数,也可用级数表述:

$$S(z) = \sum_{k=0}^{\infty} (-1)^k \left(\frac{\pi}{2}\right)^{2k+1} \frac{z^{4k+3}}{(2k+1)!(4k+3)} \quad (|z| < \infty)$$

$$C(z) = \sum_{k=0}^{\infty} (-1)^k \left(\frac{\pi}{2}\right)^{2k} \frac{z^{4k+1}}{(2k)!(4k+1)} \quad (|z| < \infty)$$

Ⅳ.1.2.6 正弦积分 Si(z),si(z)和余弦积分 Ci(z),ci(z)

1. 正弦积分

$$Si(z) = \int_0^z \frac{\sin t}{t} dt = \sum_{k=0}^{\infty} (-1)^k \frac{z^{2k+1}}{(2k+1)!(2k+1)} \quad (|z| < \infty)$$

$$si(z) = -\int_z^{\infty} \frac{\sin t}{t} dt = Si(z) - \frac{\pi}{2}$$

2. 余弦积分

$$Ci(z) = ci(z) = -\int_z^{\infty} \frac{\cos t}{t} dt = \ln z + \sum_{k=1}^{\infty} (-1)^k \frac{z^{2k}}{(2k)!2k} + \gamma$$

（$|\arg z| < \pi$, γ 为欧拉常数）

3. 双曲正弦积分与双曲余弦积分

$$shi(z) = \int_0^z \frac{\sinh t}{t} dt = \sum_{k=0}^{\infty} \frac{z^{2k+1}}{(2k+1)!(2k+1)}$$

$$chi(z) = \int_0^z \frac{\cosh t - 1}{t} dt + \ln z + \gamma = \sum_{k=1}^{\infty} \frac{z^{2k}}{(2k)!2k} + \ln z + \gamma$$

（γ 为欧拉常数）

Ⅳ.1.2.7   指数积分 Ei(z)和对数积分 li(z)

1. 指数积分

（1）指数积分的定义

指数积分的定义为

$$\mathrm{Ei}(z) = \int_{-\infty}^{z} \frac{\mathrm{e}^t}{t} \mathrm{d}t = \ln(-z) + \sum_{k=1}^{\infty} \frac{z^k}{k!\,k} + \gamma \quad (\gamma\ \text{为欧拉常数})$$

上式在除去半实轴$(0, +\infty)$的 z 平面内单值解析.

$$\overline{\mathrm{Ei}}(x) = -(\mathrm{P.V.})\int_{-x}^{\infty} \frac{\mathrm{e}^{-t}}{t} \mathrm{d}t$$

$$= -\lim_{\varepsilon \to +0}\left(\int_{-x}^{-\varepsilon} \frac{\mathrm{e}^{-t}}{t} \mathrm{d}t + \int_{\varepsilon}^{\infty} \frac{\mathrm{e}^{-t}}{t} \mathrm{d}t\right) \quad (0 < x < \infty)$$

$$\mathrm{E}_n(x) = \int_{1}^{\infty} \frac{\mathrm{e}^{-xt}}{t^n} \mathrm{d}t \quad (0 < x < \infty)$$

（2）特殊值

$$\mathrm{Ei}(x) = \gamma + \ln x + \sum_{n=1}^{\infty} \frac{x^n}{n!\,n} \quad (x > 0)$$

$$\mathrm{E}_1(x) = -\gamma - \ln x - \sum_{n=1}^{\infty} \frac{(-1)^n x^n}{n!\,n} \quad (x > 0)$$

（3）指数积分的渐近表达式

$$\mathrm{Ei}(x) \approx \frac{\mathrm{e}^x}{x} \sum_{n=0}^{\infty} \frac{n!}{x^n} \quad (x > 0,\ x \to \infty)$$

$$\mathrm{E}_1(x) \approx \frac{\mathrm{e}^{-x}}{x} \sum_{n=0}^{\infty} \frac{(-1)^n n!}{x^n} \quad (x > 0,\ x \to \infty)$$

2. 对数积分

对数积分的定义为

$$\mathrm{li}(z) = \int_{0}^{z} \frac{\mathrm{d}t}{\ln t} = \mathrm{Ei}(\ln z)$$

它在除去$(-\infty, 0)$和$[1, +\infty)$的 z 平面内单值解析.

当 z 为正实数 x 时,积分主值为

$$\overline{\mathrm{li}}(x) = (\mathrm{P.V.})\int_{0}^{x} \frac{\mathrm{d}t}{\ln t} = \lim_{\varepsilon \to 0}\left(\int_{0}^{1-\varepsilon} \frac{\mathrm{d}t}{\ln t} + \int_{1+\varepsilon}^{x} \frac{\mathrm{d}t}{\ln t}\right)$$

$$= \overline{\mathrm{Ei}}(\ln x) \quad (1 < x < \infty)$$

这里,$\overline{\mathrm{Ei}}$为指数积分.

Ⅳ.1.2.8 勒让德(Legendre)椭圆积分 $F(k,\varphi),E(k,\varphi),\Pi(h,k,\varphi)$

1. 第一类椭圆积分

$$F(k,\varphi) = \int_0^{\sin\varphi} \frac{dt}{\sqrt{(1-t^2)(1-k^2t^2)}} = \int_0^\varphi \frac{d\theta}{\sqrt{1-k^2\sin^2\theta}} \quad (k^2 < 1)$$

2. 第二类椭圆积分

$$E(k,\varphi) = \int_0^{\sin\varphi} \sqrt{\frac{1-k^2t^2}{1-t^2}}\,dt = \int_0^\varphi \sqrt{1-k^2\sin^2\theta}\,d\theta \quad (k^2 < 1)$$

3. 第三类椭圆积分

$$\Pi(h,k,\varphi) = \int_0^{\sin\varphi} \frac{dt}{(1+ht^2)\sqrt{(1-t^2)(1-k^2t^2)}}$$

$$= \int_0^\varphi \frac{d\theta}{(1+h\sin^2\theta)\sqrt{1-k^2\sin^2\theta}} \quad (k^2 < 1,\ h\ \text{为非负整数})$$

这里,k 称为这些积分的模数,$k' = \sqrt{1-k^2}$ 称为补模数,h 称为第三类椭圆积分的参数.

Ⅳ.1.2.9 完全椭圆积分 $K(k),E(k),\Pi(h,k)$

1. 第一类完全椭圆积分

$$K = K(k) = F\left(k,\frac{\pi}{2}\right) = \int_0^1 \frac{dt}{\sqrt{(1-t^2)(1-k^2t^2)}}$$

$$= \int_0^{\frac{\pi}{2}} \frac{d\theta}{\sqrt{1-k^2\sin^2\theta}} \quad (k^2 < 1)$$

2. 第二类完全椭圆积分

$$E = E(k) = E\left(k,\frac{\pi}{2}\right) = \int_0^1 \sqrt{\frac{1-k^2t^2}{1-t^2}}\,dt$$

$$= \int_0^{\frac{\pi}{2}} \sqrt{1-k^2\sin^2\theta}\,d\theta \quad (k^2 < 1)$$

3. 第三类完全椭圆积分

$$\Pi(h,k) = \Pi\left(h,k,\frac{\pi}{2}\right) = \int_0^1 \frac{dt}{(1+ht^2)\sqrt{(1-t^2)(1-k^2t^2)}}$$

$$= \int_0^{\frac{\pi}{2}} \frac{d\theta}{(1+h\sin^2\theta)\sqrt{1-k^2\sin^2\theta}} \quad (k^2 < 1)$$

并定义

$$K'(k) = K(k'), \qquad E'(k) = E(k')$$
$$K'(k') = K(k), \qquad E'(k') = E(k)$$

第一类和第二类完全椭圆积分也可写成级数形式:

$$K(k) = \frac{\pi}{2} \sum_{n=0}^{\infty} \left[\begin{array}{c} -\dfrac{1}{2} \\ n \end{array} \right] k^{2n}$$

$$E(k) = \frac{\pi}{2} \sum_{n=0}^{\infty} \left[\begin{array}{c} \dfrac{1}{2} \\ n \end{array} \right] \left[\begin{array}{c} -\dfrac{1}{2} \\ n \end{array} \right] k^{2n}$$

Ⅳ.1.2.10　贝塞尔(Bessel)函数(柱函数)$J_\nu(z)$, $N_\nu(z)$, $H_\nu^{(1)}(z)$, $H_\nu^{(2)}(z)$, $I_\nu(z)$, $K_\nu(z)$

1. 贝塞尔方程

贝塞尔方程为

$$\frac{d^2 y}{dz^2} + \frac{1}{z} \frac{dy}{dz} + \left(1 - \frac{\nu^2}{z^2}\right) y = 0$$

其中,ν 是常数,称为方程的阶或方程的解的阶,它可以是任何实数或复数.

贝塞尔方程的解为**贝塞尔函数**,或称柱函数:

$$J_{\pm\nu}(z) = \left(\frac{z}{2}\right)^{\pm\nu} \sum_{k=0}^{\infty} \frac{(-1)^k}{k!} \frac{1}{\Gamma(\pm\nu + k + 1)} \left(\frac{z}{2}\right)^{2k}$$

$$(\nu \text{ 为常数}, |\arg z| < \pi)$$

它们是 ν 阶贝塞尔方程的两个解,$J_{\pm\nu}(z)$ 称为**第一类贝塞尔函数**. 除 ν 为整数的情形外,$J_\nu(z)$ 和 $J_{-\nu}(z)$ 线性无关;当 ν 为整数时,$J_\nu(z)$ 和 $J_{-\nu}(z)$ 线性相关,此时可构造方程的另一个解,称为**诺伊曼(Neumann)函数**:

$$N_\nu(z) = \frac{J_\nu(z)\cos\nu\pi - J_{-\nu}(z)}{\sin\nu\pi}$$

$N_\nu(z)$ 称为**第二类贝塞尔函数**. $J_\nu(z)$ 和 $N_\nu(z)$ 也是 ν 阶贝塞尔方程的两个线性独立解.

由 $J_\nu(z)$ 和 $N_\nu(z)$ 可线性组合成**汉克尔(Hankel)函数**,其定义为

$$H_\nu^{(1)}(z) = J_\nu(z) + i N_\nu(z)$$
$$H_\nu^{(2)}(z) = J_\nu(z) - i N_\nu(z)$$

$H_\nu^{(1)}(z)$ 和 $H_\nu^{(2)}(z)$ 也是 ν 阶贝塞尔方程的两个线性独立解,分别叫做第一种汉克尔函数和第二种汉克尔函数,也称为**第三类贝塞尔函数**.

2. 虚自变量贝塞尔方程

在方程

$$\frac{d^2 y}{dx^2} + \frac{1}{x} \frac{dy}{dx} + \left(1 - \frac{\nu^2}{x^2}\right) y = 0$$

中,令 $z = \mathrm{i}x$,此处 x 为实数,则方程变为

$$\frac{\mathrm{d}^2 y}{\mathrm{d}z^2} + \frac{1}{z}\frac{\mathrm{d}y}{\mathrm{d}z} - \left(1 + \frac{\nu^2}{z^2}\right)y = 0$$

该方程称为**虚自变量贝塞尔方程**.

它的第一个解为**第一类虚自变量贝塞尔函数**

$$\mathrm{I}_\nu(z) = \begin{cases} \mathrm{e}^{-\mathrm{i}\frac{\nu\pi}{2}}\mathrm{J}_\nu\left(z\mathrm{e}^{\mathrm{i}\frac{\pi}{2}}\right) & \left(-\pi < \arg z \leqslant \dfrac{\pi}{2}\right) \\[2mm] \mathrm{e}^{\mathrm{i}\frac{3\nu\pi}{2}}\mathrm{J}_\nu\left(z\mathrm{e}^{-\mathrm{i}\frac{3\pi}{2}}\right) & \left(\dfrac{\pi}{2} < \arg z < \pi\right) \end{cases}$$

它的另一个线性独立解为**第二类虚自变量贝塞尔函数**

$$\mathrm{K}_\nu(z) = \frac{\pi}{2\sin\nu\pi}\left[\mathrm{I}_{-\nu}(z) - \mathrm{I}_\nu(z)\right]$$

或

$$\mathrm{K}_\nu(z) = \frac{\mathrm{i}\pi}{2}\mathrm{e}^{\mathrm{i}\frac{\nu\pi}{2}}\mathrm{H}_\nu^{(1)}\left(z\mathrm{e}^{\mathrm{i}\frac{\pi}{2}}\right) = -\mathrm{i}\frac{\pi}{2}\mathrm{e}^{-\mathrm{i}\frac{\nu\pi}{2}}\mathrm{H}_\nu^{(2)}\left(z\mathrm{e}^{-\mathrm{i}\frac{\pi}{2}}\right)$$

3. 贝塞尔函数的特性及有关公式

(1) 第一类贝塞尔函数 $\mathrm{J}_\nu(z)$

定义:

$$\mathrm{J}_\nu(z) = \left(\frac{z}{2}\right)^\nu \sum_{k=0}^{\infty} \frac{(-1)^k}{k!}\frac{1}{\Gamma(\nu + k + 1)}\left(\frac{z}{2}\right)^{2k}$$

关系式:

$$\mathrm{J}_{-n}(z) = (-1)^n \mathrm{J}_n(z) \quad (n = 0,1,2,\cdots)$$

特殊值:

$$\mathrm{J}_0(0) = 1, \quad \mathrm{J}_\nu(0) = 0 \quad (\nu > 0)$$

递推关系:

$$\frac{\mathrm{d}}{\mathrm{d}z}\left[z^\nu \mathrm{J}_\nu(z)\right] = z^\nu \mathrm{J}_{\nu-1}(z)$$

$$\frac{\mathrm{d}}{\mathrm{d}z}\left[z^{-\nu}\mathrm{J}_\nu(z)\right] = -z^{-\nu}\mathrm{J}_{\nu+1}(z)$$

$$\mathrm{J}_{\nu-1}(z) + \mathrm{J}_{\nu+1}(z) = \frac{2\nu}{z}\mathrm{J}_\nu(z)$$

$$\mathrm{J}_{\nu-1}(z) - \mathrm{J}_{\nu+1}(z) = 2\mathrm{J}'_\nu(z)$$

积分表达式:

$$\mathrm{J}_\nu(z) = \frac{\left(\dfrac{z}{2}\right)^\nu}{\sqrt{\pi}\,\Gamma\left(\nu + \dfrac{1}{2}\right)}\int_{-1}^{1}\mathrm{e}^{\mathrm{i}zt}(1 - t^2)^{\nu-\frac{1}{2}}\mathrm{d}t \quad \left(\mathrm{Re}\,\nu > -\frac{1}{2}\right)$$

$$\mathrm{J}_n(z) = \frac{1}{\pi}\int_0^{\pi}\cos(n\theta - z\sin\theta)\mathrm{d}\theta \quad (n = 0,1,2,\cdots)$$

$$J_0(z) = \frac{1}{\pi}\int_0^\pi \cos(z\sin\theta)\mathrm{d}\theta = \frac{1}{\pi}\int_0^\pi \cos(z\cos\theta)\mathrm{d}\theta$$

$$J_0(x) = \frac{2}{\pi}\int_0^\infty \sin(x\cosh t)\mathrm{d}t \quad (x > 0)$$

渐近公式：

$$J_\nu(x) \approx \frac{1}{\Gamma(\nu+1)}\left(\frac{x}{2}\right)^\nu \quad (\nu \neq -1, -2, -3, \cdots;\ x \to 0^+)$$

$$J_\nu(x) \approx \sqrt{\frac{2}{\pi x}}\cos\left[x - \left(\nu+\frac{1}{2}\right)\frac{\pi}{2}\right] \quad (x \to \infty)$$

半奇数阶贝塞尔函数：

$$J_{\frac{1}{2}}(x) = \sqrt{\frac{2}{\pi x}}\sin x$$

$$J_{-\frac{1}{2}}(x) = \sqrt{\frac{2}{\pi x}}\cos x$$

$$J_{\frac{3}{2}}(x) = \sqrt{\frac{2}{\pi x}}\left(\frac{\sin x}{x} - \cos x\right)$$

$$J_{-\frac{3}{2}}(x) = -\sqrt{\frac{2}{\pi x}}\left(\frac{\cos x}{x} + \sin x\right)$$

$$J_{\frac{5}{2}}(x) = \sqrt{\frac{2}{\pi x}}\left[\left(\frac{3}{x^2} - 1\right)\sin x - \frac{3}{x}\cos x\right]$$

$$J_{-\frac{5}{2}}(x) = \sqrt{\frac{2}{\pi x}}\left[\left(\frac{3}{x^2} - 1\right)\cos x + \frac{3}{x}\sin x\right]$$

(2) 第二类贝塞尔函数［诺伊曼(Neumann)函数］$N_\nu(z)$

定义：

$$N_\nu(z) = \frac{J_\nu(z)\cos\nu\pi - J_{-\nu}(z)}{\sin\nu\pi}$$

关系式：

$$N_{-n}(z) = (-1)^n N_n(z) \quad (n = 0, 1, 2, \cdots)$$

特殊值：

$$N_n(0) = N_0(0) = -\infty$$

递推关系：

$$\frac{\mathrm{d}}{\mathrm{d}z}\left[z^\nu N_\nu(z)\right] = z^\nu N_{\nu-1}(z)$$

$$\frac{\mathrm{d}}{\mathrm{d}z}\left[z^{-\nu} N_\nu(z)\right] = -z^{-\nu} N_{\nu+1}(z)$$

$$N_{\nu-1}(z) + N_{\nu+1}(z) = \frac{2\nu}{z}N_\nu(z)$$

$$N_{\nu-1}(z) - N_{\nu+1}(z) = 2N_\nu'(z)$$

积分表达式：

$$N_\nu(x) = -\frac{2}{\pi}\int_0^\infty \cos\left(x\cosh t - \frac{\nu\pi}{2}\right)\cosh\nu t\,\mathrm{d}t$$

$$(-1 < \operatorname{Re}\nu < 1,\ x > 0)$$

$$N_\nu(z) = \frac{1}{\pi}\int_0^\pi \sin(z\sin\theta - \nu\theta)\mathrm{d}\theta - \frac{1}{\pi}\int_0^\infty (\mathrm{e}^{\nu t} + \mathrm{e}^{-\nu t}\cos\nu\pi)\mathrm{e}^{-z\sinh t}\,\mathrm{d}t$$

$$\left(\operatorname{Re} z > 0,\ |\arg z| < \frac{\pi}{2}\right)$$

$$N_0(z) = \frac{4}{\pi^2}\int_0^{\frac{\pi}{2}} \cos(z\cos\theta)[\ln(2z\sin^2\theta) + \gamma]\mathrm{d}\theta$$

$$N_0(x) = -\frac{2}{\pi}\int_0^\infty \cos(x\cosh t)\mathrm{d}t \quad (x > 0)$$

近似公式：

$$N_0(x) \approx \frac{2}{\pi}\ln x \quad (x \to 0^+)$$

$$N_\nu(x) \approx -\frac{\Gamma(\nu)}{\pi}\left(\frac{2}{x}\right)^\nu \quad (\nu > 0,\ x \to 0^+)$$

$$N_\nu(x) \approx \sqrt{\frac{2}{\pi x}}\sin\left[x - \frac{1}{2}\left(\nu + \frac{1}{2}\right)\pi\right] \quad (x \to \infty)$$

半奇数阶诺伊曼函数：

$$N_{\frac{1}{2}}(x) = -\sqrt{\frac{2}{\pi x}}\cos x$$

$$N_{-\frac{1}{2}}(x) = \sqrt{\frac{2}{\pi x}}\sin x$$

$$N_{\frac{3}{2}}(x) = -\sqrt{\frac{2}{\pi x}}\left(\frac{\cos x}{x} + \sin x\right)$$

$$N_{-\frac{3}{2}}(x) = -\sqrt{\frac{2}{\pi x}}\left(\frac{\sin x}{x} + \cos x\right)$$

$$N_{\frac{5}{2}}(x) = -\sqrt{\frac{2}{\pi x}}\left[\left(\frac{3}{x^2} - 1\right)\cos x + \frac{3}{x}\sin x\right]$$

$$N_{-\frac{5}{2}}(x) = \sqrt{\frac{2}{\pi x}}\left[\left(\frac{3}{x^2} - 1\right)\sin x - \frac{3}{x}\cos x\right]$$

(3) 第三类贝塞尔函数[汉克尔(Hankel)函数]$H_\nu^{(1)}(z)$和 $H_\nu^{(2)}(z)$
定义：

$$H_\nu^{(1)}(z) = J_\nu(z) + \mathrm{i}\,N_\nu(z)$$

$$H_\nu^{(2)}(z) = J_\nu(z) - \mathrm{i}\,N_\nu(z)$$

积分表达式：

$$H_\nu^{(1)}(x) = \frac{2}{\mathrm{i}\pi}\mathrm{e}^{-\mathrm{i}\frac{\nu\pi}{2}}\int_0^\infty \mathrm{e}^{\mathrm{i}x\cosh t}\cosh\nu t\,\mathrm{d}t \quad (-1 < \operatorname{Re}\nu < 1,\ x > 0)$$

$$H_\nu^{(2)}(x) = -\frac{2}{i\pi}e^{i\frac{\nu\pi}{2}}\int_0^\infty e^{-ix\cosh t}\cosh\nu\, t\, dt \quad (-1 < \mathrm{Re}\,\nu < 1,\ x > 0)$$

$$H_\nu^{(1)}(z) = -\frac{2^{\nu+1}iz^\nu}{\Gamma\left(\nu+\frac{1}{2}\right)\Gamma\left(\frac{1}{2}\right)}\int_0^{\frac{\pi}{2}}\frac{\cos^{\nu-\frac{1}{2}}t\cdot e^{i\left(z-\nu t+\frac{t}{2}\right)}}{\sin^{2\nu+1}t}\exp(-2z\cot t)dt$$

$$\left(\mathrm{Re}\,\nu > -\frac{1}{2},\ \mathrm{Re}\,z > 0\right)$$

$$H_\nu^{(2)}(z) = -\frac{2^{\nu+1}iz^\nu}{\Gamma\left(\nu+\frac{1}{2}\right)\Gamma\left(\frac{1}{2}\right)}\int_0^{\frac{\pi}{2}}\frac{\cos^{\nu-\frac{1}{2}}t\cdot e^{-i\left(z-\nu t+\frac{t}{2}\right)}}{\sin^{2\nu+1}t}\exp(-2z\cot t)dt$$

$$\left(\mathrm{Re}\,\nu > -\frac{1}{2},\ \mathrm{Re}\,z > 0\right)$$

$$H_0^{(1)}(x) = -\frac{i}{\pi}\int_{-\infty}^\infty\frac{\exp\left(i\sqrt{x^2+t^2}\right)}{\sqrt{x^2+t^2}}dt \quad (x > 0)$$

（4）第一类修正贝塞尔函数 $I_\nu(z)$

定义：

$$I_\nu(z) = \sum_{k=0}^\infty\frac{1}{k!\Gamma(k+\nu+1)}\left(\frac{z}{2}\right)^{\nu+2k} \quad (|z| < \infty,\ |\arg z| < \pi)$$

$$I_\nu(z) = \begin{cases} e^{-i\frac{\nu\pi}{2}}J_\nu\left(ze^{i\frac{\pi}{2}}\right) & \left(-\pi < \arg z \leqslant \frac{\pi}{2}\right) \\ e^{i\frac{3\nu\pi}{2}}J_\nu\left(ze^{-i\frac{3\pi}{2}}\right) & \left(\frac{\pi}{2} < \arg z < \pi\right) \end{cases}$$

积分表达式：

$$I_\nu(z) = \frac{\left(\frac{z}{2}\right)^\nu}{\sqrt{\pi}\Gamma\left(\nu+\frac{1}{2}\right)}\int_{-1}^1 e^{-zt}(1-t^2)^{\nu-\frac{1}{2}}dt \quad \left(\mathrm{Re}\,\nu > -\frac{1}{2}\right)$$

$$= \frac{\left(\frac{z}{2}\right)^\nu}{\sqrt{\pi}\Gamma\left(\nu+\frac{1}{2}\right)}\int_0^\pi\cosh(z\cos\theta)\sin^{2\nu}\theta\, d\theta \quad \left(\mathrm{Re}\,\nu > -\frac{1}{2}\right)$$

$$I_\nu(z) = \frac{1}{\pi}\int_0^\pi e^{z\cos\theta}\cos\nu\,\theta\, d\theta - \frac{\sin\nu\pi}{\pi}\int_0^\infty e^{-z\cosh t-\nu t}dt$$

$$\left(\mathrm{Re}\,\nu > 0,\ |\arg z| \leqslant \frac{\pi}{2}\right)$$

关系式：

$$I_{-n}(z) = I_n(z) \quad (n = 0,1,2,\cdots)$$

特殊值：

$$I_0(0) = 1,\quad I_\nu(0) = 0 \quad (\nu > 0)$$

递推公式：

$$\left(\frac{\mathrm{d}}{z\,\mathrm{d}z}\right)^m\left[z^\nu \mathrm{I}_\nu(z)\right] = z^{\nu-m}\mathrm{I}_{\nu-m}(z) \quad (m = 0,1,2,\cdots)$$

$$\left(\frac{\mathrm{d}}{z\,\mathrm{d}z}\right)^m\left[z^{-\nu}\mathrm{I}_\nu(z)\right] = z^{-\nu-m}\mathrm{I}_{\nu+m}(z) \quad (m = 0,1,2,\cdots)$$

$$\mathrm{I}_{\nu-1}(z) + \mathrm{I}_{\nu+1}(z) = 2\mathrm{I}'_\nu(z)$$

$$\mathrm{I}_{\nu-1}(z) - \mathrm{I}_{\nu+1}(z) = \frac{2\nu}{z}\mathrm{I}_\nu(z)$$

近似值：

$$\mathrm{I}_\nu(x) \approx \frac{1}{\Gamma(\nu+1)}\left(\frac{x}{2}\right)^\nu \quad (\nu > 0,\ x \to 0^+)$$

$$\mathrm{I}_\nu(x) \approx \frac{\mathrm{e}^x}{\sqrt{2\pi x}} \quad (x \to \infty)$$

半奇数阶时：

$$\mathrm{I}_{\frac{1}{2}}(x) = \sqrt{\frac{2}{\pi x}}\sinh x$$

$$\mathrm{I}_{-\frac{1}{2}}(x) = \sqrt{\frac{2}{\pi x}}\cosh x$$

$$\mathrm{I}_{\frac{3}{2}} = -\sqrt{\frac{2}{\pi x}}\left(\frac{\sinh x}{x} - \cosh x\right)$$

$$\mathrm{I}_{-\frac{3}{2}}(x) = -\sqrt{\frac{2}{\pi x}}\left(\frac{\cosh x}{x} - \sinh x\right)$$

$$\mathrm{I}_{\frac{5}{2}}(x) = \sqrt{\frac{2}{\pi x}}\left[\left(\frac{3}{x^2} + 1\right)\sinh x - \frac{3}{x}\cosh x\right]$$

$$\mathrm{I}_{-\frac{5}{2}}(x) = \sqrt{\frac{2}{\pi x}}\left[\left(\frac{3}{x^2} + 1\right)\cosh x - \frac{3}{x}\sinh x\right]$$

(5) 第二类修正贝塞尔函数 $\mathrm{K}_\nu(z)$

定义：

$$\mathrm{K}_\nu(z) = \frac{\pi}{2}\frac{\mathrm{I}_{-\nu}(z) - \mathrm{I}_\nu(z)}{\sin\nu\pi}$$

与汉克尔函数的关系：

$$\mathrm{K}_\nu(z) = \frac{\mathrm{i}\pi}{2}\mathrm{e}^{\mathrm{i}\frac{\nu\pi}{2}}\mathrm{H}_\nu^{(1)}\left(z\mathrm{e}^{\mathrm{i}\frac{\pi}{2}}\right) \quad \left(-\pi < \arg z < \frac{\pi}{2}\right)$$

$$\mathrm{K}_\nu(z) = -\frac{\mathrm{i}\pi}{2}\mathrm{e}^{-\mathrm{i}\frac{\nu\pi}{2}}\mathrm{H}_\nu^{(2)}\left(z\mathrm{e}^{\mathrm{i}\frac{\pi}{2}}\right) \quad \left(-\frac{\pi}{2} < \arg z < \pi\right)$$

级数展开：

$$\mathrm{K}_0(z) = -\mathrm{I}_0(z)\left(\ln\frac{z}{2} + \gamma\right) + \sum_{k=0}^\infty \frac{1}{(k!)^2}\left(\frac{z}{2}\right)^{2k}\left(1 + \frac{1}{2} + \cdots + \frac{1}{k}\right)$$

$$\mathrm{K}_n(z) = (-1)^{n+1}\mathrm{I}_n(z)\left(\ln\frac{z}{2} + \gamma\right) + \frac{1}{2}\sum_{k=0}^{n-1}\frac{(-1)^k(n-k-1)!}{k!}\left(\frac{z}{2}\right)^{2k-n}$$

$$+ \frac{1}{2} \sum_{k=0}^{\infty} \frac{(-1)^n}{k!(k+n)!} \left(\frac{z}{2} \right)^{2k+n} \left[\psi(k+n+1) + \psi(k+1) \right]$$

$(n = 1, 2, 3, \cdots)$

积分表达式：

$$K_\nu(z) = \int_0^\infty e^{-z\cosh t} \cosh \nu t \, dt \quad \left(|\arg z| < \frac{\pi}{2} \right)$$

$$K_\nu(z) = \frac{\sqrt{\pi} \left(\frac{z}{2} \right)^\nu}{\Gamma \left(\nu + \frac{1}{2} \right)} \int_1^\infty e^{-zt}(t^2-1)^{\nu-\frac{1}{2}} dt \quad \left(\mathrm{Re}\, \nu > - \frac{1}{2},\, |\arg z| < \frac{\pi}{2} \right)$$

$$K_n(z) = \frac{(2n)!}{2^n n! z^n} \int_0^\infty \frac{\cos(z\sinh t)}{\cosh^{2n} t} dt \quad (\mathrm{Re}\, z > 0,\, n\ \text{为整数})$$

$$K_\nu(x) = \frac{1}{\cos \frac{\nu\pi}{2}} \int_0^\infty \cos(x\sinh t)\cosh \nu t \, dt \quad (x > 0,\, -1 < \mathrm{Re}\, \nu < 1)$$

关系式：

$$K_{-\nu}(z) = K_\nu(z)$$

递推公式：

$$\frac{d}{dz} \left[z^\nu K_\nu(z) \right] = -z^\nu K_{\nu-1}(z)$$

$$\frac{d}{dz} \left[z^{-\nu} K_\nu(z) \right] = -z^{-\nu} K_{\nu+1}(z)$$

$$K_{\nu-1}(z) + K_{\nu+1}(z) = -2K_\nu'(z)$$

$$K_{\nu-1}(z) - K_{\nu+1}(z) = -\frac{2\nu}{z} K_\nu'(z)$$

近似公式：

$$K_0(x) \approx -\ln x \quad (x \to 0^+)$$

$$K_\nu(x) \approx \frac{\Gamma(\nu)}{2} \left(\frac{2}{x} \right)^\nu \quad (\nu > 0,\, x \to 0^+)$$

$$K_\nu(x) \approx \sqrt{\frac{\pi}{2x}} e^{-x} \quad (x \to \infty)$$

半奇数阶时：

$$K_{\frac{1}{2}}(x) = K_{-\frac{1}{2}}(x) = e^{-x} \sqrt{\frac{\pi}{2x}}$$

$$K_{\frac{3}{2}}(x) = K_{-\frac{3}{2}}(x) = e^{-x} \sqrt{\frac{\pi}{2x}} \left(\frac{1}{x} + 1 \right)$$

$$K_{\frac{5}{2}}(x) = K_{-\frac{5}{2}}(x) = e^{-x} \sqrt{\frac{\pi}{2x}} \left(\frac{2}{x^2} + \frac{2}{x} + 1 \right)$$

Ⅳ.1.2.11　勒让德(Legendre)函数(球函数)$P_n(x)$和$Q_n(x)$

勒让德方程

$$(1 - x^2)\frac{\mathrm{d}^2 y}{\mathrm{d}x^2} - 2x\frac{\mathrm{d}y}{\mathrm{d}x} + \nu(\nu + 1)y = 0$$

的解为勒让德函数. 方程中的 ν 和 x 可以是任何复数,该方程称为 ν 次勒让德方程.

1. ν **为 0 或正整数**

当 ν 为 0 或正整数时,勒让德方程成为

$$(1 - x^2)\frac{\mathrm{d}^2 y}{\mathrm{d}x^2} - 2x\frac{\mathrm{d}y}{\mathrm{d}x} + n(n + 1)y = 0 \quad (n = 0,1,2,\cdots)$$

它的一个解是多项式,该多项式记作 $P_n(x)$.

(1) 勒让德多项式 $P_n(x)$

$$P_n(x) = \frac{(2n)!}{2^n(n!)^2}\Big[x^n - \frac{n(n - 1)}{2(2n - 1)}x^{n-2} + \frac{n(n - 1)(n - 2)(n - 3)}{2 \cdot 4(2n - 1)(2n - 3)}x^{n-4} - \cdots\Big]$$

$$= \sum_{k=0}^{\left[\frac{n}{2}\right]} \frac{(-1)^k(2n - 2k)!x^{n-2k}}{2^n k!(n - k)!(n - 2k)!}$$

$P_n(x)$称为**第一类勒让德函数**.

勒让德多项式也可用微商形式的罗德里格斯(Rodrigues)公式表示,即

$$P_n(x) = \frac{1}{2^n n!}\frac{\mathrm{d}^n}{\mathrm{d}x^n}\big[(x^2 - 1)^n\big]$$

(2) 第一类勒让德函数的积分表述

$$P_n(x) = \frac{1}{2\pi\mathrm{i}}\int_C \frac{(t^2 - 1)^n}{2^n(t - x)^{n+1}}\mathrm{d}t$$

这个公式叫做施拉夫利(Schläfli)公式,其中,C 是 t 平面上绕 $t = x$ 点的围道,n 为整数.

勒让德函数也可表示为定积分:

$$P_n(x) = \frac{1}{2\pi}\int_{-\pi}^{\pi}\Big(x + \sqrt{x^2 - 1}\cos\varphi\Big)^n\mathrm{d}\varphi$$

$$= \frac{1}{\pi}\int_0^{\pi}\Big(x + \sqrt{x^2 - 1}\cos\varphi\Big)^n\mathrm{d}\varphi$$

这是 $P_n(x)$ 的拉普拉斯第一积分表示;或者

$$P_n(x) = \frac{1}{\pi}\int_0^{\pi}\frac{\mathrm{d}\varphi}{\Big(x + \sqrt{x^2 - 1}\cos\varphi\Big)^{n+1}}$$

该式是拉普拉斯第二积分.

(3) $P_n(x)$的递推关系式

$$P_1(x) - xP_0(x) = 0$$

$$(n + 1)P_{n+1}(x) - (2n + 1)xP_n(x) + nP_{n-1}(x) = 0$$

$$(n = 1,2,3,\cdots)$$

$$P'_{n+1}(x) - P'_{n-1}(x) = (2n + 1)P_n(x) \quad (n = 1,2,3,\cdots)$$

(4) 前几个勒让德多项式 $P_n(x)$

$$P_0(x) = 1$$

$$P_1(x) = x$$

$$P_2(x) = \frac{1}{2}(3x^2 - 1)$$

$$P_3(x) = \frac{1}{2}(5x^3 - 3x)$$

$$P_4(x) = \frac{1}{8}(35x^4 - 30x^2 + 3)$$

$$P_5(x) = \frac{1}{8}(63x^5 - 70x^3 + 15x)$$

$$P_6(x) = \frac{1}{16}(231x^6 - 315x^4 + 105x^2 - 5)$$

$$P_7(x) = \frac{1}{16}(429x^7 - 693x^5 + 315x^3 - 35x)$$

(5) 勒让德多项式的正交性

$$\int_{-1}^{1} P_n(x)P_k(x)\mathrm{d}x = 0 \quad (k \neq n)$$

$$\int_{-1}^{1} [P_n(x)]^2\mathrm{d}x = \frac{2}{2n + 1}$$

2. ν 为正整数

当 ν 为正整数时,可求得勒让德方程

$$(1 - x^2)y'' - 2xy' + n(n + 1)y = 0$$

的第二个解

$$Q_n(x) = P_n(x)\int_x^\infty \frac{\mathrm{d}x}{(x^2 - 1)[P_n(x)]^2} \quad (|x| > 1)$$

$Q_n(x)$称为**第二类勒让德函数**. 把 $P_n(x)$代入上式的右方,可得到用级数表示的第二类勒让德函数:

$$Q_n(x) = \frac{2^n(n!)^2}{(2n + 1)!}x^{-n-1}\left[1 + \frac{(n + 1)(n + 2)}{2(2n + 3)}x^{-2} + \cdots\right] \quad (|x| > 1)$$

(1) 第二类勒让德函数 $Q_n(x)$

$$Q_n(x) = \frac{2^n(n!)^2}{(2n + 1)!}x^{-n-1}\left[1 + \frac{(n + 1)(n + 2)}{2(2n + 3)}x^{-2} + \cdots\right] \quad (|x| > 1)$$

或

$$Q_n(x) = \frac{1}{2}P_n(x)\ln\frac{1+x}{1-x} - \sum_{k=0}^{\left[\frac{n-1}{2}\right]} \frac{2n-4k-1}{(2k+1)(n-k)}P_{n-2k-1}(x)$$

$$(\mid x \mid < 1, \ n = 1,2,3,\cdots)$$

(2) $Q_n(x)$ 的递推关系式

$$Q_1(x) - xQ_0(x) + 1 = 0$$

$$(n+1)Q_{n+1}(x) - (2n+1)xQ_n(x) + nQ_{n-1}(x) = 0$$

$$(n = 1,2,3,\cdots)$$

$$Q'_{n+1}(x) - Q'_{n-1}(x) = (2n+1)Q_n(x) \quad (n = 1,2,3,\cdots)$$

Ⅳ.1.2.12　连带勒让德函数 $P_n^m(x)$ 和 $Q_n^m(x)$

1. 第一类连带勒让德函数 $P_n^m(x)$

连带勒让德方程

$$(1-x^2)\frac{d^2y}{dx^2} - 2x\frac{dy}{dx} + \left[n(n+1) - \frac{m^2}{1-x^2}\right]y = 0$$

的解为连带勒让德函数. 在 $n=0,1,2,\cdots$ 和 m 为任何整数时, 连带勒让德函数为

$$P_n^m(x) = (1-x^2)^{\frac{m}{2}}\frac{d^m}{dx^m}[P_n(x)] \quad (-1 \leqslant x \leqslant 1, \ n \geqslant m \geqslant 0)$$

$P_n^m(x)$ 称为 m 阶 n 次的**第一类连带勒让德函数**. 它满足关系式

$$P_n^0(x) = P_n(x) \quad [P_n(x)\text{是勒让德函数}]$$

$$P_n^{-m}(x) = (-1)^m \frac{(n-m)!}{(n+m)!}P_n^m(x)$$

2. 第二类连带勒让德函数 $Q_n^m(x)$

连带勒让德方程的另一个解为

$$Q_n^m(x) = (1-x^2)^{\frac{m}{2}}\frac{d^m}{dx^m}[Q_n(x)] \quad (-1 < x < 1)$$

$Q_n^m(x)$ 称为 m 阶 n 次的**第二类连带勒让德函数**.

3. 递推关系

$$(2n+1)xP_n^m(x) = (n+m)P_{n-1}^m(x) + (n-m+1)P_{n+1}^m(x)$$

$$(2n+1)(1-x^2)^{\frac{1}{2}}P_n^m(x) = P_{n-1}^{m+1}(x) - P_{n+1}^{m+1}(x)$$

$$(2n+1)(1-x^2)^{\frac{1}{2}}P_n^m(x)$$

$$= (n-m+2)(n-m+1)P_{n+1}^{m-1}(x) - (n+m)(n+m-1)P_{n-1}^{m-1}(x)$$

$$(2n+1)(1-x^2)\frac{dP_n^m(x)}{dx}$$

$$= (n+1)(n+m)P_{n-1}^m(x) - n(n-m+1)P_{n+1}^m(x)$$

$Q_n^m(x)$ 的递推关系与 $P_n^m(x)$ 相似.

4. 连带勒让德函数的正交性

$$\int_{-1}^{1} P_n^m(x) P_k^m(x) dx = 0 \quad (k \neq n)$$

$$\int_{-1}^{1} [P_n^m(x)]^2 dx = \frac{2(n+m)!}{(2n+1)(n-m)!}$$

Ⅳ.1.2.13　埃尔米特(Hermite)多项式 $H_n(x)$

1. 定义

埃尔米特方程

$$\frac{d^2 y}{dx^2} - 2x\frac{dy}{dx} + 2ny = 0$$

的一个解为**埃尔米特多项式**

$$H_n(x) = \sum_{k=0}^{\left[\frac{n}{2}\right]} \frac{(-1)^k n!}{k!(n-2k)!}(2x)^{n-2k} \quad (n = 0,1,2,\cdots)$$

2. 递推公式

$$H_{2n+1}(x) = 2x H_n(x) - 2n H_{n-1}(x)$$

$$\frac{dH_n(x)}{dx} = 2n H_{n-1}(x)$$

3. 特殊值

$$H_0(x) = 1$$
$$H_1(x) = 2x$$
$$H_2(x) = 4x^2 - 2$$
$$H_3(x) = 8x^3 - 12x$$
$$H_4(x) = 16x^4 - 48x^2 + 12$$
$$H_{2n}(0) = (-1)^n 2^n (2n-1)!!$$
$$H_{2n+1}(0) = 0$$

4. 埃尔米特多项式的正交性

$$\int_{-\infty}^{\infty} e^{-x^2} H_n(x) H_k(x) dx = 0 \quad (k \neq n)$$

$$\int_{-\infty}^{\infty} e^{-x^2} [H_n(x)]^2 dx = 2^n n! \sqrt{\pi}$$

Ⅳ.1.2.14　拉盖尔(Laguerre)多项式 $L_n(x)$ 和连带拉盖尔多项式 $L_n^m(x)$

1. 定义

拉盖尔方程

$$x \frac{\mathrm{d}^2 y}{\mathrm{d}x^2} + (1 - x) \frac{\mathrm{d}y}{\mathrm{d}x} + ny = 0$$

的多项式解为拉盖尔多项式

$$\mathrm{L}_n(x) = \sum_{k=0}^{n} \frac{(-1)^k n! x^k}{(k!)^2 (n - k)!}$$

2. 递推公式

$$(n + 1)\mathrm{L}_{n+1}(x) + (x - 1 - 2n)\mathrm{L}_n(x) + n\mathrm{L}_{n-1}(x) = 0$$

$$\mathrm{L}'_n(x) = \mathrm{L}'_{n-1}(x) - \mathrm{L}_{n-1}(x)$$

3. 特殊值

$$\mathrm{L}_0(x) = 1$$

$$\mathrm{L}_1(x) = -x + 1$$

$$\mathrm{L}_2(x) = x^2 - 4x + 2$$

$$\mathrm{L}_3(x) = -x^3 + 9x^2 - 18x + 6$$

$$\mathrm{L}_4(x) = x^4 - 16x^3 + 72x^2 - 96x + 24$$

4. 拉盖尔多项式的正交性

$$\int_0^\infty \mathrm{e}^{-x} \mathrm{L}_n(x) \mathrm{L}_k(x) \mathrm{d}x = 0 \quad (k \neq n)$$

$$\int_0^\infty \mathrm{e}^{-x} [\mathrm{L}_n(x)]^2 \mathrm{d}x = 1$$

5. 连带拉盖尔多项式及其性质

(1) 定义

连带拉盖尔多项式为

$$\mathrm{L}_n^m(x) = \sum_{k=0}^{n} \frac{(-1)^k (n + m)! x^k}{(n - k)!(m + k)! k!} \quad (m = 0, 1, 2, \cdots)$$

它满足连带拉盖尔方程

$$x \frac{\mathrm{d}^2 y}{\mathrm{d}x^2} + (m + 1 - x) \frac{\mathrm{d}y}{\mathrm{d}x} + ny = 0$$

(2) 连带拉盖尔多项式与拉盖尔多项式的关系

$$\mathrm{L}_n^0(x) = \mathrm{L}_n(x)$$

$$\mathrm{L}_n^m(x) = (-1)^m \frac{\mathrm{d}^m}{\mathrm{d}x^m} [\mathrm{L}_{n+m}(x)] \quad (m = 1, 2, 3, \cdots)$$

(3) 连带拉盖尔多项式的正交性

$$\int_0^\infty \mathrm{e}^{-x} x^m \mathrm{L}_n^m(x) \mathrm{L}_k^m(x) \mathrm{d}x = \begin{cases} 0 & (n \neq k) \\ \dfrac{\Gamma(n + m + 1)}{n!} & (n = k) \end{cases}$$

Ⅳ.1.2.15 δ 函数

1. 定义

δ 函数（Dirac Delta Function）的定义为

$$\delta(x) = \begin{cases} 0 & (x \neq 0) \\ \infty & (x = 0) \end{cases}$$

并且满足

$$\int_{-\infty}^{\infty} \delta(x)\mathrm{d}x = 1$$

2. 极限表示

δ 函数可用非奇异函数的极限表示，例如：

$$\delta(x) = \lim_{m \to \infty} \frac{\sin mx}{\pi x} \quad (\text{傅里叶定理})$$

$$\delta(x) = \lim_{\alpha \to \infty} \sqrt{\frac{\alpha}{\pi}} \mathrm{e}^{-\alpha x^2}$$

$$\delta(x) = \lim_{\alpha \to \infty} \sqrt{\frac{\alpha}{\pi}} \mathrm{e}^{\mathrm{i}\frac{\pi}{4}} \mathrm{e}^{-\mathrm{i}\alpha x^2}$$

$$\delta(x) = \lim_{\varepsilon \to 0} \frac{1}{2\varepsilon} \mathrm{e}^{-\frac{|x|}{\varepsilon}}$$

$$\delta(x) = \frac{1}{\pi} \lim_{\varepsilon \to 0} \frac{\varepsilon}{x^2 + \varepsilon^2}$$

$$\lim_{\varepsilon \to 0} \frac{1}{x \pm \mathrm{i}\varepsilon} = (\mathrm{P.V.}) \frac{1}{x} \mp \mathrm{i}\pi\delta(x) = \frac{1}{x \pm \mathrm{i}0}$$

等等.

3. 微商表示

δ 函数也可用阶梯函数的微商来表示，设

$$\mathrm{H}(x) = \begin{cases} 0 & (x < 0) \\ 1 & (x > 0) \end{cases}$$

$$\ln(x \pm \mathrm{i}0) = \ln|x| \pm \mathrm{i}\pi\mathrm{H}(-x)$$

则

$$\delta(x) = \mathrm{H}'(x)$$

因此有

$$\frac{\mathrm{d}\ln(x \pm \mathrm{i}0)}{\mathrm{d}x} = \frac{1}{x} \mp \mathrm{i}\pi\,\delta(x)$$

或

$$\delta(x) = \pm \frac{1}{\mathrm{i}\pi x} \mp \frac{1}{\mathrm{i}\pi} \frac{\mathrm{d}\ln(x \pm \mathrm{i}0)}{\mathrm{d}x}$$

4. δ 函数的特性和积分表达式

$$\delta(ax) = \frac{1}{|a|}\delta(x)$$

$$\delta(x^2 - a^2) = \frac{1}{2a}\left[\delta(x + a) + \delta(x - a)\right]$$

$$\int_{-\infty}^{\infty} \delta(x)\mathrm{d}x = 1$$

$$\int_{-\infty}^{\infty} f(x)\delta(x - a)\mathrm{d}x = f(a)$$

$$\delta(x) = \frac{1}{2\pi}\int_{-\infty}^{\infty} \mathrm{e}^{ikx}\mathrm{d}k \quad (\text{傅里叶积分变换})$$

$$\delta(\rho - \rho') = \rho\int_{0}^{\infty} k\mathrm{J}_m(k\rho)\mathrm{J}_m(k\rho')\mathrm{d}k \quad (\text{傅里叶-贝塞尔积分变换})$$

Ⅳ.2 常用导数表

1. $\dfrac{\mathrm{d}}{\mathrm{d}x}(a) = 0$

2. $\dfrac{\mathrm{d}}{\mathrm{d}x}(x) = 1$

3. $\dfrac{\mathrm{d}}{\mathrm{d}x}(au) = a\dfrac{\mathrm{d}u}{\mathrm{d}x}$

4. $\dfrac{\mathrm{d}}{\mathrm{d}x}(u + v - w) = \dfrac{\mathrm{d}u}{\mathrm{d}x} + \dfrac{\mathrm{d}v}{\mathrm{d}x} - \dfrac{\mathrm{d}w}{\mathrm{d}x}$

5. $\dfrac{\mathrm{d}}{\mathrm{d}x}(uv) = u\dfrac{\mathrm{d}v}{\mathrm{d}x} + v\dfrac{\mathrm{d}u}{\mathrm{d}x}$

6. $\dfrac{\mathrm{d}}{\mathrm{d}x}(uvw) = uv\dfrac{\mathrm{d}w}{\mathrm{d}x} + uw\dfrac{\mathrm{d}v}{\mathrm{d}x} + vw\dfrac{\mathrm{d}u}{\mathrm{d}x}$

7. $\dfrac{\mathrm{d}}{\mathrm{d}x}\left(\dfrac{u}{v}\right) = \dfrac{v\dfrac{\mathrm{d}u}{\mathrm{d}x} - u\dfrac{\mathrm{d}v}{\mathrm{d}x}}{v^2}$

8. $\dfrac{\mathrm{d}}{\mathrm{d}x}(u^n) = nu^{n-1}\dfrac{\mathrm{d}u}{\mathrm{d}x}$

9. $\dfrac{\mathrm{d}}{\mathrm{d}x}(\sqrt{u}) = \dfrac{1}{2\sqrt{u}}\dfrac{\mathrm{d}u}{\mathrm{d}x}$

10. $\dfrac{\mathrm{d}}{\mathrm{d}x}\left(\dfrac{1}{u}\right) = -\dfrac{1}{u^2}\dfrac{\mathrm{d}u}{\mathrm{d}x}$

11. $\dfrac{\mathrm{d}}{\mathrm{d}x}\left(\dfrac{1}{u^n}\right) = -\dfrac{n}{u^{n+1}}\dfrac{\mathrm{d}u}{\mathrm{d}x}$

12. $\dfrac{\mathrm{d}}{\mathrm{d}x}\left(\dfrac{u^n}{v^m}\right) = \dfrac{u^{n-1}}{v^{m+1}}\left(nv\,\dfrac{\mathrm{d}u}{\mathrm{d}x} - mu\,\dfrac{\mathrm{d}v}{\mathrm{d}x}\right)$

13. $\dfrac{\mathrm{d}}{\mathrm{d}x}(u^n v^m) = u^{n-1}v^{m-1}\left(nv\,\dfrac{\mathrm{d}u}{\mathrm{d}x} + mu\,\dfrac{\mathrm{d}v}{\mathrm{d}x}\right)$

14. $\dfrac{\mathrm{d}}{\mathrm{d}x}[f(u)] = \dfrac{\mathrm{d}f(u)}{\mathrm{d}u}\dfrac{\mathrm{d}u}{\mathrm{d}x}$

15. $\dfrac{\mathrm{d}^2}{\mathrm{d}x^2}[f(u)] = \dfrac{\mathrm{d}f(u)}{\mathrm{d}u}\dfrac{\mathrm{d}^2 u}{\mathrm{d}x^2} + \dfrac{\mathrm{d}^2 f(u)}{\mathrm{d}u^2}\left(\dfrac{\mathrm{d}u}{\mathrm{d}x}\right)^2$

16. $\dfrac{\mathrm{d}^n}{\mathrm{d}x^n}(uv) = \dbinom{n}{0}v\,\dfrac{\mathrm{d}^n u}{\mathrm{d}x^n} + \dbinom{n}{1}\dfrac{\mathrm{d}v}{\mathrm{d}x}\dfrac{\mathrm{d}^{n-1}u}{\mathrm{d}x^{n-1}} + \dbinom{n}{2}\dfrac{\mathrm{d}^2 v}{\mathrm{d}x^2}\dfrac{\mathrm{d}^{n-2}u}{\mathrm{d}x^{n-2}} + \cdots$

$$+ \dbinom{n}{k}\dfrac{\mathrm{d}^k v}{\mathrm{d}x^k}\dfrac{\mathrm{d}^{n-k}u}{\mathrm{d}x^{n-k}} + \cdots + \dbinom{n}{n}u\,\dfrac{\mathrm{d}^n v}{\mathrm{d}x^n}$$

$$\left[\text{这里},\dbinom{n}{r} = \dfrac{n!}{r!(n-r)!},\ \dbinom{n}{0} = 1\right]$$

17. $\dfrac{\mathrm{d}u}{\mathrm{d}x} = \dfrac{1}{\dfrac{\mathrm{d}x}{\mathrm{d}u}}\quad\left(\dfrac{\mathrm{d}x}{\mathrm{d}u}\neq 0\right)$

18. $\dfrac{\mathrm{d}}{\mathrm{d}x}(\log_a u) = \dfrac{1}{u\ln a}\dfrac{\mathrm{d}u}{\mathrm{d}x}$

19. $\dfrac{\mathrm{d}}{\mathrm{d}x}(\ln u) = \dfrac{1}{u}\dfrac{\mathrm{d}u}{\mathrm{d}x}$

20. $\dfrac{\mathrm{d}}{\mathrm{d}x}(a^u) = a^u \ln a\,\dfrac{\mathrm{d}u}{\mathrm{d}x}\quad(a^u = \mathrm{e}^{u\ln a})$

21. $\dfrac{\mathrm{d}}{\mathrm{d}x}(\mathrm{e}^u) = \mathrm{e}^u\,\dfrac{\mathrm{d}u}{\mathrm{d}x}$

22. $\dfrac{\mathrm{d}}{\mathrm{d}x}(u^v) = vu^{v-1}\dfrac{\mathrm{d}u}{\mathrm{d}x} + (\ln u)u^v\,\dfrac{\mathrm{d}v}{\mathrm{d}x}$

23. $\dfrac{\mathrm{d}}{\mathrm{d}x}(\sin u) = \cos u\,\dfrac{\mathrm{d}u}{\mathrm{d}x}$

24. $\dfrac{\mathrm{d}}{\mathrm{d}x}(\cos u) = -\sin u\,\dfrac{\mathrm{d}u}{\mathrm{d}x}$

25. $\dfrac{\mathrm{d}}{\mathrm{d}x}(\tan u) = \sec^2 u\,\dfrac{\mathrm{d}u}{\mathrm{d}x}$

26. $\dfrac{\mathrm{d}}{\mathrm{d}x}(\cot u) = -\csc^2 u\,\dfrac{\mathrm{d}u}{\mathrm{d}x}$

27. $\dfrac{\mathrm{d}}{\mathrm{d}x}(\sec u) = \sec u\,\tan u\,\dfrac{\mathrm{d}u}{\mathrm{d}x}$

28. $\dfrac{\mathrm{d}}{\mathrm{d}x}(\csc u) = -\csc u\,\cot u\,\dfrac{\mathrm{d}u}{\mathrm{d}x}$

29. $\dfrac{\mathrm{d}}{\mathrm{d}x}(\mathrm{vers}\,u) = \sin u\,\dfrac{\mathrm{d}u}{\mathrm{d}x}$

（这里，versu = 1 − cosu，称为角的正矢）

30. $\dfrac{\mathrm{d}}{\mathrm{d}x}(\arcsin u) = \dfrac{1}{\sqrt{1-u^2}}\dfrac{\mathrm{d}u}{\mathrm{d}x}$　$\left(-\dfrac{\pi}{2} \leqslant \arcsin u \leqslant \dfrac{\pi}{2}\right)$

31. $\dfrac{\mathrm{d}}{\mathrm{d}x}(\arccos u) = -\dfrac{1}{\sqrt{1-u^2}}\dfrac{\mathrm{d}u}{\mathrm{d}x}$　$(0 \leqslant \arccos u \leqslant \pi)$

32. $\dfrac{\mathrm{d}}{\mathrm{d}x}(\arctan u) = \dfrac{1}{1+u^2}\dfrac{\mathrm{d}u}{\mathrm{d}x}$　$\left(-\dfrac{\pi}{2} < \arctan u < \dfrac{\pi}{2}\right)$

33. $\dfrac{\mathrm{d}}{\mathrm{d}x}(\operatorname{arccot} u) = -\dfrac{1}{1+u^2}\dfrac{\mathrm{d}u}{\mathrm{d}x}$　$(0 < \operatorname{arccot} u < \pi)$

34. $\dfrac{\mathrm{d}}{\mathrm{d}x}(\operatorname{arcsec} u) = \dfrac{1}{u\sqrt{u^2-1}}\dfrac{\mathrm{d}u}{\mathrm{d}x}$　$\left(0 \leqslant \operatorname{arcsec} u < \dfrac{\pi}{2},\ \dfrac{\pi}{2} < \operatorname{arcsec} u \leqslant \pi\right)$

35. $\dfrac{\mathrm{d}}{\mathrm{d}x}(\operatorname{arccsc} u) = -\dfrac{1}{u\sqrt{u^2-1}}\dfrac{\mathrm{d}u}{\mathrm{d}x}$　$\left(-\dfrac{\pi}{2} \leqslant \operatorname{arccsc} u < 0,\ 0 < \operatorname{arccsc} u \leqslant \dfrac{\pi}{2}\right)$

36. $\dfrac{\mathrm{d}}{\mathrm{d}x}(\operatorname{arcvers} u) = \dfrac{1}{\sqrt{2u-u^2}}\dfrac{\mathrm{d}u}{\mathrm{d}x}$　$(0 \leqslant \operatorname{arcvers} u \leqslant \pi)$

（这里，arcversu 称为反正矢函数）

37. $\dfrac{\mathrm{d}}{\mathrm{d}x}(\sinh u) = \cosh u\,\dfrac{\mathrm{d}u}{\mathrm{d}x}$

38. $\dfrac{\mathrm{d}}{\mathrm{d}x}(\cosh u) = \sinh u\,\dfrac{\mathrm{d}u}{\mathrm{d}x}$

39. $\dfrac{\mathrm{d}}{\mathrm{d}x}(\tanh u) = \operatorname{sech}^2 u\,\dfrac{\mathrm{d}u}{\mathrm{d}x}$

40. $\dfrac{\mathrm{d}}{\mathrm{d}x}(\coth u) = -\operatorname{csch}^2 u\,\dfrac{\mathrm{d}u}{\mathrm{d}x}$

41. $\dfrac{\mathrm{d}}{\mathrm{d}x}(\operatorname{sech} u) = -\operatorname{sech} u\,\tanh u\,\dfrac{\mathrm{d}u}{\mathrm{d}x}$

42. $\dfrac{\mathrm{d}}{\mathrm{d}x}(\operatorname{csch} u) = -\operatorname{csch} u\,\coth u\,\dfrac{\mathrm{d}u}{\mathrm{d}x}$

43. $\dfrac{\mathrm{d}}{\mathrm{d}x}(\operatorname{arsinh} u) = \dfrac{\mathrm{d}}{\mathrm{d}x}\left[\ln\left(u+\sqrt{u^2+1}\right)\right] = \dfrac{1}{\sqrt{u^2+1}}\dfrac{\mathrm{d}u}{\mathrm{d}x}$

44. $\dfrac{\mathrm{d}}{\mathrm{d}x}(\operatorname{arcosh} u) = \dfrac{\mathrm{d}}{\mathrm{d}x}\left[\ln\left(u+\sqrt{u^2-1}\right)\right] = \dfrac{1}{\sqrt{u^2-1}}\dfrac{\mathrm{d}u}{\mathrm{d}x}$

（$u > 1$，$\operatorname{arcosh} u > 0$）

45. $\dfrac{\mathrm{d}}{\mathrm{d}x}(\operatorname{artanh} u) = \dfrac{\mathrm{d}}{\mathrm{d}x}\left(\dfrac{1}{2}\ln\dfrac{1+u}{1-u}\right) = \dfrac{1}{1-u^2}\dfrac{\mathrm{d}u}{\mathrm{d}x}$　$(u^2 < 1)$

46. $\dfrac{\mathrm{d}}{\mathrm{d}x}(\operatorname{arcoth} u) = \dfrac{\mathrm{d}}{\mathrm{d}x}\left(\dfrac{1}{2}\ln\dfrac{u+1}{u-1}\right) = -\dfrac{1}{u^2-1}\dfrac{\mathrm{d}u}{\mathrm{d}x}$　$(u^2 > 1)$

47. $\dfrac{\mathrm{d}}{\mathrm{d}x}(\operatorname{arsech} u) = \dfrac{\mathrm{d}}{\mathrm{d}x}\left(\ln\dfrac{1+\sqrt{1-u^2}}{u}\right) = -\dfrac{1}{u\sqrt{1-u^2}}\dfrac{\mathrm{d}u}{\mathrm{d}x}$

$(0 < u < 1, \text{arsech}u > 0)$

48. $\dfrac{\mathrm{d}}{\mathrm{d}x}(\text{arcsch}u) = \dfrac{\mathrm{d}}{\mathrm{d}x}\left(\ln\dfrac{1 + \sqrt{1 + u^2}}{u}\right) = -\dfrac{1}{|u|\sqrt{1 + u^2}}\dfrac{\mathrm{d}u}{\mathrm{d}x}$

49. $\dfrac{\mathrm{d}}{\mathrm{d}q}\displaystyle\int_p^q f(x)\mathrm{d}x = f(q)$

50. $\dfrac{\mathrm{d}}{\mathrm{d}p}\displaystyle\int_p^q f(x)\mathrm{d}x = -f(p)$

51. $\dfrac{\mathrm{d}}{\mathrm{d}a}\displaystyle\int_p^q f(x,a)\mathrm{d}x = \int_p^q \dfrac{\partial}{\partial a}[f(x,a)]\mathrm{d}x + f(q,a)\dfrac{\mathrm{d}q}{\mathrm{d}a} - f(p,a)\dfrac{\mathrm{d}p}{\mathrm{d}a}$

Ⅳ.3 常用级数展开

Ⅳ.3.1 二项式函数

1. $(x + y)^n = x^n + \dbinom{n}{1}x^{n-1}y + \dbinom{n}{2}x^{n-2}y^2 + \cdots + y^n$

$\left[\text{这里，二项式系数}\dbinom{n}{k} = \dfrac{n(n-1)(n-2)\cdots(n-k+1)}{k!}, \text{或}\dbinom{n}{k} = \dfrac{n!}{k!(n-k)!}, \text{以下同}\right]$

2. $(1 \pm x)^n = 1 \pm \dbinom{n}{1}x + \dbinom{n}{2}x^2 \pm \dbinom{n}{3}x^3 + \cdots + (\pm 1)^m\dbinom{n}{m}x^m + \cdots$

$\qquad + (\pm 1)^n x^n \quad (n = 1,2,3,\cdots)$

3. $(1 \pm x)^{-n} = 1 \mp \dbinom{n}{1}x + \dbinom{n+1}{2}x^2 \mp \dbinom{n+2}{3}x^3 + \cdots$

$\qquad + (\mp 1)^m\dbinom{n+m-1}{m}x^m + \cdots \quad (x^2 < 1)$

4. $(1 \pm x)^{\frac{1}{2}} = 1 \pm \dfrac{1}{2}x - \dfrac{1}{8}x^2 \pm \dfrac{1}{16}x^3 - \dfrac{5}{128}x^4 \pm \cdots \quad (x^2 < 1)$

5. $(1 \pm x)^{-\frac{1}{2}} = 1 \mp \dfrac{1}{2}x + \dfrac{3}{8}x^2 \mp \dfrac{5}{16}x^3 + \dfrac{35}{128}x^4 \mp \cdots \quad (x^2 < 1)$

6. $(1 \pm x)^{\frac{1}{3}} = 1 \pm \dfrac{1}{3}x - \dfrac{1}{9}x^2 \pm \dfrac{5}{81}x^3 - \dfrac{10}{243}x^4 \pm \cdots \quad (x^2 < 1)$

7. $(1 \pm x)^{-\frac{1}{3}} = 1 \mp \dfrac{1}{3}x + \dfrac{2}{9}x^2 \mp \dfrac{14}{81}x^3 + \dfrac{35}{243}x^4 \mp \cdots \quad (x^2 < 1)$

8. $(1 \pm x)^{\frac{3}{2}} = 1 \pm \dfrac{3}{2}x + \dfrac{3}{8}x^2 \mp \dfrac{3}{48}x^3 + \dfrac{3}{128}x^4 \mp \dfrac{15}{1280}x^5 + \cdots \quad (x^2 < 1)$

9. $(1 \pm x)^{-\frac{3}{2}} = 1 \mp \dfrac{3}{2}x + \dfrac{15}{8}x^2 \mp \dfrac{105}{48}x^3 + \dfrac{945}{384}x^4 \mp \cdots \quad (x^2 < 1)$

10. $(1 \pm x)^{-1} = 1 \mp x + x^2 \mp x^3 + x^4 \mp x^5 + \cdots \quad (x^2 < 1)$

11. $(1 \pm x)^{-2} = 1 \mp 2x + 3x^2 \mp 4x^3 + 5x^4 \mp 6x^5 + \cdots \quad (x^2 < 1)$

12. $(1 \mp x)^\alpha = \displaystyle\sum_{k=0}^{\infty} \binom{\alpha}{k}(\pm x)^k \quad (x^2 < 1)$

$$\left[\text{这里}, \binom{\alpha}{k} = \frac{\alpha(\alpha-1)\cdots(\alpha-k+1)}{k!}, \alpha \text{ 为任何实数} \right]$$

Ⅳ.3.2 指数函数

1. $\mathrm{e} = 1 + \dfrac{1}{1!} + \dfrac{1}{2!} + \cdots + \dfrac{1}{n!} + \cdots = \displaystyle\sum_{n=0}^{\infty} \dfrac{1}{n!}$

2. $\mathrm{e}^x = 1 + \dfrac{x}{1!} + \dfrac{x^2}{2!} + \cdots + \dfrac{x^n}{n!} + \cdots = \displaystyle\sum_{n=0}^{\infty} \dfrac{x^n}{n!}$

3. $a^x = \mathrm{e}^{x\ln a} = 1 + x\ln a + \dfrac{(x\ln a)^2}{2!} + \cdots + \dfrac{(x\ln a)^n}{n!} + \cdots = \displaystyle\sum_{n=0}^{\infty} \dfrac{(x\ln a)^n}{n!}$

4. $\mathrm{e}^{-x^2} = 1 - x^2 + \dfrac{x^4}{2!} - \dfrac{x^6}{3!} + \dfrac{x^8}{4!} - \cdots + (-1)^n \dfrac{x^{2n}}{n!} + \cdots = \displaystyle\sum_{n=0}^{\infty} (-1)^n \dfrac{x^{2n}}{n!}$

5. $\mathrm{e}^{\mathrm{e}^x} = \mathrm{e}\left(1 + x + \dfrac{2x^2}{2!} + \dfrac{5x^3}{3!} + \dfrac{15x^4}{4!} + \cdots\right)$

6. $\mathrm{e}^{\sin x} = 1 + x + \dfrac{x^2}{2!} - \dfrac{3x^4}{4!} - \dfrac{8x^5}{5!} - \dfrac{3x^6}{6!} + \dfrac{56x^7}{7!} + \cdots$

7. $\mathrm{e}^{\cos x} = \mathrm{e}\left(1 - \dfrac{x^2}{2!} + \dfrac{4x^4}{4!} - \dfrac{31x^6}{6!} + \cdots\right)$

8. $\mathrm{e}^{\tan x} = 1 + x + \dfrac{x^2}{2!} + \dfrac{3x^3}{3!} + \dfrac{9x^4}{4!} + \dfrac{37x^5}{5!} + \cdots \quad \left(x^2 < \dfrac{\pi^2}{4}\right)$

9. $\mathrm{e}^{\arcsin x} = 1 + x + \dfrac{x^2}{2!} + \dfrac{2x^3}{3!} - \dfrac{5x^4}{4!} + \cdots$

10. $\mathrm{e}^{\arctan x} = 1 + x + \dfrac{x^2}{2!} - \dfrac{x^3}{3!} - \dfrac{7x^4}{4!} + \cdots$

Ⅳ.3.3 对数函数

1. $\ln x = (x - 1) - \dfrac{1}{2}(x - 1)^2 + \dfrac{1}{3}(x - 1)^3 - \cdots$

$$= \sum_{n=1}^{\infty} (-1)^{n+1} \frac{(x - 1)^n}{n} \quad (2 \geqslant x > 0)$$

2. $\ln x = 2 \left[\dfrac{x - 1}{x + 1} + \dfrac{1}{3} \left(\dfrac{x - 1}{x + 1} \right)^3 + \dfrac{1}{5} \left(\dfrac{x - 1}{x + 1} \right)^5 + \cdots \right]$

$$= 2 \sum_{n=1}^{\infty} \frac{1}{2n - 1} \left(\frac{x - 1}{x + 1} \right)^{2n-1} \quad (x > 0)$$

3. $\ln x = \dfrac{x - 1}{x} + \dfrac{1}{2} \left(\dfrac{x - 1}{x} \right)^2 + \dfrac{1}{3} \left(\dfrac{x - 1}{x} \right)^3 + \cdots = \sum_{n=1}^{\infty} \dfrac{1}{n} \left(\dfrac{x - 1}{x} \right)^n \quad \left(x \geqslant \dfrac{1}{2} \right)$

4. $\ln(1 + x) = x - \dfrac{x^2}{2} + \dfrac{x^3}{3} - \dfrac{x^4}{4} + \cdots = \sum_{n=1}^{\infty} (-1)^{n+1} \dfrac{x^n}{n} \quad (1 \geqslant x > -1)$

5. $\ln(1 - x) = - \left(x + \dfrac{x^2}{x} + \dfrac{x^3}{3} + \dfrac{x^4}{4} + \cdots \right) = - \sum_{n=1}^{\infty} \dfrac{x^n}{n} \quad (-1 \leqslant x < 1)$

6. $\ln(n + 1) = \ln(n - 1) + 2 \left(\dfrac{1}{n} + \dfrac{1}{3n^3} + \dfrac{1}{5n^5} + \cdots \right)$

7. $\ln(a + x) = \ln a + 2 \left[\dfrac{x}{2a + x} + \dfrac{1}{3} \left(\dfrac{x}{2a + x} \right)^3 + \dfrac{1}{5} \left(\dfrac{x}{2a + x} \right)^5 + \cdots \right.$

$$\left. + \frac{1}{2n + 1} \left(\frac{x}{2a + x} \right)^{2n+1} + \cdots \right] \quad (a > 0, -a < x)$$

8. $\ln \dfrac{1 + x}{1 - x} = 2 \left(x + \dfrac{x^3}{3} + \dfrac{x^5}{5} + \cdots + \dfrac{x^{2n-1}}{2n - 1} + \cdots \right)$

$$= 2 \sum_{n=1}^{\infty} \frac{x^{2n-1}}{2n - 1} \quad (|x| < 1)$$

9. $\ln \dfrac{x + 1}{x - 1} = 2 \left[\dfrac{1}{x} + \dfrac{1}{3x^3} + \dfrac{1}{5x^5} + \cdots + \dfrac{1}{(2n + 1)x^{2n+1}} + \cdots \right]$

$$= 2 \sum_{n=0}^{\infty} \frac{1}{(2n + 1)x^{2n+1}} \quad (|x| > 1)$$

10. $\ln(\sin x) = \ln x - \dfrac{x^2}{6} - \dfrac{x^4}{180} - \dfrac{x^6}{2835} - \cdots + (-1)^n \dfrac{2^{2n-1} B_{2n}}{n(2n)!} x^{2n} + \cdots$

$$= \ln x + \sum_{n=1}^{\infty} (-1)^n \frac{2^{2n-1} B_{2n}}{n(2n)!} x^{2n} \quad (0 < x^2 < \pi^2)$$

（这里，B_{2n} 为第 $2n$ 次伯努利数，以下同）

11. $\ln(\cos x) = - \dfrac{x^2}{2} - \dfrac{x^4}{12} - \dfrac{x^6}{45} - \dfrac{17x^8}{2520} - \cdots + (-1)^n \dfrac{2^{2n-1}(2^{2n-1} - 1) B_{2n}}{n(2n)!} x^{2n} + \cdots$

$$= \sum_{n=1}^{\infty} (-1)^n \frac{2^{2n-1}(2^{2n-1}-1)B_{2n}}{n(2n)!} x^{2n} \quad \left(x^2 < \frac{\pi^2}{4} \right)$$

12. $\ln(\tan x) = \ln x + \frac{x^2}{3} + \frac{7x^4}{90} + \frac{62x^6}{2835} + \cdots + (-1)^{n-1} \frac{2^{2n}(2^{2n-1}-1)B_{2n}}{n(2n)!} x^{2n} + \cdots$

$$= \ln x + \sum_{n=1}^{\infty} (-1)^{n-1} \frac{2^{2n}(2^{2n-1}-1)B_{2n}}{n(2n)!} x^{2n} \quad \left(0 < x^2 < \frac{\pi^2}{4} \right)$$

Ⅳ.3.4　三角函数

1. $\sin x = x - \frac{x^3}{3!} + \frac{x^5}{5!} - \frac{x^7}{7!} + \cdots = \sum_{n=1}^{\infty} (-1)^{n+1} \frac{x^{2n-1}}{(2n-1)!}$

2. $\cos x = 1 - \frac{x^2}{2!} + \frac{x^4}{4!} - \frac{x^6}{6!} + \cdots = \sum_{n=0}^{\infty} (-1)^n \frac{x^{2n}}{(2n)!}$

3. $\tan x = x + \frac{x^3}{3} + \frac{2x^5}{15} + \cdots + (-1)^{n-1} \frac{2^{2n}(2^{2n}-1)B_{2n}}{(2n)!} x^{2n-1} + \cdots$

$$= \sum_{n=1}^{\infty} (-1)^{n-1} \frac{2^{2n}(2^{2n}-1)B_{2n}}{(2n)!} x^{2n-1} \quad \left(x^2 < \frac{\pi^2}{4} \right)$$

（这里，B_{2n} 为第 $2n$ 次伯努利数，以下同）

4. $\cot x = \frac{1}{x} - \frac{x}{3} - \frac{x^3}{45} - \frac{2x^5}{945} - \frac{x^7}{4725} - \cdots + (-1)^n \frac{2^{2n}B_{2n}}{(2n)!} x^{2n-1} + \cdots$

$$= \frac{1}{x} + \sum_{n=1}^{\infty} (-1)^n \frac{2^{2n}B_{2n}}{(2n)!} x^{2n-1} \quad (0 < x^2 < \pi^2)$$

5. $\sec x = 1 + \frac{1}{2} x^2 + \frac{5}{24} x^4 + \frac{61}{720} x^6 + \cdots + (-1)^n \frac{E_{2n}}{(2n)!} x^{2n} + \cdots$

$$= \sum_{n=0}^{\infty} (-1)^n \frac{E_{2n}}{(2n)!} x^{2n} \quad \left(x^2 < \frac{\pi^2}{4} \right)$$

（这里，E_{2n} 为第 $2n$ 次欧拉数）

6. $\csc x = \frac{1}{x} + \frac{1}{6} x + \frac{7}{360} x^3 + \frac{31}{15120} x^5 + \cdots + (-1)^{n+1} \frac{2(2^{2n-1}-1)B_{2n}}{(2n)!} x^{2n-1} + \cdots$

$$= \frac{1}{x} + \sum_{n=1}^{\infty} (-1)^{n+1} \frac{2(2^{2n-1}-1)B_{2n}}{(2n)!} x^{2n-1} \quad (0 < x^2 < \pi^2)$$

Ⅳ.3.5　反三角函数

1. $\arcsin x = x + \frac{1}{2 \cdot 3} x^3 + \frac{1 \cdot 3}{2 \cdot 4 \cdot 5} x^5 + \frac{1 \cdot 3 \cdot 5}{2 \cdot 4 \cdot 6 \cdot 7} x^7 + \cdots$

$$+ \frac{(2n)!}{2^{2n}(n!)^2(2n+1)} x^{2n+1} + \cdots$$

$$= \sum_{n=0}^{\infty} \frac{(2n)!}{2^{2n}(n!)^2(2n+1)} x^{2n+1} \quad \left(x^2 < 1, \ -\frac{\pi}{2} < \arcsin x < \frac{\pi}{2} \right)$$

2. $\arccos x = \frac{\pi}{2} - \left[x + \frac{1}{2 \cdot 3} x^3 + \frac{1 \cdot 3}{2 \cdot 4 \cdot 5} x^5 + \frac{1 \cdot 3 \cdot 5}{2 \cdot 4 \cdot 6 \cdot 7} x^7 + \cdots \right.$

$$\left. + \frac{(2n)!}{2^{2n}(n!)^2(2n+1)} x^{2n+1} + \cdots \right]$$

$$= \frac{\pi}{2} - \sum_{n=0}^{\infty} \frac{(2n)!}{2^{2n}(n!)^2(2n+1)} x^{2n+1} \quad (x^2 < 1, \ 0 < \arccos x < \pi)$$

3. $\arctan x = x - \frac{x^3}{3} + \frac{x^5}{5} - \frac{x^7}{7} + \cdots + (-1)^n \frac{x^{2n+1}}{2n+1} + \cdots$

$$= \sum_{n=0}^{\infty} (-1)^n \frac{1}{2n+1} x^{2n+1} \quad (x^2 < 1)$$

4. $\text{arccot} x = \frac{\pi}{2} - \left[x - \frac{x^3}{3} + \frac{x^5}{5} - \cdots + (-1)^n \frac{x^{2n+1}}{2n+1} + \cdots \right]$

$$= \frac{\pi}{2} - \sum_{n=0}^{\infty} (-1)^n \frac{1}{2n+1} x^{2n+1} \quad (x^2 < 1)$$

Ⅳ.3.6 双曲函数

1. $\sinh x = x + \frac{x^3}{3!} + \frac{x^5}{5!} + \frac{x^7}{7!} + \cdots = \sum_{n=1}^{\infty} \frac{x^{2n-1}}{(2n-1)!}$

2. $\cosh x = 1 + \frac{x^2}{2!} + \frac{x^4}{4!} + \frac{x^6}{6!} + \cdots = \sum_{n=0}^{\infty} \frac{x^{2n}}{(2n)!}$

3. $\tanh x = x - \frac{1}{3} x^3 + \frac{2}{15} x^5 - \frac{17}{315} x^7 + \cdots + \frac{2^{2n}(2^{2n}-1)B_{2n}}{(2n)!} x^{2n-1} + \cdots$

$$= \sum_{n=1}^{\infty} \frac{2^{2n}(2^{2n}-1)B_{2n}}{(2n)!} x^{2n-1} \quad \left(|x| < \frac{\pi}{2} \right)$$

4. $\coth x = \frac{1}{x} + \frac{x}{3} - \frac{x^3}{45} + \frac{2x^5}{945} - \cdots + \frac{2^{2n}B_{2n}}{(2n)!} x^{2n-1} - \cdots$

$$= \frac{1}{x} + \sum_{n=1}^{\infty} \frac{2^{2n}B_{2n}}{(2n)!} x^{2n-1} \quad (0 < |x| < \pi)$$

5. $\text{sech} x = 1 - \frac{1}{2!} x^2 + \frac{5}{4!} x^4 - \frac{61}{6!} x^6 + \frac{1385}{8!} x^8 - \cdots + \frac{E_{2n}}{(2n)!} x^{2n} - \cdots$

$$= 1 + \sum_{n=1}^{\infty} \frac{E_{2n}}{(2n)!} x^{2n} \quad \left(|x| < \frac{\pi}{2} \right)$$

6. $\text{csch} x = \frac{1}{x} - \frac{x}{6} + \frac{7x^3}{360} - \frac{31x^5}{15120} + \cdots - \frac{2(2^{2n-1}-1)B_{2n}}{(2n)!} x^{2n-1} + \cdots$

$$= \frac{1}{x} - \sum_{n=1}^{\infty} \frac{2(2^{2n-1}-1)B_{2n}}{(2n)!} x^{2n-1} \quad (0 < |x| < \pi)$$

7. $\sinh ax = \dfrac{2}{\pi}\sinh\pi a\left(\dfrac{\sin x}{a^2+1^2}-\dfrac{2\sin 2x}{a^2+2^2}+\dfrac{3\sin 3x}{a^2+3^2}-\cdots\right)$ $(\mid x\mid<\pi)$

8. $\cosh ax = \dfrac{2a}{\pi}\sinh\pi a\left(\dfrac{1}{2a^2}-\dfrac{\cos x}{a^2+1^2}+\dfrac{\cos 2x}{a^2+2^2}-\dfrac{\cos 3x}{a^2+3^2}+\cdots\right)$ $(\mid x\mid<\pi)$

9. $\sinh nu = \sinh u\Big[(2\cosh u)^{n-1}-\dfrac{n-2}{1!}(2\cosh u)^{n-3}+\dfrac{(n-3)(n-4)}{2!}(2\cosh u)^{n-5}$

$\qquad -\dfrac{(n-4)(n-5)(n-6)}{3!}(2\cosh u)^{n-7}+\cdots\Big]$

10. $\cosh nu = \dfrac{1}{2}\Big[(2\cosh u)^n-\dfrac{n}{1!}(2\cosh u)^{n-2}+\dfrac{n(n-3)}{2}(2\cosh u)^{n-4}$

$\qquad -\dfrac{n(n-4)(n-5)}{3!}(2\cosh u)^{n-6}+\cdots\Big]$

Ⅳ.3.7 反双曲函数

1. $\operatorname{arsinh} x = x-\dfrac{1}{2\cdot 3}x^3+\dfrac{1\cdot 3}{2\cdot 4\cdot 5}x^5-\dfrac{1\cdot 3\cdot 5}{2\cdot 4\cdot 6\cdot 7}x^7+\cdots$

$\qquad +(-1)^n\dfrac{(2n)!}{2^{2n}(n!)^2(2n+1)}x^{2n+1}+\cdots$

$\qquad =\displaystyle\sum_{n=0}^{\infty}(-1)^n\dfrac{(2n)!}{2^{2n}(n!)^2(2n+1)}x^{2n+1}$ $(\mid x\mid<1)$

2. $\operatorname{arcosh} x = \ln(2x)-\dfrac{1}{2}\dfrac{1}{2x^2}-\dfrac{1\cdot 3}{2\cdot 4}\dfrac{1}{4x^4}-\dfrac{1\cdot 3\cdot 5}{2\cdot 4\cdot 6}\dfrac{1}{6x^6}-\cdots-\dfrac{(2n)!}{2^{2n}(n!)^2}\dfrac{1}{2nx^{2n}}-\cdots$

$\qquad =\ln(2x)-\displaystyle\sum_{n=1}^{\infty}\dfrac{(2n-1)!}{2^{2n}(n!)^2}x^{-2n}$ $(\mid x\mid>1)$

3. $\operatorname{artanh} x = x+\dfrac{x^3}{3}+\dfrac{x^5}{5}+\dfrac{x^7}{7}+\cdots+\dfrac{x^{2n+1}}{2n+1}+\cdots$

$\qquad =\displaystyle\sum_{n=0}^{\infty}\dfrac{1}{2n+1}x^{2n+1}$ $(\mid x\mid<1)$

4. $\operatorname{arcoth} x = \dfrac{1}{x}+\dfrac{1}{3x^3}+\dfrac{1}{5x^5}+\dfrac{1}{7x^7}+\cdots+\dfrac{1}{(2n+1)x^{2n+1}}+\cdots$

$\qquad =\displaystyle\sum_{n=0}^{\infty}\dfrac{1}{2n+1}x^{-(2n+1)}$ $(\mid x\mid>1)$

5. $\operatorname{arsech} x = \ln\dfrac{2}{x}-\dfrac{1}{2}\dfrac{x^2}{2}-\dfrac{1\cdot 3}{2\cdot 4}\dfrac{x^4}{4}-\dfrac{1\cdot 3\cdot 5}{2\cdot 4\cdot 6}\dfrac{x^6}{6}-\cdots-\dfrac{(2n)!}{2^{2n}(n!)^2}\dfrac{x^{2n}}{2n}-\cdots$

$\qquad =\ln\dfrac{2}{x}-\displaystyle\sum_{n=1}^{\infty}\dfrac{(2n-1)!}{2^{2n}(n!)^2}x^{2n}$ $(0<x<1)$

6. $\operatorname{arcsch} x = \dfrac{1}{x}-\dfrac{1}{2}\dfrac{1}{3x^3}+\dfrac{1\cdot 3}{2\cdot 4}\dfrac{1}{5x^5}-\dfrac{1\cdot 3\cdot 5}{2\cdot 4\cdot 6}\dfrac{1}{7x^7}+\cdots$

$$+ (-1)^n \frac{(2n)!}{2^{2n}(n!)^2} \frac{1}{(2n+1)x^{2n+1}} + \cdots$$

$$= \sum_{n=0}^{\infty} (-1)^n \frac{(2n)!}{2^{2n}(n!)^2(2n+1)} x^{-(2n+1)} \quad (|x| > 1)$$

Ⅳ.4 自然科学基本常数

Ⅳ.4.1 数学常数

Ⅳ.4.1.1 常数 π(圆周率)

圆周率 π 被定义为圆的周长与直径之比,即 C(圆周长) $= 2\pi r$,其中 $2r$ 为直径.
利用圆周率 π 和半径 r 可得到下列有用公式:

$$A(圆面积) = \pi r^2$$

$$V(球体积) = \frac{4}{3}\pi r^3$$

$$SA(球面积) = 4\pi r^2$$

π 的近似值为

π≈ 3.14159 26535 89793 23846 26433 83279 50288 41971 69399 37510
　　 58209 74944 59230 78164 06286 20899 86280 34825 34211 70679
　　(前 100 位)

Ⅳ.4.1.2 常数 e(自然对数之底)

自然对数之底 e 由下式定义:

$$e = \lim_{n \to \infty} \left(1 + \frac{1}{n}\right)^n = \sum_{n=0}^{\infty} \frac{1}{n!}$$

e 的近似值为

e≈ 2.71828 18284 59045 23536 02874 71352 66249 77572 47093 69995
　　 95749 66967 62772 40766 30353 54759 45713 82178 52516 64274
　　(前 100 位)

函数 e^x 的定义为

$$e^x = \sum_{n=0}^{\infty} \frac{x^n}{n!}$$

e 和 π 的关系式为

$$e^{\pi i} = -1$$
$$e^{2\pi i} = 1$$

e^π 和 π^e 的近似值为

$e^\pi \approx$ 23.14069 26327 79269 00572 90863 67948 54738 02661 06242 60021
　　（前 50 位）

$\pi^e \approx$ 22.45915 77183 61045 47342 71522 04543 73502 75893 15133 99669
　　（前 50 位）

Ⅳ.4.1.3　欧拉（Euler）常数 γ

欧拉常数 γ 被定义为

$$\gamma = \lim_{n \to \infty} \left(\sum_{k=1}^{n} \frac{1}{k} - \ln n \right)$$

γ 的近似值为

$\gamma \approx$ 0.57721 56649 01532 86060 65120 90082 40243 10421 59335 93992
　　（前 50 位）

Ⅳ.4.1.4　黄金分割比例常数 φ

黄金分割比例常数 φ 被定义为方程 $\frac{1}{\varphi} = \frac{\varphi}{1 - \varphi}$ 的正根，也就是

$$\varphi = \frac{\sqrt{5} - 1}{2}$$

φ 的近似值为

$\varphi \approx$ 0.61803 39887 49894 84820 45868 34365 63811 77203 09179 80576
　　（前 50 位）

Ⅳ.4.1.5　卡塔兰（Catalan）常数 G

卡塔兰常数 G 定义为

$$G = \frac{1}{2} \int_0^1 K \, dk = \sum_{m=0}^{\infty} \frac{(-1)^m}{(2m+1)^2}$$

其中，K 为完全椭圆积分：

$$K \equiv K(k) = \int_0^{\frac{\pi}{2}} \frac{\mathrm{d}\theta}{\sqrt{1 - k^2 \sin^2\theta}}$$

G 的近似值为

$$G = 0.915965594\cdots$$

Ⅳ.4.1.6　伯努利(Bernoulli)多项式 $B_n(x)$ 和伯努利数 B_n

伯努利多项式 $B_n(x)$ 是用母函数

$$\frac{t\mathrm{e}^{xt}}{\mathrm{e}^t - 1} = \sum_{n=0}^{\infty} B_n(x) \frac{t^n}{n!}$$

定义的. 伯努利数 B_n 是伯努利多项式中的系数 $B_n(x)$ 在 $x = 0$ 处的值, 即 $B_n = B_n(0)$, 因此伯努利数的母函数为

$$\sum_{n=0}^{\infty} B_n \frac{t^n}{n!} = \frac{t}{\mathrm{e}^t - 1}$$

前 13 位伯努利数 B_n 分别为

B_0	B_1	B_2	B_3	B_4	B_5	B_6	B_7	B_8	B_9	B_{10}	B_{11}	B_{12}	$\cdots$
1	$-\dfrac{1}{2}$	$\dfrac{1}{6}$	0	$-\dfrac{1}{30}$	0	$\dfrac{1}{42}$	0	$-\dfrac{1}{30}$	0	$\dfrac{5}{66}$	0	$-\dfrac{691}{2730}$	$\cdots$

伯努利数 B_n 中, 除 B_1 外的所有奇数项皆为 0. 因此, 公式中常常只使用偶数项的伯努利数 B_{2n}, 当 $n = 0, 1, 2, \cdots$ 时, 伯努利数分别是 $B_0, B_2, B_4, \cdots$.

Ⅳ.4.1.7　欧拉(Euler)多项式 $E_n(x)$ 和欧拉数 E_n

欧拉多项式 $E_n(x)$ 是用母函数

$$\frac{2\mathrm{e}^{xt}}{\mathrm{e}^t + 1} = \sum_{n=0}^{\infty} E_n(x) \frac{t^n}{n!}$$

定义的. 欧拉数 E_n 是欧拉多项式中的系数 $E_n(x)$ 在 $x = \dfrac{1}{2}$ 处的值, 即 $E_n = 2^n E_n\left(\dfrac{1}{2}\right)$, 因此欧拉数 E_n 的母函数为

$$\sum_{n=0}^{\infty} E_n \frac{t^n}{n!} = \frac{2\mathrm{e}^t}{\mathrm{e}^{2t} + 1} = \frac{1}{\cosh t}$$

前 11 位欧拉数 E_n 为

E_0	E_1	E_2	E_3	E_4	E_5	E_6	E_7	E_8	E_9	E_{10}	$\cdots$
1	0	-1	0	5	0	-61	0	1385	0	-50521	$\cdots$

欧拉数 E_n 的所有奇数项皆为 0, 只有偶数项才有数值. 因此, 公式中经常只使用偶数项的欧拉数 E_{2n}, 当 $n = 0, 1, 2, \cdots$ 时, 欧拉数分别是 $E_0, E_2, E_4, \cdots$.

Ⅳ.4.2 物理学常数

物 理 量	符 号	数 值	单 位	备 注
真空中的光速	c	2.99792458×10^8	m/s	
普朗克常数	h	$6.62606896(33) \times 10^{-34}$	J·s	
约化普朗克常数	$\hbar = \dfrac{h}{2\pi}$	$1.054571628(53) \times 10^{-34}$	J·s	
电子电荷	e	$1.602176487(40) \times 10^{-19}$	C	
		$4.80320427(12) \times 10^{-10}$	esu	
电子的荷质比	$\dfrac{e}{m_e}$	$1.75882015 \times 10^{11}$	C/kg	
电子的静止质量	m_e	$9.10938215(45) \times 10^{-31}$	kg	
		$0.510998910(13)$	MeV/c^2	
质子的静止质量	m_p	$1.672621637(83) \times 10^{-27}$	kg	
		$938.272013(23)$	MeV/c^2	
中子的静止质量	m_n	$1.67494101 \times 10^{-27}$	kg	
		939.5731	MeV/c^2	
电子的经典半径	r_e	$2.8179402894(58) \times 10^{-15}$	m	
质子的经典半径	r_p	1.534698×10^{-18}	m	
自由空间的介电常数	$\varepsilon_0 = \dfrac{1}{\mu_0 c^2}$	$8.854187817 \times 10^{-12}$	F/m	
自由空间的磁导率	μ_0	$1.2566370614 \times 10^{-6}$	H/m	
精细结构常数	$\alpha = \dfrac{e^2}{4\pi\varepsilon_0 \hbar c}$	$\dfrac{1}{137.035999679(94)}$		
阿伏伽德罗常数	N_A	$6.02214179(30) \times 10^{23}$	mol^{-1}	
玻耳兹曼常数	k	$1.3806504(24) \times 10^{-23}$	J/K	
标准重力加速度	g_n	9.80665	m/s^2	
里德伯常数	R_∞	1.097373177×10^7	m^{-1}	
声速(大气中)	V_A	340.5	m/s	15 ℃，10%湿度

选自 AMSLER C，et al. Particle Physics Booklet[M]. LBNL&CERN，2008.

Ⅳ.4.3 化学常数（元素周期表）

元素周期表

图例

原子序数 → 22
Ti ← 元素符号
元素名称 → 钛
47.87 ← 原子量

Group→周期↓	1	2	3	4	5	6	7	8	9	10	11	12	13	14	15	16	17	18
1	1 H 氢 1.008																	2 He 氦 4.003
2	3 Li 锂 6.941	4 Be 铍 9.012											5 B 硼 10.81	6 C 碳 12.01	7 N 氮 14.01	8 O 氧 16.00	9 F 氟 19.00	10 Ne 氖 20.18
3	11 Na 钠 22.99	12 Mg 镁 24.31											13 Al 铝 26.98	14 Si 硅 28.09	15 P 磷 30.97	16 S 硫 32.07	17 Cl 氯 35.45	18 Ar 氩 39.95
4	19 K 钾 39.10	20 Ca 钙 40.08	21 Sc 钪 44.96	22 Ti 钛 47.87	23 V 钒 50.94	24 Cr 铬 52.00	25 Mn 锰 54.94	26 Fe 铁 55.85	27 Co 钴 58.93	28 Ni 镍 58.69	29 Cu 铜 63.55	30 Zn 锌 65.41	31 Ga 镓 69.72	32 Ge 锗 72.61	33 As 砷 74.92	34 Se 硒 78.96	35 Br 溴 79.90	36 Kr 氪 83.80
5	37 Rb 铷 85.47	38 Sr 锶 87.62	39 Y 钇 88.91	40 Zr 锆 91.22	41 Nb 铌 92.91	42 Mo 钼 95.94	43 Tc 锝 98.91	44 Ru 钌 101.1	45 Rh 铑 102.9	46 Pd 钯 106.4	47 Ag 银 107.9	48 Cd 镉 112.4	49 In 铟 114.8	50 Sn 锡 118.7	51 Sb 锑 121.8	52 Te 碲 127.6	53 I 碘 126.9	54 Xe 氙 131.3
6	55 Cs 铯 132.9	56 Ba 钡 137.3	56-70 镧系 *	71 Lu 镥 175.0	72 Hf 铪 178.5	73 Ta 钽 180.9	74 W 钨 183.8	75 Re 铼 186.2	76 Os 锇 190.2	77 Ir 铱 192.2	78 Pt 铂 195.1	79 Au 金 197.0	80 Hg 汞 200.6	81 Tl 铊 204.4	82 Pb 铅 207.2	83 Bi 铋 209.0	84 Po 钋 (210)	85 At 砹 (210)	86 Rn 氡 (222)
7	87 Fr 钫 (223)	88 Ra 镭 (226)	89-102 锕系 **	103 Lr 铹* (260)	104 Rf (260)	105 Db (263)	106 Sg (262)	107 Bh (265)	108 Hs (266)	109 Mt (269)	110 Uun (272)	111 Uuu (277)	112 Uub	113 Uut	114 Uuq (289)	115 Uup	116 Uuh (289)	117 Uus	118 Uuo (293)

镧系	57 La 镧 138.9	58 Ce 铈 140.1	59 Pr 镨 140.9	60 Nd 钕 144.2	61 Pm 钷 144.9	62 Sm 钐 150.4	63 Eu 铕 152.0	64 Gd 钆 157.3	65 Tb 铽 158.9	66 Dy 镝 162.5	67 Ho 钬 164.9	68 Er 铒 167.3	69 Tm 铥 168.9	70 Yb 镱 173.0
锕系	89 Ac 锕 (227)	90 Th 钍 232.0	91 Pa 镤 231.0	92 U 铀 238.0	93 Np 镎 (237)	94 Pu 钚 (239)	95 Am 镅* (243)	96 Cm 锔* (247)	97 Bk 锫* (247)	98 Cf 锎* (252)	99 Es 锿* (252)	100 Fm 镄* (257)	101 Md 钔* (256)	102 No 锘* (259)

Ⅳ.4.4 天文学常数

名　　称	符　号	数　　值	单　位
光速	c	299792458	m/s
牛顿重力常数	G_N	$6.6743(7) \times 10^{-11}$	$m^3/(kg \cdot s^2)$
天文单位	AU	149597870700(3)	m
回归年	yr	31556925.2	s
恒星年		31558149.8	s
平均恒星日		23h56m04.09053s	
普朗克质量	$\sqrt{\dfrac{\hbar c}{G_N}}$	$2.17644(11) \times 10^{-8}$ $1.22089(6) \times 10^{19}$	kg GeV/c^2
普朗克长度	$\sqrt{\dfrac{\hbar G_N}{c^3}}$	$1.61624(8) \times 10^{-35}$	m
哈勃长度	$\dfrac{c}{H_0}$	$\sim 1.27 \times 10^{26}$	m
秒差距	pc	$3.0856775807 \times 10^{16}$	m
光年	ly	$0.946053\cdots \times 10^{16}$	m
太阳的史瓦西半径	$\dfrac{2G_N M_\odot}{c^2}$	2.9532500770(2)	km
太阳质量	$M_\odot$	$1.9884(2) \times 10^{30}$	kg
太阳赤道半径	$R_\odot$	$6.9551(3) \times 10^8$	m
太阳光度	$L_\odot$	$3.8427(14) \times 10^{26}$	W
太阳到银河系中心的距离	R_0	8.0(5) $24.68542064 \times 10^{16}$	kpc km
太阳绕银河系中心的运动速度	$v_\odot$	220(20)	km/s
哈勃常数	H_0	$100h$	$km/(s \cdot pc)$
归一化哈勃常数	h	0.73(3)	
宇宙的临界密度	$\rho_c = \dfrac{3H_0^2}{8\pi G_N}$	$1.87835(19) \times 10^{-26} \times h^2$	kg/m^3
宇宙年龄	t_0	$13.73(15) \times 10^9$	yr(回归年)
宇宙背景辐射(CBR)温度	T_0	2.725 ± 0.001	K
太阳相对于CBR的速度		369(2)	km/s

选自 AMSLER C，et al. Particle Physics Booklet［M］. LBNL&CERN，2008.

几个非国际单位制的常用单位的说明：

（1）电子伏特（eV），能量单位，为 1 个单电荷粒子经过 1 V 电位差所获得的能量，1 eV = 1.6×10^{-19} J.

（2）秒差距 parsec（pc），为 1 天文单位的距离所张的角为 1 角秒时的距离.

Ⅳ.4.5　地学常数

特　　　性	整个地球	地　核
地球赤道半径 a	6378.137 km	3488 km
地球地极半径 c	6356.752 km	3479 km
地球扁率 $e = \dfrac{a-c}{a}$	$\dfrac{1}{298.2572}$	$\dfrac{1}{390}$
地球平均半径 $\sqrt[3]{a^2 c}$	6371.00 km	3485 km
地球质量	5.976×10^{24} kg	1.88×10^{24} kg
地球平均密度	5518 kg/m³	10720 kg/m³
地球自旋角速度	7.2921152×10^{-5} rad/s	
地球表面积	5.101×10^{14} m²	1.52×10^{14} m²
地球体积	1.083×10^{21} m³	0.176×10^{21} m³
地球子午线的四分之一长度	10002.002 km	5640 km
地球陆地面积	1.49×10^{14} m²	
地球陆地平均高度	840 m	
地球陆地最高高度	8840 m	
地球海洋面积	3.61×10^{14} m²	
地球海洋体积	1.37×10^{18} m³	
地球海水质量	1.42×10^{21} kg	
地球海洋平均深度	3800 m	
地球海洋最深深度	10550 m	
地球大气质量	5.27×10^{18} kg	
地球标准重力加速度	9.80665 m/s²	

选自 KAYE G W C，LABY T H. Tables of Physical and Chemical Constants（物理和化学常数表）［M］. 北京：世界图书出版公司，1999.

第一宇宙速度（first cosmic velocity）

$$v_1 = 7.9 \times 10^3 \text{ m/s}$$

第二宇宙速度（second cosmic velocity）

$$v_2 = 11.2 \times 10^3 \text{ m/s}$$

第三宇宙速度(third cosmic velocity)

$$v_3 = 16.7 \times 10^3 \text{ m/s}$$

Ⅳ.5 国际单位制(SI)

Ⅳ.5.1 国际单位制(SI)中十进制倍数和词头表示法

倍 数	词 头		符 号	常用名称
	英 文	中 文		
$10^{10^{100}}$				googolplex
10^{100}				googol
10^{24}	yotta	尧［它］	Y	heptillion
10^{21}	zetta	泽［它］	Z	hexillion
10^{18}	exa	艾［可萨］	E	quintillion
10^{15}	peta	拍［它］	P	quadrillion
10^{12}	tera	太［拉］	T	trillion
10^{9}	giga	吉［咖］	G	billion
10^{6}	mega	兆	M	million
10^{3}	kilo	千	k	thousand
10^{2}	hecto	百	h	hundred
10^{1}	deca	十	da	ten
10^{-1}	deci	分	d	tenth
10^{-2}	centi	厘	c	hundredth
10^{-3}	milli	毫	m	thousandth
10^{-6}	micro	微	μ	millionth
10^{-9}	nano	纳［诺］	n	billionth
10^{-12}	pico	皮［可］	p	trillionth
10^{-15}	femto	飞［母托］	f	quadrillionth
10^{-18}	atto	阿［托］	a	quintillionth
10^{-21}	zepto	仄［普托］	z	hexillionth
10^{-24}	yocto	幺［科托］	y	heptillionth

Ⅳ.5.2　国际单位制(SI)的基本单位

量 的 名 称	单 位 名 称	单 位 符 号
长度	米	m
质量	千克(公斤)	kg
时间	秒	s
电流	安[培]	A
热力学温度	开[尔文]	K
物质的量	摩[尔]	mol
发光强度	坎[德拉]	cd

Ⅳ.5.3　国际单位制(SI)中具有专门名称的导出单位

量 的 名 称	单位名称	单位符号	用其他国际制单位表示的关系式	用国际制基本单位表示的关系式
[平面]角	弧度	rad	1	
立体角	球面度	sr	1	
频率	赫兹	Hz		s^{-1}
力	牛顿	N		$m \cdot kg \cdot s^{-2}$
压力,压强,应力	帕斯卡	Pa	N/m^2	$m^{-1} \cdot kg \cdot s^{-2}$
能[量],功,热量	焦耳	J	$N \cdot m$	$m^2 \cdot kg \cdot s^{-2}$
功率,辐[射能]通量	瓦特	W	J/s	$m^2 \cdot kg \cdot s^{-3}$
电量,电荷	库仑	C		$s \cdot A$
电压,电位,电动势	伏特	V	W/A	$m^2 \cdot kg \cdot s^{-3} \cdot A^{-1}$
电容	法拉	F	C/V	$m^{-2} \cdot kg^{-1} \cdot s^4 \cdot A^2$
电阻	欧姆	Ω	V/A	$m^2 \cdot kg \cdot s^{-3} \cdot A^{-2}$
电导	西门子	S	A/V	$m^{-2} \cdot kg^{-1} \cdot s^3 \cdot A^2$
磁通[量]	韦伯	Wb	$V \cdot s$	$m^2 \cdot kg \cdot s^{-2} \cdot A^{-1}$
磁感应强度	特斯拉	T	Wb/m^2	$kg \cdot s^{-2} \cdot A^{-1}$
电感	亨利	H	Wb/A	$m^2 \cdot kg \cdot s^{-2} \cdot A^{-2}$
摄氏温度	摄氏度	℃		
光通量	流明	lm		$cd \cdot sr$
光照度	勒克斯	lx	lm/m^2	$m^{-2} \cdot cd \cdot sr$
[放射性]活度	贝可勒尔	Bq		s^{-1}
吸收剂量	戈瑞	Gy	J/kg	$m^2 \cdot s^{-2}$
剂量当量	希沃特	Sv	J/kg	$m^2 \cdot s^{-2}$

符号索引

1. 特殊函数的符号

B_n, B_{2k}　伯努利数

$B_n(x)$　伯努利多项式

$B(x, y)$　贝塔函数

$C(x)$　菲涅耳余弦积分函数

$Ci(x), ci(x)$　余弦积分

E_n, E_{2k}　欧拉数

$E_n(x)$　欧拉多项式

$E(k) = E$　第二类完全椭圆积分

$Ei(z)$　指数积分

$erf(x) = \Phi(x)$　误差函数（概率积分函数）

$erfc(x)$　补余误差函数

$F(k, \varphi)$　勒让德第一类椭圆积分

$E(k, \varphi)$　勒让德第二类椭圆积分

$\Pi(h, k, \varphi)$　勒让德第三类椭圆积分

G　卡塔兰常数

γ　欧拉常数

$\Gamma(z)$　伽马函数

$H_\nu^{(1)}(z), H_\nu^{(2)}(z)$　第一类和第二类汉克尔函数,第三类贝塞尔函数

$H_n(x)$　埃尔米特多项式

$I_\nu(z)$　第一类修正贝塞尔函数

$J_\nu(z)$　第一类贝塞尔函数

$K(k) = K, K(k') = K'$　第一类完全椭圆积分

$K_\nu(z)$　第二类修正贝塞尔函数

$L_n(x)$　拉盖尔多项式

$L_n^m(x)$　连带拉盖尔多项式

$li(x)$　对数积分

$N_\nu(z)$　诺伊曼函数（第二类贝塞尔函数）

$P_\nu(z), P_n(x)$ 勒让德函数和勒让德多项式

$P_\nu^m(z), P_n^m(x)$ 连带勒让德函数和连带勒让德多项式

$\Phi(x)$ 概率积分函数

$\psi(x)$ 普赛函数

$Q_\nu(z), Q_n(x)$ 第二类勒让德函数和勒让德多项式

$Q_\nu^m(z), Q_n^m(x)$ 第二类连带勒让德函数和连带勒让德多项式

$S(x)$ 菲涅耳正弦积分函数

$\mathrm{Si}(x), \mathrm{si}(x)$ 正弦积分

$Z_\nu(z)$ 贝塞尔函数

2. 本书中几个常用的数学符号

$n! = 1 \cdot 2 \cdot 3 \cdots (n-1) \cdot n$ n 的阶乘，n 为大于零的正整数. $0! = 1! = 1$

$(2n+1)!! = 1 \cdot 3 \cdot 5 \cdots (2n+1)$ $2n+1$ 的双阶乘. $1!! = 1, (-1)!! = 1$

$(2n)!! = 2 \cdot 4 \cdot 6 \cdots (2n)$ $2n$ 的双阶乘. $0!! = 1, 2!! = 2$

$\mathrm{i} = \sqrt{-1}$ 虚数单位. $\mathrm{i}^2 = -1, \mathrm{i}^3 = -\mathrm{i}, \mathrm{i}^4 = 1, \mathrm{i}^{4n+1} = \mathrm{i}$

$z = a + \mathrm{i}b$ z 为复数，a 和 b 分别为复数的实部和虚部，记作 $a = \mathrm{Re}z, b = \mathrm{Im}z$

$$\arg z = \begin{cases} \arctan \dfrac{b}{a} & (a > 0) \\[2mm] \pi + \arctan \dfrac{b}{a} & (a < 0, b > 0) \\[2mm] -\pi + \arctan \dfrac{b}{a} & (a < 0, b < 0) \end{cases}$$ 复数 z 的辐角

$$C_n^k = \binom{n}{k} = \frac{n!}{k!(n-k)!}$$ 二项式系数

$$C_\alpha^k = \binom{\alpha}{k} = \frac{\alpha(\alpha-1)\cdots(\alpha-k+1)}{k!}$$ 推广的二项式系数（α 为任意实数）.

$C_\alpha^0 = 1$

参 考 书 目

［1］ 《实用积分表》编委会. 实用积分表［M］. 合肥：中国科学技术大学出版社，2006.

［2］ Zwillinger D. CRC Standard Mathematical Tables and Formulae［M］. 北京：世界图书出版公司，1988.

［3］ 图马 J J，沃尔什 R A. 工程数学手册［M］. 欧阳芳锐，张玉平，译. 北京：科学出版社，2002.

［4］ Gradshteyn I S，Ryzhik I M. Table of Integrals，Series，and Products［M］. New York：Academic Press，2000.

［5］ 雷日克 И М，格拉德什坦 И C. 函数表与积分表［M］. 北京：高等教育出版社，1959.

［6］ 徐桂芳. 积分表［M］. 上海：上海科学技术出版社，1959.

［7］ 邹凤梧，等. 积分表汇编［M］. 北京：宇航出版社，1992.

［8］ Thompson W J. Atlas for Computing Mathematical Functions［M］. Hoboken：John Wiley & Sons，Inc.，1997.

［9］ 《数学手册》编写组. 数学手册［M］. 北京：高等教育出版社，1979.

［10］ Andrews L C. Special Functions for Engineers and Applied Mathematicians［M］. London：Macmillan Publishing Company，1985.

［11］ 王竹溪，郭敦仁. 特殊函数概论［M］. 北京：北京大学出版社，2000.

［12］ 马振华，等. 现代应用数学手册：现代应用分析卷［M］. 北京：清华大学出版社，2003.

［13］ 《现代数学手册》编纂委员会. 现代数学手册：经典数学卷［M］. 武汉：华中科技大学出版社，2000.

［14］ 沈永欢，等. 实用数学手册［M］. 北京：科学出版社，2002.

［15］ 科恩 A，科恩 M. 数学手册［M］. 周民强，等译. 北京：工人出版社，1987.

［16］ Brychkov Y A，Marichev O I，Prudnikov A P. Tables of Indefinite Integrals［M］. Philadelphia：Gordon and Breach Science Publishers，1989.